中國近代建築史料匯編（第一輯）

第四册

中國近代建築史料匯編 編委會 編

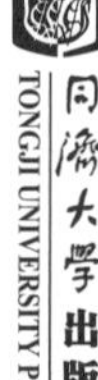

同濟大學出版社
TONGJI UNIVERSITY PRESS

第四册目録

中國近代建築史料匯編（第一輯）

建築月刊

第二卷　第四期

The BUILDER

建築月刊

VOL. 2 NO.4
第二卷 第四期

徵求會員

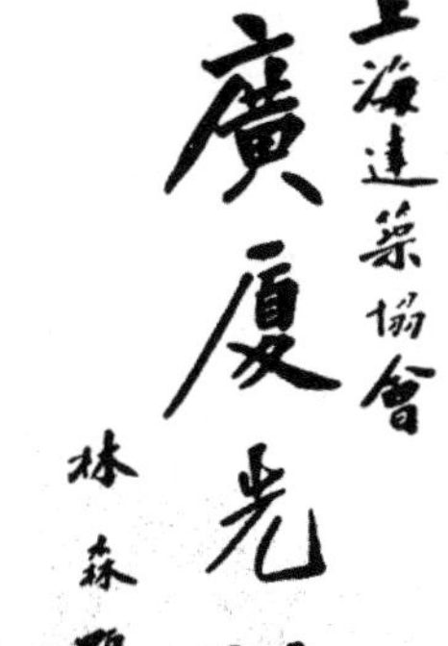

新成鋼管製造股份有限公司

HSIN CHENG CONDUITS MFG. CO., LTD.

專製各種黑白鋼管

大小灣頭及鋼板

本埠存貨充足

俾供各界需求

價目函索即寄

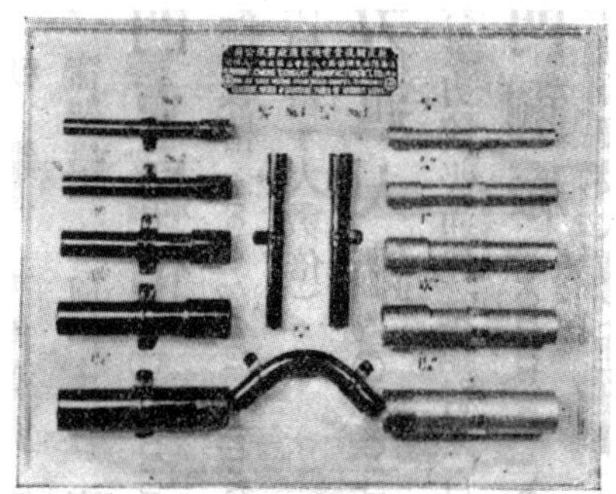

MANUFACTURERS OF HIGH GRADE BLACK & GALVANIZED CONDUITS OF VARIOUS SIZES

STOCK CARRIED

SAMPLES AND PRICE LIST SUPPLIED ON REQUEST.

總事務所及製造廠

設在閘北東橫浜路德培里十八號

閘北電話四一二四六

營業所

利泰電料行

有恆路口吳淞路三百七十五號

電話四三四七九號

MAIN OFFICE AND FACTORY:
No. 18 EAST WOUNG PANG ROAD
CHAPEI, SHANGHAI.
TEL. 41246

BRANCH OFFICE:

LEE TAI ELECTRIC CO.

375 WOOSUNG ROAD
Telephone 43479
SHANGHAI

FAGAN & CO. LTD. U.S.A. 美和洋行 SHANGHAI CHINA

Hong Name **"Mei Woo"**

Certainteed Products Corporation
Roofing & Wallboard
The Celotex Company
Insulating Board
California Stucco Products Company
Iuterior & Exterior Stuccos
Midwest Equipment Company
Insulite Mastic Flooring
Mundet & Company, Ltd.
Cork Insulation & Cork Tile

Richards Tiles Ltd.
Floor, Wall & Coloured Tiles
Schlage Lock Company
Lock & Hardware
Simplex Gypsum Products Company
Plaster of Paris & Fibrous Plaster
Toch Brothers Inc.
Industrial Paint & Waterproofing Compound
Wheeling Steel Corporation
Expanded Metal Lath

Large stock carried locally.
Agents for Central China

FAGAN & COMPANY, LTD.

261 Kiangse Road

Telephone
18020 & 18029

Cable Address
KASFAG

美商 **美和洋行**

承辦屋頂及地板工程并經理石膏粉石膏板甘蔗板避水漿鐵絲網磁磚牆粉門鎖等各種建築材料備有大宗現貨如蒙垂詢請打電話一八○二○或駕臨江西路二六一號接洽爲荷

比國鋼業聯合社
敝社係比國七大鋼廠駐滬總分銷處經售金屬用品承造鋼鐵工程舉凡
鐵路鋼軌
電車鋼軌
各式橋樑
採礦工具
工業機械
電氣用品
鋼窗材料
鋼條鋼板
等等莫不應有盡有色色俱備
如蒙　賜顧竭誠歡迎
上海九江路十四號
電話一二一九七
UCOMETAL
(Union Commerciale Belge de Metallurgie, S.A.)
No. 14 Kiukiang Road.
Telegraphic Address
UCOMETAL—Shanghai
Telephone
12197

久泰錦記營造廠

本廠承造中之萊斯德工藝學院

斯校為已故萊斯德氏慨捐鉅資創辦其規模之宏偉
設備之完善為遠東首屈一指

萊斯德工藝學院是純
粹科學化之最新建築

本廠為現代唯一建築專家，依據工業技術之豐富經驗，承造現代科學化，美術化，一切大小建築工程，工堅料實，美觀迅速，深荷業主暨各界一致嘉許，萊斯德學院，為本廠最近承造工程之一，承蒙委托，敢以信譽，確保滿意。

久泰錦記營造廠是現
代建築界之唯一專家

事務所：博物院路一三一號

電話 一七五〇一一號
一四七二六號

唯一國產建築面石
大理石
花崗石
閃長石
玉石
晶粒石
飾石
中國石公司
CHINA STONE CO.
總公司
青島蒙古路二三一號
電掛 五一〇七
電話 五一〇七
分公司
上海四川路二三二號
電掛 五八八六
電話 一五八八六

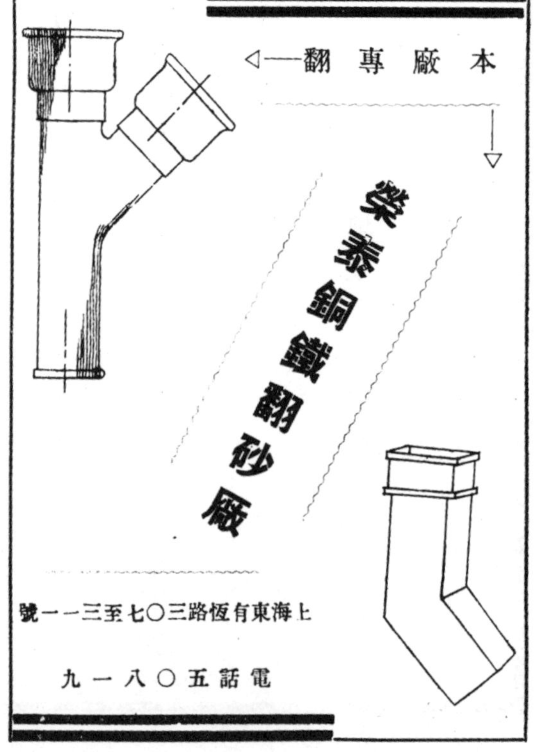
本廠專翻
榮泰銅鐵翻砂廠
上海東有恆路三〇七至三一一號
電話五〇八一九

合作五金公司
建築專家
競相採用
五金同業
一致推戴
精製新式美
化國貨門鎖
抽屜鎖文具
鉸鏈及拉手
製造廠 江蘇嘉定縣合作路
總務處 上海塘山路七九六
發行所 上海牛莊路七四二
電報掛號 九六〇二
電話 九〇九八〇

瑞昌五金銅鐵工廠
承辦建築一切銅鐵工程
常備大批新式異樣堅固門鎖
漢口路四二一號 電話九四四六〇
靜安寺路六六七號 電話三一九六七號
工廠 同孚路二四三號

建築月刊

第二卷第四號

民國二十三年四月份出版

目錄

插圖

譯著

廣告索引

THE BUILDER

April 1934 Vol. 2 No. 4

LEADING CONTENTS

ILLUSTRATIONS

ARTICLES

計擬中之上海南京路中央大廈

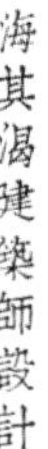
海其渴建築師設計

Proposed "Central" Building, Nanking Road, Shanghai.
H. J. Hajek, B. A. M. A. & A. S. Architect.

計擬中之上海南京路中央大廈（底層及上層平面圖）

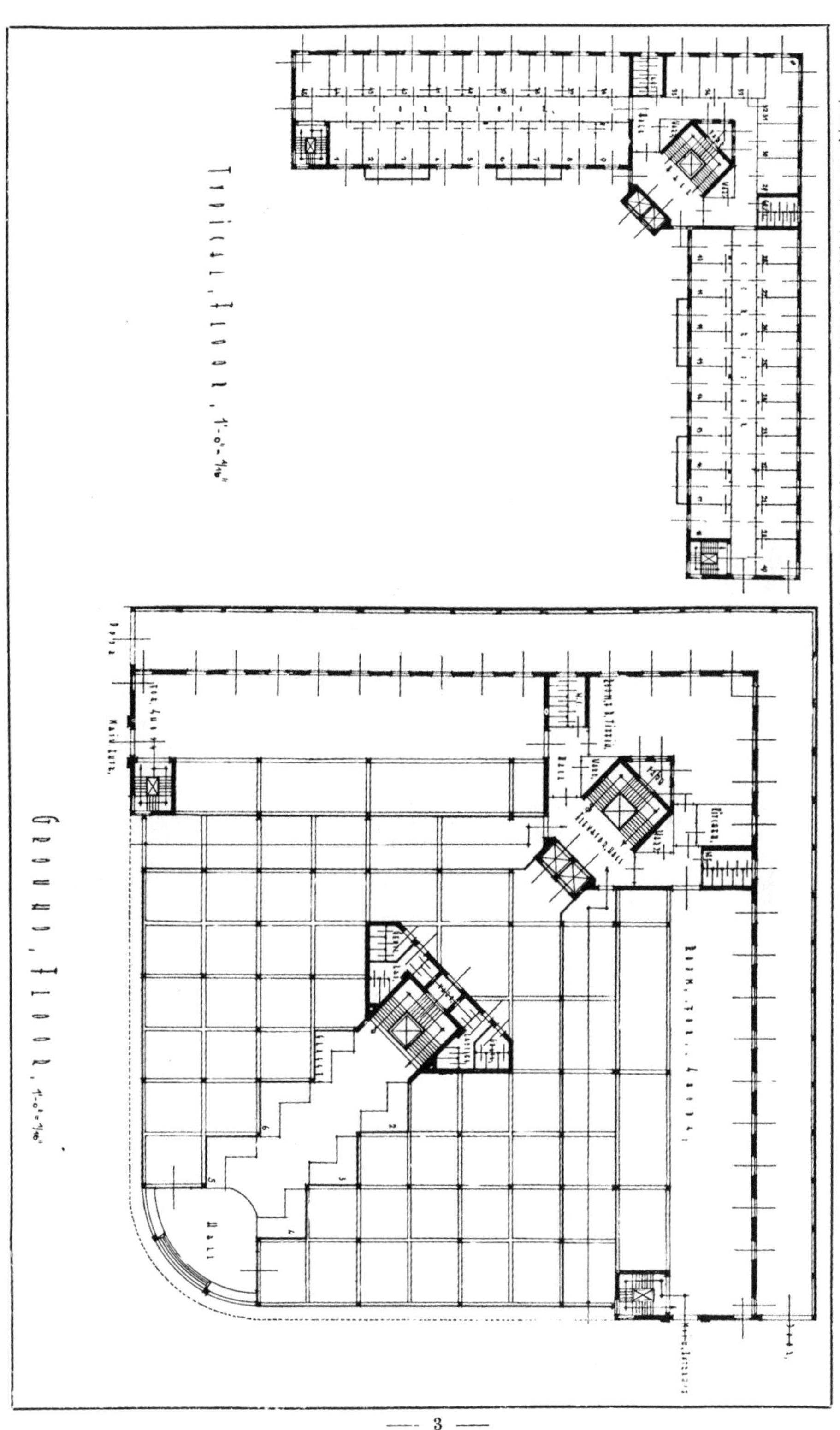

中行進　CURRENT CONSTRUCTION

View showing piles driven and ready for construction work of the Grosvenor House——Palmer & Turner, Architects——Sin Sun Kee, General Building Contractors.

新蓀記營造廠承造

上海峻嶺寄廬樁工完竣之攝影

PHOTOGRAPHS OF 之建築

Delivery of boiler to the cellar of the Grosvenor House. There are four similar boilers, each equipped with 12,000,000 B. T. U.

公和洋行建築師

上海峻嶺寄廬搬運汽爐之攝影

Reinforced concrete frame work of the Grosvenor House up to the second floor, with the Cathay Mansion at the background.

上海峻嶺寄廬建造至三層時攝影
—後面矗立之大厦爲華懋房子—

Front view of the Grosvenor House Showing construction work in process.

正在建築中之峻嶺寄廬前面攝影

View taken from the rear of the Grosvenor House Showing construction work in process.

正在建築中之峻嶺寄廬背影

上海百樂門跳舞場

楊錫繆建築師設計

陸根記營造廠承造

Newly Completed Paramount Ballroom.

S. C. Young, Architect.
Loh Kung Kee, Contractor.

最近完成之上海北四川路新亞酒樓

五和洋行建築師設計　桂蘭記營造廠承造

Newly Completed New Asia Hotel, Shanghai——Republic Land Investment Co., Architects——Kwei Lan Kee, Contractor.

財盡其用的萊斯德先生

漸

興業中士慷慨可風

已故僑滬英商萊斯德氏，係一建築師兼土木工程師，爲德和打樣地產行之創辦人。氏歿於一九二六年五月十四日。蒞滬之初，孑然一身，別無長物。迨後從事建築工程及地產事業，勤儉自勵，卒積資一千四百三十四萬餘兩，成爲巨富。氏於生前（一九二四年十二月十日）預立遺囑，將其遺產撥充禮拜堂學校，萊斯德救濟基金，麥家圈萊斯德醫院之房屋，機械設備及基金等。並組織萊斯德氏遺產委員會，在遺囑中並載明提撥獎學金，資助學業優良不拘國籍之青年。建設工藝學校，鼓勵專攻醫藥，外科醫術，土木工程，建築工程，及其他實用科學之探討及研究。萊氏以一客籍僑民，能慨捐鉅款，興業中土；舉辦慈善，培植專材。萊氏之形體雖已物化，其精神其事業將傳諸億萬年而不澌滅；古道熱腸，誠可風矣！

十年樹木百年樹人

在萊氏巨額遺產中，其用途最足引吾人注意者，厥爲建築工藝學校之創立。此校現已鳩工興建，規模宏大，在遠東首屈一指。能容學生三百餘人，以中國籍者爲主。此校之創立，在事前曾經縝密之籌備。一九二七年五月十四日，遺產委員會接收萊氏遺產後，於六月間卽致書香港大學，對於萊斯德學院之創設，請予以襄助，俾早觀厥成。港大校長葛禮明接函後，卽派歐爾爲代表，於當年九月首途來滬，參與其事。歐氏到滬後，卽擬就報告書，得香港大學與遺產委員會之核准，根據此報告，作初度討論，旋卽議決建造二院，一爲醫藥，一卽工藝。遺產委員會並聘歐氏爲顧問，此舉會得英領署及顧問會之許可云。

採取英式示不忘本

創設工藝學校之議既決，卽派歐爾博士赴歐考察關於萊斯德學院之設計。一九二八年港大復派白朗博士往歐，助同歐博士探討英國工業制度，俾移用於上海。白朗博士第一次計劃書，於一九二九年攜帶來滬，一九三〇年復遊歐美二洲。迨一九三一年終，更草一詳盡之計劃書，關於學校之建築與設備及造價之估計，多所建議。據遺產委員會聲稱，此種詳細計劃所以遲緩實現之原因，係因其時銀價低落，殊不合算。至一九三二年遺產數額增至一千九百九十二萬餘兩，於是在一九三三年六月決卽進行建築校舍。並任命黎里氏（Mr.Bertram Lillie）爲第一任校長。該校校址在上海虹口東熙華德路元芳路口，於本年二月十六日舉行奠基典禮。建築經費約百萬元，定於本年九月完工，九月下旬即可招生開學云。

該校儀器設備，完全採購最新式者，試驗機，工場機械，實驗室器械等，總值約需四十餘萬元。至於課程設備，因欲適合上海環境之需要起見，校長黎氏曾博採羣見，俾收成效。下列諸君即貢獻意見，予以贊助者：（一）祥興洋行麥雪爾君（二）營造廠業同業公會張效良君（三）中華職業學校校長賈豐臻君（四）濬浦局查德利博士（五）江南造船廠陳廠長（六）約翰大學尹蘭教授（七）上海電話公司奇爾君（八）工部局工務處長哈伯君（九）工部局教育處長海雷君與華人教育處長陳鶴琴君（十）交通大學黎照寰校長（十一）上海自來水公司披霞生君（十二）棉紗實業委員會唐君。

設計規劃校舍者為德和洋行之鮑斯惠爾建築師，現在校舍設計，留有餘地頗多，將來學額增加，並可擴充建築。承造者為本埠久泰錦記營造廠，茲將該校全套圖樣刊登於后，以供參閱。

編者按：讀上期朗琴君所譯「中國之變遷」一文，中有「人類居於室中，猶靈魂之棲於身體。…………現在為力學科學之智識之時期，每人在地球上應得之產業，為一健康之住屋云。」語重意長，慨乎言之。竊以人生棲息於住屋（指私人住屋言）之時間佔三之一，住屋之是否「健康」，實影響個人之精神與事業。吾國產業不振，生活程度低落，居室之「僅堪容膝」者居其半數，「不類人居」者又居其大半；崇樓廣廈，僅為畸形之點綴，欲求一般住屋之「健康」，距理想標準尚遠。萊斯德學校之創立，實負有此種推進「健康」運動之使命。該校剏辦伊始，編者尚未能窺其趨勢，知其立場；但該校教育宗旨能「為大衆謀幸福，不為少數供點綴」，則編者所深望者也。

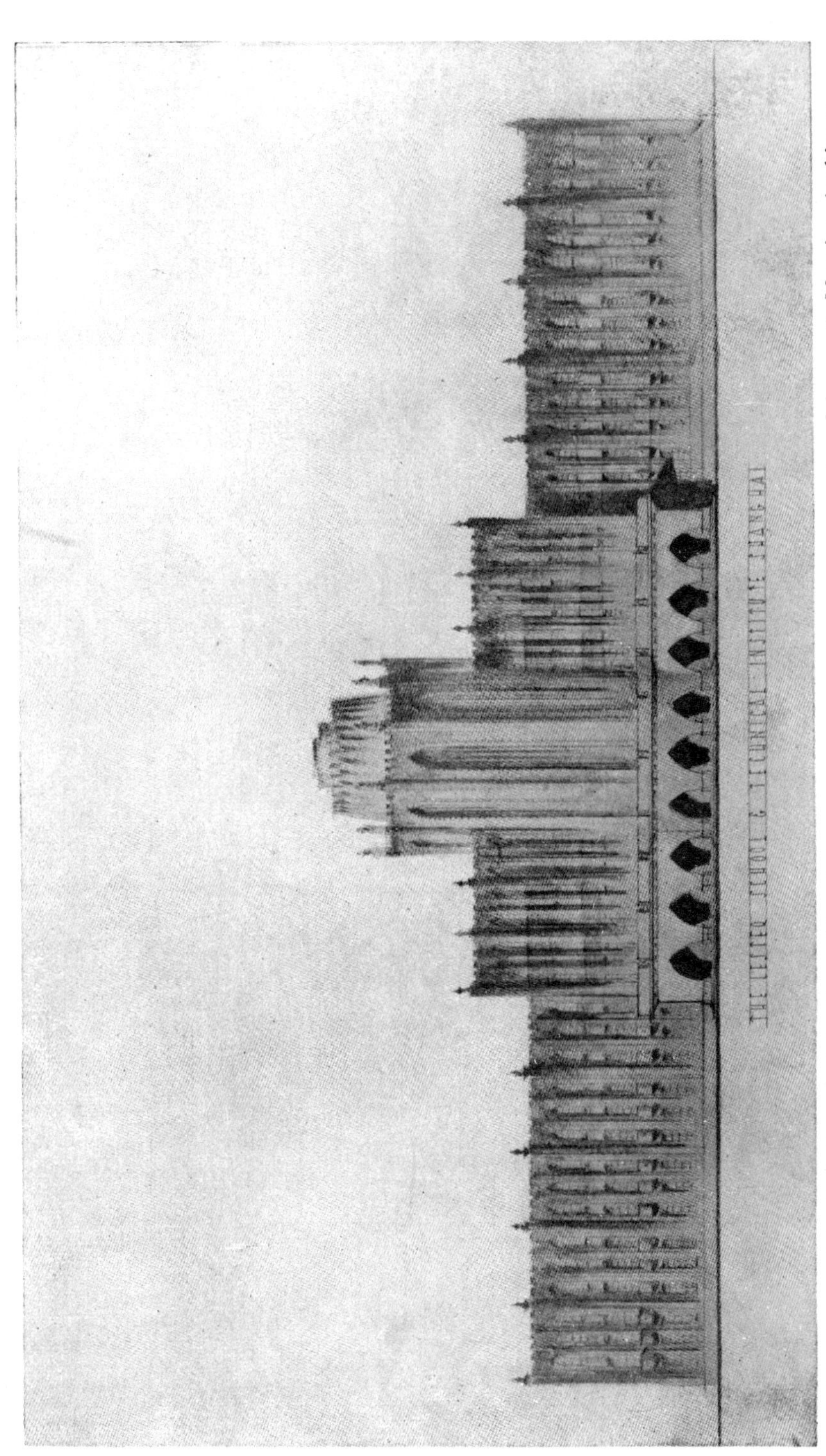

建築中之上海萊斯德建築工藝學院

The Lester School & Technical Institute, Shanghai.

Lester, Johnson & Morriss, Architects.

Z. Kow Tai, General Building Contractors

設計者：德和洋行

承造者：久泰錦記營造廠

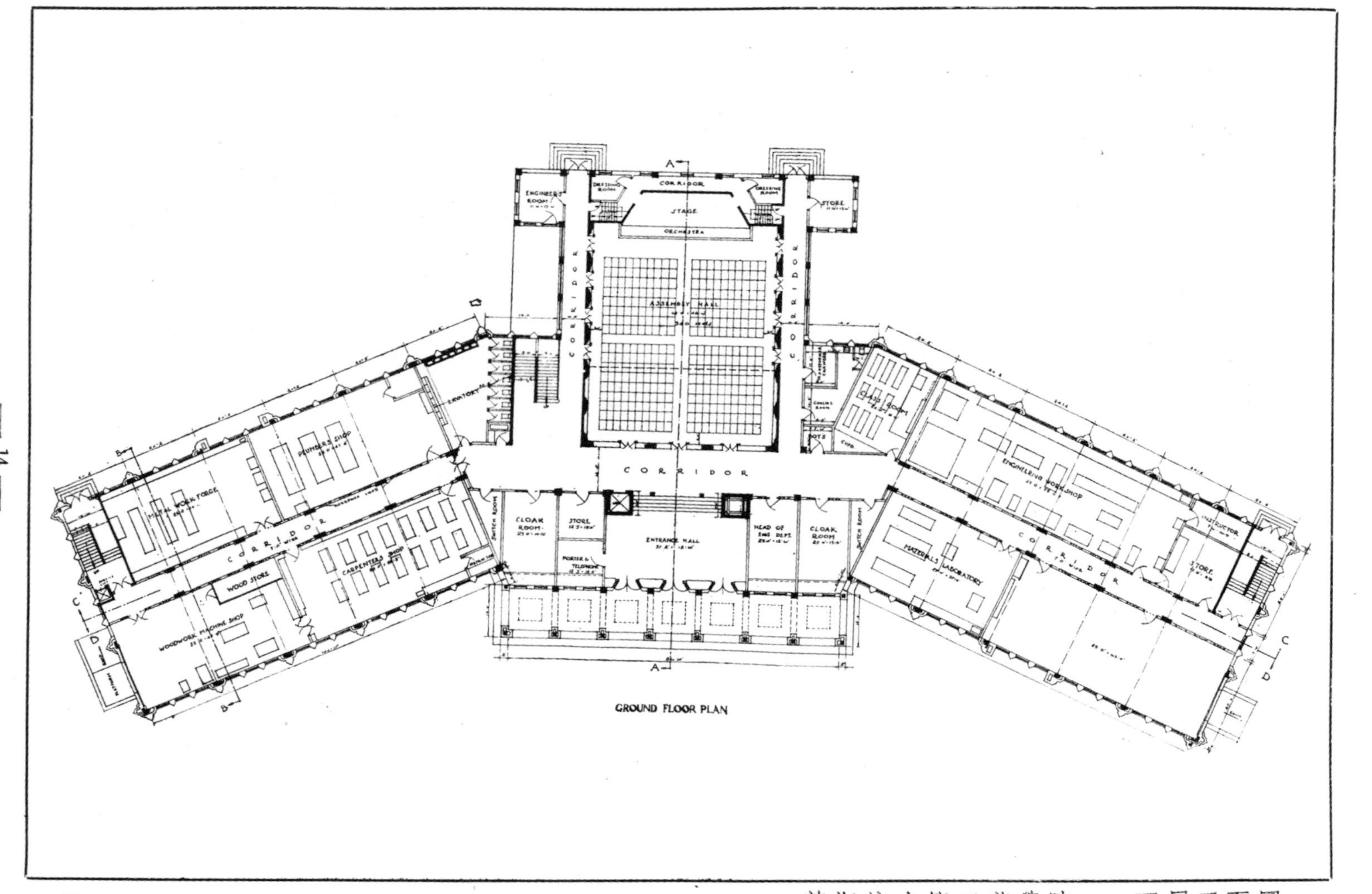

The Lester School & Technical Institute, Shanghai.

萊斯德建築工藝學院　下層平面圖

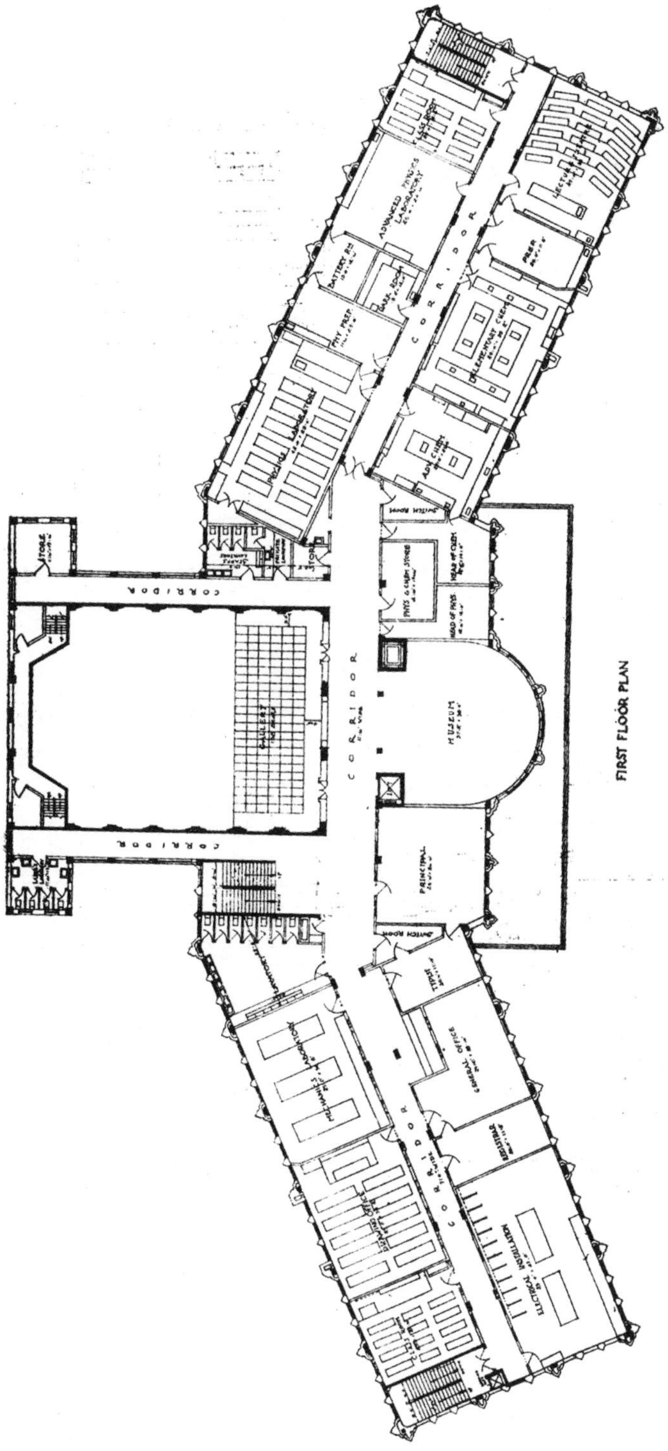

萊斯德建築工藝學院 二層平面圖

The Lester School & Technical Institute, Shanghai.

The Lester School & Technical Institute, Shanghai.

萊斯德建築工藝學院 側面圖

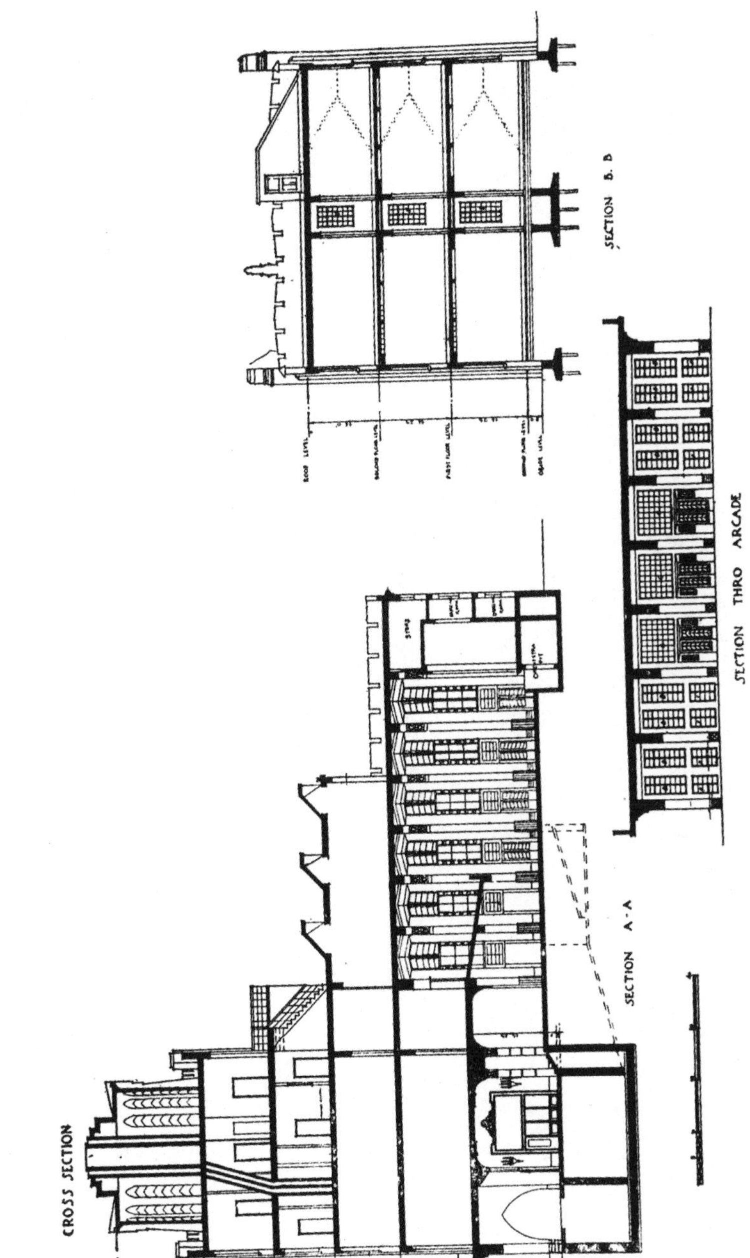

CROSS SECTION

SECTION A-A

SECTION THRO ARCADE

SECTION B.B

萊斯德建築工藝學院 剖面圖

The Lester School & Technical Institute. Shanghai.

The Grosvenor House, Shanghai.

Palmer & Turner, Architects.
Sin Sun Kee, Contractors.

峻嶺寄廬，位於邁爾西愛路，北依蒲石路，高凡二十一層，與華懋房子，巍然對峙。該屋內外俱用避火材料建築，舉凡近世最新式之公寓裝飾及佈置，無不具備。本期除將其全套圖樣刊登，藉供讀者參閱外，並將該屋工程進行中之照片數幀，載於本期“進行中之建築”欄；此種連續性之施工攝影，使讀者閱時，宛如置身該屋工場中。聞業主爲華懋地產公司，設計者公和洋行，承造者新蓀記營造廠。再該屋外口之四層公寓及店面，亦已開始投標云。

GROUND FLOOD PLAN

峻嶺寄廬 底層平面圖

The Grosvenor House, Shanghai.

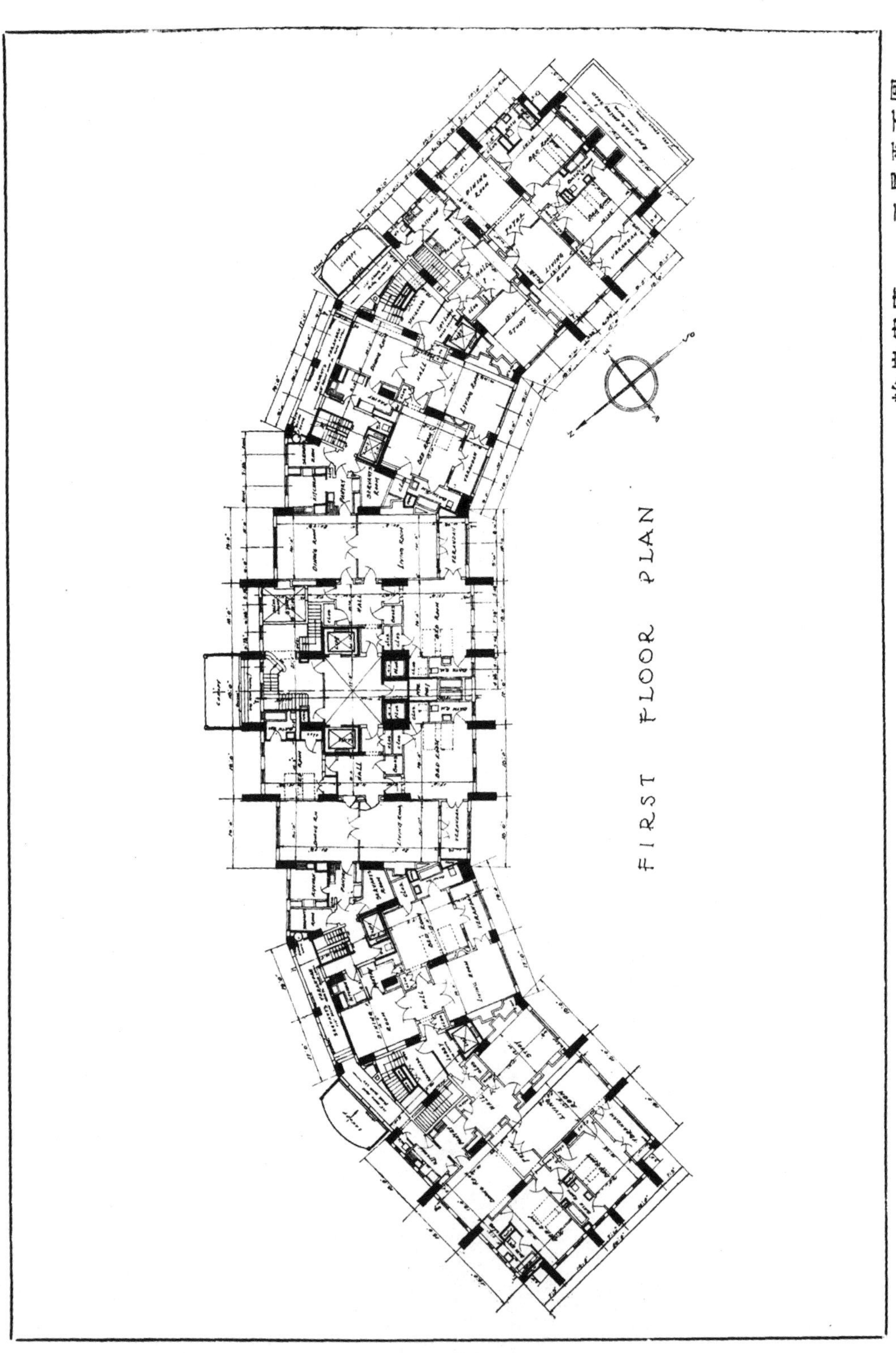

峻嶺寄廬　二層平面圖

The Grosvenor House, Shanghai.

TYPICAL FLOOR PLAN FLOOR NOS. 2-12

峻嶺寄廬 三層至十二層平面圖

The Grosvenor House, Shanghai.

峻嶺寄廬　東北立面圖

The Grosvenor House, Shanghai.

峻嶺寄廬 剖面及立面圖

The Grosvenor House, Shanghai.

上期“克勞氏法間接應用法”一文應改正各點

第30頁第二行“direct and shear”，應爲“direct stress and shear”。

第二圖右端上角D點應加畫“⟵ H,。”

第十圖右端下角之“—900h”,應爲“—1900h”。

『西摩近』水門汀漆之優點

（一）『西摩近』係純粹之胡麻子油漆。與平常油漆完全不同。其特點能在各種水門汀物質上。有完全之黏着性。此漆係用特殊方法製成，故凡水門汀物已經乾燥數日後。卽可施用。毫無弊端。在已用本漆者早已發現此優點矣。

（二）『西摩近』對於一切之漆灰壁面尤屬有用。凡已曾油漆之壁面。遇有損壞部分。若再用水門汀修補之。於數日後用本漆敷之。則可與舊漆無纖毫之差異。

（三）『西摩近』漆之易於塗刷，尤爲本漆之顯著優點。不特於其乾後具有平常油漆之光澤。而其黏性之牢固。實爲其他油漆所不及。並可照需用之速度濃淡溶成合於噴漆之用。

（四）『西摩近』漆施之於新鉛皮上。亦甚適宜。但必須漆兩層。第一層用松節油或同類之油調入本漆塗於該鉛皮上。第二層卽將新開出之本漆塗之。如此雖鉛皮撳折。亦可免剝裂之弊。

（五）『西摩近』漆毫無毒質。內外層均可塗用。用時最少塗兩次。

上海市建築協會第二屆徵求會員大會特輯

上海市建築協會第二屆徵求會員大會宣言

溯本會發軔於民國十九年春，由上海市建築界三十餘同仁共同發起，閱一載而正式成立。維時贊同加入者已逾百人，皆熱心發揚建築學術促進建築事業之建築界同志也。三載以還，雖國家多難，滬市凋敝，本會仍本其堅強之毅力勇往之精神而努力進行。諸同仁咸以公私薈集之身，而無時不予精神或物質上之慰助，使會務於風雨飄搖中，得慘淡經營而始終不懈。夫建築事業隨時代之巨輪以勸進，都市中之崇樓大廈日有新建；設實業計劃一一實現，機關廠屋以及公共場所勢將大興土木，更有待乎建築界之服務。同仁既受國家之期望至切，亟應如何奮勉耶？今者，建築材料既多取自舶來，房屋設計又多仰仗外人，建築物之漸增，即金錢之漏卮無已。尤以上海為甚，因建築物倣效西式，故多採材海外。凡此種種，我建築同人宜籌補救之策，不容或忽者也。當此物競之候，墨守繩規，終歸淘汰；拘囿一隅，未免寡聞。須推陳出新，以應時代之需要。本會創設之初衷，即本諸斯旨，如國貨材料之提倡，職工教育之實施，工場制度之改良等，嘗於成立大會宣言中剴切言之；歷年會務之工作進行，亦無時不引為準鵠，如建築月刊之發行，附屬夜校之創設，以及服務部之成立，所以提倡建築學術，培植專門人才，而督促建築事業之進展也。惟同人等寡於見聞，自慚棉薄，獲效距理想尚遠，現正勵精圖治，以謀次第實現。且也，獨木不能取火，積沙方可成塔，自必鞏固集團，作工戰之先鋒，共赴改革之陣線，庶幾建築物之光榮可期。惟茲事體大，非徵集同志，彙集羣思，循軌而作有效之奮進不可。我全國同業均應負荷一分責任，同具救國之志，各本互助之心，以貫澈共存共榮之原則，建築事業有厚望焉。本會有鑒及此，爰有舉行第二屆徵求會員大會之決議，佇盼營造家建築師工程師監工員及建築材料商等，踴躍參加，共襄進行，建築業幸甚！

上海市建築協會章程

定　名　上海市建築協會

宗　旨　本會以研究建築學術改進建築事業並表揚東方建築藝術爲宗旨

會　員　凡營造家建築師工程師監工員及與建築業有關之熱心贊助本會者由會員二人以上之介紹並經執行委員會認可均得爲本會會員

職　員　本會設執行委員會及監察委員會其委員均由大會產生之

(甲)人數　執行委員會設委員九人候補執行委員三人監察委員會設委員三人候補監察委員二人執行委員互選常務三人常務委員中互選一人爲主席

(乙)任期　各項委員任期以一年爲限連舉得連任但至多以三年爲限各項委員未屆期滿而因故解職者以候補委員遞補之但以補足一年爲限

(丙)職權　執行委員會執行會務籌議本會一切進行事宜對外代表本會并得視會務之繁簡酌雇辦事員辦理會務監察委員負監察全會之責任對執行委員及會員有提出彈劾之權各項委員均爲名譽職但因辦理會務得核實支給公費

職　務　本會之職務如左

(一)調查統計建築工商或團體機關及有關於建築事務者

(二)研究建築學術儘量介紹最新並安全之建築方法

(三)提倡國產建築材料並研究建築材料之創造與改良

(四)設計並徵集改良之建築方法介紹於國人

(五)表揚東方建築藝術介紹於世界

(六)設法提倡改善勞工生活與勞動條件

(七)建議有關建築事項於政府

(八)答覆政府之咨詢及委託事項

(九)印行出版物

(十)舉辦勞工教育及職業教育以提高建築工人之程度並造就建築方面之專門人才

(十一)舉辦建築方面之研究會及演講會

(十二)創設圖書館及書報社

(十三)設備會員俱樂部及其他娛樂事項

(十四)提倡並舉辦貯蓄機關及勞動保險

(十五)其他關於改進建築事業事項

會　議　本會會議分下列三種

(甲)大　會　本會每年舉行大會一次討論重要會務報告帳略並修訂會章選舉執監委員其日期由執行委員會酌定通告之

(乙)常　會　執行委員會每月舉行常會一次開會時監察委員應共同列席必要時並得舉行執監聯席會議

(丙)臨時會　凡執行委員三分之一或監察委員三分之二以上或會員十分之一以上之同意均得召集臨時大會

會員之權利及義務

(甲)義　務

(一)會員均有繳納會費及臨時捐助之義務會費暫定每年國幣貳拾元臨時捐無定額由會員量力捐助之

(二)會員均應遵守會章如有違反者由監察委員會提出彈劾予以除名或具函或登報警告之處分

(乙)權　利

(一)會員得提出建議於執行委員會請求審議施行

(二)會員得依據會章請求召集臨時大會

(三)會員均有選舉權及被選舉權

(四)會員均得享受本會各項設備之使用權

(五)會員均得享受章程所定一切權利

(六)會員有正當理由得隨時提出退會惟已繳會費概不退還

會　費　本會會費由會員繳納之如有餘裕由基金委員會負責保管不得用於無關本會之事

解散及清算　本會遇有不得已事變或會員三分之二以上之可決必須解散時必依法呈報當地政府備案並聲請清算方得行之

會　址　南京路大陸商場六樓六二〇號

附　則　本章程如有應行修正之處俟大會決定之並呈請當地政府核准施行

上海市建築協會

致本刊讀者暨各營造商建築師工程師函

啓者。本會應時代環境之需要。自成立以來。瞬已五載。並經國民政府教育部備案。認爲合法之文化團體。過去工作。如發行月刊。創設夜校等。服務社會。不遺餘力。現爲普遍外界入會機會共謀建築學術之推進起見。特自五月一日起。舉行第二屆會員徵求大會。玆因本刊讀者。不乏建築界先進及工程界鉅子。特附刊入會志願書於后。並發表會章於上頁。歡迎加入。無論建築師工程師材料商以及與建築有關者。均可塡寫志願書寄下。請求入會。此啓。

上海市建築協會啓

入會志願書

玆鄙人願加入

上海市建築協會爲會員謹具履歷如後

姓名　住址　籍貫

年齡　學歷　經歷

職業　營業所在　營業年數

除具上列履歷備查外鄙人已將上海市建築協會章程詳細閱讀如邀合

選入會願永遵守此具入會志願書

具志願書人　（簽名蓋章）

中華民國　年　月　日

附錄上海市建築協會成立大會宣言

上海市建築協會發起同人，鑑於憑藉吾國固有建築技術之不足恃，與夫從實際經驗所喚起之自覺，而有搠組本會之動機。茲者以共同努力之結果，艱辛締造，幸觀厥成；同人等謹以至誠揭其旨趣，爲邦人君子告焉。

夫建築一術，爲國家文化之表徵，此殆不可諱言之事實；論一國文化之隆替者，莫不舉建築物之表現形式以覘其究竟。吾國舊有建築技術，設計幽默，結構謹嚴，氣度雄渾，外觀崇樸，數千年來蔚爲世界之表率。追溯當時蠻貊之邦，尙處茹毛飲血，穴居野處之時期，而吾國已有宮室之美，台觀之樂，文化邁進，實得力於建築之勃興。顧以時代演進，略無甯時，其間社會組織文物制度，在瞬間各自有其蛻變，即建築一術，亦推陳出新，爭奇炫異爲務。卒以吾國爲一種富於因循苟且性之民族，任舉一事一業，或倡一技一術。保守有餘，創造不足。即就建築而論，既已承襲先人之殊績，亦祇拘囿一隅，繩守舊規，不能發揮光大，加以演進，適應突進之時代要求，其關於建築學術之專門著作，更付闕如。反觀歐美後進諸國，其建築術之進展，日滋月茁，蔚爲異觀。研究建築學術之出版物，更充斥書肆，俯拾即是，是故人民皆具有相當之建築知識，以促進住的幸福；而關於建築材料之發明，更日有所聞。同人等感念以先進自居之吾國，長此蹉跎，勢將落伍，捫心自問，情何以堪！此後願賡續東方建築技術之餘蔭，以新的學理，參融於舊有建築方法；以西洋物質文明，發揚我國固有文藝之眞精神，以創造適應時代要求之建築形式。旁以能力所及，致力於建築材料之發明，國貨材料之提倡，作事實上之研究與倡導。此其一。

試觀建築工場中，從事於中下層工作者，其日常應付本能，泰半得諸實地工作中所換得之經驗，知其然而不知其所以然，未能以學理輔助經驗之不足。此輩工作人員，率因境遇關係，在未置身於建築事業前，不能獲得充分之教育機會，臨場應付，不得不爾：故其建築思想之幼稚，國際瞻觀，相形見絀。且僅恃經驗以爲應付工作之利器，譬猶失舵之舟，蕩乎中流，在駕駛者既無自馭之能力，而漫漫長途，亦乏遵循之準則。是故提倡職工教育，革進匠工心靈，又爲本會唯一之急務。此種職工教育之實施，其科目不期高深，但務實踐，俾此輩工作人員所受得之學理不悖於經驗，經驗有恃乎學理，兩相爲用，以增高工作上之效率。此其二。

吾國建築業之所以萎靡不振，工場制度之腐窳，與夫工場生活之不良，實爲兩大主因。爲工場場主者，每不能以社會爲對象爲其服務之目的，但知斷斷錙銖，謀得個人業務上之利益。其觀察點僅及於現在，不知謀遠大之發展。爲工作人員者，既乏學術上之訓練，又無道德之素養，馴至蹧蹋材料，不顧公德，或慵懶性成，甘習下流。爲童工者蹀躞工場，搬磚運瓦，爲其日常工作，大好青春，如此蹉跎；身爲場主者絕對不加顧惜，將其工餘時間善爲利用，督促攻讀，扶掖其智力之發展。故此種童工，既至相當年齡，亦即形成有手足而無頭腦之苦工，盡其天年，不近人情，孰甚於此！凡此種種，馴至場主不能謀進工場制度，以保障工作人員之幸福，同時工作人員亦與場主貌合神離，不能收上下合作之效，此僅就工場之概況而言，他如投身建築者因業務上之關係，私人間之酬酢，繁文縟節，其習氣日趨澆薄；或因業務上利害之衝突，則不顧交誼，競相傾擠，廉恥喪亡，夫復何言！凡此種種，同人等願憑過去經驗之教訓，考究癥結所在，作縝密之研究，以爲改良工場制度，摒除浮夸習氣之預備。此其三。

綜觀上述建築技術之革進，國貨材料之提倡，職工教育之實施，工場制度之改良諸端，俱爲本會服務之對象，而同人等此後願以出世之精神，獻身於此種入世之事業者。鵠的既具，宗旨已明，此後當以國家法令之所規定，在黨的指導之下，就環境容許之程度，與夫自身能力之範圍，進取其精神，審慎其研究，以期逐步實現固有之初旨。此則同人之所厚望，而亦惟有賴於社會之指導與贊助，相期有成者也。伏維　公鑒

中華民國二十年二月

建築同業應有之認識

陶桂林

上海市建築協會第二屆徵求會員大會，已定期舉行，建築月刊有彙輯專欄之舉，用誌盛概。編者徵稿及愚，愚以發起諸君對於本會屬望之殷切也，進行方針之指示也，靡不各抒讜見，已有剴切之申述，雅不願再以迴腸盪氣之辭，有所聲喋。惟以建築一端，關繫人生衣食住行四大要素之一，執斯業者其職責至爲綦鉅；設有隕越，實不足謀進住的幸福，以副一般人之期望。感念及此，能不深自策勵 知所警惕！善夫梁任公先生之言曰：「人類所以優勝於其他生物者，以其富於記憶力與模倣性：常能貯藏其先世所遺傳之智識與情感，成爲一種「業力」，以作自己生活基礎」。縱觀自來經營建築者，實不善利用此兩種特點，以促進技術上之進展，爲謀進一般人住的幸福之準備。吾業一方面既承襲先人所遺豐偉之建築遺蹟，一方面又受同時代西洋建築學術及形式之薰染，理宜自行濬發其智力，復成爲一種新業力以貽諸後來，如是轉展遞蛻，建築一術乃得日進無極。卒以吾業缺乏記憶與模倣之結果，對於前時代建築遺蹟，不知有所參考借鑑；對於同時代之建築形式，其模倣結果馴至純粹歐化，無復有東方民族精神之表現。所謂模倣者，以人之長，補已之短，如上所謂模倣者，直依樣抄襲耳！是故吾業現在之狀態，非拘囿舊規，卽純粹歐化；每不能自行濬發參融，以科學思想創造新的建築方法，謀進住的幸福。孫中山先生曰：「一切人類進步，皆多少以智識，卽科學計畫爲基礎。依吾所定國際發展計畫，則中國一切居室，將於五十年內依近世安適方便新式改造，是予所能豫言者。以豫定科學計畫建築中國一切居室，必較之毫無計畫者更佳更廉。……居室爲文明一因子，人類由是所得之快樂，較之衣食更多；人類之工業過半數，皆以應居室需要者」。願吾業此後努力實現中山先生遺旨，以豫定科學計畫建築一切居室，並以促進住的幸福爲服務之眞正目的。茲當本會第二屆徵求會員之初，謹舉此兩點以與諸君子共勉。

我國建築業過去的失敗與今後的努力

謝秉衡

事事落後的我們中國，什麼事都落在人家背後，譬如我們建築業也未嘗不是這樣。最近數十年來，總算國人對於過去的錯誤已漸漸地認識，今後的努力已漸漸地知道，前途似乎已光明得多了。實在呢！國人再不從酣睡中覺醒，振作起精神來努力改進，那今後非但不足以謀進展，抑且將不能保持過去病態的危機了。文化事業與工商事業的先覺者的刻苦地研究，奮發地前進，就是看透了這一個癥結的緣故。

果然，最近十幾年來的情狀，比較數十年前要進步得多了。可是這些進步，決不能滿足我們的希冀，因爲我們企望於國人努力的程度與收穫，決非僅僅這些少，僅僅能夠趕得上人家跑；我們所企望的是努力於獲得新的發現或發明，超越先進者的前線。所以我們的努力不僅是學人家而是求得指導人家，駕馭人家的能力。過去的成績能有這樣的努力與收穫麼？說來眞是慚愧，憑良心說，非但不能超越人家，甚且還沒有學像。

那末，我們過去的努力可說是完全失敗了麼？那也不能說是完全，不過，不能算是成功是了，因為沒有達到如我們所希望的進步。

過去的努力之所以沒有顯著的進步，那自然有種種的原因，要點則在努力的方法錯誤，以至使我們的成績竟那樣的薄弱。我自己是建築界的一份子，對於我國建築界過去失敗的原因比較地熟悉些，對於今後的努力的方針因之也有些意見，現在簡略地來說幾句我要說的話。

我國建築界在過去的所以失敗，有二個主因：第一，同業的學力淺薄；第二，同業間缺少團結的精神。就把這二個原因給予我們的損失來一說。

第一，同業的學力淺薄——這是誰都知道的。我國在從前是很視工業的，沒有培植工業人材的專門教育。譬如我們建築界，在最近幾有教育建築專門人材的學校，在以前是沒有的；建築界中較為傑出的人材，都是憑藉他自己天賦的才能去暗中摸索而得到經驗。這種人材雖算是成就了，然而在時間與精神上的損失是很大的；假使獲得了享受專門教育的機會，他的事業的成功必定要比較地偉大的多。可是，我們在過去沒有這種專門教育的設置，以至埋沒了不少的有建築大才的人材，那是多麼的可惜呢！況且，因了建築界同業的沒有享受專門教育的機會，對於建築事業工作的學力的淺薄是未免的。因了大部份建築家學力的淺薄，于是在工作上比外國的建築人材要稍遜一籌，就是對於同業營業上也有了不利的影響。這樣，給了外人以略奪我國建築界權威的機會；歷年來外國建築業者的橫行操縱，便是這個大原因的賜與，也是我國建築業在過去失敗的一要因。

第二，同業間缺少團結的精神——不論何種事業，必要「羣策羣力」地去幹，才能收「事半功倍」的效果，所以在原理上講，同業間的團結精神是必須具備的。果然同業間在營業上是必定互相要競爭的，但同業間合理的競爭並不是一件壞事，却是一個很好的現象；各種事業的改進，得益於合理的競爭是很多的。工作的精良與迅速，浪費的免除等等，都是同業間應該競爭的；這種競爭，既可增進自身的營業的發達，也可改進同業的前途的進展。這種競爭對於同業的團結精神也是沒有絲毫損害的。但在過去我國建築界同業中，似乎有一種很壞的現象，便是缺少團結精神。同業間既少聯絡，「集思廣益」當然不可能，甚且不顧彼此的利害而作盲目的競爭，結果是不但使整個的我國建築界受到損害，即於他自身也有不利的。祇以營造家而說，往往有不顧自己的血本，濫開小賬以爭得一件工作的；這件工作的賠本或賺錢，他都不顧，以至陷於失敗的很多。這自然也是同業間缺少團結精神，不知同業互助的結果。這種失敗，對於他個人的損失不足惜，祇是影響於我國整個建築界利益與地位，都是很值得注意的。因了不團結而影響於營造界的事實很多，這不過是一例。

況且，「籬笆破，外狗鑽，」這一句俗語，也是很可以用來譬喻不團結的缺點的。我國建築界的所以給外人囂張操縱的機會，雖則同業間學力的淺薄是一因，但同業間的不團結更是主要的原因。帝國主義者的所以能夠侵略弱小民族，是因爲他們內部的團結鞏固，外國建築業者的鑽進我國建築界來，也是他們對華侵略的一方面。他們外國人的建築業間，雖則也在營業上相互的競爭，可是他們在精神上都很團結的。反之，我國建築界竟那麼的散漫，一些也沒有團結，所以，我國建築界的力量，在過去不能與外人經營的建築業並駕齊驅，是不能避免的。因了不能團結，便易受外人的壓迫，這種外人對我國建築界壓迫的行爲，到現在已相沿成習，卽使曲在外人，也祇能忍氣吞聲的不敢與之爭論，這種受虧的事情層出不窮，是舉不勝舉的。可知我國建築業的所以不能發展，同業間的不能團結也是一要因。

上面二個原因的不利於我國建築界，使我國建築界於過去的失敗，已約略說過了；可是這不過舉其犖犖大者，其它的原因與影響還很多哩。現在，再把我認爲今後我們的努力方針的重要點舉其一二，貢獻給本會會員諸君及讀者諸君的參考。

這在我是非常快活的，本會居然發起組織於四年之前，今日更舉行二次徵求會員，中道不墮，這可知同業諸君的團結精神是很豐富的。建築協會成立以後，對於使我們失敗於過去的缺少團結精神的一因，已經解決了。此後本着我們互助的精神與奮鬥的毅力，團結一致，與外人經營的建築業相頡頏，勝利是可操左劵的，從本會的定名的意義，似乎太嫌狹窄，因爲祇限於上海一市；但組織伊始，不得不從小的範圍做起。祇要會員們的共同努力，將來不難擴大本會的組織，成立一中國建築協會呢！

有了基本的團結組織，對於將來的努力，自然比較地便利，祇要本會的全體會員肯努力。

今後的努力方針，可分二點：一是消極的，一是積極的。消極的努力，則在毀滅我國建築界過去缺點；積極的努力，則在創造我國建築界未來的光榮。如打倒外人經營的建築業在華的勢力，反抗外人的壓迫，免除同業間的嫉妬與冷酷……等等，都是今後消極的努力方針。又如培植或獎勵有志從事於建築業的後起者，力謀建築業的安全，對於建築學識的探究，改進有利於建築的事情……等等，則都是積極的努力方針。不論是積極或消極的努力，我們同業者都應該努力從事，因爲積極與消極的努力，二者都是有利於我建築事業的。

我們中國的事業，都是待興的時期，尤其是建設一端。現在戰爭停止，國內已告統一，無疑的各種事業都要勃興起來了；在建設方面自當需要大量的建築物，所以我們建築界是很有希望的。但，希望是需要我們自己去追求的，希望的實現，全在我們自己的努力。否則，「虎視眈眈」的外國建築界，定會把我們的希望破滅，而奪去我們發展的機會。同志們！努力罷！

本會二屆徵求會員感言

湯景賢

本會自發起組織以來，已歷四載。在此時期中，集多人之精力，艱辛締造，不辭勞瘁，始獲今日之結果。緬懷往蹟，籌思將來，尤應羣策羣力，各自惕勵，以期早日完成使命之實現，而副各方面之雅望。景賢不敏，得追隨諸君子左右，參預組織。所謂「前事不忘，後事之師。」現謹摘述本會創設之動機及其經過，暨景賢個人對於本會之希望，以告讀者，想亦關懷本會者所樂聞歟。

間嘗稽考我國史乘，未嘗無著名之建築工程，灼鑠中外，而為世界所推崇者。吾人所習知者，若長城若運河，皆東亞偉大之建築工程也。他如舊都之宮殿苑囿，名山之寺宇古蹟，皆為富於美術思想之建築，足資吾人景仰摹倣者。惟以當時社會歧視建築匠工為一種不齒之卑役，而為匠工者，雖具絕高天才，亦自暴自棄，對於自身之建築經驗，不願有所表見，致神工猶在，而技術不傳，徒留後人之唏噓觀摩而已。職是之故，一般人僅注重於建築物表現形式之鑑賞，而忽略建築方法及學理等之探討：此所以吾國固有建築技術為一般人所遺棄，而建築者（所謂匠工）亦澌沒無聞，不足表見於當時也。迨夫近世紀西方文化突進之結果，對於建築一術，更有顯著之進步。國人豔羨之餘，移其往日之鑑賞力與西洋建築形式。於是計劃工程者，必誇羅馬式，經營苑裘者，都尚洋樓，一若吾國固有之建築藝術，毫無追尋探討之價值，頗有欲謀建設，非採西法不可之勢！綜上述一般人僅注意建築物之鑑賞，忽略形成建築之方法學理，以及受近代西洋建築技術之麻醉，致吾國建築藝術之在今日，陷於不絕僅存之狀態，揆情度勢，實非發揚東方固有建築藝術，參融西洋建築學理，以創造一種適應時代要求之建築形式不可！

夫欲發揚東方固有建築藝術，必以研求西法為着手，而以保存國粹為歸結，否則譬諸現代婦女之學西方美者，徒知袒裎露臂，而不求身心之健全，是以結果適得其反。景賢深信吾同業因摹倣西法建築，而蹈上述現代婦女之覆轍者，自所不免。故此點不可不有相當之注意。

以前我國鮮有所謂營造商者，承造工程，均由水木匠工任之。此輩匠工，智識優劣不齊，經驗多寡不等，故為社會所卑視。自通商口岸，因事實上之需要，盛行西式房屋後，承造者由經濟地位之增高，而漸得社會上相當之位置。迨後皆知營造事業之有利可圖，遂羣起逐鹿；故營造廠之設立，日增而月盛。其中固不乏學術優良，經驗宏富之人才，但其參差不齊之狀態，與疇昔無異也，烏得謂有進步！故欲圖補救，非聯合同業造成機會，團結一體，以謀力量的增加和技術的革進不為功。而材料商與建築界尤有密切之關係，人所共知，自應互相聯絡，在金錢與貨物之外，兼謀智識之交換，庶於甄別材料之性質，堅固，美觀，價值等等之見解，雙方得有直接洽定之利便。

凡此種種問題，籌思久矣，乃因獨力非易，此志難竟。會有陶（桂林）陳（壽芝）杜（彥耿）盧（松華）諸君等走告，謂擬聯合建築家及與建築界有關之材料商，組織一團體，共同研究學術，以謀工事之改良，與業務之發展，徵余意見。諸君之志，即余數年以來熟思之計劃也！一旦遇此同志，予我以合作之機會，不覺大喜。遂闢九江路十九號泰康行址餘屋為臨時會所，開始籌備一切，是為本會由理想而臻實現之厓略也。

本會籌備之初，先由徵詢同業意見着手，結果得志趣相契者二十餘人為發起人，遂分游息之時間，昕夕討論進行方針，決先成立籌備委員會，辦理擬訂草章，徵求會員，及呈請立案諸事。歷時八閱月，成績斐然；並經本市市黨部民訓會，暨教育局，先後派員視察，認為合格，准許設立。是為本會自胚胎迄於產生之大概也。

在籌備過程中，最足表現同人努力進行之處，厥有數點：（一）

出版會報。 同業中自聞本會籌備之消息，雖不乏自動的加入本會，竭力合作者，但尚有一部份同業，因不明本會之宗旨究屬若何，故逡巡觀望，無所表示。因此同人以爲刊印會報，宣傳消息，實爲當務之急，免費贈閱各同業及關係各團體，本會能於最短時期成立者，實基於此。而今日轟動建築學術界，銷行遍國內外之建築月刊，亦即以此會報爲其始祖；撫今追昔，足資吾人紀念者也。(二)開辦夜校。 開辦夜校，原爲本會職旨之一，願與會務之籌備同時並進，吾人實足自豪。溯設伊始以會所兼校所，故於設備方面未能完全，教室狹隘，不能盡量容納一般同業中之失學者，深爲抱憾，然報名時人數竟逾學額一倍以上，則本會之切於時代的需要，已由此一端而使同人更加自信焉。現在夜校成立至今，將及四載，另闢校舍，圖謀擴充，不遺餘力；學生由二十餘人，增至一百二十八。景賢承乏校長之職，辦學主張，重質而不重量。在此短促之時間中，未敢言有特殊成績，但酌考諸生，頗能利用時間，勤奮向學，此足以自慰者也。

當本會籌備之消息傳出，而社會上未曾遍曉本會宗旨之際，曾有本市營造廠業同業公會聞而異之，以爲同一市區，不當有同樣兩個團體之存在；且公會之成立，遠在數十年前，而成績亦殊可觀，則本會之設立，似有分攬事權，樹黨立異之嫌。彼時主管機關，亦因同樣情形，對於本會稍有懷疑。旋經本會鄭重聲明，本會之職旨，乃係團結同業，研究建築學理，謀進建築技術、共謀中國建築事業之發展與改良，絕不與同業公會之職責相牴觸。同時復得張君效良張君繼光之了解，力任向公會詳細解釋，一團疑雲，始各消釋。本會籌備以來，以迄于成，所遇困難，于此可見一斑。

本會於二十年春始告正式成立，距今蓋已三易寒暑矣。其間徵求會員，僅於創始時舉行一次，因同人等以團體事業重在精神毅力，故徵求會員，俱抱甯缺毋濫之意。茲值二屆徵求會員，予志趣相同之外界，有普及入會之機會。則人材既衆，基礎更固，此後會務之進展，其成功當更具把握。然古人有言：滿招損，謙受益，吾人樂觀之餘，應記取此語。自勉勉人，須知現在所竟之工作，不過什一之比，此後方爲正式努力之時期，試觀本會十五項重大職務，(參閱章程)所舉者有幾，倘不繼續努力，以求逐步貫徹，非但有負使命，各個人回顧自己，亦不能無愧也！

至於如何方能完成本會所負之使命，當非余個人之理智，在倉卒之時間所能置答。且本會所負使命，極爲重大，亦非章程中所擬十五項職務所能概括。但如此重大之使命，必須建築界同人，及與建築事業有關係者，一致起而担任工作，方克進行，則可斷言也。因此，余對於本會現有會員錄現有之紀載，不能遽抱樂觀；此後第一步工作，即須繼續努力介紹「上海市建築協會」七個字與社會，推而至於全國而全球，並使同樣集會，普遍於我國建築家足跡所至之地，然後以某一地方爲總樞，彙取各地各項人材努力所得之貢獻，或工作上發生之困難，轉匯於各地各支會，以供研究。能如是則人材既衆，力量斯大，方稱整個建築界一致努力之口號，但爲理想所及之事，無有不舉矣！本會之工作，既須整個建築界起而担任；自應分工合作，以專責任。故至相當時期，亟須分類組織學術研究委員會，其主要科目，約可分爲四種：

(甲)工程組　由工程師組織之。專門研究工程上一切學術，關於(二、)(四、)(七、)(八、)(九、)(十一、)等項職務，(見本會章程以下同)爲其主要任務。

(乙)藝術組　由建築師及美術家合組之。專門研究藝術上一切學術。關於(二、)(五、)(七、)(八、)(九、)(十一、)等項職務屬之。

(丙)經濟組　由熟諳社會經濟諸問題之會員組織之。專門研究關於建築事業與社會經濟問題有關之事項。凡(一、)(六、)(十三、)(十四、)各項職務，均負編查提倡及實行之責。

(丁)理化組　由工程師中之潛通理化者與經營建築材料業之會員共同組織之。專門致力於第(三)項職務之進行。

四者既備，則本會主體，比諸一具機械，以(甲)(乙)兩項爲經，(丙)(丁)兩項爲緯，納爲規範，績之織之，未有不成美錦者。觀察我國今日建築界，曾受高等教育而潛通建築學術者，頗不乏人；同時因社會經濟之壓迫，而無數失業者紛紛投身工界，以謀出路。故手足胼胝之工人，爲數亦日益激增，使擁有資本者投資於建築事業，已不患無人爲其服務。惟所感困難，即缺少一種中等人材，若看工，若小包作頭等等是也。建築物之完成，假工人之手，而直接即由此輩負指揮之責；如果不具相當智識，雖有工程師建築師之擘劃，對於工人，難收指揮如意之效。其弊大則影響生命財產，小亦足以引起建築過程中之糾紛，而失却建築原則上之效能。故余以爲本會今日因陋就簡之夜校，有積極擴充之必要，庶幾上中下三項人材，成正比例式的增多，亦切中時要之舉也。

本會之使命

江長庚

我中華立國，於今四千餘年，歷史之悠久，文物之具備，爲世界任何一國所不及。建築工程之最偉大最雄壯而最足表示我國古代文明者，厥爲萬里長城，次則我人所景仰不置，緬懷無已之阿房宮，雖爲歷史上之陳跡，然更顯我國之建築工程，非無一顧之價值。

惜乎此種建築工程，以家天下之故，成爲一姓之私產。易姓之秋，多如咸陽之炬，未能如長城之久留於世。蓋以思想統於一尊，習尚輕視技攷，遂使建築藝術，逐漸流於退化；然而北平之宮殿園囿，歷代之皇陵太廟，全國之寺觀院塔，其工程之浩大，建築之精巧，即今東西洋之建築技師，亦均嘆其弗如。不過一則聚百姓之膏脂，以爲一姓之享用，一則吸愚昧之施捨，資供僧侶之鑑賞；核以民有民享之旨，有所未合耳！

茲則　總理之三民主義，已普及於世；而實施三民主義，首重建設，而建設之工程，負責最重大者，厥爲我建築同人。前以專制淫威之下，集會結社，向無自由。於是建築同人各自爲謀，智識無由交換，技能容易失傳，以致以前建築方法，均無以綿延，世多不知。自革命成功，政權一統，在三民主義之下，集會結社之自由，於焉實現。我建築同人，遂於四年前有上海市建築協會之發起，藉求完成以下之使命：

(一)發揚我國固有之建築藝術；

(二)吸收東西洋之建築方法而予以融化；

（三）實現建築材料之自給；

（四）實施職工教育並改良工場制度。

四年來同人等對於上述之使命暨成立大會宣言所指各節，均能全力赴之，以冀貫澈初衷，共謀實現。成效若何，不敢定論。當茲二屆徵求會員，對於此後會務，更望能再接再厲，邁往孟晉。尤希黨國當局，指導監督，邦人君子，匡其不逮，微特本會之幸，抑亦作者所期望者也！

有望於本會發起人者

盧松華

本會自發起組織以來，已有四年了。在這四年中間，我們忝在「保姆式」的發起人，苦心栽植，維護唯謹，希望他有健全的人格，有獨立的技能，換句話說，便是沒有一天不盼着他能對同業謀福利，對社會盡貢獻。畢竟以精誠愛護，共同努力的結果，他在今日所表現的，雖不能謂為成功，亦尚不使人失望，松華忝在本會保姆之一，內心的愉慰自是不待言宣的了。

本會在由醞釀時期而至今日；其間會務進展的種切，是足引起我們注意的，便是在這短促的時間中，他的進展。在事實上已足證其獲得相當的結果。如建築學術刊物的印行，職工夜校的創設，服務部的為一般人解決建築上的困難，建築圖書及材料的搜集，答覆政府當局的咨詢及鑑定……這在他均有過相當的努力。所以我們做保姆的對於會的前途實抱着無限的樂觀，而更願鞠躬盡瘁，鼓起了服務的精神。但我所希望於保姆們的，便是在這樂觀的態度與服務的精神中，絕對不宜攙雜着自誇與畏難的成分！自誇是走到牛角尖裏去的絕路；自誇的結果不是自墮便是自滅。至於畏難，「天下事有難易乎？為之，則難者亦易矣！不為，則易者亦難矣！」古訓俱在，我們做保姆的不能不加恪守。想悠悠的進行的過程中，會的前面難保沒有意外的阻力，到那時我們祇須各自問着：「天下事有難易乎？為之，則難者亦易矣！」，縱遇千百困難，自亦迎刃而解了！

孫中山先生曾經很感慨地說中國的人民是一盤散沙；祇有家族的觀念，沒有民族的思想，對於團體的發展可以說絲毫不相顧的。本會的組織，在一方面雖以謀進建築技術，提倡國貨材料，發揚民生主義為職志；但在他方面也正可乘着這機會以為練習團體生活的場合；竭力免去先前「不相顧及」的絕病。

現在開始舉行第二次徵求會員；謹以此文致獻於新進的保姆們，並願與之共勉。

貢獻於建築協會第二屆徵求會員大會之蒭見

殷信之

我建築協會刱設於民國二十年，慘澹經營，於茲三載，由時代巨輪之輾轉演進，與我協會同仁之恪力匡護，新猷日展，會務已斐然可觀。信之忝僭在會，得獲躬參其盛，撫念甯馨，憮忭萬千，際此第二屆徵求會員大會舉行之時，尤對輝煌前途，生莫大之憧景焉。竊按建築一業，躍居現代物質建設之首位，而為國家文化之表徵，我協會之設，尤能適應時需；而為同業競進之唯一良導，是社會之倚重既鉅，人羣之屬望倍篤，惟當勵精圖治，積極奮進，羣策羣力，以期共存共榮，庶幾溥利家國，而能不辱使命也。信之不敏，濫竽建築界有年，平素就觀感所得，擬有所貢獻於我諸同仁者，玆謹對協會之組織與工作問題，臚陳應行興革諸點於後：

一、組織之充實化及系統化　欲謀鞏固集團之基礎，首在充厚個體之實力，而冀求羣力之盡量使展，尤在乎組織之具有系統，此不易之論也。蓋合作事業必由堅定單位而臻一致團結，體用互爲因果，亦邏輯上之定理。溯我建築協會發軔伊始，響應者不過寥寥三十餘人，迨正式豎立，贊助者瞬逾百人，三載以還，增加固不啻倍蓰，以言實力，則今昔懸殊，殊無庸諱；然而細審同業之入會初衷，大率爲局部業務之方便計，徒惑於時尚所趨，僅目爲俱樂之場合，蓋罕有瞭然於集團組合之眞諦者也。是以創設之初，羣力漫散，殆有類於沙礫，而事權瑣碎，未能納諸範疇，縱或援例集議，而聚散靡定，往往議定案决，躊躇踐行，會務進展，祇見停滯，推究原委，組織之未具系統，厥爲唯一癥結。而爲今之計，應俟此次二屆徵集完竣，亟行召開全會，釐定會務之綱目，規劃事權之標準，以整個集團，重施縝密之組合，同時嚴格遴選，區爲小組，分工合作循序，奮進。猶憶湯景賢先生曾主張會務進行，應專職責，闢爲工程，藝術，經濟，理化，四組，互爲經緯，而共襄偉業：言約意賅，亟當使之實現；一方詳訂方案，切實推行，則會務前途，成效自見矣。

二、工作之計劃化及具體化　我國工商企業，式微殊甚，揆其基因，固非一端，而經營者之缺乏預定計劃，與不能爲具體之實施，蓋不容稍辭其咎；然而我人環觀世界各國，方羣趨於「計劃經濟」之新生路，專家擘畫，舉國傾從，巨流所激，如火如荼，是則他山之石，可以攻錯者也。我建築協會同仁，獨能不囿陳習，詳設進行之策略，不可謂非具有灼見者。按協會章程第五條職務下規定應辦事業凡一十五款，對直接發展協會本身，與扶助同業之工作計劃，殆已應有盡有。而杜彥耿先生於協會成立時，並有設立建築銀行之建議，謀爲同業建樹調濟金融之尾閭（信之對建築銀行之籌設會於本刊二卷一期中發表緣起），我人循斯準鵠，正可奮力積進，然三年來對預定計劃之能推諸實現者果幾乎？雖二屆徵求大會宣言，對業經舉辦之成績，已爲我人剴切言之，如月刊之發行，夜校之創設，服務部之成立等等，亦未嘗不可稍稍告慰於國人；但以言工作實效，距理想中之準的，固猶未堪道里計，即擬諸歐美各國，亦不足同日而語也。此非我人之奢望過鉅，與夫苛責太甚，蓋國家社會之交與既深，甯能不自黽勉，而堅毅猛晉哉！故鄙意今後之計，首在具體的實現原有計劃，一方切實嚴定進行步驟，一方彙集羣思，衡度工作性質，區別何者爲急務，何者應緩圖，依次循序共扶盛舉，則協會萬幸！同業萬幸矣！

綜上兩點，竊認爲應行興革之要圖，惟率爾操觚，行文龐雜，容有謬訛之處，幸冀我同業先進暨協會諸同仁進而教之。

四月二十五日

建築工業之興革

▲組織職工學校

▲從根本改革現在的制度

杜彥耿

我在本會成立大會特刊裏，曾發表一篇『本會前途之瞻望，』主張：「出版定期刊物，自建永久會所，籌辦職工學校，設立建築銀行，組織職工俱樂部。」現在，出版定期刊物已實現，建築夜校已辦四年，設立建築銀行亦在醞釀外，其他三個提議，暫時已擱置不提。但是，我又要把這舊事重提了，尤其是「籌辦職工學校」的計劃，要在最短期內使他實現；且將芻議，寫在後面，請讀者指正，並予幫助。

若然這次徵求成績良好，能夠達到或超過預定目的，那我極端主張辦職工學校，因爲現在需要職工學校的程度已到了極點！何以這樣說呢？試看新生活運動的目標無一不是要把社會改成清潔整齊，要教人倚仗禮義廉恥等的古訓，但是民智沒有啓發週遍，習俗已經深固，隨你有什麼提倡，都不能得心應手的做去，終是牛頭不對馬嘴的纏夾。

要想把現社會改善，非根本改造不可。職工學校的急待促成，就是這個意思。現在我們雖說有四萬萬七千萬的民衆，其實有多少能適合現代？多少能夠做事？我恐做事的少，搗鬼和吃飯不會做事的多。

職工學校並不需要講究的校舍，精利的機械，故開辦費不鉅，易於着手；只要在滬西或閘北僻靜的地方，購地十畝，搭蓋板屋，即可招收一百個學徒，開始教授。

這一百個學徒的招集，可託由慈幼會孤兒院或其他收容孤兒的地方代招，年齡要在十八歲以上，因爲這樣既可減輕慈善機關的負担，在管理上亦較爲容易。以後逐漸加增至五百個爲額。第一批的五百個學徒，完全招沒有依靠的孤兒，決不招有家庭的孩子，因爲有了家庭的牽制，便不能根本改善，致不易獲得優良結果。淺近些講，譬如一個貧苦的家庭，於不能度活時，把兒子送來學習技藝，但不到一兩個月後，做父母的便要來探望他們的兒子了；平時在家沒吃沒穿，孩子餓了吵鬧，便拉來一頓敲打，倒不提起，這時候則就要說什麼我們的兒子比前黑了瘦了，以爲這樣的拉七拉八說一套，算是對兒子的慰藉；殊不知孩子的不上進，貪舒服，望富貴，這種種壞觀念，便是種因在這裏，馴至現在社會不能隨時代而改進。

一百個學徒招齊時，須經醫生檢驗體格目光聽覺，倘有體格不健，目光短視，聽覺不聰者，都不能及格，再行補招。逐一檢驗合格後，日間操練，晚上講授，講授課目，分擣水泥紮鋼條二種，因爲這二種，訓練較易，用處較多。水作木作漆作等等，都在續招的時候添設。

學手藝不是打仗，如何要操練呢？因爲現在的人都未經過基本訓練，所以凡百舉動都不稱適，連走路也走不相像，東衝西撞沒有標準的方向；讀者試留心細察，因走路互相衝突而引起的無謂事端，一年中不知有多少件。加之未受訓練的人是沒有服從心也沒團結心，所以總理說我們的民族是「一盤散沙」，現在若要把這一盤散沙，凝成一體，非得從根本訓練不爲功。擬辦工業學校，就是團結工作中的重要工作，因之除了晚上授課外，日間還須操習訓練，養成服從命令的習慣，倘發一口令下去時，一百個人能同時像機器般照口令動作。這樣的日夜教練二個月後，便可分作十隊，每隊由領班的率着到工場去實習。譬如擣水泥的到了工場，四個擋鐵錘，二個拿煤鍫平倉，其餘四個，二個在平台，二個搬馬櫈。後四個與擋舂錘的四個，應每間二小時對調一次。白天是這樣的往工場實習，晚上則於七時至九時間，由領班或教授解說白天所做的工作，務使各人都能澈底明瞭。

在工場裏實習了四個月後，便可學成。其時可向營造廠兜包擣水泥工程或紮鐵工程。現在擣水泥包工價，大概每方三元；若由職校去包做工作，預算包工價要較增二角，就是每方三元二角，但是工作的成績則比較好的多，浪費材料既少，紮好的樓板鐵也不致如普通工人般踐踏得不成樣子。並且工程方面若有問題，職校可負責任，就是營造廠能少負一分責任，我想營造廠也是樂就的。職校從營造廠包得工程後，如將擣水泥或紮鐵工程轉包給現在的普通包工者，則擣水泥工價可照現價減低二角，就是每方二元八角，職校可賺四角。在從事工作的時候，凡是扛黃砂石子水泥及推小車等的粗工，由普通工人担任，不致練成了新工人使現在的工人失業，擋舂台，拿煤鍫平倉，搬馬櫈的工作，由職校學徒担任。職校學徒十個錘，管平，可領普通工人一百個，每天工作可做水泥五十方，則職校每天可賺二十元；除去十個人的開支十元，每天淨賺十元。一百個學徒在外工作，便是每日可賺一百元。一個月作二十天算，按月可賺二千元。復將這二千元的月入，續行招收第二批學生，加以訓練後，可與第一批學生合作。逐漸增加學生數額，至五百個時，挑選五十個出來，預備派往內地去從事墾荒和開鑛的工作。

事先可向實業部等各方面，調查煤礦或石棉鑛區域，最好礦區的旁邊有石灰石及粘土，更爲適宜。開採煤礦可提煉柏油製造牛毛氈及油漆。開採石棉鑛，可用以製造石棉瓦，石棉氈，音隔板等品。石灰石可燒煉石灰，石灰石同粘土混燒，則可煉製水泥。石灰及水泥供將來就地建設之用。當開採之前，應先組織考查隊，前往實地察驗，若結果良好，則將該處礦地領下，着手測量及實施工作。

選出的五十個人，我暫替他取個名稱叫做「墾殖隊。」要有長時間的準備後才能出發。全隊由一個正隊長二個副隊長統率，內部如醫藥，旗語，無線電，軍用電話，土木工程，礦學，地質，墾植，攝影，記者等，都各有專職。組織必使十分嚴密，五十個隊員聯合起來時，好像是一隊軍隊，譬如在中途或已達目的地時，遇到匪徒或猛獸來侵襲時，便能聯合起堅强的戰鬥力，共同抵禦。一面就拍無線電向就近地方當局求援；並直接報告上海本會總電台，可以轉懇中央營救。若將五十個人分開來，則各有各的專門技術，向目的地去工作。

墾殖隊到達指定地時，可依照圖樣所指示，某處應駐紮隊部，某處應駐紮分部，分別去設營幔。設定營帳後，便建搭無線電塔，以便將一切情形報告總台。平常可每天與總台通報。倘需要什麼東西，即可通報請求供給。隊部與分部的營帳間，須裝設電話，建築道路；假如中間是一個隊部，其東西南北四個分部時，便築四條道路，供行駛車馬之用。路築成後，卽行蓋造房屋，以代篷帳。俟房屋工竣，可着手墾田下種。耕翻田地，完全利用帶去的牛馬，以節人力。倘水源缺少，則打鑿自流井，引水耕田。田熟收穫後，糧食卽能自給，於是第二批可繼續派往。這樣的一批一批派往，人數已敷，足資應用時，進行開礦，取材製造。若因受過訓練的人，不夠分配，則臨時僱工，由隊節制支配；有了受過訓練的人做領袖，成績當然可觀。

那末，上海訓練成功的人，都派去開墾後，上海的事情怎樣呢？那也沒有關係，因爲上海去了一批訓練成熟的，續又招收一批新的學徒在訓練了。這樣不息的一批一批地去，非但將荒地變成熟地，地下的天然物變成應用物品，更可挽救城市人口過剩農村破產的危險。因爲把鄉村裏招來的人加以訓練後，依舊遣往內地去做生利事業，以免人口集中都市，荒棄大好河山讓人家掠奪的弊病。

說到這裏又有一個問題發生了，第一批所招的學徒，來時算他是十八歲；加上半年的訓練和實習，已是十八歲半；再做二年工，已是二十歲半；遣往開墾，算他一年，把房屋道路都已築成時，已是二十一歲半；把田墾熟，再加一年，已是二十二歲半，可以擇偶了。他們又沒有父母替他們作主，又是在荒山冷谷中，有什麼人去做他們的配偶呢？所以當第一批男孩訓練成功續招第二批男孩的時候，同時還要招收女孩。這些女孩，授以炊飯，縫衣，看護，洗服，教育等必要的課目，以備服務墾殖隊，並使男女學徒配爲佳偶。此外，再挑選貌美的組成歌舞班，用高等教練担任指導，經過相當時間的訓練後，組成班子，遊歷全球，使外人知道我們也有天仙般的女子，雖遠歌音現在他們的眼前耳邊，使他們對於我國發生眞確的認識。把以前他們所見的拖髮辮穿龍袍的中國江湖班子，或是日本人假扮的中國人醜態，各種惡劣印象，統統掃光。這輩既能爭國光，且可掙錢充開墾採礦的經費。非獨可組班遊各國表演，並可將這般現成的演員攝製影片。別的影片公司，要出錢去僱演員，演員要成名不免受惡劣環境的逼迫和引誘。我們却不然，關緊了大門，有那個敢來打擾，可專一向藝術的大道走去。影片既成，定可得觀衆的歡迎。

等男女學生都到了擇偶的時期，便把他們一對一對的配成夫婦。他們既受了相當的薰陶，不惟自身是模範夫婦，就是產生的子女，經過了他們的教養，也能成爲未來的好國民。

上面雖已說了不少的話，但是還沒有把我的意思完全傾吐。現在爲節省讀者寶貴的光陰起見，後面不再詳細的抒寫敍述，只提綱挈領的簡括地舉要述之。

在這篇東西未曾開始寫作之前，我曾把我的意思向許多朋友討論過。一位朋友對我說：「你這辦法很好，確是目前應做的事。不過，在你開辦的時候別人漠然視之；等你辦有成效時，那末又有人來對你坦白的宗旨，加以中傷，既前功盡棄，還有落得滿身的煩惱。」

另一位朋友對我說：「這個計劃確實不錯；但你要招到一百個年齡相當，體格健全，資質靈敏的而沒有家庭牽累的首批學生，已是椿難事；倘給你找到了，六個月的訓練，又是一樁難事。中國的田地，凡是可以耕種的，已有人在那裏耕種，你那能插足下去實行你的大計劃。至於杳無人跡的地方，不是地低有淹沒之患，便是地高有旱荒之虞。」

上面二位朋友說得最懇切肯要，其他不再贅述了。但是，我覺得我的理想若能實現，那末有下列的幾種好處，拿來和那二位朋友說的困難，加以權衡，孰輕孰重，究竟應該進行還是作罷，請讀者指教。

我的計劃實現後，在建築方面，可改革下面的許多缺點。

一、現在擣水泥的工人，混拌水泥時，水份終太多，以致漏漿，水泥隨水漏損。擣水泥時，則於平台上踐踏，致將平台鉄踏壞。擣柱子每有巨大空隙。擣大料箍脚橫倒，或是箍向木壳的一面貼着，及鉄條多的下面空隙。

一、現在的紮鉄，預算鉄條尚未精密，故每多虧損。柱頭鉄與大料鉄及小大料鉄交合之處，沒有預算，疏密不能均勻。工人缺乏工程常識，臨時無機變之能力。紮柱頭鉄時，每不與更上層的柱頭地位相符合；在紮立更上層的柱頭鉄時，必將下面柱頭鉄脚彎曲以就之。

一、草場木匠對於水泥木壳等粗工程，工作草率，缺點自難枚舉。至於做屋頂，舖地板，釘踢脚板等工程的缺點，也是很多；倘你指示給他們看時，那末他們會這樣地答復你：「手指伸出來也有長短呢！」

一、房屋裝修，現在除少數廠家用機器鋸刨外，餘多仍用手工，故做門窗，扶梯火斗，釘門頭線，裝璜等工作，都有瑕疵，雖然做裝修的工作，比較的算是注意了。

一、砌牆的水作，總不肯把磚頭澆濕，磚底下的灰沙每不窩足，花槽間同豎縫裏，則是空的。頭縫不領直，長縫屈曲，垂直線凸出或凹進，頭角也不整齊。

一、粉刷水作，鉄匠，石匠，漆匠等等建築工人的劣點，也筆難罄書，這裏不再一一予以評述了。最使人厭惡的是泥水木匠手下的童工。若用仁慈的眼光來看，七八歲的小孩子挑着一擔灰沙滾來滾去，我時常看了幾乎要下淚。學木匠的孩子，除了替師父洗衣服，取洗脚水，買菜飯，煮飯烹菜外，還要担任鑿眼，磨刨鉄，鋸木料，偶有錯誤，便遭責毆，孰無兒子，能不痛心？然而，這般童工呢，實在也使人可厭，直是「人小嘴巴老」，開口便說下流話，工場裏的材料都是他們動武的對象，各種已做成的工作又任意污損，散工時並要偷偷摸摸的私竊東西，一切都是不長進的行為，要他將來成功好的建築工人確乎很難。

但是上面的種種弊病，在我的計劃實現後，我們的工場裏是決不會發現的。要知道工人的所以養成那種惡劣品性，都是環境所造成的，他們沒有受過良好的訓練，從小就在很壞的工場中生活，以致耳濡目染，不知不覺地也成為不良工人，障礙建築事業的改進，影響國家民族的前進。我們為了建築事業與民族的前途起見，應急起負責改善，我寫本文的主旨，就是想從根本上去改造，這基本的步驟，也許值得會員暨讀者諸君的注意，同時還請不吝指教罷！

本會事業之前瞻

賀敬第

本會成立四載，雖中經寇患迭起，國事蜩螗，百業凋敝。同人既汲汲於救國工作，又僕僕於個人事業，而咸能以公私薈集之身，出其餘緒，努力會務，卒於慘淡經營之中，規模粗具。如夜校之設立，月刊之發行，服務部之成立等，頗得社會好評，欣欣向榮，正呈蓬勃氣象焉。就附屬夜校言，校務已納軌範，課程漸趨完備，注重死書活用之教學方法，生徒得學識經驗駢進；敬第忝任教職，本此進行，興趣倍增。且全校師生，均能爲學術而勤勉，瞻矚前途，寧有涯涘？然事業無止境，况我協會猶三齡之孩提，應如何扶之育之，以抵長成。物質文明隨時代之巨輪而邁進，墨守繩規，安能免於淘汰，建築事業方興未艾，本會任重道遠，同人亟應勉任巨艱也。而諺云「獨木難支，」非廣集同志，鞏固集團，共策進行，不足遂其鴻圖，本會舉行第二屆徵求會員大會，良有以也。尙望建築界同仁，俯察社會期望之殷，踴躍參加，共襄盛舉，樹工戰先鋒之幟，以摫造光明燦爛之前程。

本會開始第二屆徵求舉行宴會

本會爲開始第二屆徵求會員，於四月二十七日下午七時在會所，邀請會員及來賓，舉行宴敍。到應興華，杜彥耿，宋樹德，顧海，傅雅谷，李發元，吳光漢，周誦千，張博如，江長庚，徐鉅亭，童濱渭，趙茂勳，陶桂松，殷信之，朱之椿，奚贊公，楊景時，周桂生，朱桂山，黃建良（黃君前乘普安輪赴青，遭遇騎刼，被匪綁架，約經二月，今始得回，同人無不慶幸。），陸南初，葉漢忠，王伯剛，沈守銘，張玉泉，謝秉衡，陳松齡，陶桂林，陳士範，陳元達，王鏡清，賀敬第，孫維明，方祥和，黃申甫，胡鳴時，竺震興，徐餘慶，傅隆才，康金寶，顧樹屏，姚長安，陳芝葆，汪靜山，莊俊，歐陽澤生，吳增貴，趙深，林伯鑄，奚福泉等五十一人（上列名銜，以蒞會先後爲序。）濟蹌一堂，頗極一時之盛。席間有陶桂林，杜彥耿，莊俊，殷信之，楊景時，汪靜山等諸君演說。（演詞不贅）席終開映電影「救火工程」「暖氣工程」「木材防蛀」等影片佐興。

粵漢鐵路株韶段工程

振聲

我國致弱之點頗多，交通之梗阻要亦爲癥結之一端。夫交通阻塞，則貨運不暢，兩地之間，難以調劑供需。幸能輾轉輸送，則運費爲值不貲，銷售他處，其價反較舶來品爲貴。馴至外貨獨佔市場，左右操縱，金錢漏巵，不可數計。吸精吮髓，國力能不貧弱。故救亡之道，振興交通實爲先務之策。年來吾國當局，對此頗能注意，如公路之開闢，鐵道之增築，均積極從事，努力進展。最近粵漢路之開築株韶段，以與廣韶段與湘鄂段銜合，粵漢全路之貫通，期於四年內完成，卽其明證。此段工程之險阻，首推樂昌至大石門一段。山坡延綿起伏，崎嶇不平。路長二十七英里，而開鑿隧道有六個之多。（粵漢全線須鑿山洞七十餘座）工程之浩大，於此可見一斑。

查粵漢路之興築，肇始於光緒二十六年（西曆一九〇〇年）之合興公司。築路契約原期三年完工，然遷延至今，達三十餘年，尙有四百公里未曾舖築，其間施工最艱之一段，近始開築，卽樂昌至郴州之一段是也。築路經費係由中英庚款撥用。韶州之樂昌一段，計長五十公里，於二十二年七月間竣工。此段工程中之韶州大橋與高廉村山洞兩工程，皆於淸末動工，今始完成。更由樂昌至大石門進展四十五公里，係沿北江上游武水之東岸而行。讀者參閱附圖，當知工程之偉大矣！

該路開鑿隧道及禦土牆工程，由上海公記營造廠承辦。工作迅速，較之以前外人承辦者，有過之無不及云。

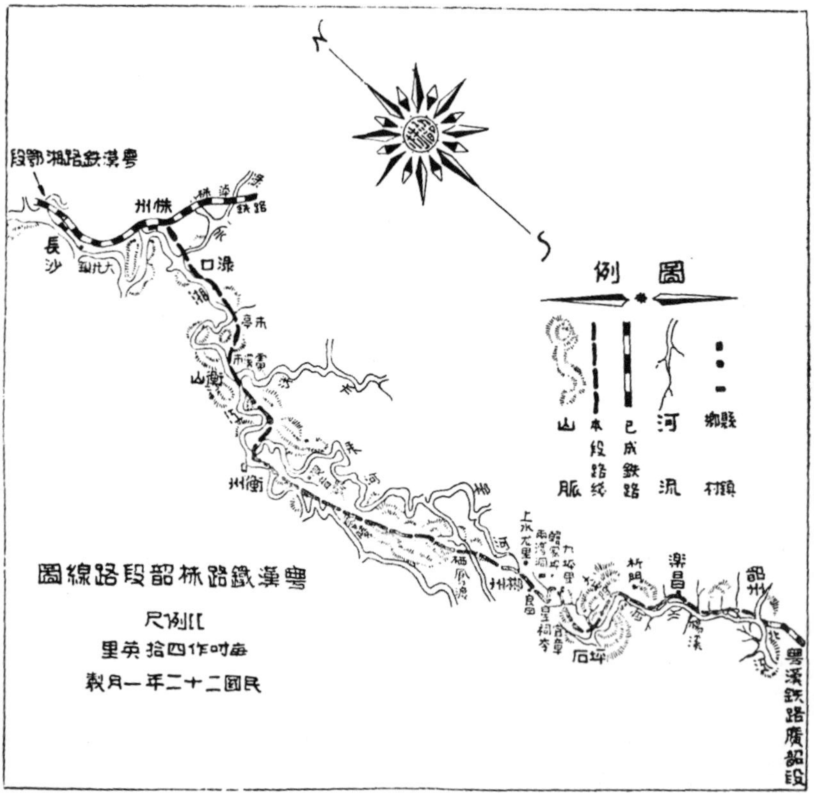

粵漢鐵路株韶段路線圖

比例尺 每吋作四拾英里

民國二十二年一月製

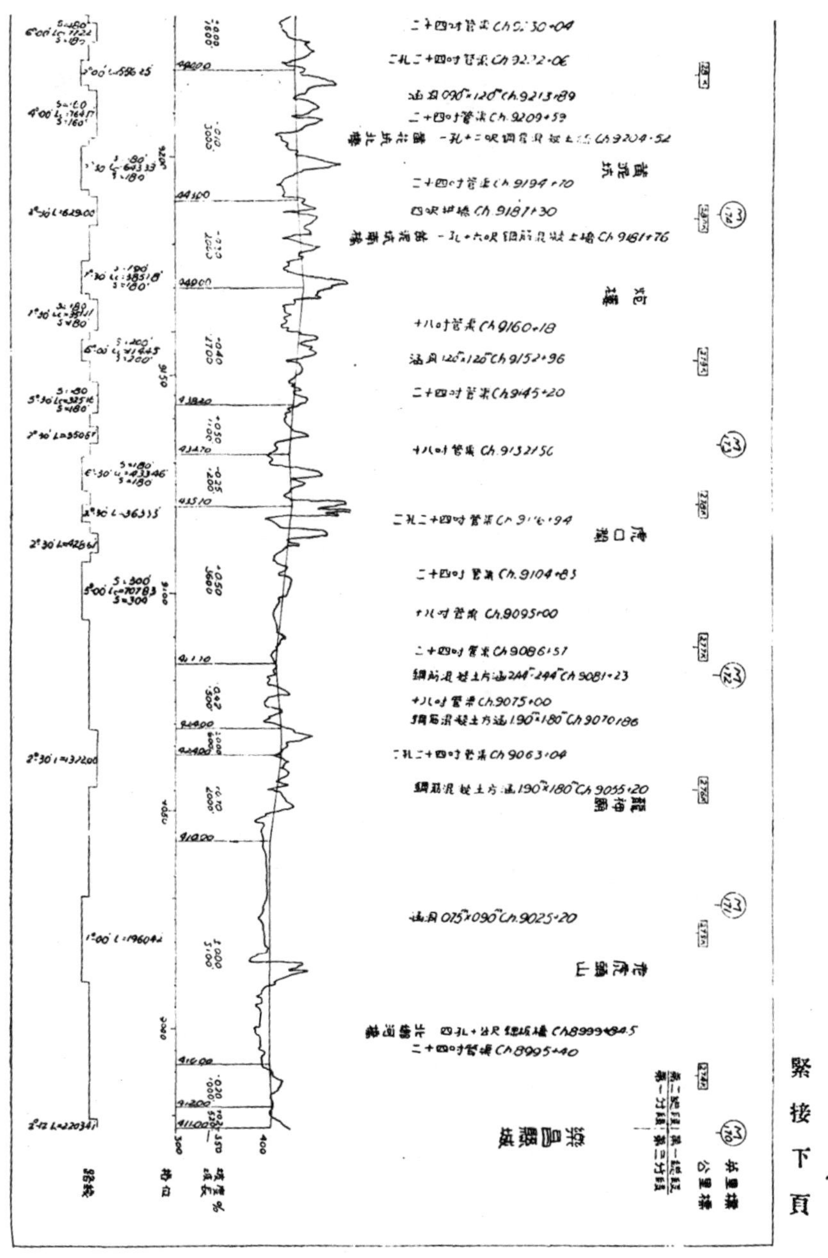

緊接下頁

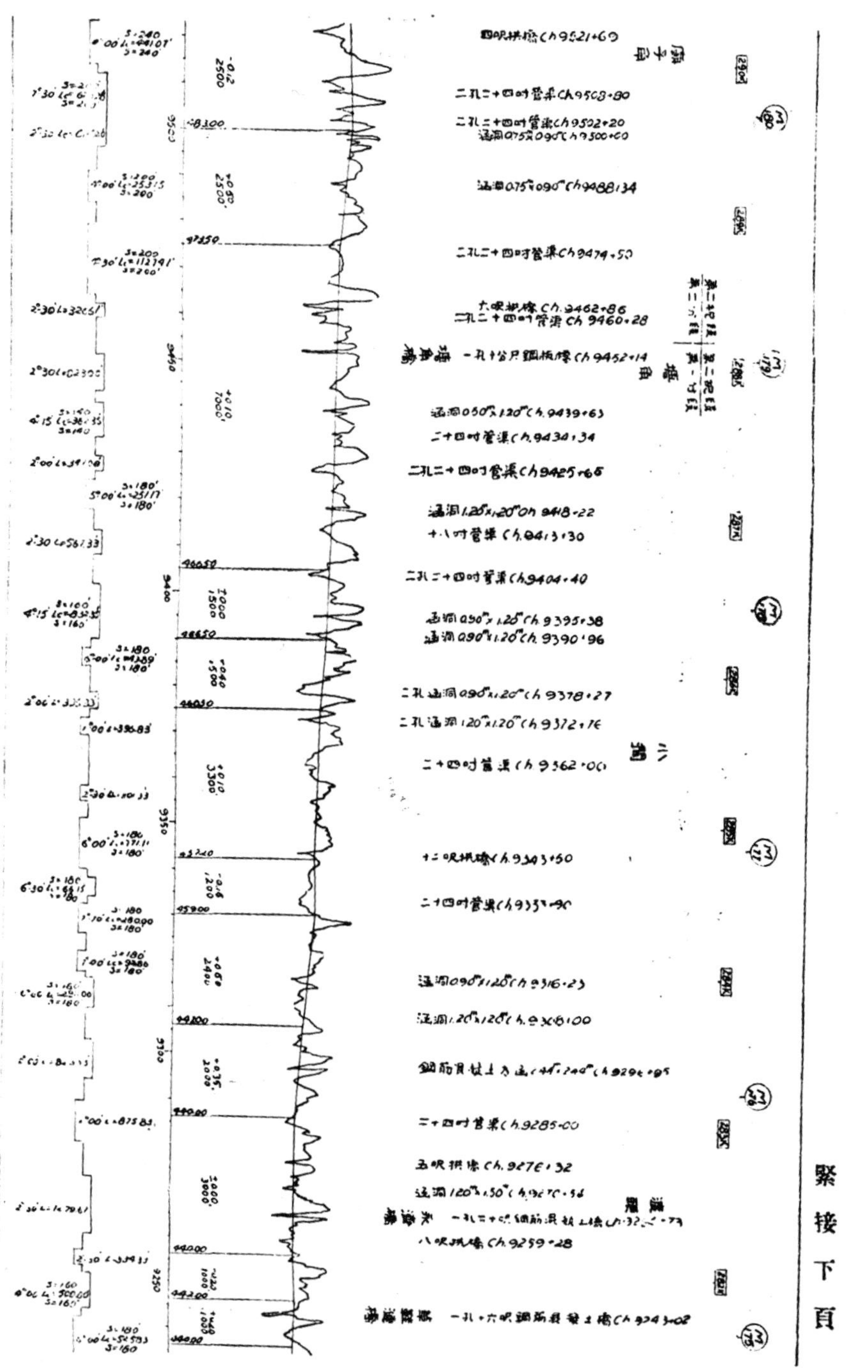

四吼拱橋 Ch 9521+69
二孔二十四吋管渠 Ch 9508+80
二孔二十四吋管渠 Ch 9502+20
涵洞 0.75×0.90 Ch 9488+34
二孔二十四吋管渠 Ch 9474+50
六吼拱橋 Ch 9462+86
二孔二十四吋管渠 Ch 9460+28
二十四吋管渠 Ch 9434+34
二孔二十四吋管渠 Ch 9425+65
二孔二十四吋管渠 Ch 9404+40
十二吼拱橋 Ch 9343+50
二十四吋管渠 Ch 9285+00
五吼拱橋 Ch 9276+32
八吼拱橋 Ch 9259+28

緊接下頁

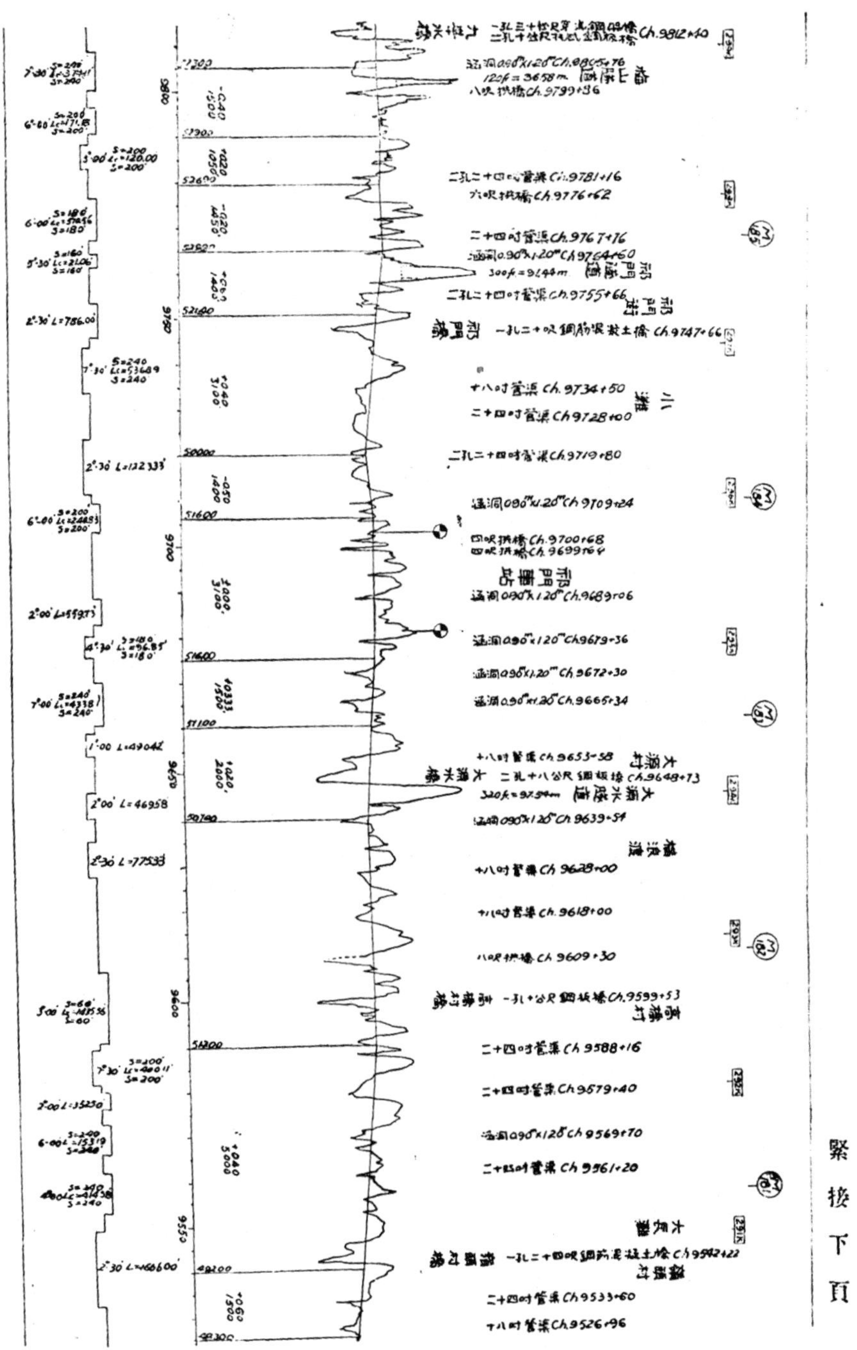

緊接下頁

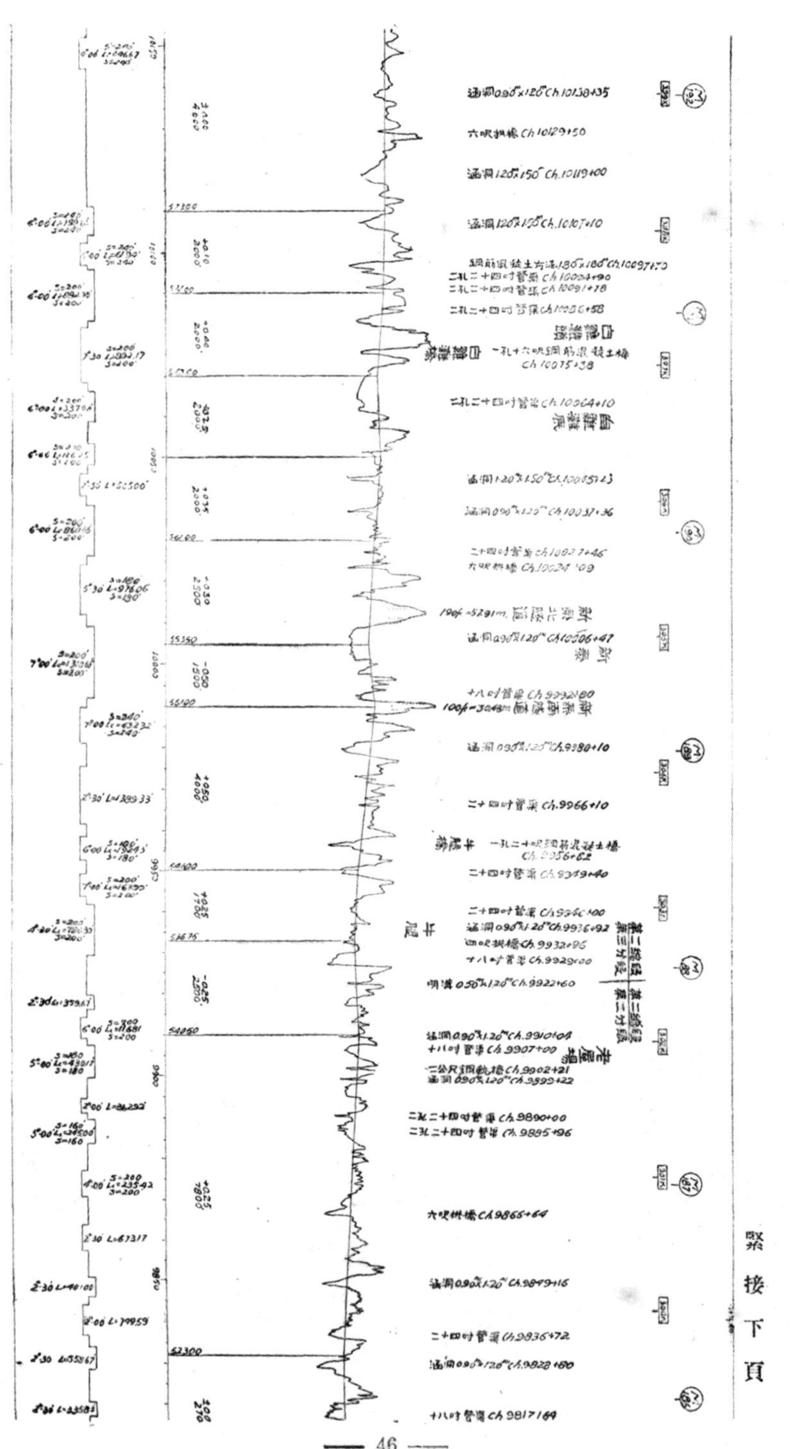

緊接下頁

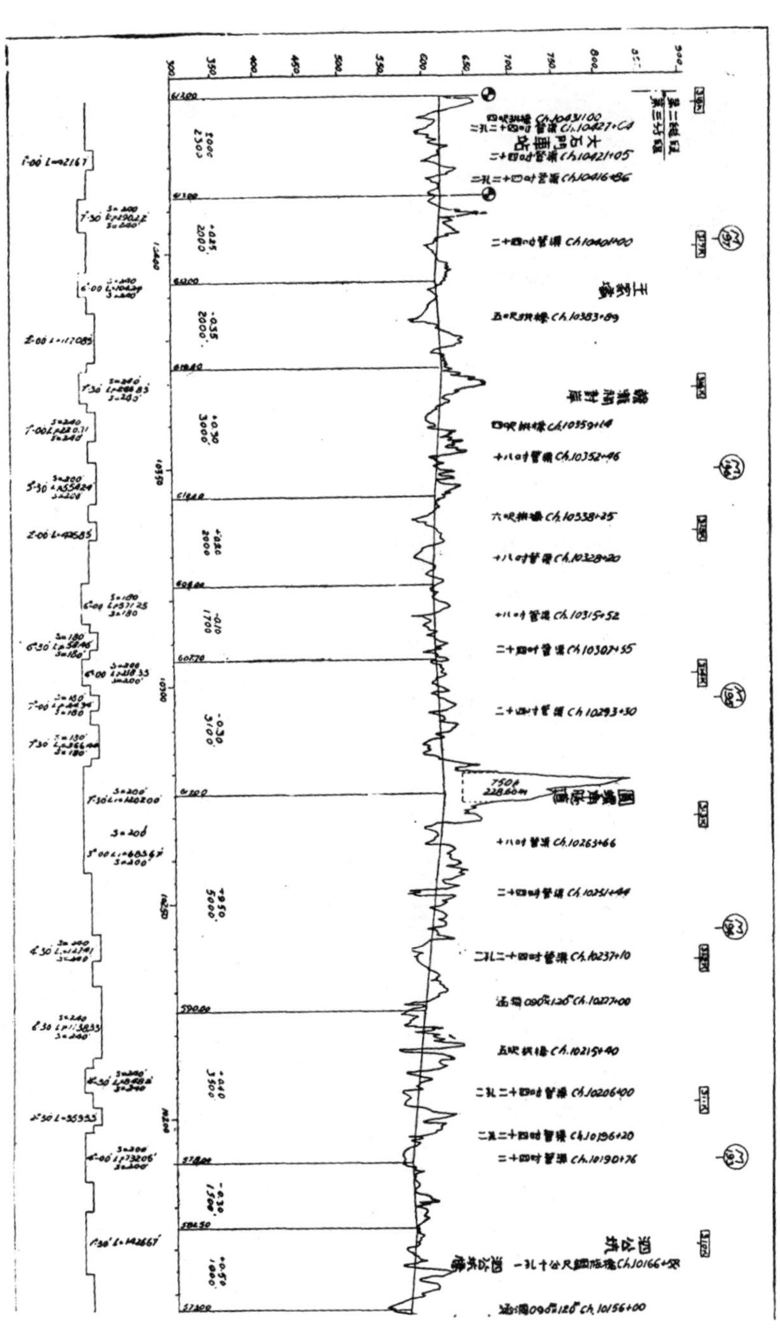

二十四吋管渠 Ch.10421+05
二十四吋管渠 Ch.10401+00
五呎R.C.拱橋 Ch.10383+89
四呎拱橋 Ch.10359+14
十八吋管渠 Ch.10352+96
六呎拱橋 Ch.10338+35
十八吋管渠 Ch.10328+20
十八吋管渠 Ch.10315+52
二十四吋管渠 Ch.10307+55
二十四吋管渠 Ch.10293+30
十八吋管渠 Ch.10265+66
二十四吋管渠 Ch.10251+44
二孔二十四吋管渠 Ch.10237+10
五呎拱橋 Ch.10215+40
二孔二十四吋管渠 Ch.10206+00
二孔二十四吋管渠 Ch.10196+20
二十四吋管渠 Ch.10190+76

萬國建築協會第四次會議追誌

萬國建築會議，曾於上年六月在英國倫敦舉行，出席者胥爲各國建築金融界知名之士。下屆會議，則定期於一九三五年在奧國蘇爾士堡舉行，已誌前期本刊。美國建築公會會報主編羅信海君(Henry S. Rosenthal)曾代表美國出席參加該會，承以詳情見告，並函邀本會派請代表出席下屆會議，誠意拳拳，殊可感也。茲將該會經過情形，迻譯於后。

吾儕(羅君自稱，下倣此)美國代表團一行，自抵英之潑萊慕斯 (Plymouth) 後，即由該會名譽秘書倍剌君偕其令嬡上船迎迓。六月四日適值星期日，向倫敦進發，薄暮始到，即受大中央飯店之招待，蓋協會之大本營即在此也。此時得晤各國代表及舊友等，頗爲愉快。

美國代表團人數雖少，但各竭盡能力，以期在會議中獲得成功。六月五日下午，哈羅爵士宴請各國代表團於其私邸，在席上得晤協會會長，副會長等。而英首相麥唐納之蒞臨，尤令吾儕欣幸，麥氏偕其祕書同來，彼演辭之率眞與對於建築及借款運動之注意，使到會者俱感興奮。吾儕並與麥氏討論良久，興盡始散。

正式會議開始

翌晨十時(六月六日)，正式會議開始。當由尹爾爵士致詞，對於此會之進展，表示其極大之決心。彼於國際間之問題，研究澈底，堪稱爲精明之分析者。蓋彼曾費其寶貴之光陰，努力謀取使國際間之好感者也。

英太子威爾斯翩然蒞會握手言歡

在開幕時，各國代表均以各該國紀載關於建築與借款運動之報紙，相互交閱。多數爲英文紀載，外國語則譯成英文，以利閱看。翌日星期二下午，有一不可言達之影象，即威爾斯太子蒞會是也。經執委會歡迎後，彼即開始演說，申述建築與借款運動之重要，闡發無遺，語多中肯。宏言讜論，長留不忘。在此匆忙之數日中，在市政廳之筵席，實足令人回憶。筵餚既極豐盛，而廳址更古色古香，渾美異常。列席者有市長格林威爵士及其夫人，招待吾儕於市政廳之藝術館中，頗極盛況云。

匆促之一週

在此匆促之一週會議期間，吾人實感日不暇給。事務爲單一性的，每次會議均能給予新的感象，而會議之紀錄，足爲將來發展事業之有價值之指導。某次分組會議，美國費城孫德海律師，亦列席演說。孫君之演詞極具價值，現已刊印成册，送請美國與建築借欵有關之各律師，保存備攷云。

此外美國對於會議，另有一貢獻，卽美之 Oklahoma 城之第一信託公司，將大宗土地執業證送會陳列，以供衆覽。此種土地執業證係向世界各國搜集，極爲名貴，運至倫敦展覽，獲得眼福不少。並得所有人之特許，在倫敦陳列一月之久，俾得普遍閱覽。

提案之一斑

美國代表團有二提案，以促成國際更進一步之合作者，其一爲：

世界之建築與借款協會應採用何種標準圖記使人民願與（一）建築協會（二）建築借款與儲蓄聯合會（三）Bausparkasse（四）及其他類似之機關發生業務關係案　其二爲：

建築與借欵聯合會如何使營業採取一致步驟及標準方法俾使此運動謀取世界之幸福案

此二提案，關係重大，將留交下屆萬國建築會議討論之。

英首相麥唐納氏與各代表晤談情形

決定下屆會議地點

六月九日，執行委員會開會討論協會組織，選舉人員，及擇定下屆會議地點。當經議決下屆（一九三五年）在奧國蘇爾士堡舉行。並選舉培爾曼爵士爲會長。函邀本會出席之羅信海君，被選爲助理祕書云。

會議閉幕代表云歸

會議閉幕後，各代表分頭言歸。或週游各處，以視察建築與借欵之活動情形如何。美國代表團則經由瑞士，至奧國一行，以視下屆會議地點，同時與並行諸人討論下屆會議計劃。然後歷游德法諸國，興盡始歸云。

美國建築界服務人員及商店之統計

朗琴

美國建築事業日趨發達，至今已有登峯造極之勢。直接及間接服務於築建界之工員，及經售築建材料之商店，無慮萬千。解決生計，復興繁榮，建設之於家國，其關係至爲密切。左列各表卽爲服務於建築界工員及建築材料商店之統計。除第一表外，材料似嫌過舊，然同譯自本年二月份之American Builder and Building Age，固不能以明日黃花視之也。

三十年來建築工員人數統計

△建築人員類別	△一九一〇年	△一九二〇年	△一九三〇年
營造商及承包商	一七四、四二二	九〇、一〇九	一六七、五一二
木匠	八一七、一二〇	八八七、三七九	九二九、四二六
木料另售商	二七、二五〇	二七、六八七	三四、〇七〇
煤礦及木場工人	六〇、〇八一	六八、五四三	七三、二三二
建築師	一六、六一三	一八、一八五	二二、〇〇〇
磚石工匠	一六九、四〇二	一三一、二六四	一七〇、九〇三
漆匠玻璃匠	二七三、四四一	二四八、四九七	四三〇、一〇五
鉛管及氣管水汀工匠	一四八、三〇四	二〇六、七一八	二三七、八一四
灰粉及士敏土匠	四七、六八二	四五、八七六	八五、四八〇
屋頂及石版匠	一四、〇七八	一一、三七八	二三、六三六
鉄匠（專指建築言）	一一、四二七	一八、八三六	二八、九六六
設計員及製圖員	四五、一〇二	六八、二七五	一〇〇、四三〇
土木工程師及測量員	五二、〇三三	六四、六六〇	一〇二、〇八六
錫匠銅匠及其他片金屬工人	五九、八三三	七四、九六八	八三、四二七
地產商及職員	一二五、八六二	一四九、一三五	二四〇、〇三〇

工程師及起重機師		三七、八八八	六〇、八八六
電機師	二一二、九四五	二一二、九六四	二八〇、三一七
小木工	四一、八九二	四五、五一一	五七、八九七
工人及助手			四一九、八〇二
學徒及手工業者		七三，八九七	四〇、一三三

一九二九年 關於建築之零售商店之統計

△商店類別	△商店數	△僱用人數	△銷售額（以千元爲單位）
木料及建築材料	一六、九一一	九六、九二六	、四七一、七四五
木料及五金	六、一三九	二八、八六八	四五七、六六〇
屋頂材料	二、八六八	七、七二八	四六、一六〇
暖氣與油爐			
衛生工程	一〇、七九四	三五、七二三	二六三、四五〇
油漆及玻璃	八、二八二	一九、八八七	一八五、八二〇
五金材料	二五、三三〇	四八、七〇九	七〇六、〇五三
五金及工場用具	六、五八九	一六、一三〇	二九六、七一四
電氣（無線電話不在內）	四、八五八	一四、二七八	一一〇、一三一
器具	一七、八九一	一〇五、一八五	一、二七二、三九三
器具及五金	三、六七二	八、二六〇	一三四、二五九
簾帷地毯等	二、四七六	八、三六九	九二、一六三
家具用品	八、三九四	四六、九三一	三二八、七〇八

一九二九年關於建築之批發商店之統計

△商店類別	△商店數	△僱用人數	△銷售額（以千元爲單位）
建築材料（金屬及木材除外）	三、二二二	四六、九七九	一、〇〇九、八四六
木材及機製用品	二、二九一	二四、八七四	一、一三四、二〇六
建築用具及材料	四九八	四、〇五九	一三二、六九〇
衛生工程用具及材料	二、一五一	三〇、三二七	七〇一、七四六
暖氣工程用具及材料	六三五	六、〇二五	一一七、九二一
電氣冷藏棧	一七二	七、九五〇	一〇四、二九二

建築材料價目表

磚瓦類

貨名	商號	大小	數量	價目	備註
空心磚	大中磚瓦公司	12"×12"×10"	每千	$250.00	車挑力在外
„ „ „	„ „ „ „	12"×12"×9"	„ „	230.00	
„ „ „	„ „ „ „	12"×12"×8"	„ „	200.00	
„ „ „	„ „ „ „	12"×12"×6"	„ „	150.00	
„ „ „	„ „ „ „	12"×12"×4"	„ „	100.00	
„ „ „	„ „ „ „	12"×12"×3"	„ „	80.00	
„ „ „	„ „ „ „	9¼"×9¼"×6"	„ „	80.00	
„ „ „	„ „ „ „	9¼"×9¼×4½"	„ „	65.00	
„ „ „	„ „ „ „	9¼"×9¼"×3"	„ „	50.00	
„ „ „	„ „ „ „	9¼"×4½"×4½"	„ „	40.00	
„ „ „	„ „ „ „	9¼"×4½"×3"	„ „	24.00	
„ „ „	„ „ „ „	9¼"×4½"×2½"	„ „	23.00	
„ „ „	„ „ „ „	9¼"×4½"×2"	„ „	22.00	
實心磚	„ „ „ „	8½"×4⅛"×2½"	„ „	14.00	
„ „ „	„ „ „ „	10"×4⅞"×2"	„ „	13.30	
„ „ „	„ „ „ „	9"×4⅜"×2"	„ „	11.20	
„ „ „	„ „ „ „	9"×4⅜"×2¼"	„ „	12.60	
大中瓦	„ „ „ „	15"×9½"	„ „	63.00	運至營造場地
西班牙瓦	„ „ „ „	16"×5½"	„ „	52.00	„ „
英國式灣瓦	„ „ „ „	11"×6½"	„ „	40.00	„ „
脊瓦	„ „ „ „	18"×8"	„ „	126.00	„ „
瓦筒	義合花磚瓦筒廠	十二寸	每只	.84	
„ „ „	„ „ „ „	九寸	„ „	.66	
„ „ „	„ „ „ „	六寸	„ „	.52	
„ „ „	„ „ „ „	四寸	„ „	.38	
„ „ „	„ „ „ „	小十三號	„ „	.80	
„ „ „	„ „ „ „	大十三號	„ „	1.54	
靑水泥花磚	„ „ „ „		每方	20.98	
白水泥花磚	„ „ „ „		每方	26.58	

木材類

貨名	商號	說明	數量	價格	備註
洋松	上海市同業公會公議價目	八尺至卅二尺再長照加	每千尺	洋八十四元	
一寸洋松	,, ,, ,,		,, ,,	,, 八十六元	
寸半洋松	,, ,, ,,		,, ,,	八十七元	
洋松二寸光板	,, ,, ,,		,, ,,	六十六元	
四尺洋松條子	,, ,, ,,		每萬根	一百二十五元	
一寸四寸洋松一號企口板	,, ,, ,,		每千尺	一百〇五元	
一寸四寸洋松副號企口板	,, ,, ,,		,, ,,	八十八元	
一寸四寸洋松二號企口板	,, ,, ,,		,, ,,	七十六元	
一寸六寸洋松一頭號企口板	,, ,, ,,		,, ,,	一百十元	
一寸六寸洋松副頭號企口板	,, ,, ,,		,, ,,	九十元	
一寸六寸洋松二號企口板	,, ,, ,,		,, ,,	七十八元	
一二五四寸一號洋松企口板	,, ,, ,,		,, ,,	一百三十五元	
一二五四寸二號洋松企口板	,, ,, ,,		,, ,,	九十七元	
一二五六寸一號洋松企口板	,, ,, ,,		,, ,,	一百五十元	
一二五六寸二號洋松企口板	,, ,, ,,		,, ,,	一百十元	
柚木（頭號）	,, ,, ,,	僧帽牌	,, ,,	五百三十元	
柚木（甲種）	,, ,, ,,	龍牌	,, ,,	四百五十元	
柚木（乙種）	,, ,, ,,	,, ,,	,, ,,	四百二十元	
柚木段	,, ,, ,,	,, ,,	,, ,,	三百五十元	
硬木	,, ,, ,,		,, ,,	二百元	
硬木（火介方）	,, ,, ,,		,, ,,	一百五十元	
柳安	,, ,, ,,		,, ,,	一百八十元	
紅板	,, ,, ,,		,, ,,	一百〇五元	
抄板	,, ,, ,,		,, ,,	一百四十元	
十二尺三寸六八皖松	,, ,, ,,		,, ,,	六十五元	
十二尺二寸皖松	,, ,, ,,		,, ,,	六十五元	
一二五四寸柳安企口板	上海市同業公會公議價目		每千尺	一百八十五元	
一寸六寸柳安企口板	,, ,, ,,		,, ,,	一百八十五元	
二寸一半建松片	,, ,, ,,		,, ,,	六十元	
一丈宇印建松板	,, ,, ,,		每丈	三元五角	

貨名	商號	說明	數量	價格	備註
一丈足建松板	,, ,, ,,		,, ,,	五元五角	
八尺寸甌松板	,, ,, ,,		,, ,,	四元	
一寸六寸一號甌松板	,, ,, ,,		每千尺	五十元	
一寸六寸二號甌松板	,, ,, ,,		,, ,,	四十五元	
八尺機鋸杭松板	,, ,, ,,		每丈	二元	
九尺機鋸甌松板	,, ,, ,,		,, ,,	一元八角	
八尺足寸皖松板	,, ,, ,,		,, ,,	四元六角	
一丈皖松板	,, ,, ,,		,, ,,	五元五角	
八尺六分皖松板	,, ,, ,,		,, ,,	三元六角	
台松板	,, ,, ,,		,, ,,	四元	
九尺八分坦戶板	,, ,, ,,		,, ,,	一元二角	
九尺五分坦戶板	,, ,, ,,		,, ,,	一元	
八尺六分紅柳板	,, ,, ,,		,, ,,	二元二角	
七尺俄松板	,, ,, ,,		,, ,,	一元九角	
八尺俄松板	,, ,, ,,		,, ,,	二元一角	
九尺坦戶板	,, ,, ,,		,, ,,	一元四角	
六分一寸俄紅松板	,, ,, ,,		每千尺	七十三元	
六分一寸俄白松板	,, ,, ,,		,, ,,	七十一元	
一寸二分四寸俄紅松板	,, ,, ,,		,, ,,	六十九元	
俄紅松方	,, ,, ,,		,, ,,	六十九元	
一寸四寸俄紅白松企口板	,, ,, ,,		,, ,,	七十四元	
一寸六寸俄紅白松企口板	,, ,, ,,		,, ,,	七十四元	
俄麻栗光邊板	,, ,, ,,		,, ,,	一百二十五元	
俄麻栗毛邊板	,, ,, ,,		,, ,,	一百十五元	
一二五，四寸企口紅板	,, ,, ,,		,, ,,	一百四十元	
六分一寸俄黄花松板	,, ,, ,,		,, ,,	七十三元	
一寸二分四分俄黄花松板	,, ,, ,,		,, ,,	六十九元	
四尺俄條子板	,, ,, ,,		每萬根	一百十元	

水泥類

貨名	商號	標記	數量	價目	備註
水泥		象牌	每桶	六元三角	

貨名	商號	標記	數量	價目	備註
水泥		泰山	每桶	六元二角半	
水泥		馬牌	„ „	六元二角	
白水泥		英國“Atlas”	„ „	三十二元	
白水泥		法國麒麟牌	„ „	二十八元	
白水泥		意國紅獅牌	„ „	二十七元	

鋼條類

貨名	商號	標記	數量	價目	備註
鋼條		四十尺二分光圓	每噸	一百十八元	德國或比國貨
„ „		四十尺二分半光圓	„ „	一百十八元	„ „ „
„ „		四二尺三分光圓	„ „	一百十八元	„ „ „
„ „		四十尺三分圓竹節	„ „	一百十六元	„ „ „
„ „		四十尺普通花色	„ „	一百〇七元	鋼條自四分至一寸方或圓
„ „		盤圓絲	每市擔	四元六角	

五金類

貨名	商號	標記	數量	價目	備註
二二號英白鐵			每箱	五十八元八角	每箱廿一張重四〇二斤
二四號英白鐵			每箱	五十八元八角	每箱廿五張重量同上
二六號英白鐵			每箱	六十三元	每箱卅三張重量同上
二八號英白鐵			每箱	六十七元二角	每箱廿一張重量同上
二二號英瓦鐵			每箱	五十八元八角	每箱廿五張重量同上
二四號英瓦鐵			每箱	五十八元八角	每箱卅三張重量同上
二六號英瓦鐵			每箱	六十三元	每箱卅八張重量同上
二八號英瓦鐵			每箱	六十七元二角	每箱廿一張重量同上
二二號美白鐵			每箱	六十九元三角	每箱廿五張重量同上
二四號美白鐵			每箱	六十九元三角	每箱卅三張重量同上
二六號美白鐵			每箱	七十三元五角	每箱卅八張重量同上
二八號美白鐵			每箱	七十七元七角	每箱卅八張重量同上
美方釘			每桶	十六元〇九分	
平頭釘			每桶	十六元八角	
中國貨元釘			每桶	六元五角	

貨名	商號	標記	數量	價目	備註
五方紙牛毛毡			每捲	二元八角	
半號牛毛毡		馬牌	每捲	二元八角	
一號牛毛毡		馬牌	每捲	三元九角	
二號牛毛毡		馬牌	每捲	五元一角	
三號牛毛毡		馬牌	每捲	七元	
鋼絲網		27"×96" 2¼lb.	每方	四元	德國或美國貨
,, ,, ,,		27"×96" 3lb.rib	每方	十元	,, ,, ,,
鋼版網		8'×12' 六分一寸半眼	每張	三十四元	
水落鐵		六分	每千尺	四十五元	每根長廿尺
牆角線			每千尺	九十五元	每根長十二尺
踏步鐵			每千尺	五十五元	每根長十尺或十二尺
鉛絲布			每捲	二十三元	闊三尺長一百尺
綠鉛紗			每捲	十七元	,, ,, ,,
銅絲布			每捲	四十元	,, ,, ,,
洋門套鎖			每打	十六元	中國鎖廠出品 黃銅或古銅色
,, ,, ,,			每打	十八元	德國或美國貨
彈弓門鎖			每打	三十元	中國鎖廠出品
,, ,, ,,			每打	五十元	外貨

上海市營造廠業採辦處概況

上海市營造廠業同業公會，鑒於本市建築日漸發達，對於建築材料之需求，數亦日增。爰特集資籌組採辦處，採集建築材料，以供同業需用。現因剏辦伊始，先辦石灰一項，試觀成效。聞僅此一項，同業方面受惠已屬匪淺。蓋因同業公會在未組採辦處之前，礦灰每担集價約自二元七角至二元八角。而市面價格更任意增漲，操縱自如，壟斷把持，不受限制。營造廠商，輒深苦之。自經採辦處自行採購後，現值每担祇需一元五角，而貨質之佳，更逾往時。昔之以二號灰泥混充頭號灰等情弊，均已革除。於工作上之効率，關係至鉅。該處本產消合作之旨，為同業服務，其辦法殊足提倡也。

採辦處既以服務同業，便利大衆為宗旨，故於採購材料時，在實際價格上僅加手續費少數，以供開支之用。每月終結將營業賬略製表公佈，以徵信實。內部由理事五人監察三人組成之。理事五人，內一人為主席，常務理事二人，會計及營業各一。監察則專司審核賬略。採購材料先須墊款，故特規定基金二萬元，分為二百份，每份百元。認墊基金以同業會員為限。在該處成立後一年內，由用餘項下提出十分之五，撥還墊款。基金月息八厘，亦由用餘項下撥付。俟墊款本息還清，再有盈餘，則再謀業務之擴充，以期推廣採購範圍，供給同業普遍需要云。

採辦處設南京路大陸商場三五六號。同業需用石灰，均可委託，並有二次給付貨款之辦法，（定貨時先付十分之三，貨物送齊再付十分之七）便利購者，誠無微不至也。

上海市營造廠業同業公會會訊

上海市營造廠業同業公會，委託本刊，按期增闢專欄，發表該會會務消息，以便傳播，已自上期開始，尙希讀者注意。

上海市營造廠業同業公會經濟整理委員會簡章

一、本會定名爲經濟整理委員會。由上海市營造廠業同業公會執行委員會議決組織之。

一、設委員七人至九人。推定一人爲主任。均由執行委員會聘任。任期兩年。

一、凡關於處理會中經濟之出納。以及籌劃支配審核等等。如須整理或改進者。得以議決幷施行之。

一、徵收員司以及會計。須受本會之節制。其收支情狀。應每月列表報告一次。以資攷核。

一、徵收員司對於徵收發生困難，或有特別事故時。須卽詳細報告本會。以憑解决。

一、本會對於徵收員司。得視其成績之優劣。加以奬懲。

一、本會每月至少開會一次。由主任召集。如經委員二人以上之提議。得開臨時會議。

一、會議須有委員過半數之出席。議决案件。須以出席委員一致通過爲有效。

一、本會議决案件。卽須繼以實行。

一、設祕書一人。辦理紀錄及公牘事宜。

一、本簡章由執行委員會通過施行之。

上海市營造廠業同業公會承理各法院鑑定案件

各法院迭以有關建築之訟案。委託本會鑑定。除已先後繕成鑑定書具覆外。鑑定書底稿。歷年積存頗多。爰檢出分別發表於本欄。本期先將五件付諸剞劂。下期當續刊也。

一、爲鑑定事。今因民國二十年地字第三一六號。吳淞勞働大學爲賠償建築及工價案。由江長庚葆眞爲鑑定人。鑑定建築工程之造價事實。謹將鑑定意見列左。

(一)鑑定物　吳淞勞働大學建造農學院、化學室、及課室等工程。未了部份之造價。

(二)鑑定價值　除已築成工程之外。依照圖樣及說明書添造完竣。應計造價元七千三百八十七兩七錢五分七厘正

(三)鑑定地點　吳淞寶山。　謹呈

上海第一特區地方法院

中華民國二十一年七月　日

二、爲鑑定事。今因民國二十一年應春財與田樹洲等。爲工資涉訟一案。由江長庚爲鑑定人。鑑定關於加賬部分。事實。

(一)鑑定物　建築工程

(二)鑑定價值　共計貳百八十一元五角二分正

(三)鑑定地點　法租界大馬路鄭家木橋　謹呈

上海第一特區地方法院

中華民國二十一年八月二十二日

三、爲鑑定事。今因民國二十一年夏永祺與大夏大學等。爲造價涉訟一案。由江長庚 葆眞爲鑑定人。鑑定該校舍添賬部分。

(一)鑑定物　大夏大學校舍

(二)鑑定價值　元二千七百六十兩零五錢四分正

(三)鑑定地點　滬西中山路　謹呈

江蘇上海地方法院

中華民國二十一年十月十四日

四、爲鑑定事。今因民國二十一年聚康醬園與周煥榮等。爲建築費涉訟一案。由江長庚 葆眞爲鑑定人。鑑定該醬園房屋工程。

(一)鑑定物　聚康醬園

(二)鑑定價值　計元九千六百六十六兩七錢六分五厘正

(三)鑑定地點　歐嘉路　謹呈

上海第一特區地方法院

中華民國二十一年十一月　日

五、爲鑑定事。今因民國二十一年簡家[illegible]第九六七號。寬記賬房與陳盛海等。爲欠租涉訟一案。由江長庚爲鑑定人。鑑定回復原狀之牆壁。

(一)鑑定物　房屋

(二)鑑定價值　計元二百九十七兩五錢正

(三)鑑定地點　陳盛海。即振新織綢廠。在平涼路敬德坊二九，三一，三三號三間房屋。現在門牌改爲九，十一，十三號。　謹呈

上海第一特區地方法院

中華民國二十二年一月　日

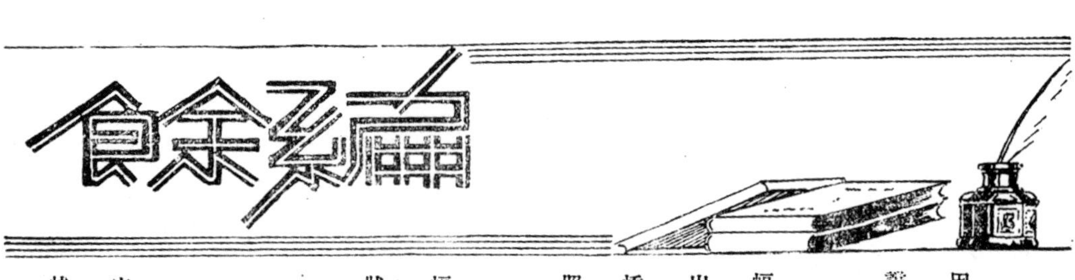

本會自五月一日起舉行第二屆徵求會員大會，本刊因於本期內增闢『特輯』，彙載各委員發展會務之名言讜論，於此可覘本會前途之蓬勃氣象焉。

因徵求文字增多，並提早出版日期，致限於時間篇幅，長篇續稿及其他短篇譯著，只能抽出，留待下期刊出，請讀者暨作者鑒諒；林同棪先生之「硬架式混凝土橋梁」大作，已經寄到，亦留刊下期，全文頗長，並有照片圖樣甚多，爲關於橋梁建築之有價値著作。

本期「進行中之建築」，內含峻嶺寄廬工程攝影多幅，以之與峻嶺寄廬全套建築圖樣參照閱覽，對於工程狀況既可瞭如指掌，且於設計與營造之關係，亦可窺見一斑。

萊斯德工藝學院，爲已故英商萊斯德氏所遺囑興設，現已積極籌備，於上海自建巨大校舍，二月間動工，定九月半完成，規模宏大，全部資產價値百萬元。本刊特將其全套圖樣，發表於本期，可供設計校舍建築之觀摩。

此外，如最近落成之百樂門舞廳，新亞酒樓，以及計擬中之中央大廈等，均爲新穎宏偉之建築，特選載一二，諒亦爲讀者所愛閱也。

本期譯著欄，除「特輯」外，並有「粵漢鉄路株韶段工程」，「財盡其用的萊斯德先生」等作品，及「萬國建築協會第四次會議追誌」「美國建築界服務人員及商店之統計」等譯作，恕不一一介紹。

預定

全年	十二冊	大洋伍元
郵費	本埠每冊二分,全年二角四分;外埠每冊五分,全年六角;國外另定	
優待	同時定閱二份以上者,定費九折計算。	

投稿簡章

1. 本刊所列各門，皆歡迎投稿。翻譯創作均可，文言白話不拘。須加新式標點符號。譯作附寄原文，如原文不便附寄，應詳細註明原文書名，出版時日地點。
2. 一經揭載，贈閱本刊或酌酬現金，撰文每千字一元至五元，譯文每千字半元至三元。重要著作特別優待。投稿人却酬者聽。
3. 來稿本刊編輯有權增删，不願增删者，須先聲明。
4. 來稿概不退還，預先聲明者不在此例，惟須附足寄還之郵費。
5. 抄襲之作，取消酬贈。
6. 稿寄上海南京路大陸商場六二〇號本刊編輯部。

表目價告廣

Advertising Rates Per Issue

地位 Position	全面 Full Page	半面 Half Page	四分之一 One Quarter
底封面外面 Outside back cover.	七十五元 $75.00		
封面及底面之裏面 Inside front & back cover	六十元 $60.00	三十五元 $35.00	
封面裏頁及底面裏頁之對面 Opposite of inside front & back cover.	五十元 $50.00	三十元 $30.00	
普通地位 Ordinary page	四十五元 $45.00	三十元 $30.00	二十元 $20.00
小廣告 Classified Advertisements	每期每格一寸高三寸半闊洋四元 — $4.00 per column		

廣告概用白紙黑墨印刷，倘須彩色，價目另議；鑄版彫刻，費用另加。

Designs, blocks to be charged extra. Advertisements inserted in two or more colors to be charged extra.

建築月刊

第二卷・第四號

中華民國二十三年四月份出版

編輯者　上海市建築協會　南京路大陸商場

發行者　上海市建築協會　南京路大陸商場

電話　九二〇〇九

印刷者　新光印書館　上海聖母院路聖達里三一號

電話　七四六三五

（定閱月刊）

茲定閱貴會出版之建築月刊自第……卷第……號起至第……卷第……號止計大洋……元……角……分外加郵費……元……角……分一併匯上請將月刊按期寄下列地址爲荷此致

上海市建築協會建築月刊發行部

……啓……年……月……日

地址……

（更改地址）

啓者前於……年……月……日在

貴會訂閱建築月刊一份執有……字第……號定單原寄……收現因地址遷移請卽改寄……收爲荷此致

上海市建築協會建築月刊發行部

……啟……年……月……日

（查詢月刊）

啓者前於……年……月……日

訂閱建築月刊一份執有……字第……號定單寄……收茲查第……卷第……號尚未收到祈卽查復爲荷此致

上海市建築協會建築月刊發行部

……啓……年……月……日

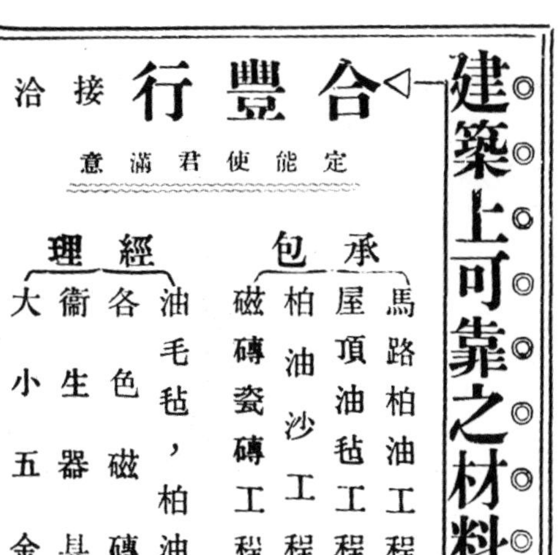
建築上可靠之材料請向
合豐行接洽
定能使君滿意
承包
馬路柏油工程
屋頂油毛毡工程
柏油沙工程
磁磚瓷磚工程
經理
油毛毡，柏油
各色磁磚
衛生器具
大小五金
BUILDING SUPPLIES
ROAD & ROOFING
CONTRACTORS
HAH FOONG & CO.
47 NINGPO ROAD.
Tel. 18254

油漆工程
裝璜設計
經驗宏富
二十年久
工作精良
時期迅速
Twenty years experience is a Guarantee of our work as painters & decorators call upon us for this service. PHONE 31738
信孚裝璜油漆公司
THE GUARANTE PAINTING & DECORATING Co.
電話三一七三八 愛多亞路一四二九號

研討實業問題的基本要籍

實業界一致推重商業月報

商業月報於民國十年創刊迄今已十有三年資望深久內容豐富討論實際印刷精良致銷數鉅萬縱横國內外故爲實業界一致推重認爲討論實業問題刊物中最進步之雜誌解决並推進中國實業問題之唯一資助

君如欲發展本身業務瞭解國內外實業界現狀 解决中國實業問題請讀「商業月報」應立即訂閱

全年十二册　報費國內三元　國外五元（郵費在內）

出版者　上海市商會商業月報社

地址　上海天后宫橋　電話四〇一二六號

張裕泰合記建築事務所

電話 九一一六三

HOPE 裕 KEE

地址 上海河南路 錦興大廈三樓

本事務所承造各種建築工程聘用具有經驗之工人及合格之監工員視察工程進行倘荷賜顧估價免費

CHANG YUE TAI CONSTRUCTION CO.

(HOPE KEE)

SUCCESSORS TO

CHANG YUE TAI

YUE CHONG TAI

CIVIL ENGINEERS & GENERAL CONTRACTORS

505 Honan Road, Shanghai.

We undertake construction work of every description. Only experienced workmen, qualified engineers and supervisers are employed to carry out our jobs. Estimates rendered free.

THE CHINA IMPORT & EXPORT LUMBER COMPANY, LIMITED
(INCORPORATED UNDER THE COMPANIES' ORDINANCES OF HONGKONG.)
FLOORING DEPARTMENT

英商祥泰木行有限公司地板部

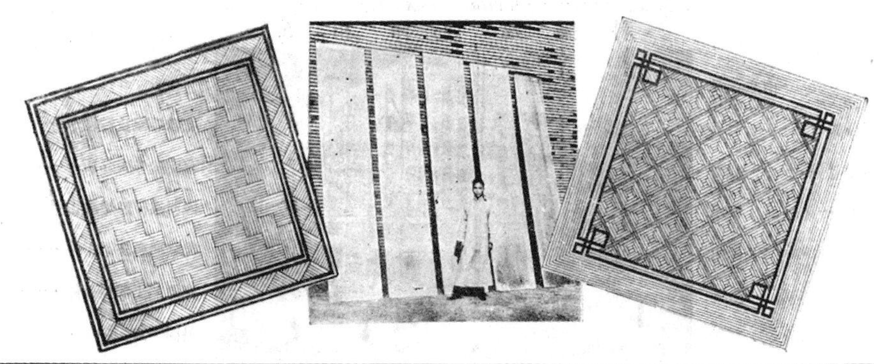

上海之有美術地板木公司實爲首創嗣後互相效尤凡各商埠之高樓大廈莫不採用本公司以二十年之經驗中外技師之策劃堅固美妙允稱獨步如蒙　賜顧定獲稱心滿意本公司購備最新式砂磨機器十五部括垢磨光平滑無比

已竣工程

本埠

美國鄉下總會　法國總會　江海關　安利洋行　月宮飯店　辣斐跳舞場　自來水公司　上海跑馬總會　仁濟醫院　孫科住宅　惠羅公司　滙豐銀行　義泰洋行　禮查飯店　都成飯店　新聞報館　西人青年會　辣斐飯店　十三層公寓　萬國儲蓄會　麥特赫司脫路大廈

漢彌爾登大廈　金城銀行　華懋飯店　中國體育會　字林西報館　英國總會　花旗總會　宜昌路救火會　榆林路巡捕房　江灣路工部局學校　廣西路格致公學　王家沙花園工部局住宅　華德路巡捕醫院　永安公司　台灣銀行　怡和洋行　英美烟公司　徐家滙天主堂　海格路公寓　大西路工部局醫院

外埠

南京　蔣委員長住宅　南京　汪精衛住宅
南京　何應欽住宅　汕頭　太古公司
香港　救火會　青島　萬國總會

進行工程

靜安寺路四行儲蓄會　中匯銀行
外白渡橋堍大廈　青島海濱大廈
博德運新廠　華業公寓
漢口安利新廈　德和工藝學校
白賽仲公寓

其餘工程繁多不及備載

總行　上海楊樹浦路第壹千肆百念六號

電話第五〇〇六八號　三線轉接各部

南京總理陵墓之碑亭

廣州中山紀念堂

中華郵政特准掛號認爲新聞紙類
內政部登記證警字第二五五四號

中國近代建築史料匯編（第一輯）

建築月刊

第二卷　第五期

The BUILDER

建築月刊

VOL. 2 NO. 5
第二卷 第五期

上海建築協会
宏中肆外
孫科

道門鋼廠

本公司直接承辦歐美各國名廠出品
貨名列舉如下
軟鋼　三角鐵　鏪鐵　建築鋼
窗架鐵　白鐵皮　青鉛皮　青鉛管

「道門克羅伯」Dorman Long-Krupp
之鐵板樁 Steel Sheet Piling (是項鐵板樁其壓力較任何樁子大數倍)

「抗力邁大」鋼 "Chromador" Steel
其張力較普通建築鋼料大百份之五〇至六〇

道門鋼廠 Dorman Long & Co.
各種橋樑及大厦之建築鋼料

Solignum 廠所出之 "Norusto" 腦而司托牌油漆

貨質優美　定價克己
如蒙惠顧　無任歡迎

中國經理 英商茂隆有限公司
上海仁記路八一號

新成鋼管製造股份有限公司
HSIN CHENG CONDUITS MFG. CO., LTD.

專製各種黑白鋼管
大小灣頭及鋼板
本埠存貨充足
俾供各界需求
價目函索即寄

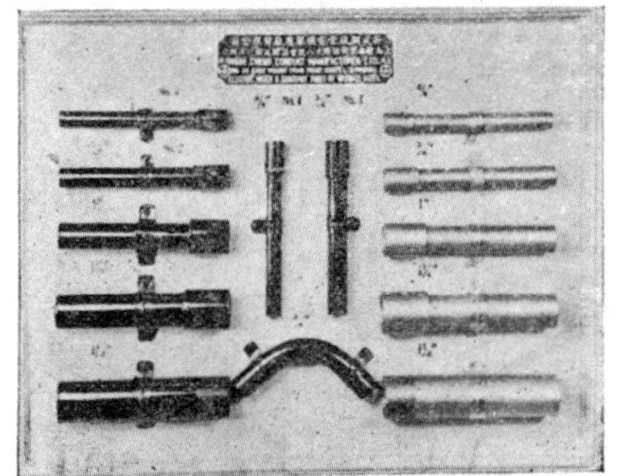

MANUFACTURERS OF HIGH GRADE BLACK & GALVANIZED CONDUITS OF VARIOUS SIZES
STOCK CARRIED
SAMPLES AND PRICE LIST SUPPLIED ON REQUEST.

總事務所及製造廠
設在閘北東橫浜路德培里十八號
閘北電話四一二四六

營業所
利泰電料行
有恆路口吳淞路三百七十五號
電話四三四七九

MAIN OFFICE AND FACTORY:
No. 18 EAST WOUNG PANG ROAD
CHAPEI, SHANGHAI.
TEL. 41246

BRANCH OFFICE:
LEE TAI ELECTRIC CO.
375 WOOSUNG ROAD
Telephone 43479
SHANGHAI

SING HOP KEE

GENERAL BUILDING CONTRACTORS

新合記營造廠

For the

YUE TUCK APARTMENTS BUILDING
ON TIFENG ROAD

Davies, Brooke & Gran, Architects.

懿德公寓…………………………地豐路

新瑞和洋行設計

OFFICE: LANE 688, House No. 3 PEKING ROAD
TELEPHONE 93156

辦事處——北京路第六八八弄三號

電話——九三一五六

合作五金公司
唯一機製國貨五金
K.T.C.M.C.
TRADE MARK
註冊商標
CMC
TRADE MARK
出品
門鎖
抽屜鎖
拉手
文具
鉸鏈
優點
精確
美觀
堅固
價廉
製造廠 江蘇嘉定縣合作路
總務處 上海塘山路七九六
發行所 上海牛莊路七四二
電報掛號 九六〇二
電話 九〇九八〇

The Robert Dollar Co.,

Wholesale Importers of Oregon Pine Lumber, Piling and Philippine Lauan.

美商

大來洋行

本行專售大宗洋松椿木及
菲律濱柳安烘乾企口板等

各種裝修如門窗等以及考究器具請
貴主顧須要認明大來洋行獨家經理
之菲律濱柳安有I.L.CO.標記者爲最優
美並請勿貪價廉而採購其他不合用
之劣貨統希
貴主顧注意爲荷

大來洋行木部謹啓

比國鋼業聯合社

UCOMETAL

有新學問新思想者請用森林籐柳草器廠出品之最新式籐柳器及美術化草地毯陳列一新成爲最新式最滿意之家庭

上列圖內之籐柳器全套四件計洋壹百五十二元正
奴状美術化草地毯壹張計洋十二元八角（即每方尺壹角六分）

地址

總發行所 愛文義路戈登路口
第一分店 靜安寺路七十六號 電話三一三七三
第二分店 愚園路地豐路口 電話九二八七九

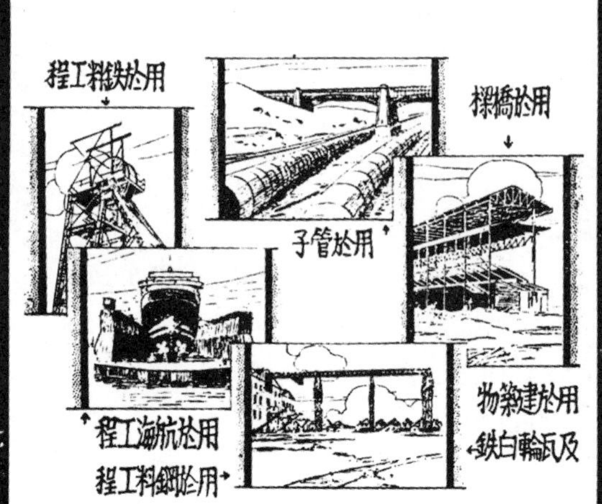

請用"腦而司托牌"油漆

一切鋼鐵工程，若用"腦而司托牌"油漆，可不生銹消蝕，並能免除罅裂。此漆更能深入面層，不受潮濕影響，永久保持鋼鐵之彈力性。

總經理
英商茂隆有限公司
上海
仁記路八十一號

此種油漆係英國倫敦
Solignum 廠所製造

瑞昌銅鐵五金工廠
承辦建築一切銅鐵工程
常備大批新式異樣堅固門鎖
漢口路四二一號
電話九四四四六〇
靜安寺路六六七號
電話三一九六七號
工廠
同孚路二四三號

建築月刊

第二卷第五號

民國二十三年五月份出版

目錄

插圖

進行中之建築

譯著

廣告索引

THE BUILDER

MAY 1934 Vol. 2 No.5

LEADING CONTENTS

ILLUSTRATIONS

計擬中之上海外灘事務院

海其渴建築師設計

PROPOSED OFFICE BUILDING, WHANGPOO ROAD, SHANGHAI.
H. J. Hajek, B. A. M. A. & A. S., Architect.

南京聚興誠銀行新屋

李錦沛建築師設計

Young Brothers Bank New Building, Nanking.

Poy G. Lee, Architect.

進行中

CURRENT CONSTRUCTION

中國通商銀行新屋

—防禦馬路傾瀉之鋼板椿攝影—

New Commercial Bank of China Building.
—View Showing Steel Piling Protecting the Road from Sliding—

PHOTOGRAPHS OF

之建築

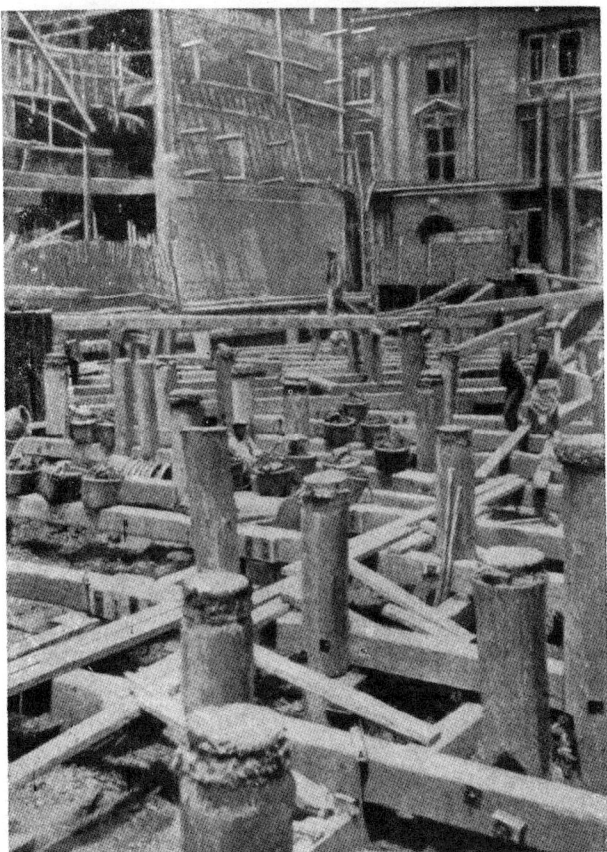

Piling Foundation of the New Commercial Bank of China Building, corner of Foochow and Kiangse Rds.

中國通商銀行新屋

—木樁底腳工程之攝影—

上海寗波路廣東銀行新屋

——校試平準儀之攝影——

Adjusting the Level in leveling the Foundation Beams of the New Bank of Canton Building.

上海寧波路廣東銀行新屋

——紮立柱頭鐵之攝影——

設計者：李錦沛建築師

承造者：張裕泰建築事務所

Erecting Steel Bars to the Columns of the New Bank of Canton Building, Ningpo Road, Shanghai.

Chang Yue Tai Construction Co., Contractors.

Poy G. Lee, Architect.

上海中央捕房新屋進行中之攝影 —▷

View of the Central Police Head Quarters Showing Construction in Progress.

建築中之上海中央捕房新屋天井內部攝影 ◁—

View of the Central Police Head Quarters Facing the Court Yard.

Additional Storey of the Continental Emporium Building, Nanking Road, Shanghai.
T. Chuang, Architect.
Thu Luan Kee, Contractors.

上海南京路大陸商場房屋加高一層

莊俊建築師設計
褚掄記營造廠承造

南京交通部新署東部之攝影

—該署行將竣工—

承造者：辛峯記營造廠

East Section of the New Ministry of Communication Building in Nanking, near completion.

—Sin Fong Kee, Contractor.—

南京交通部新署西部之攝影

West Section of the New Ministry of Communication Building in Nanking.

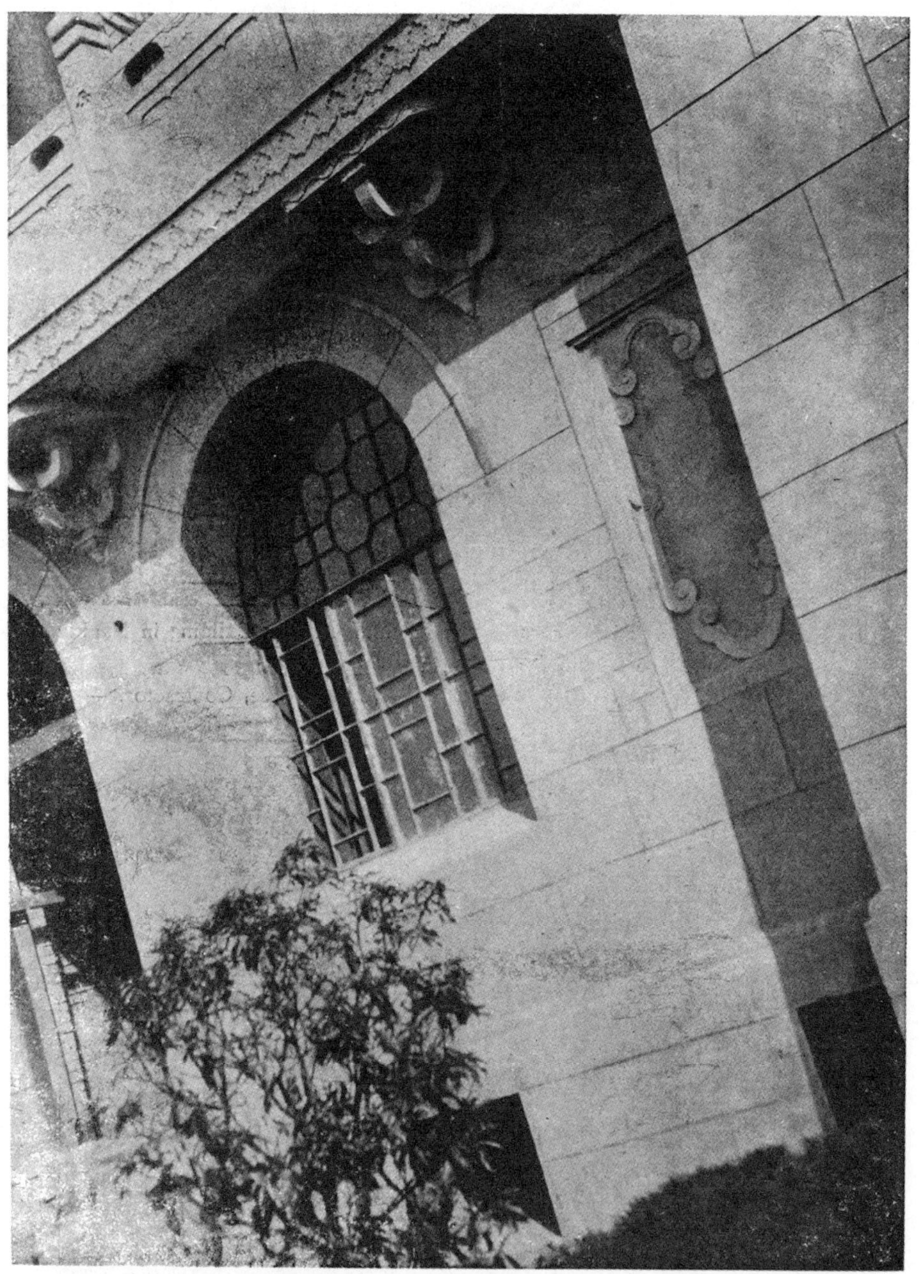

南京交通部新署之陽台與斗拱式之牛腿

The Brackets and Verandah of the New Ministry of Communication Building in Nanking.

橋樑

單空硬架混凝土橋梁

單空硬架混凝土橋梁之上面觀

硬架橋左邊加以花石裝飾

此橋之上面爲兩路之交叉點

林同棪君贈刊

短跨度硬架橋之近觀

變橢圓形 (Modified ellipse) 之硬架，與拱橋相類。

此圖左部之硬架橋，爲右部大橋之趨附橋空(Approach Span)

橢圓形之硬架斜橋

林同棪君贈刊

雙空硬架混凝土橋

硬架鋼橋一座，斜跨度九十五尺 (on skew)。

美國麻省之一硬架橋，Dedham, Mass., U. S. A.

巴西國(Brazil)之三空硬架橋，中孔長224英尺，爲硬架橋跨度之冠。

林同棪君贈刊

Model of new residence for the President of China, Nanking.

Mr. T. Y. Chao, Architect.
Sing King Kee (Kong Hao), Contractors.

南京主席公邸模型

設計者——趙志游
承造者——新金記康號營造廠

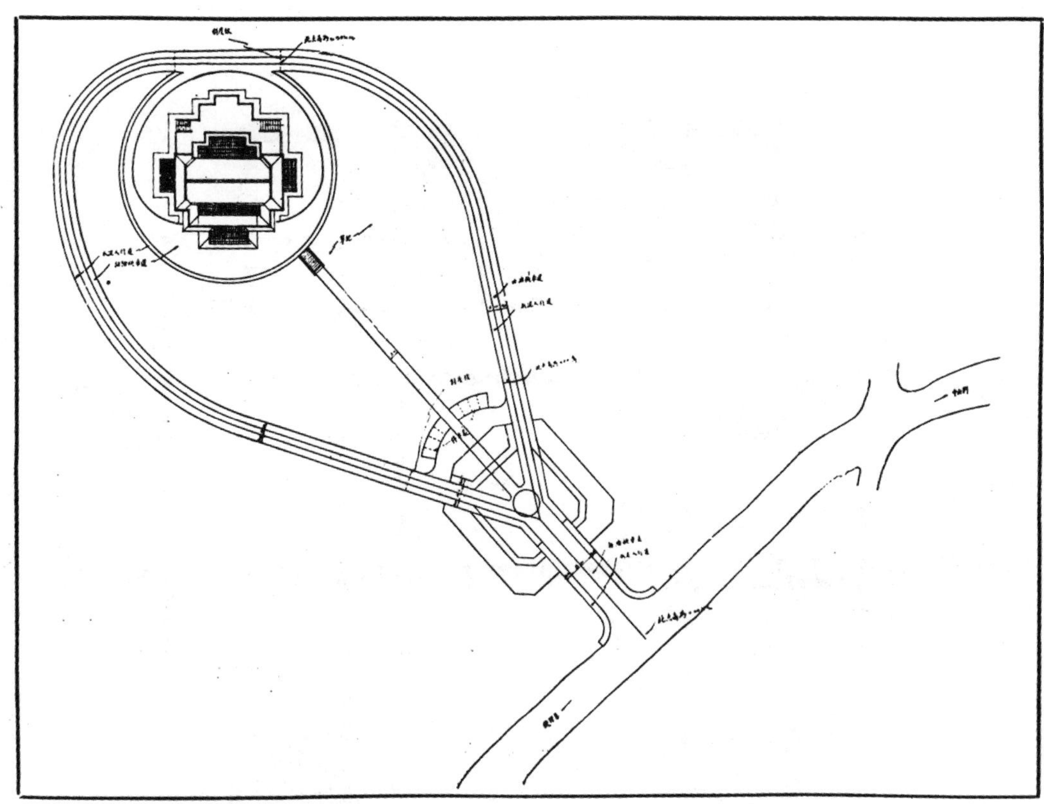

New residence for the President of China, Nanking. Block plan.

南京主席公邸 總地盤圖

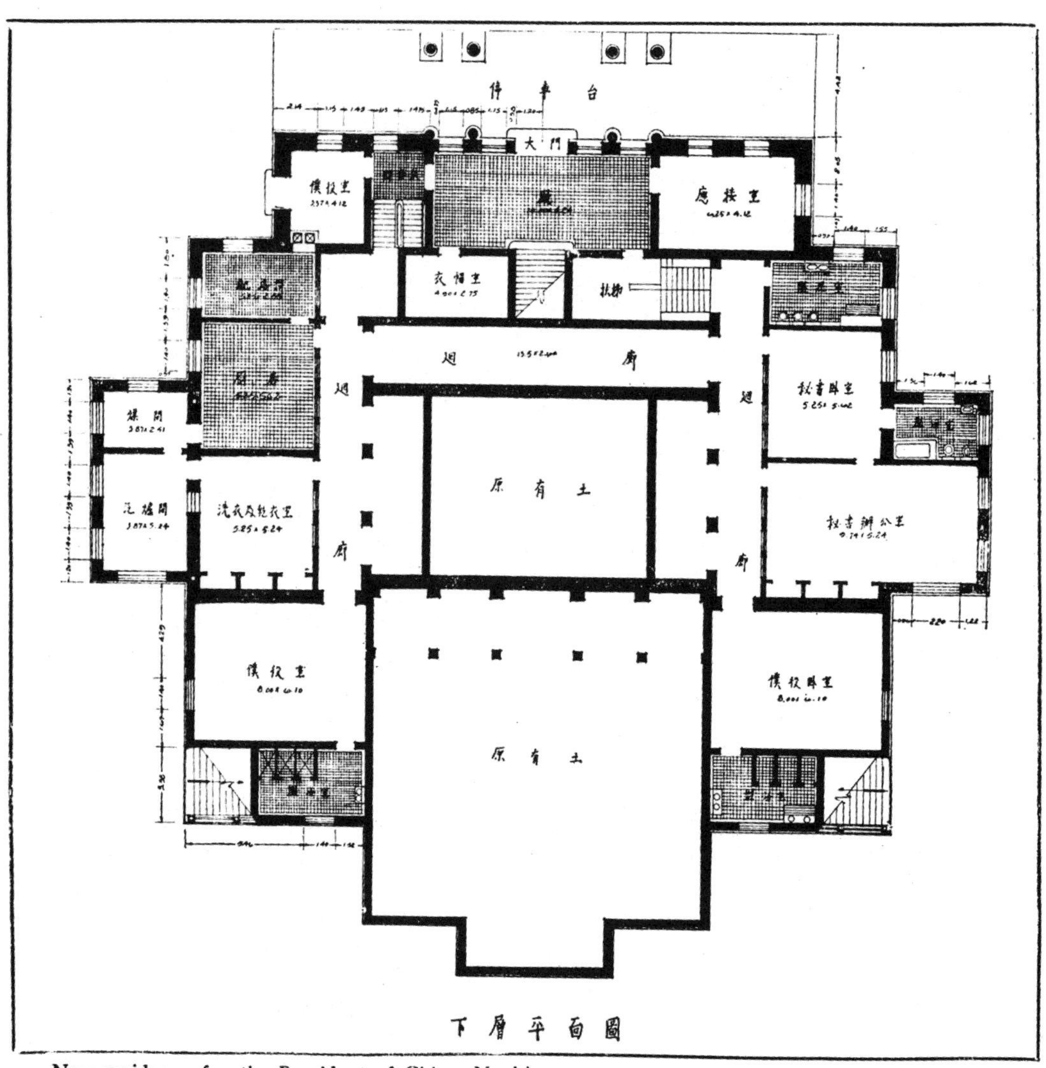

New residence for the President of China, Nanking. Ground floor plan.

京南主席公邸

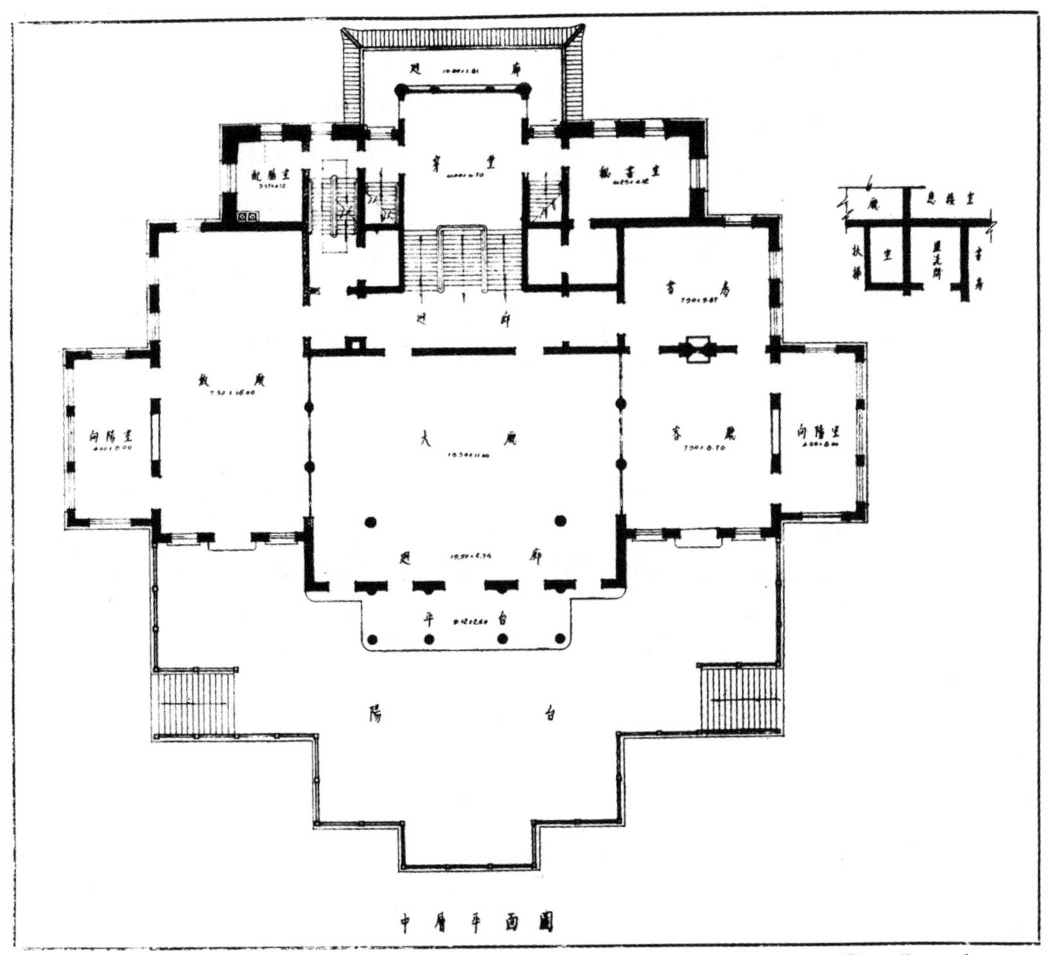

New residence for the President of China, Nanking. First floor plan.

南京主席公邸

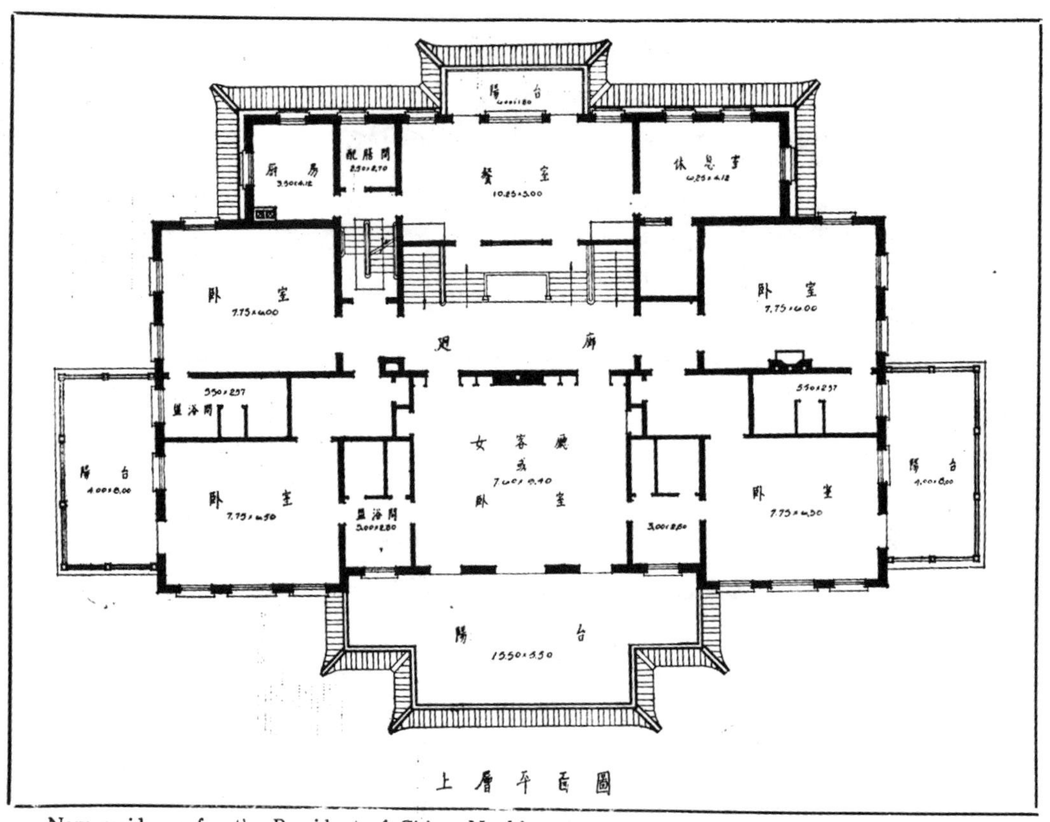

上層平面圖

New residence for the President of China, Nanking. Second floor plan.

南京主席公邸

〇一七七八

南京主席公邸

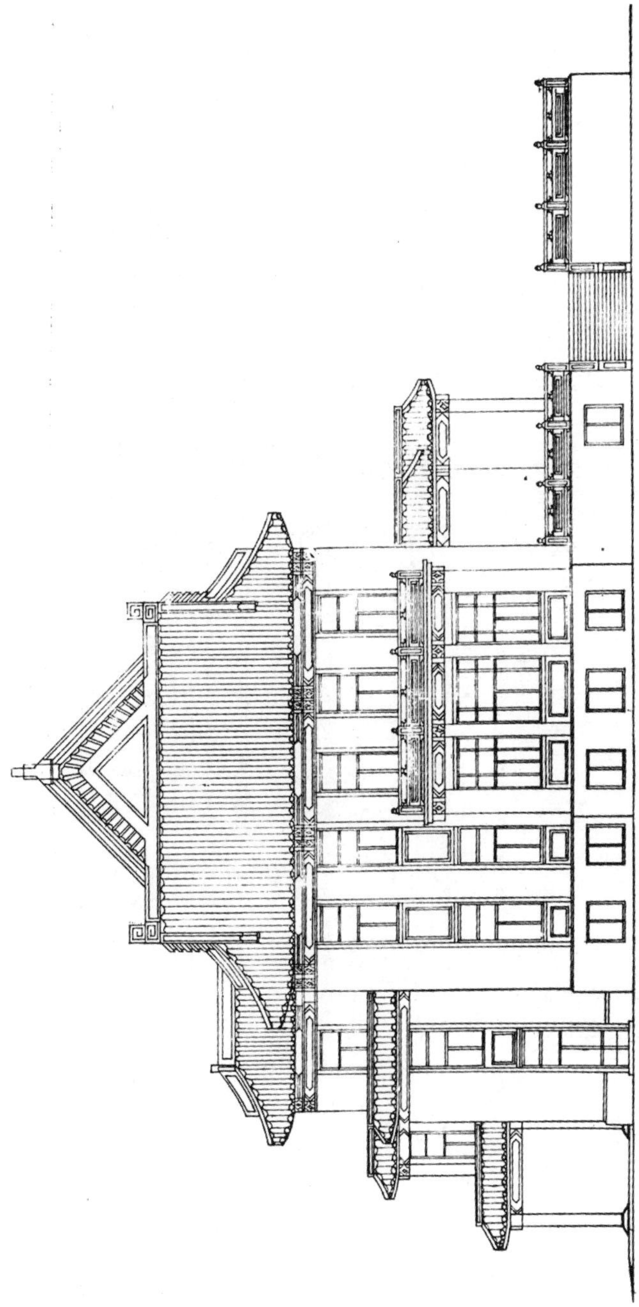

側面圖

Side elevation.

New residence for the President of China, Nanking.

南京主席公邸

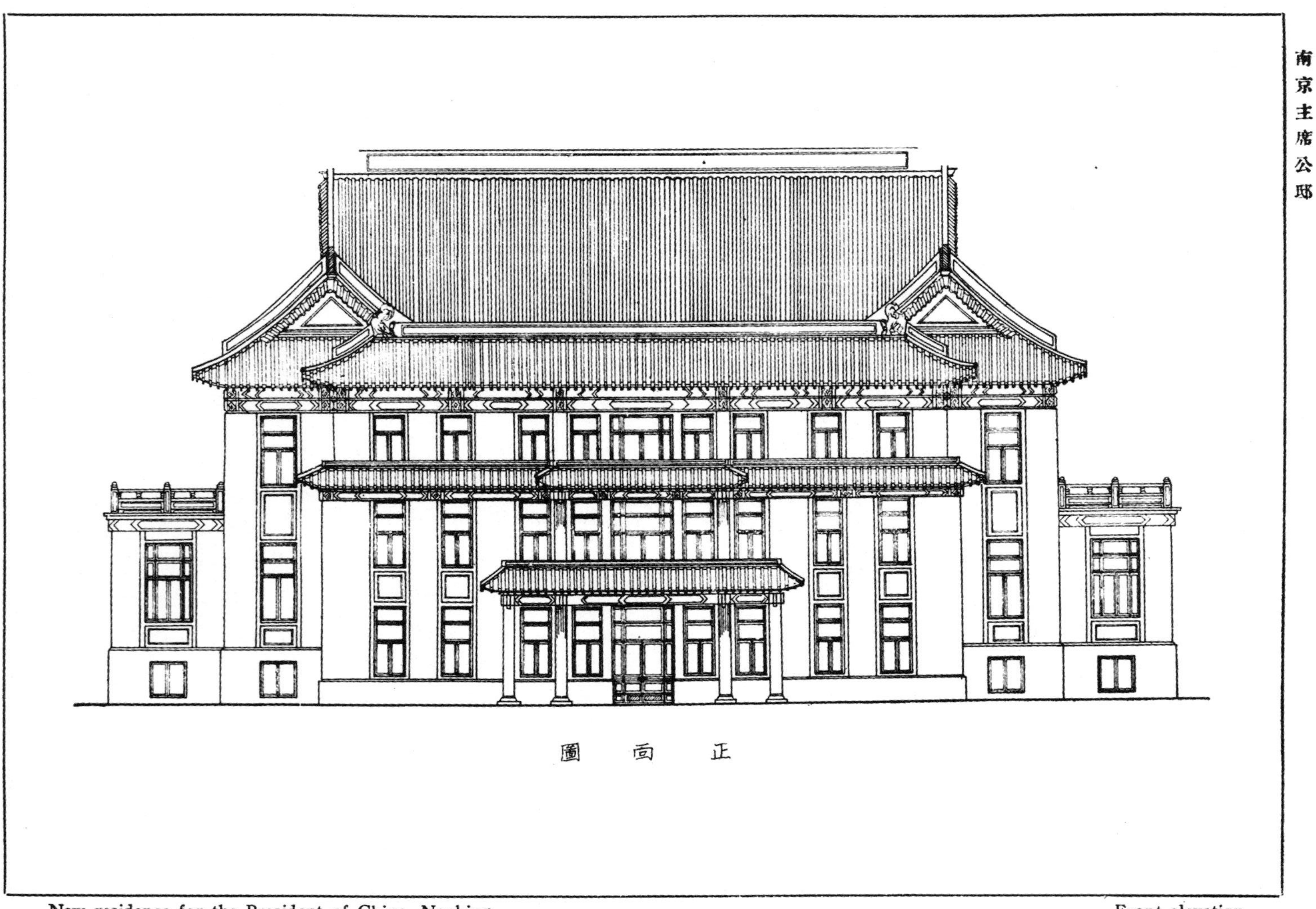

New residence for the President of China, Nanking.

Front elevation.

Central Agricultural Laboratory, Nanking.

Su, Yang & Lei, Architects.

南京中央農業實驗所

興業建築師設計

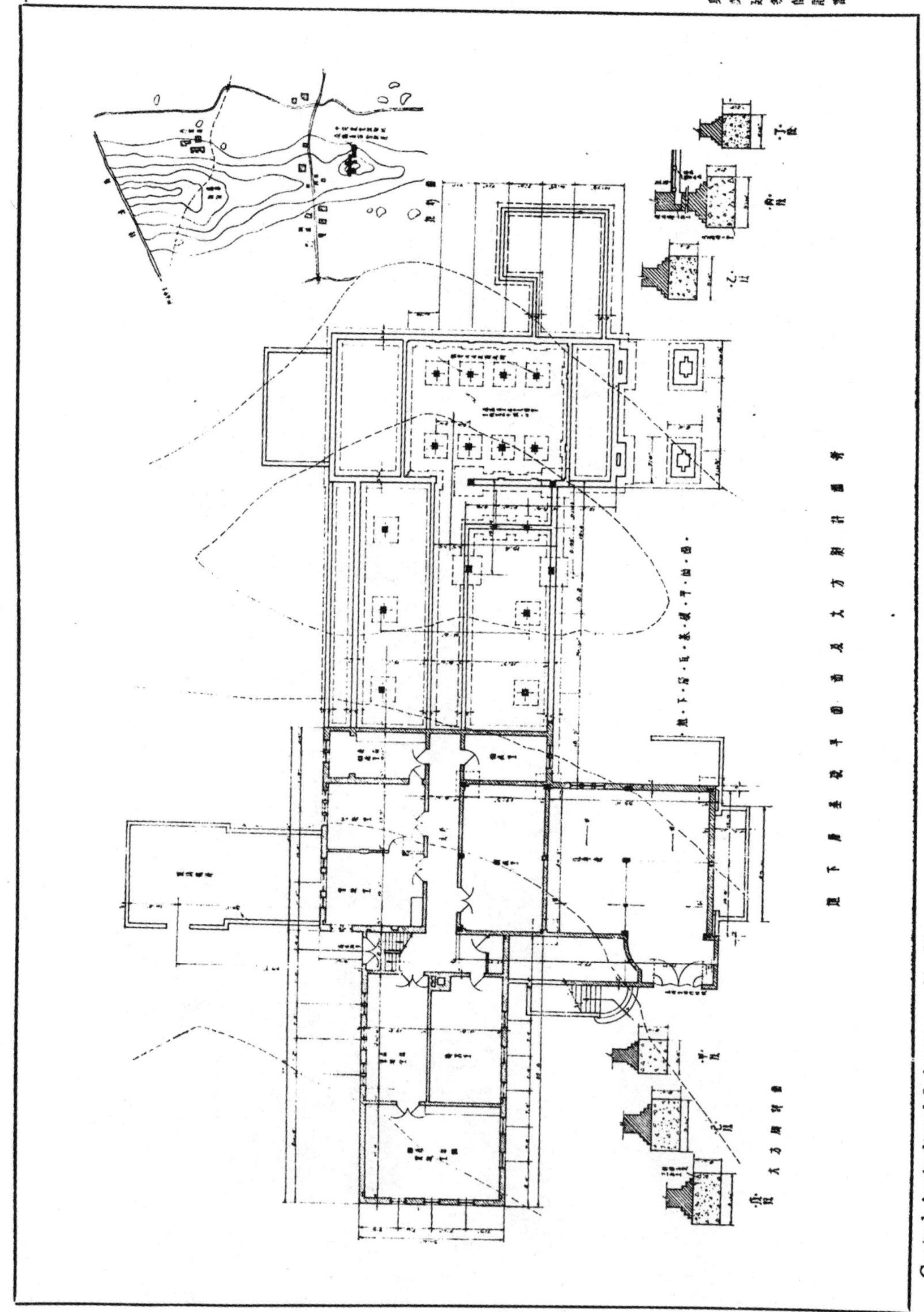

Central Agricultural Laboratory, Nanking.

南京中央農業實驗所

下層平面圖

Central Agricultural Laboratory, Nanking.

南京中央農業實驗所

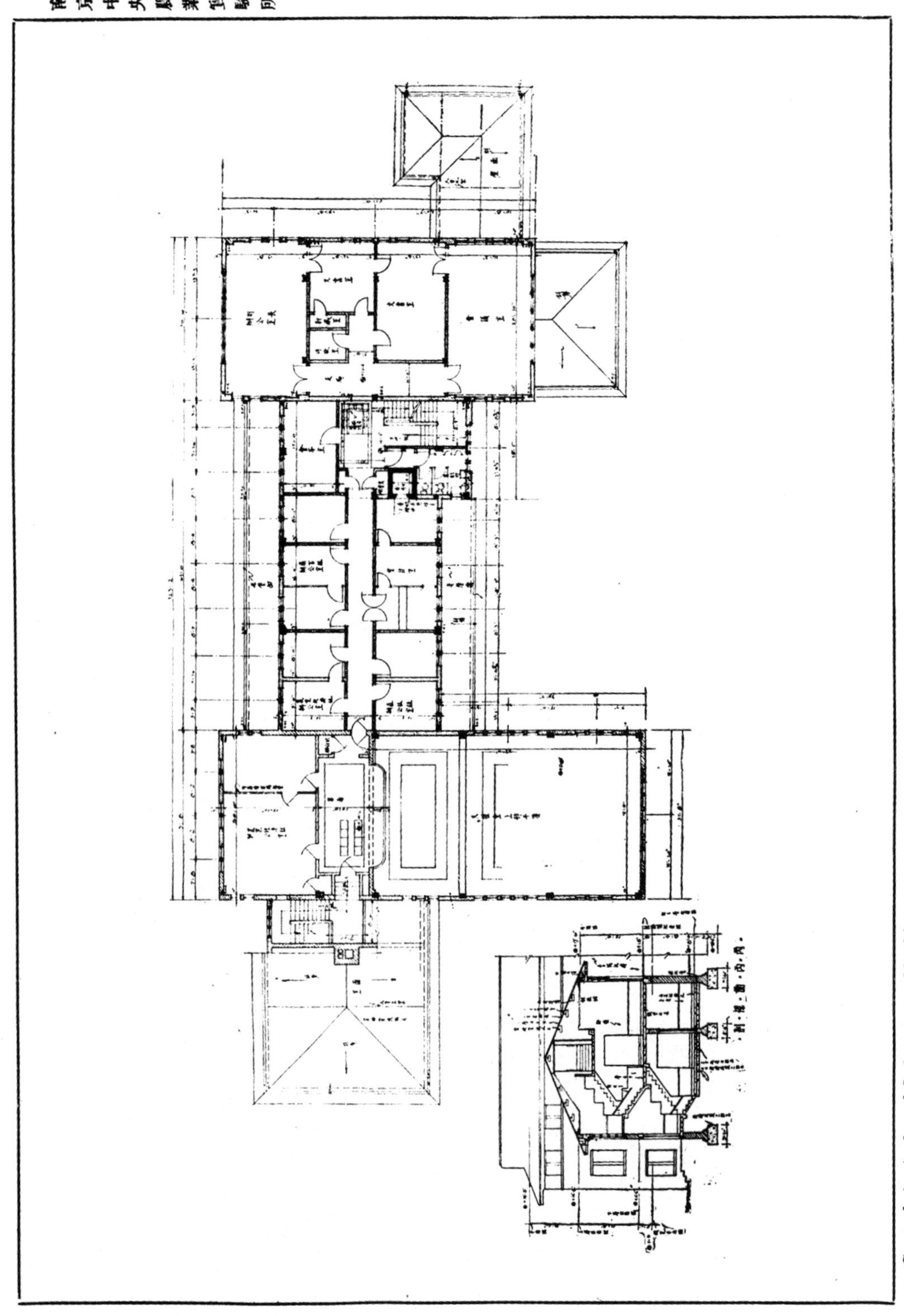

Central Agricultural Laboratory, Nanking.

南京中央農業實驗所

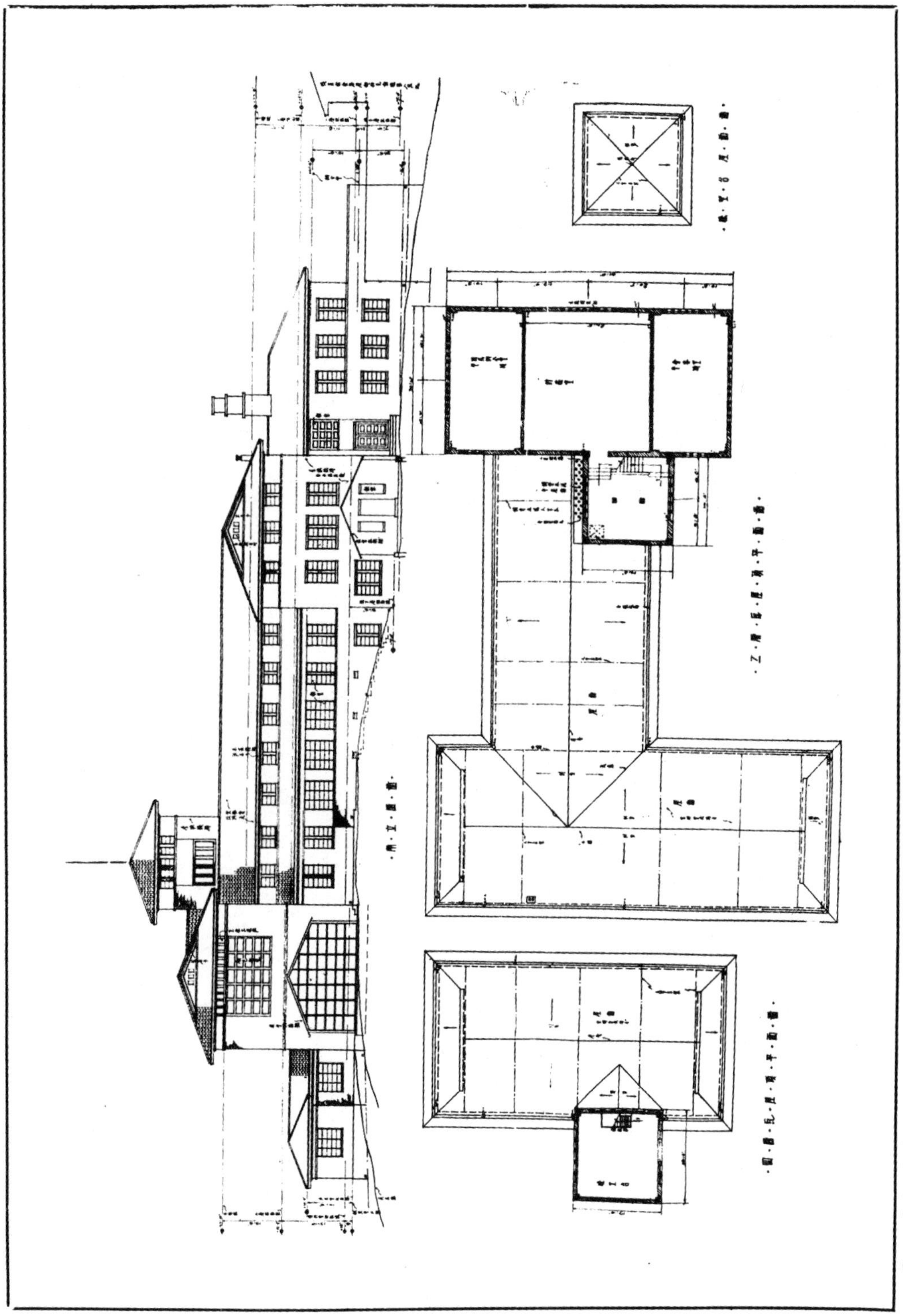

Central Agricultural Laboratory, Nanking.

南京中央農業實驗所

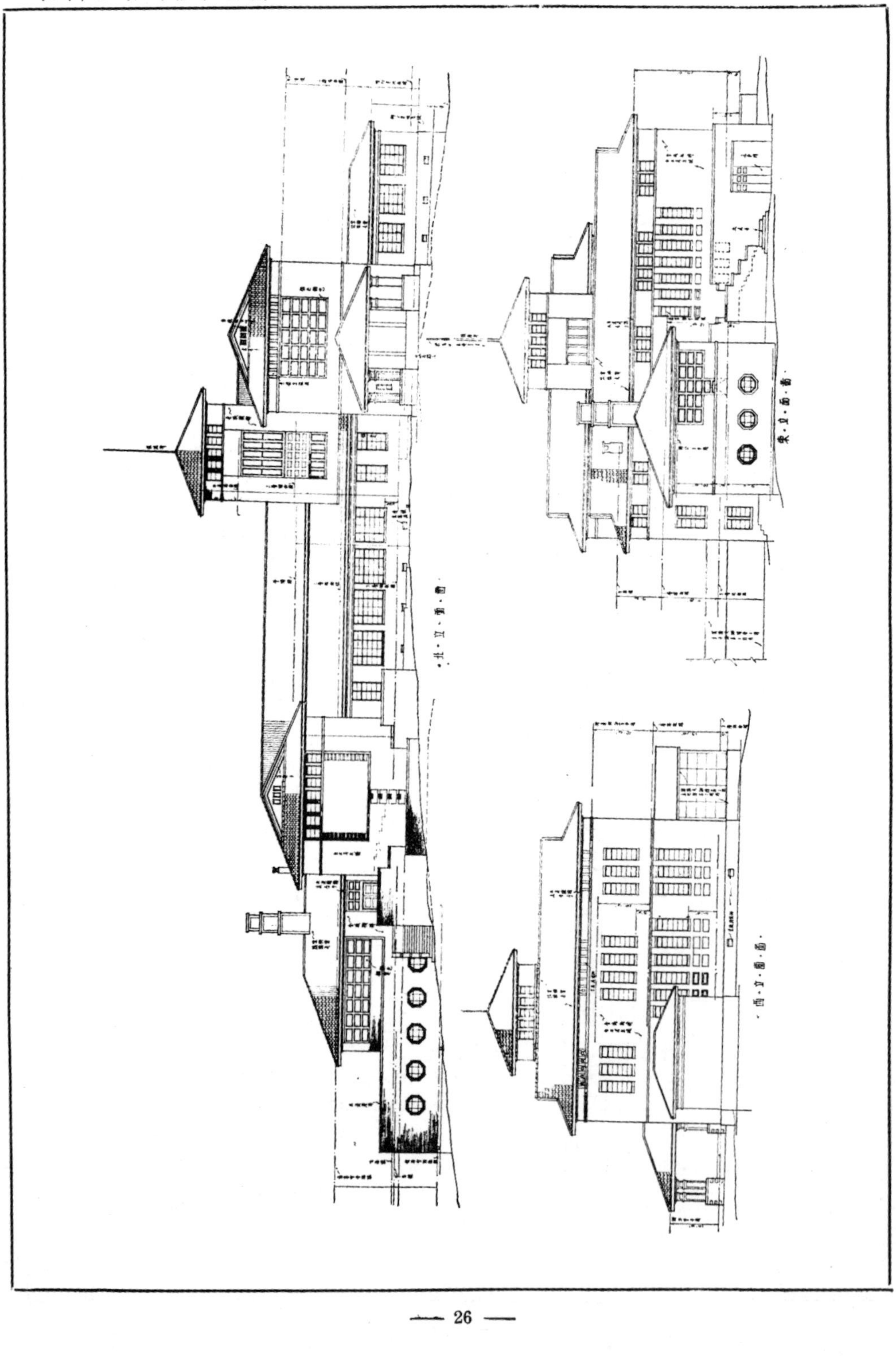

北立面圖

東立面圖

西立面圖

Central Agricultural Laboratory, Nanking.

南京中央農業實驗所

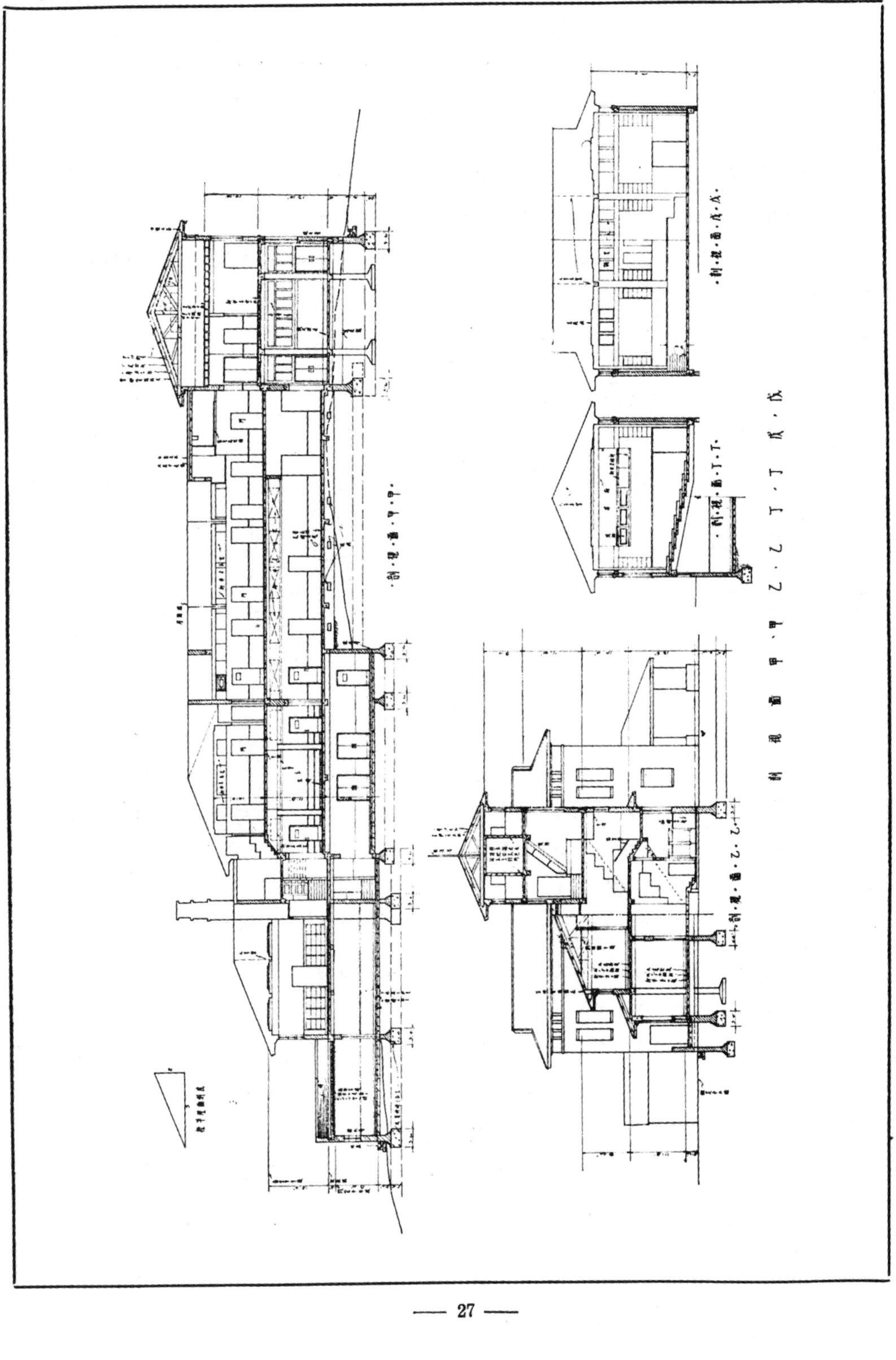

剖視圖甲甲、乙乙、丁丁、戊戊

Central Agricultural Laboratory, Nanking.

硬架式混凝土橋梁

林　同　棪

第一節　緒　論

尋常各種橋梁之結構，均分爲上下兩部。上部爲橋面與梁架；下部爲橋柱，橋墩與橋基。設有平板(Slab)或縱梁（girder）橋梁一座，無論其爲單空平支式（Single span simply-supported）或多空聯梁式（Continuous），在上下部交接處，必置有各種支座，如第一圖 a,b 。今如將各支座取消，而將上下兩部連成一氣，使彎曲處成爲硬角，如第二圖a,b；此種橋梁之結構，名爲硬架結構。(或稱爲框架結構，Portal Frame Construction)。

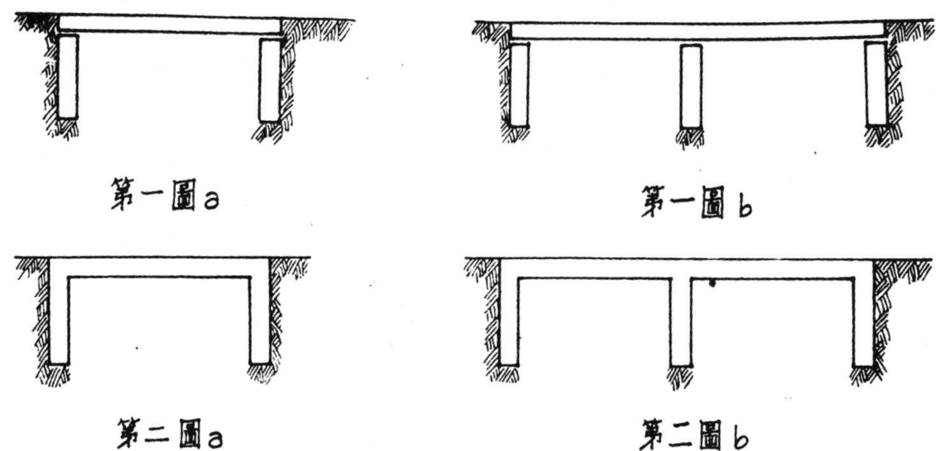
第一圖a　第一圖b

第二圖a　第二圖b

此種硬架橋梁，在歐洲早已見用。惟各梁柱之惰動率(moment of inertia)，多爲固定不變者。因變惰動率之硬架，其內部應力，較難計算也。定惰動率之硬架，其經濟跨度(economical span length)甚爲短小；故其應用範圍亦小焉。近十年間，此種結構，漸風行於美國；三四年來尤甚。且美國工程師，竟後來居上，利用變惰動率之梁柱，以增加其經濟與美觀；並大下研究工夫，以改良其設計與建築。自二三十尺以至百餘尺之各種硬架橋梁，已蓋成者不下數百座，在某種情形之下，其經濟，其便利，其堅固，其美觀，已爲工程界所公認。

近者混凝土建築之增加，以我國爲甚。蓋我國鋼價高昂，且多承給於他邦；而洋灰則國產甚多，碎石沙子又用之不竭。故各種建築，能用混凝土者則用之。以其合於經濟，又可提倡國產，促進實業也。乃混凝土之建築，多宜於連續結架（Continuous frames），而不宜於多用斷節（joints）。每用一斷節，即多費雜料，多費許多手續。故硬架式之混凝土橋梁，於他國既有其相當位置，於我國更可推用無疑。

第二節　硬架橋梁之各種式樣

硬架橋梁，式樣甚夥，足以應付多種環境。茲分述之如下。設計者可視當地之情形而選擇之：—

(甲)縱面佈置

(1)單空(第三圖a)或多空(第三圖b)。各空之跨度相等(第三圖b)或各異(第三圖c)。

(2)斜軸，Skew(第四圖a)或正軸Right(第四圖b)

(3)橋面水平(第五圖a)，斜坡(第五圖b)，或彎形(第五圖c)

(4)各梁柱爲定惰動率(第六圖a)或變惰動率(第六圖b)

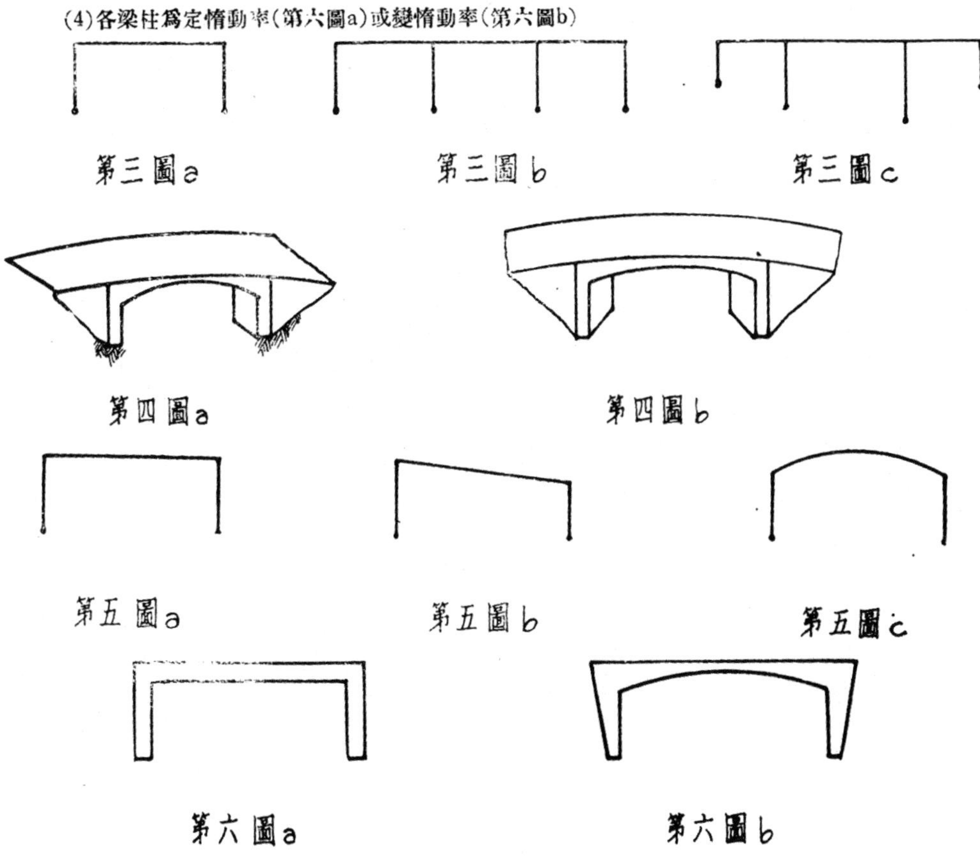

第三圖a　第三圖b　第三圖c

第四圖a　第四圖b

第五圖a　第五圖b　第五圖c

第六圖a　第六圖b

(乙)橫面佈置

(1)平板式，slab(第七圖a)；條梁式，beam(第七圖b)；縱梁橫梁式，beam and girder type,(第七圖c)。

(2)上承式(第七圖a,b,c,)；下承式(第八圖a)；中承式(第八圖b)，

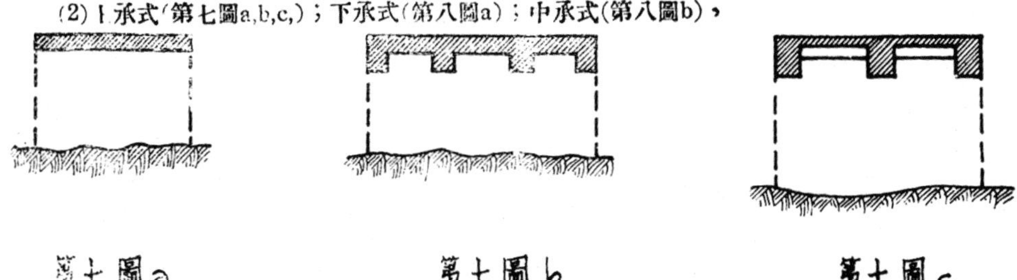

第七圖a　第七圖b　第七圖c

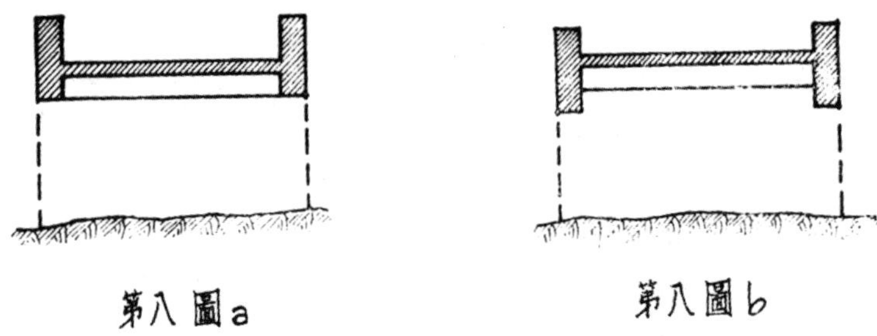

第八圖a　　第八圖b

（丙）其他項目

（1）橋上載重——鐵道，公路，人行道。

（2）橋空跨過鐵道，公路，人行道，山谷，溪河等等。

（3）材料爲鋼筋混凝土或鋼鐵。

（4）橋身外面用灰刷或石裝。

（5）橋基之建築，爲木樁，洋灰樁（第九圖a），展承基，spread footings（第九圖b）或尖端式，tapered ends（第九圖c）。橋基之設計爲鉸鏈式（第九圖d）或固定式（第九圖e）。

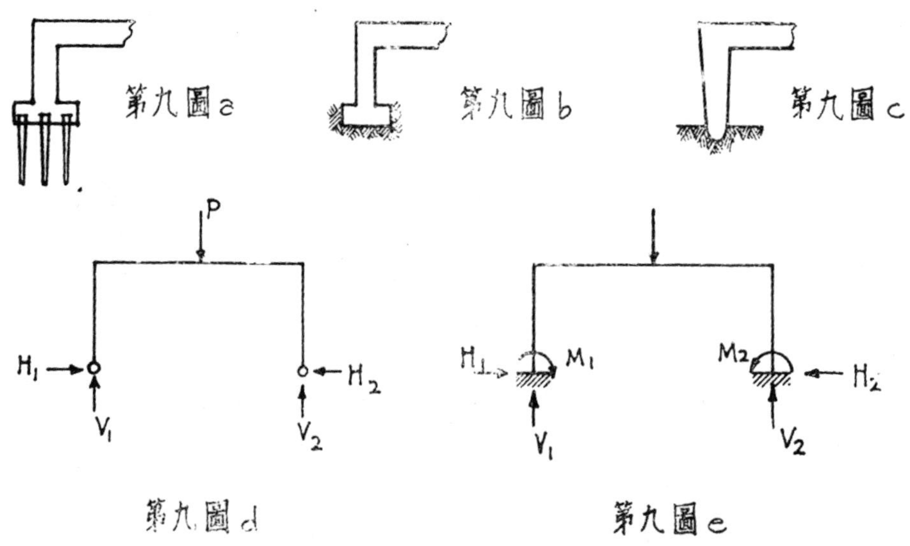

第九圖a　第九圖b　第九圖c

第九圖d　第九圖e

第三節　解釋關於硬架橋梁之疑難

硬架橋之所以不克早日盛行，實爲橋梁工程師之羞恥。蓋工程師之科學智識，多感缺乏；且每因循爲慣，無創造之精神，無革命之勇氣。每出一新法，創一新論，羣衆必疑而忌之，畏而難之。故必有勇且智者，不恤人言，奮鬭實行之。迨其成功數四，事實與理論相符，然後前之反對者，今且曲服而應用之矣。按美國硬架橋梁之始祖，爲海登工程師，Mr. Arthur G. Hayden, Designing Engineer, Westchester County Park Commission, New York, U. S. A.。方其初議此法，曲高和寡；不但橋梁工程師，構造名教授對之發生懷疑，卽包工者，亦畏難莫敢承包，高出標價以備不測。幸海登君對此種結構，已下有極詳細，極精密之研究與實驗，遂竟果築之。此橋經用許久，絕無危險之氣象。且海登君又如法建築多橋，並切實證明其穩固，其經濟，其美觀。於是硬架橋梁，遂漸盛行於美國。玆將尋常關於硬架橋梁之疑難並其解釋，分述如下：——

(1)問：在上下部交接，(第十圖ABCD)，忽然彎曲，D點之單位壓力，如按尋常理論計算，其數量甚大，遠超過准許應力。此處能否發生危險？

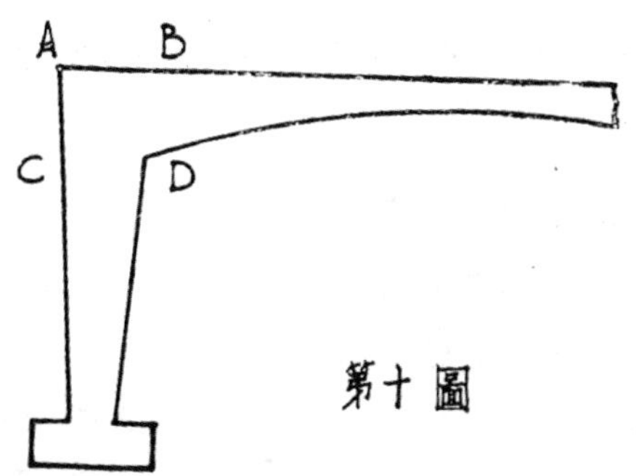

第十圖

答：D點之應力固大，然其壓力係自各方面同來。混凝土所能受之幽閉壓力（confined compressive stress)，遠高於尋常圓柱試驗所得之壓力。實驗之結果，已證明此種彎曲硬角之耐力。其所能受之撓曲動率，反大於同樣之直梁。故此層可不必慮及。歐洲用直梁柱時，多在轉彎處；加以補角(fillet)。

(2)問：硬架之計算法，甚爲繁難。不但費時殊多，亦誠恐靠不住。

答：硬架之計算法，並不困難。方今盛行之克勞氏連架計算法，(註一)於此甚爲適用。此法應用無窮，構造設計者不可不學。學之最多不過用一日之功夫。用之以計算硬架，數小時足矣。如已學坡度撓度法(slope-deflection method) 或定點法 (Die Methode der Festpunkte) 者，各用其法亦無不可。各種算法得數俱同；雖均未能十分準確；以實驗之結果對照之，相差少有過百分之十者，固在准許之列也。

(3)問：此項結構，係靜力學所不能計者(statically indeterminate)，所發生之伸縮應力如何(Temperature and shrinkage stress)？

答：伸縮應力，均可算出而爲之備。且在尋常硬架橋梁，其爲數亦無多焉。

(4)問：如橋基沈陷不勻，所發生之應力如何？

答：在石基與椿基，橋座不至沈陷者，因無問題。如基礎甚鬆，且易受震動，而橋座下沈不勻；則當視其不勻之程度。如不勻過甚，則不宜採用此種結構。此項沈座應力，亦可完全算出。

(5)問：橋基之實際情形，每旣非完全鉸鏈，又非完全固定，此當如何設計之？

答：橋基之爲鉸鏈與否，其影響於實用尺寸極微，(可用理論並舉例證明之)。如其近於鉸鏈，則可設其爲完全鉸鏈。如其近於固定，則可設其爲完全固定。如在二者之間，則可作兩種之設計而用其較大之尺寸。且用新式算法，竟可設其爲部分固定而計算之矣。

(註一)參看建築月刊第二卷第一號，第二號，第三號，作者所著關於克勞氏法之各文。

(6)問：此種結構，用於鐵路，能否承受其衝擊力(Impact)？

答：鐵路橋梁之用混凝土者，近來日增，其穩固已無足疑。如有相當之軟墊（cushion layer)，並計算衝擊力而爲之備，自可無問題也。

(7)問：此種橋梁之鋼筋佈置，未免複雜，能否因誤置而生危險？

答：此種鋼筋佈置，實較複雜，然設計者稍有學識卽不至錯誤。至施工之時，監工必須特別留神，務令佈置準確。

(8)問：此種橋梁，究竟是否較他種爲經濟？

答：在某種情形之下，此橋被爲經濟。此已在理論與事實上證明。至於宜用此橋之情形，以下再爲詳說。

第四節　硬架混凝土橋之特殊利益

此種橋梁非徒無害，如常人所見者；且其利益甚多。茲撮其要者分述如下：

(1)材料——凡應用混凝土爲橋梁材料之利益，此種橋梁均有之。

(2)經濟——較之平支橋，聯梁橋，或懸臂橋，因無滑座與滾座，故零件少，設計易，建築較簡。築成之後，更無修養之必要。且橋墩橋頂較薄，用料較少。較之拱橋，則橋基，橋背工作較省焉。

(3)土工——其橋頂(crown)較薄，故橋面可較底而橋下淨空可較高。因此而塡土較少，佔地亦小。

(4)橋下淨空——同樣跨度之橋空，硬架式橋下過水過車之面積，較拱橋爲大。

(5)硬度(Rigidity)——載重相等時，硬架橋之撓度，較小於平支梁。

(6)美觀——中部拱高，輪廓簡單，橋身輕薄，且適宜於各種裝飾以配合各種環境。

以上各種利益，在下列各情形之下，尤爲顯明：——

(1)兩路交點之分層(grade separation)。

(2)鞏固地基近於地面之所在。

第五節——硬架橋梁之設計

德國工程師計算此種橋梁，多用定點法。美國工程師前者多用坡度撓度法，今則多用克勞氏法，亦有用模型試驗者。模型試驗之最通用儀器，爲貝各氏變形量測儀 (Beggs deformeter)。模型則爲假象牙或硬紙板製成者。惟此種量測儀，每付值美金五百至八百元，非大公司與大學校不能買置之。故普通設計者，必用算學計算。現今通行各算法，以克勞氏法爲最便利，最適宜。

既决定橋梁之地點與式樣跨度等事，第一步須先假定各梁柱之尺寸。平板硬架之公路橋梁，載重在H-20(美國公路標準載重之一)左右者，可用第十一圖爲參考。縱梁橫梁式之公路橋梁，可用第十二圖爲參考。此橋縱梁寬度爲二英尺；各梁中心相距爲十六英尺。

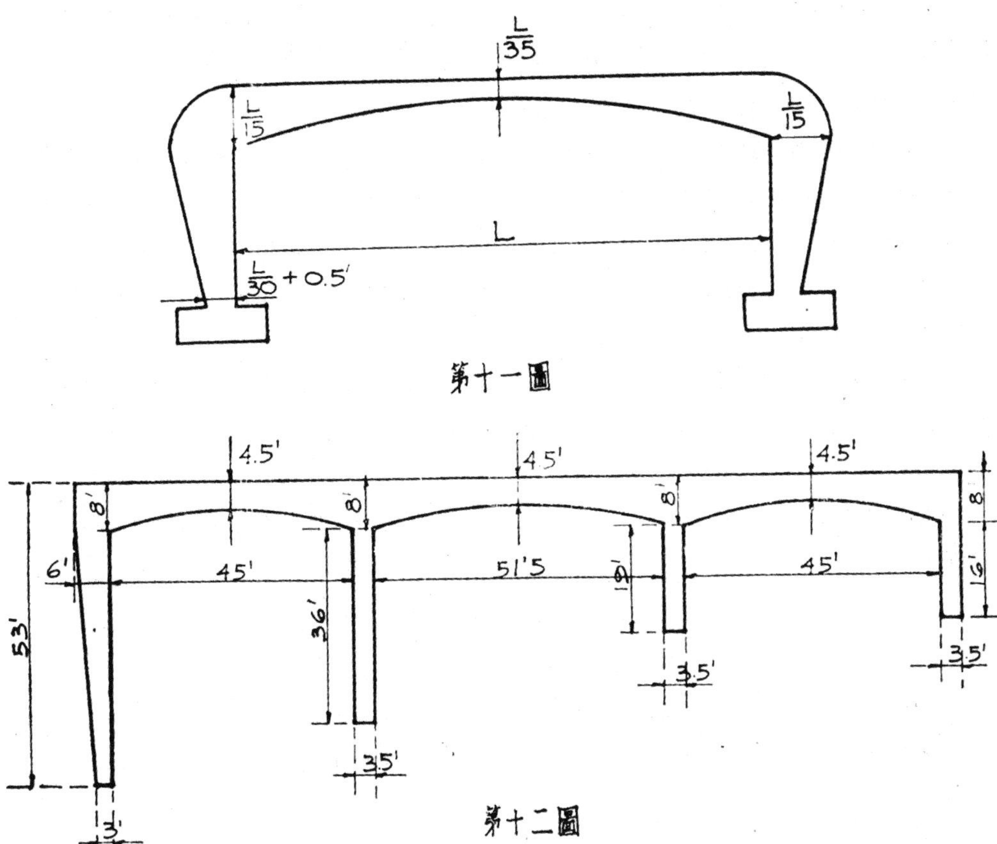

第十一圖

第十二圖

尺寸隨載重，地基，式樣，材料而變更。設計者計算之後，當知其眞正需用尺寸。妙在各點因載重所生之撓曲動率（Bending moment），只隨各點之相對惰動率而變更（Relative moment of inertia）。如該架全部加厚或減薄，而其各點之相對惰動率無大變動，則所算得各點之撓曲動率亦無若何變動。如各點之相對惰動率變動較大時，其大概影響如下：惰動率增加較多之處，所受之撓曲動率略加；其增加較少者，所受之撓曲動率亦略小。至於因伸縮所生之動率，則與橋之惰動率俱增減焉。因有以上原因，故初步設計者，但能知其相對尺寸，其所算得之撓曲動率，卽已近似矣。至設計稍熟，所假定之尺寸，幾可不必改動。

旣知橋身之尺寸，則其呆重（dead load）可以算出，將每橋空分爲若干段，求每段之呆重，而設其聚集於該段之中點，如此則計算較易。

活重之計算，可用集中載重 (conceutrated wheel loads) 如鐵路之 Cooper's E-loading 或公路之H-loading。但爲便利起見，可用其等量之勻分載重（equivalent uniform load）或用勻分載重外加一集中載重。發生各點最大撓曲動率或剪力之載重位置，稍加思想卽可定出，無須乎用影響線 (Influence lines)。

橋墩之土壓力（earth pressure）並其加重（surcharge），亦可假設其分爲若干段而計算之。如橋墩之高度，遠不及橋之跨度，則土壓力之影響甚小。否則此項應力，亦不可忽視。土壓力所生之動率，多與載重所生者相反；故不但無害，且每有益者。

氣溫變更或混凝土縮（shrinkage due to setting），均可發生伸縮應力。氣候之增減，可設其爲±40°F。凝縮之係數（coefficient of shrinkage），可設爲0.0002至0.0003。直接應力所發生之第二動率（moment due to direct stress or rib-shortening moment）甚爲有限，均可不必計。

如地基不穩固而能沈陷或擺動，可假設其沈動之量，計算其應力而爲之備。實則地基固者，此種沈動不能發生；地基鬆者，則多不用此種橋梁。

硬架之彎曲處（卽其硬角），因受兩旁填土之限制，多不能自由左右擺動。設計者可視實地情形，定其能否擺動，而爲相當之計算。實際上，除兩端土壓力相差甚遠外，此項擺動，多可不必計算。

既得各點因各種原因所生之動率，可合併之以求最大之動率與剪力，而得各點之切面及所需之鋼筋。

第六節　細件之設計

橋面之舖道，多卽將平板加厚之，或另加舖層。

欄杆宜用混凝土。此爲惟一露出橋面之建築物，應詳細設計之，以增美觀。

鋼筋之佈置，上下面均有之。其數量則未必相同，設計者當算出之。第十三圖之佈置，可爲參考。

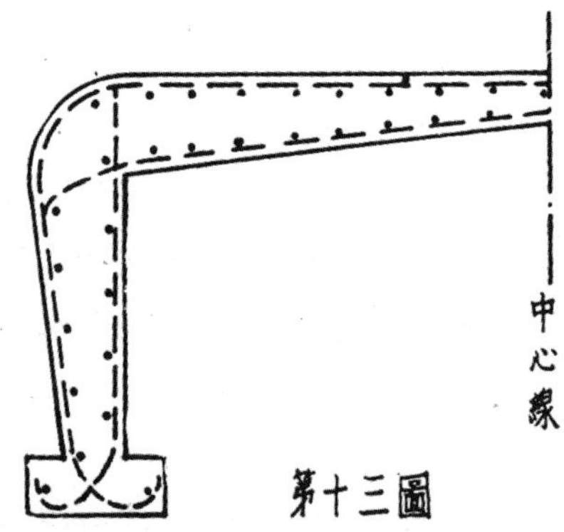

第十三圖

如該橋位置於山谷野外，其外面可無庸裝飾。如在繁華市內，則宜加以裝石，以與環境相稱。

橋端翼牆（wing walls）之設計，與他種橋梁相同。

第七節　中線跨度與淨空跨度（Center line or clear span length）

計算硬架者，或用中線跨度，或用淨空跨度。兩者俱有相當根據。但按試驗之結果，計算時所用之跨度似應在兩者之間。然與其用淨空跨度，不如用中線跨度，似較爲合理。彎角交點處所當用之惰動率，實難決定。無已，如第十四圖可也。

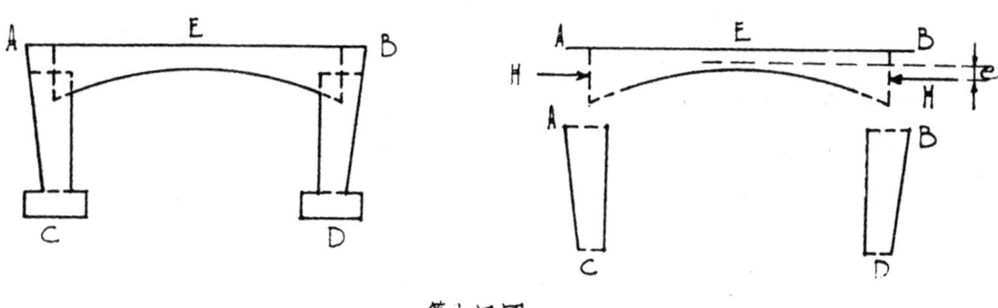

第十四圖

若梁之中線AEB為曲線，則E點之撓曲動率，當受A.B兩點水平力之影響。如e為E點中心線與B或A點中心線之距離，則其影響之數量當為He,(第十四圖)。

第八節　准許單位應力(allowable unit stresses)

我國混凝土工人，工作較劣於他國，且多用人工調打(hand mixing)，故混凝土之准許應力多只為 650 lbs/sq.in. 如能得精細之監工並有經驗之工人，則用同等洋灰成分，其准許應力可增至800 lbs/sq.in. 更進而用水灰成分比例理論(water-cement ratio theory)，為精密之調打，當可得更準確，更大之准許應力。

我國今日之公路，載重多甚輕。然過數年之後，載重必大增。故橋梁之設計，如以目前為標準，日後必不堪用；如以他日為標準，又未免用料過多。在此種情形之下，殊難得一圓滿之解決。作者在紐約見及海登工程師，曾以此詢之，徵其意見。彼云，"混凝土橋梁加固之法，今者尚未之見。如載重之增加為目前事，如美國焉者，自重以此設計之。苟載重之增加乃在六七年之後，則可用下例設計法：按現時載重，以混凝土之准許應力為650 lbs/sq.in.並鋼筋准許應力為 16000 lbs./sq.in.而設計之；再按所預料六七年後之載重，以混凝土准許應力為 1200 lbs./sq.in. 並鋼筋准許應力為24000 lbs./sq.in.而設計之；以兩種設計所得之較大切面建築之。"作者意此種折中辦法，頗值吾人之注意。蓋其用料既省，而又能經載將來之車輛。混凝土之最大壓力(ultimate compressive stress)，與時俱增。二十八日時為2000 lbs./sq.in.則三年後將為4000 lbs./sq.in.。由此觀之，其准許應力，固可增加無疑。鋼之最大拉力，甚有標準；其准許應力，通常只用16000 lbs./sq.in. 為數未免太小。推其用意，半亦為將來載重增加之準備。今橋梁既已經數年之功用，其准許應力自可增加。惟按作者之意，似只可增至 22000 lbs./sq.in.。此乃个人意見之不同而已矣。又聞歐州有新式鋼筋，係將尋常之鋼筋兩條，轉繞在一起，用之為混凝土鋼筋，其負重較大於用同樣之兩條直筋。此層吾人似應加以研究，或又可省去不少鋼料。

第九節　結　論

設計者如不願費一二日之功夫，研究此種結構並其計算與設計，則無可足道。否則此種橋梁，確值吾輩之注意。惟於建築之時，監工者尤當注意鋼筋之佈置與混凝土之調打，以期得良好之結果。

第十節　參　考　書

略舉參考書數本如下：——

(1) The Rigid Frame Bridge, by A. G. Hayden, Wiley, 1931。

(2) "Ten Years of achievement with rigid-frame bridges", Engineering News-Record, Apr. 27, 1933, pp.531-533。

(3) "Rigid frame bridges in Westchester County, N. Y.", By A. G. Hayden, Journal of the Franklin Institute, Feb. 1932。

(4) 在 Engineering News-Record 與 Civil Engineering 兩種雜誌中，多可見及關於硬架橋梁之小作品。

(5) 有志研究或採用此種橋梁者，可函索"Analysis of Rigid Frame Concrete Bridges" sept 1933,一書，函至，

Portland Cement Association

33 West Grand Ave.

Chicago, U. S. A.

本文第十一圖並附照第十一，十二張，係自此書取出，特此誌謝。此書並註有參考文章二十餘件，茲不備抄。

作者於客歲六月，至 Westchester County, New york,訪Mr. A. G. Hayden 討論此種橋梁。承其垂敎，並請Mr. R. M. Hodges領導參觀，攝影多片（照片十二幅，刊於本期插圖欄　希讀者注意。）；特此鳴謝。

林同棪附註。

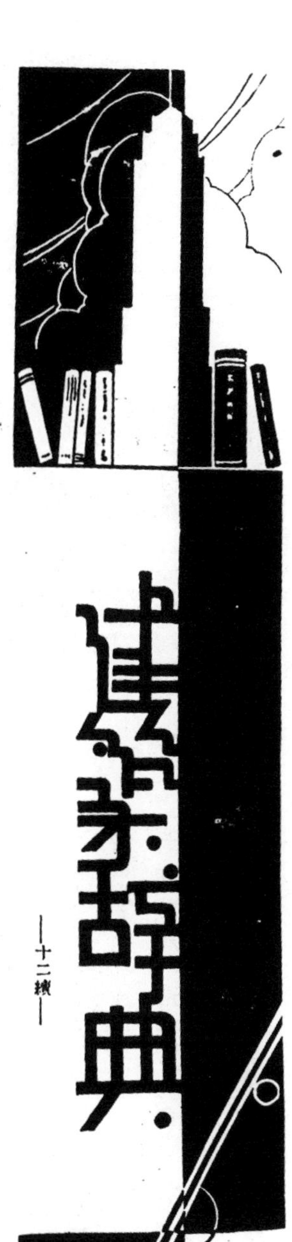

『Piling』椿料，打椿工程。　材料之用爲椿木者。舂打椿木之動作。

『Pillar』墩子。直立之支柱，形與柱子相做，用以支柱重量或作爲紀念之飾柱。

『Pillaret』小墩子。

『Pine』松屬木材。

Oregon pine 洋松，花旗松。

Red pine 紅松。

White pine 白松。

Yellow pine 黃松。

『Pipe』管子。

Air pipe 通風管。

Down pipe 水落管。

Drain pipe 溝渠管，陰溝管。

Earthenware pipe 陶器管。

Gas pipe 瓦斯管。自來火管。

Overflow pipe 溢流管。

Rain water pipe 與Down pipe同。

Service pipe 流水管。

Soil pipe 糞坑管。

Vent pipe 透氣管。

Waste pipe 出水管。

Water pipe 自來水管。

『Pipe tools』管工器械。〔見圖〕

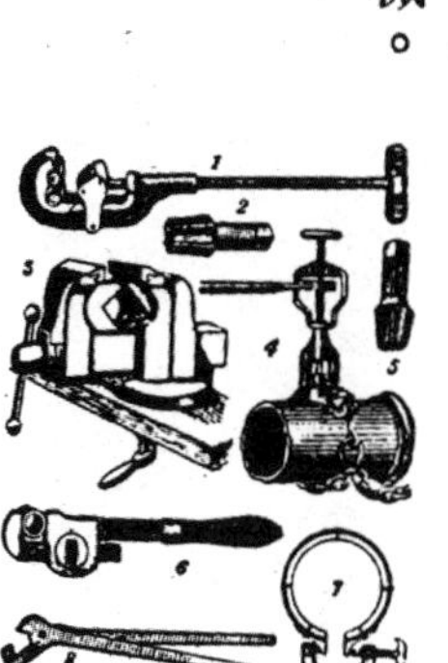

『Piscena』水盤，水箱，水池。

『Pit』地窖。

『Pitch』硬柏油。

『Plan』平面圖。建築圖樣之顯示內部各室及牆垣等者。

Block plan 總地圖。圖之顯示營造地之位置與左近街衢及方向等者。

Ground floor plan 地盤樣。圖之顯示下層各室與牆垣者。

First floor plan 樓盤樣。圖之顯示上層各室與牆垣者。

『Plane』鉋。 木匠用以刨光木料者。

Block plane 短鉋。

Capping plane 圓角鉋。

Furring plane 粗鉋。

Grooving plane 槽鉋。

Long plane 長鉋。

Moulding plane 線脚鉋。

Rabbet plane 邊鉋。

Smoothing plane 細鉋。

『Planer』鉋機。〔見圖〕

1.刨木機。

2.刨鐵機。

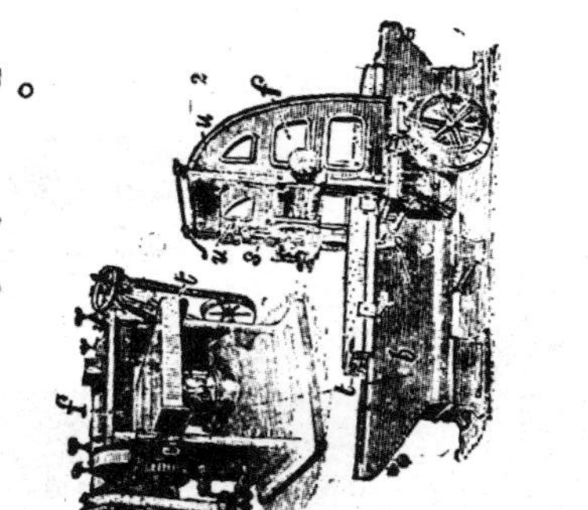

『Plank』板，厚板。大段樹木剖鋸而成之板塊。plank與board之意義略同，惟Plank較厚於board。

『Plaster』粉刷。石灰與沙泥和水擣成漿狀，普通並加麻絲，以資凝固。粉於牆面或平頂，待乾後，變成堅硬。

Cement plaster 水泥粉刷。

Fibrous plaster 麻絲膏粉刷。

Granite plaster 洗石子粉刷，花岡石粉刷。

Gypsum plaster 石膏粉刷。

Lime plaster 白石灰粉刷。

Sand Plaster 水沙粉刷。

『Plasterer』做粉刷水作，粉刷匠。

『Plastering』粉刷工程。

『Plate』平板。厚薄平均之板片或金屬片。

Black plate 黑鐵皮。

Finger plate 推手銅皮。門鎖之上面，釘一鐫花或美觀之銅皮，俾用手推門時，推於銅皮之上，不致損汚門上油漆。

Kick plate 踢板。門之下端，釘以金屬之薄片，所以防護蹴踢也。

Plate bolt 大帽螺絲釘。螺絲釘之帽頂平整特大者。

Plate brass 銅皮。製造器物之銅片。

Plate glass 厚白片玻璃。精厚之玻璃，如櫥窗玻璃。

Wall plate 沿油木。木擱柵置放牆端，在下口所襯之木條，四面抹柏油或沙立根油。

『Plate』包，鍍。包鐵皮或其他金屬之片，如棧房門上包白鐵或鐵皮。用電鍍金，銀及其他各色。

『Platform』❶壇，月台。在室中或露天，平地上隆起一壇，用作演講者。火車乘客上下之處。

❷平屋頂。

『Plinth』勒脚。在牆根自牆面突出之牆。

〔見圖〕

Plinth block 門頭線墩子。

〔見圖〕

『Plug』❶榫。 ❶釘裝璜之木板，釘若直接釘入磚縫，極易鬆脫，故於磚縫中必先舂入木榫，然後加釘，始能牢固。

❷樸落。台燈，風扇或電熨斗之接插於牆上者。

『Plumb』垂直，垂錘，線錘。區別垂直之器，如牆角或牆及其他垂直物之不能用目力確定其是否直，應用線錘爲之繩準。

『Plumber』❶鉛皮匠。裝做白鐵水落，管子之工匠。

❷管子匠。裝接水管，火管，浴缸，面盆，抽水馬桶，坑管等之工匠。

『Plumb rule』托線板。繩準垂直之儀。

〔見圖〕

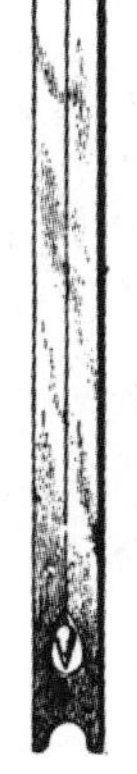

『Podium』底脚。羅馬廟院建築之底基，一部或全部從房屋面部突出之處，名podium，即今名footing。

『Pointed arch』尖頂法圈。

『Pointed architecture』（常稱Gothic architecture，實誤而通用之者。）尖拱式建築。 尖拱式建築，爲中世紀時歐洲建築師所擬之最後式樣。源自羅馬建築，發展未經間斷，採供藝術及建築之用。繼因過事修飾，未見實效，此式建築，卒告崩潰。於十六世紀之初，由文藝復興式建築起而代之。尖拱式之建築，其形式一如其名，以相同之尖頭拱圈連綴之。所以將圓形易爲尖頭拱圈，蓋因後者在複雜之拱形圓頂建築中，易於構造，且亦堅固。理想中之尖拱建築物，如教堂及其他類似者，宛如堆集之兩圓頂相交而成之角弧形，立於護壁之上，以拱柱等支撐之。在外護壁及拱圈之間，則爲窗戶，幾盡佔所有地位，而牆之爲用，對於建築物並無支持之功也。此種式樣雖易曲不堅，但除教堂外，他若堡壘，住居等因羡其形式，亦多採用之。在十三世紀之中，法國集其大成，但各處各地，形式互各不同，初頗簡樸單純，建築師僅爲建築之問題而努力，並不注意裝飾，而此時多數建築，均極宏偉者也。迨後建築之困難問題解決，於是移轉其注意，而努力於裝飾及琢磨之功夫。建築之美點雖云增加，但因過分修飾，不切實際，終被淘汰，而文藝復興式建築代之崛起矣。〔見圖〕

『Pointing』灰縫。清水磚牆之灰縫，用石灰或水泥鑲嵌，如圖示各式。〔見圖〕

『Police station』警察署。

『Polish』㊀使光瑩。如銅器之泡擦使光瑩；大理石之磨擦使光瑩；木器之用泡立水拭擦使光瑩；磨石子水泥地之用砂石打磨使光瑩是。

㊁泡立水。漆之一種，用酒精與錫南浸溶之流液，揩拭木器，能使光瑩。

『Polystyle』多柱式。屋之廊下或天井中四周圍繞多柱者。

『Polychromy』色彩裝飾。任何美術之施色彩者。

『Polytechnic School』工藝學校。

『Pontoon』浮碼頭。碼頭之隨潮水漲落高下者。

『Porch』挑台。正屋之一隅，突出耳房，而成通達正屋之大門口。

『Portal』門口。

『Portculis』吊門。〔見圖〕

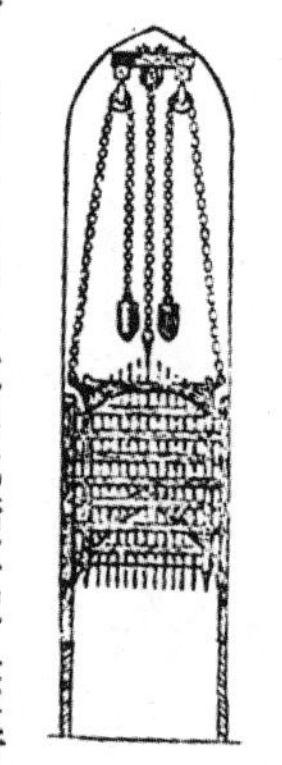

『Portecochere』騎樓。樓下可資行駛車馬或轎車駛入天井之所。〔見圖〕

「Portico」楹廊。〔見圖〕

「Portland cement」青水泥。

「Positive moment」正能率。

「Post」柱。直立之木，金屬或其他材料，用作支撐或其他需用者，如戧笆柱，門柱等。

Door post 門柱。

King Post 正同柱。

Newel post 扶梯柱頭。

Post office 郵政局。

Queen post 副同柱。

「Postern」後門，側門。莊院，城市，炮壘或寺院之邊門。任何於大門旁開設之小門。〔見圖〕

「Posticum」後楹廊。雅典廟中與 Pronaos 相對映，而女神之像即置於此者。

「Postscenium」後台。劇院中戲台幕簾之後部。

「Pot garden」菜圃。意義與Kitchen garden同。

「Pot sleeper」枕鐵。鐵道軌下之橫枕，用鐵翻製，以代枕木者，蓋所以避蛀蝕也。

「Pot steel」坩堝鋼。

Chimney Pot 烟囱帽子。烟囱上端收頂處，圓形或方形或四面留有空隙之帽頂。

「Poultry house」家禽棚，鷄棚。

「Powder magazine」火藥庫。

「Power house」發電房。

「Pour concrete」澆擣水泥。

「Pozzuolana」火山灰。此種火山灰，可製水泥，最初發現於pozznoli，故名。

「Premise」房產。

「Principal」人字木。〔見圖〕

1. Tie beam大料
2. Straining beam天秤大料
3. King post正同柱
4. Queen post副同柱
5. Strut斜角撑
6. Principal 人字木
7. Purlin桁條
8. Rafter椽子
9. Roof boarding屋面板
10. Roof felt牛毛毡
11. Cross rafter格椽
12. Eaves board風簷板
13. Eaves gutter水落
14. Eaves ceiling簷頭平頂
15. Roof tile屋瓦
16. Ridge屋脊
17. Ceiling joist平頂擱栅
18. Ceiling cornice平頂線脚

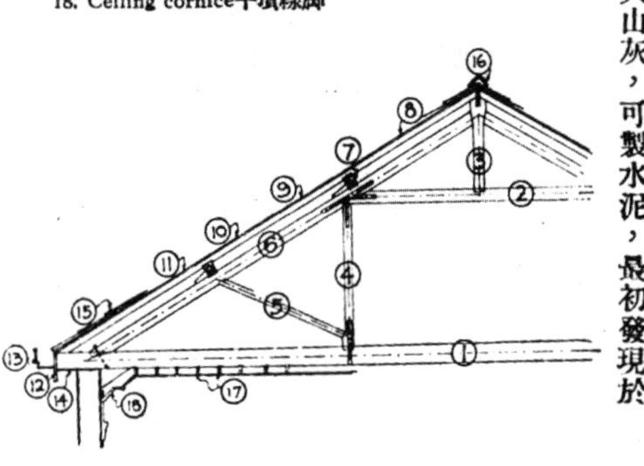

『Pronaos』前楹廊。雅典廟中於Posticum對映者。

『Projection』突出部。〔見圖〕

盤梯突出之狀。

『Promenade』闊廊。公共場所或戲院中寬闊之長廊。

『Proportion』配襯，比準。任何圖樣之設計，均須配襯適宜；故建築師對於proportion，特加注意。

『Public building』公共建築。

『Pulpit』說敎臺。〔見圖〕

『Property』產業。

『Pump』抽水機。

『Purlin』桁條。（見principal圖。）

『Push』推手。

Push plate推手銅皮。門上所釘銅皮，用以推手者。

『Putty』油灰。嵌玻璃或其他用途。

Back putty 底灰。嵌玻璃背面所用之底灰。

『Pylon』門口。埃及建築紀念堂之門道。〔見圖〕

『Pyramid』金字塔。實體之石工建築，下端作方形，四周形如三角，斜坡向上接合成頂；此種建築，古時用作墳墓。

埃及金字塔，以帝王所建者爲最雄偉。其最著者，如開羅附近之Ghizeh，大金字塔在Khufu或Cheops墓之後，此爲世界七奇蹟之一，高四百八十一呎，七百五十六呎轉方。〔見圖〕

『Quadrangle』中庭。學校或其他公共建築，四方或長方形之天井，庭之四周，幾盡爲房屋圍繞。

『Quadrel』四方。四方形之磚，瓦及石，尤其是粉質泥塊之磚及方塊之草皮。

『Quantity』數量。

『Quality』品質。

『Quarrel』㊀鑽子，金鋼鑽。石匠用之鑽子，玻璃匠用以剖劃玻璃之金鋼鑽。

㊁石料。採自石礦之石料。

『Quarry』石礦。以剖鑿，轟炸或其他類似之手續採取石料之礦場。

Quarry machine 採石機。任何機器之用以鑽眼或開鑿礦石者。〔見圖〕

Quarry tile 缸磚。用以舖於陽台，廚房等之地面者，以其質堅與面上略毛，故名Quarry。

『Quarry』毛坯石。石料之採自石礦而未經斬鑿者。

『Queen post』副同柱。(圖見Principal)

『Quirk』方槽線脚。線脚之一種。〔見圖〕

a.b. Quirk moulding方槽線脚。

Quirk bead方槽角線。

『Quoin』限子。牆角限子石或限子磚。〔見圖〕

『Quotation』估價，報數額。

『Rabbet』打叠，高低縫。板之邊沿，刨成剷口，俾與另一板相鑲接。〔見圖〕

『Rack』架子。欄擱器物之架子，如自由車架，鎗架等。〔見圖〕

『Radiator』氣帶，暖氣片。金屬組成之片塊，中空，用管子通接鍋爐，傳達熱氣者。〔見圖〕

『Rafter』椽子。〔見圖〕

A. Common rafter 椽子。

B. Creeping rafter 短篇。

C. Hip rafter 戧椽。

D. Trimming rafter千斤椽。

E. Valley rafter 天溝椽。

『Rail』㈠欄杆。分劃內外之欄。

㈡軌道。火車下之軌道。〔見圖〕

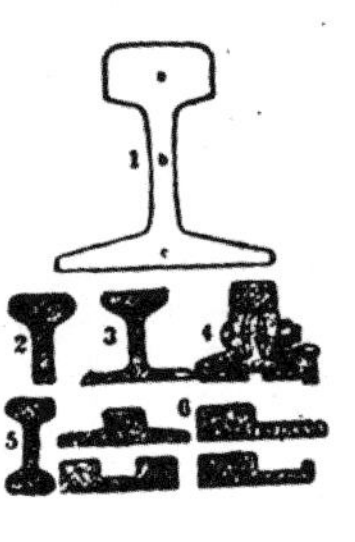

㈢扶手，橫檔。一根橫木或鐵，擱於支柱者。如戧笆捽檔，扶梯扶手等。

㈣帽頭。一根橫木，在上下浜子之間，而二端銜接梃子者。

『Rail-road』
『Rail-way』鐵道。

『Rain water pipe』管子。白鐵或生鐵之水管，自簷際接至地面，承受屋面雨水，流入地下溝渠。

『Rain water head』水斗。裝於簷際，承受雨水之方箱，上下均有管子銜接。

『Rake』捋刮。砌牆時灰沙每於縫中擠出，故須用器刮去。

『Rake the joint』捋灰縫。

『Ram』木人。此係一種擺三和土底基之木舂，下釘鐵板，以多人拽起舂下，打堅三和土之器。

『Ramp』起伏。牆初砌時高低起伏之狀；扶梯高低斜坡之狀。

『Range』灶，鐵灶。廚房中置灶之處。

『Raw material』原料，生料。

『Reading room』書房，閱讀室。

『Rear』後。

『Rear elevation』後面樣。

『Rebats』打疊。（與Rabbet同）

『Reception room』接待室。

『Red lead』紅丹。鐵器第一塗所漆紅色之油，所以防止銹蝕也。

『Refrigerator』電氣冰箱。

『Reinforced Concrete』鋼骨水泥。

『Reinforcement』鋼筋。

『Reneissance Architecture』復興式建築。

『Render』塗粉。如室中牆上塗粉石灰或水沙，及外牆之塗粉水泥等。

『Repair』修理。

『Restaurant』吃食館。

『Restoration』修復。

「Retaining wall」禦堵牆。防堵泥土鬆坍之牆，如道路之路基低於兩旁之田，應築牆以堵之。

「Revolving door」轉門。十字式之轉門，用於公共場所出入人數衆多之處。

「Ridge」脊。屋頂隆起之筋。

「Rim lock」霍鎖。

「Rim night latch」彈弓門鎖。

「Riser」起步。扶梯踏步每步之高度。〔見圖〕

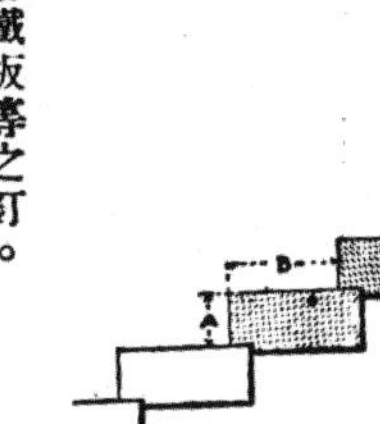

「Rivet」帽釘。釘搭鐵板等之釘。〔見圖〕

「Roof」屋頂。〔見圖〕

1. Pyramid金字塔式屋頂
2. Gable with lean-to below兩山頭挑披水式屋頂
3. Mansard孟薩德式屋頂
4. Hip戧式屋頂
5. Jerkin-head氈帽式屋頂
6. Gable山頭式屋頂
7. Hip-and-valley戧與溝式屋頂
8. French法國式屋頂
9. Gambrel老虎窗式屋頂
10. Saw-teeth鋸齒式屋頂
11. M起伏式屋頂

（待續）

美國農村建築之調查

朗琴

編者按：美爲黃金國家，以富著於世。書報傳載，輒知該國農民生活，極盡享用之能事。出以汽車代步，入則華室自娛；經濟裕如，心竊羨之。但究其實際，居室不全，生活難繼者，佔數亦多。嚴重之程度，雖難擬於崩潰中之吾國農民生活，但其起居之優裕，亦决不若轟傳之甚也！本文卽美國農民生活中之住的分析，閱此亦可瞭然於黃金國家之底蘊矣！

美國農村經濟情形，大異往昔，此殆世界不景氣潮流所趨，爲無可避免之現象。就農村建築而論，亦多因陋就簡，設備不全。執政當局，思以聯邦金融力量，復興此農村建設工作。經濟專家則謂非以長期低利之資金貸於農民，對此或有臂助，恢復先前繁榮。當局爲實行初步計劃起見，特由農業部主持調查全國農村建築情形，期得基本報告，再定改進辦法。全國受調查者約計三百區，初步報告現已完成，最後報告尚待徵集，再行發表。然據初次報告所得，則一般建築爲朽舊不堪，勢將傾圮，或有礙衛生，設備不全，令人視之恍疑爲非進步之國家，而爲未開化之民族也。

若將每一區報告加以研究，作成結論，是誠不可能。試閱本文所附之印第那州班登區(Benton County, Indiana)之報告。該處爲較爲繁榮之區，生活程度在一般標準之上。但一閱該報告之統計，則在一，三九二處農村住屋中，僅三七四家裝有浴缸及淋雨浴器者。二三一家（約佔百分之一六•六）備有改良之梳沐室(toilets)。七十八宅享有電力之設備，雖在後增設者，亦有一八〇宅。屋頂，隔音，護牆，漆，地板，及天花板等材料，均須有普遍之改善。有一四二家之屋頂，須重行更新，二四四處則須改造及修理之。一五〇宅之屋基，須全部更換，二三九宅則需修理或改建。他若臥室，藏餚室，及浴室等，均有增加必要者也。在建築業中，設有人問汝：「若貸汝五百元，汝將如何使用以改進汝之住屋乎？」答案紛歧，互各不同。（指在班登州而言）內有二七七人欲裝置浴室設備；二三八人則欲裝水管工程；一五五人欲裝熱氣工程。需修外牆外有一八一人，（佔百分之十三）需修內牆及天花板地板者，有一八八人。（佔百分之十三有五）

上述班登州之調查報告，殊不足代表他區之情形。試再以露茜娜(Louisiana)之Acadia Parish區而言，在三，五七五農村住屋中，一，九九五宅需要新屋頂或須修理者。一，八一五宅需要護牆或須修理者。一，三九八宅需要新烟囱或須修理者。二，二三六宅需要新門窗或須修理改裝者。一，九四一宅需要新的內牆及天花板，或須修理者。

美國當前最大之實業，厥爲改造人民住屋，使其安居。此係就全體人口而言，不論貧富貴賤，或黑種白種；故在將來實爲最大之市場上述貸款五百元之問題，在露茜娜所得之答案，與班登州各異。在露茜娜州，急切需要修理牆，屋頂及烟囪者，為數頗多。例如在三，五七五所農村住屋中，欲得款裝修門窗及護籬者，達二，四一九家，佔總數之百分之六七•七。一，八〇〇家（佔百分之五十二）需費修理外牆。一，七六二家（佔百分之四九•三）需要修理內牆，天花板，及地板等。需要修理屋頂者佔第四位，有一，七二六家，（佔百分之四八•三）。餘如需要衛生設備者，佔百分之四四•五，增加住室者佔百分之四三•一，需修椿基者佔百分之三七•八，需要走廊者佔三五•四，需要水管工程者佔二七•九。

綜觀上述統計，則農村住屋之建築與改善，實屬極為重要，急不容緩。若屋主能得充分金錢，必先改造其住屋，然後及於給水，衛生，及電氣等設備之改進。除上述班登及露茜娜二州外，尚有一情形較為中庸之雪爾培區(Shelby County, Kentucky)報告，亦值得吾人之注意。在受調查之二，〇一五處住屋中，外面之漆，隔籬，屋頂，隔熱，及內牆與天花板等，為最感需要者。需要新屋頂者達二三七家，需要修理者達五九四家。新屋基之需要者一一四家，需修理者六〇二家。在此二千餘宅中，裝有淋雨浴者僅一七〇家，熱水管工程者一三七家，廚室中裝有洗碟櫃及溝渠者二四三家，電燈光線者二九六家。在前述之五百元修屋借款中，答稱欲修理外牆者達九九二家，佔總數百分之四九•二。而需要修理外牆，天花板，及屋頂者，亦達九二八家，佔全數百分之四六•一。水管工程佔次位，計五六九家，佔百分之二九。需修屋頂者五一五家，佔百分之二五•六。需要增加居室者有四一六家。門，隔籬，及窗佔四三九家；電氣佔三四八家；浴室佔三一七家。

至於全國三百區農村住屋之調查，其總結果尚未揭曉，然建築實業界對此均極注意。已得之統計，足以表示建築實業界現有一極大之市場，政府當局倘能注意及此，設法作經濟上之援助，則百業將同受其惠也。

附印第那州班登區農村住屋調查報告

（受調查之住屋計一，三九二所。內未粉漆者一〇〇所，已粉漆者一，二四一所，清水灰粉者一八所，磚屋二四所，石屋二屋，水泥屋五所。內一，二二六所為一層以上者；每屋平均約有十室。）

（一）房屋情形

	需要全部更換者	需要修理成改裝者
外面油漆	五六四宅	二一二宅

隔籬	三三一	二三九
椿基	一五〇	二三九
內牆及天花板	一四六	四〇八
屋頂	一四二	二四四
隔熱	一一一	五八
門窗	一一〇	三六五
地板	一〇二	二三九

（二）需要添加地位者	現有者	需要增加室數	需要之百分比
浴室	三八〇宅	一一二宅	八・〇
果蔬貯藏室	九一六	七六	五・五
臥室	五，一八八間	七五間	五・四
農事洗滌室	二五八	六四	四・六

（三）給水及水溝	現有者	需要新裝者	需要新裝之百分比
用手汲取者	九八二宅	—	—
屋內用幇浦者	三七七	一二三	八・八
冷水龍頭	四一五	六五	四・七
熱水龍頭	二一一	六〇	四・三
未改良室外沐浴間	七二一	—	—
已改良室多沐浴間	四四九	六	〇・四
已改良室內沐浴間	二三一	九四	六・八

淋雨浴	三七四	一二一	八•七
廚房洗滌櫃及溝	八八九	一一四	八•二

（四）光與熱

	現有者	需要新裝者
煤油或汽油燈	一，〇九六	一
煤氣燈	六六	三
家中自發電者	一八〇	一三
接用電線者	七八	三四五
壁火爐	三四	—
火爐	八八二	一六
水汀	五七八	六五

（五）冷藏氣，洗滌器，及烹飪設備

	現有者	需要新裝者	需要新裝之百分比
冰箱	二五八	二三	一•七
冷藏棧	三	七三	五•二
電力洗滌器	六三五	六九	五•〇
手工洗滌器	四二三	二一	一•五
木炭爐竈	一，三三五	三七	二•七
煤汽油爐竈	四〇六	七	〇•五
煤氣爐竈	八	—	—

工　程　估　價

（十四續）

杜　彥　耿

時代之演進，無時或息；木窗之於建築，已漸形淘汰，競以鋼窗，起而代之。蓋鋼窗一物，毋須闊大之窗梃及帽頭，是以光線充足，更無氣候燥則縮與潮濕時伸漲之弊。木窗之弊，因木質有伸縮性，以致漲則不能關閉；縮則風自隙中吹入，減低室中溫度。鋼窗則均無之，宜其建築家競相採用，而盛行一時矣。

鋼門則用於依陽台之半截鋼門，條不多覯；惟匯豐銀行香港總行，業已完全採用鋼門，恐經此倡導，繼之採用者必衆，行見今後之新與大工程，旣鋼其窗於外，更將鋼其門於內，而竟成全部「禦火工程」。由是觀之，此爲自然之演進，我人倘不早爲之備，則海關進口冊中，必將多闢一類進口稅，亦卽多一漏巵也。

鋼窗所用之鋼條，花式繁多；尺寸亦有一寸厚一寸二分厚，一寸半厚等不同。鋼窗之厚度，通稱「Section」，例如一寸半厚者，稱「1½"Section」，蓋(Section)者，卽斷面之意也。斷面更有輕斷面(Light section)與重斷面(Heavy section)之別。茲將鋼窗材料，斷面種類，製圖如下：

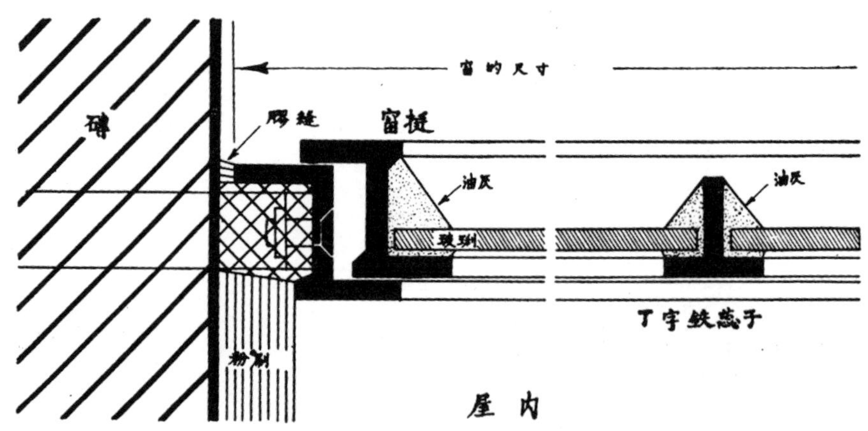

目前普通所用之鋼窗，其斷面大都厚一寸；窗之面積若闊大，則斷面之厚度，亦應加增。茲姑將一寸厚之鋼窗與一寸半厚之鋼門，每堂價格分析於下：

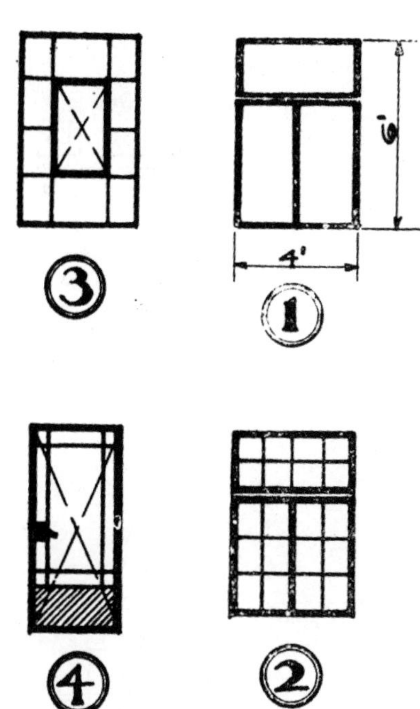

㈠一號因無芯子，故斷面須厚，至少應一寸二分厚之鋼條，用銅拉手，螺絲窗撑，腰頭窗用銅梗窗撑，每方尺價一元二角；則此窗之面積二十四方尺，應值洋二十八元八角。

㈡二號窗用一寸厚鋼條，銅拉手螺絲窗撑，腰頭窗用銅梗窗撑，每方尺價洋一元另五分，此窗之面積二十四尺，每扇應值洋二十五元二角。

倘下面窗撑，不用螺絲，與腰頭窗同樣，則每方尺洋一元，每堂計洋二十四元。上述之鋼條，係普通輕量者，若欲用特製之重量，每方尺須一元二角半，則一窗之值，須洋三十元。若下面用銅梗窗撑，每方尺洋一元二角，一扇窗值洋二十八元八角。

㈢三號窗大率用於棧房或工廠者，故僅中間開啓，四邊裝住，不能啓閉；因之鋼器配件亦少，價格低廉。用一寸厚之鋼條，窗之尺寸闊大者，每方尺洋六角；若其尺寸不大，則每方尺洋七角。

㈣四號鋼質大脚玻璃門，用一寸半斷面鋼條製造，每方尺價洋一元五角。

上述鋼窗價格，初不能視爲確切不移之定價；倘定製此項鋼窗數額多，而花式種類少者，價賤。反之：如定製之數額少，而花式繁多者，若每扇窗之尺寸各不同，則製造麻煩費時，不若各窗之尺寸碼子一律爲簡易，故價自當增加矣。

市上鋼窗價格，均以每方尺爲單位，已如上述。茲更欲使讀者明瞭起見，特不厭過詳，將各種不同樣鋼條之斷面，重量，與每百尺原料之價格，製圖於下，想亦讀者所樂聞歟。

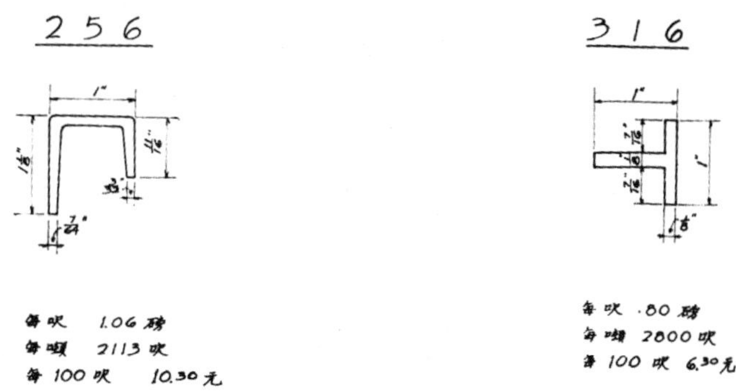

367

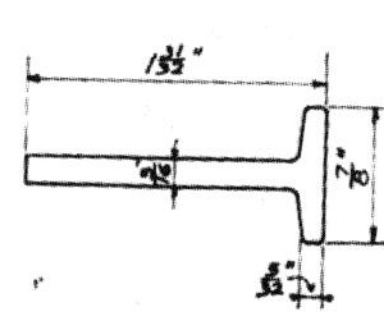

每呎 1.63 磅
每噸 1357 呎
每 100 呎 17.20元

382

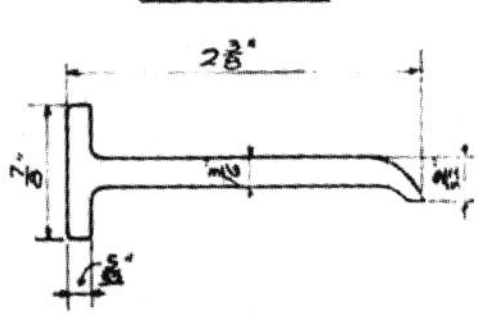

每呎 1.834 磅
每噸 1221 呎
每 100 呎 19.20元

500

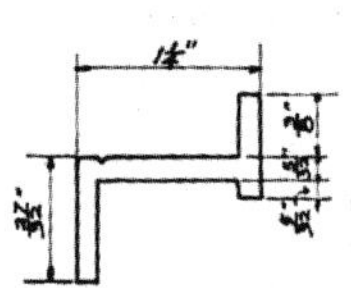

每呎 1.32 磅
每噸 1697 呎
每 100 呎 13.40元

501

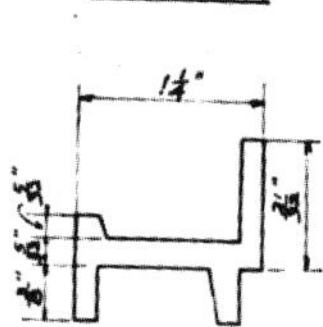

每呎 1.515 磅
每噸 1478 呎
每 100 呎 15.30元

502

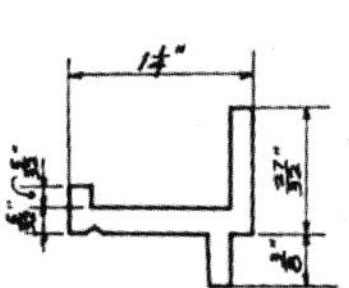

每呎 1.32 磅
每噸 1697 呎
每 100 呎 13.40元

504

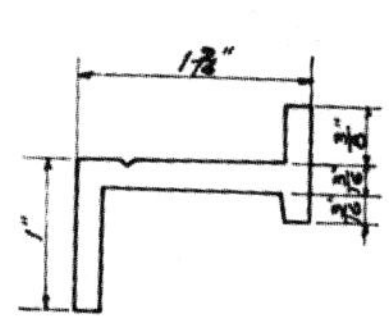

每呎 1.88 磅
每噸 1191 呎
每 100 呎 20.40元

505

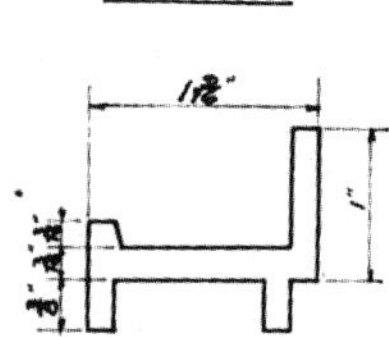

每呎 2.11 磅
每噸 1061 呎
每 100 呎 22.00元

506

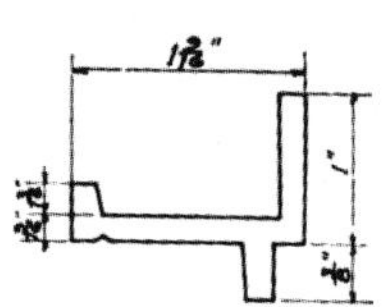

每呎 1.88 磅
每噸 1191 呎
每 100 呎 20.40元

508

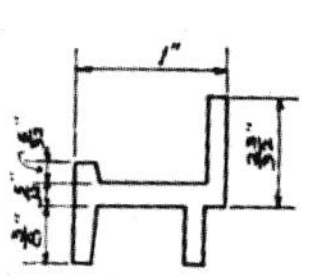

每呎 1.30 磅
每噸 1723 呎
每 100 呎 13.90元

509

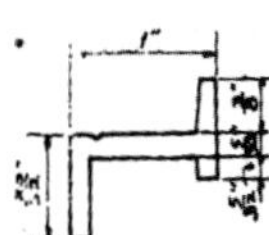

每呎 1.10 磅
每噸 2036 呎
每 100 呎 11.80元

510

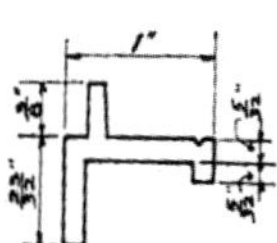

每呎 1.10 磅
每噸 2036 呎
每 100 呎 11.80元

521

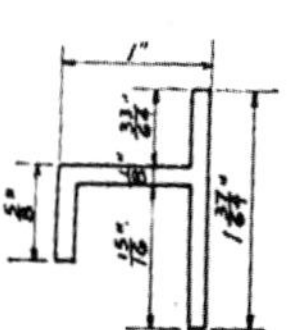

每呎 1.28 磅
每噸 1750 呎
每 100 呎 12.90元

522

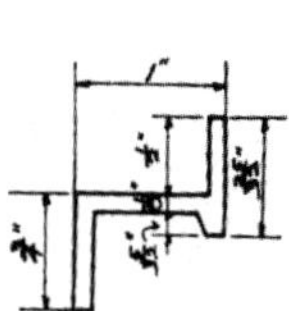

每呎 .97 磅
每噸 2309 呎
每 100 呎 8.50元

540

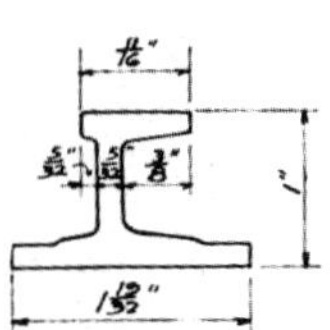

每呎 1.73 磅
每噸 1295 呎
每 100 呎 18.50元

581

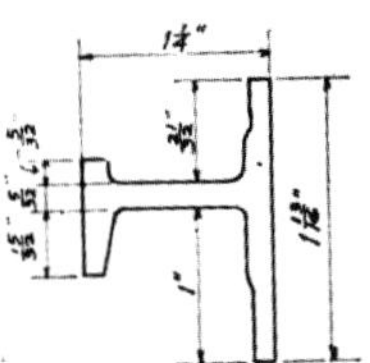

每呎 2.05 磅
每噸 1092 呎
每 100 呎 20.70元

582

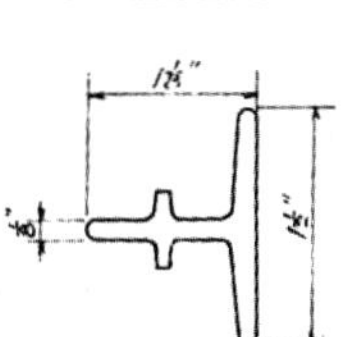

每呎 1.32 磅
每噸 1697 呎
每 100 呎 17.80元

583

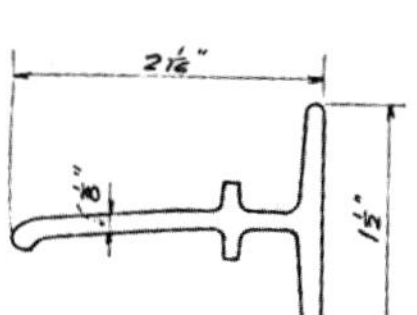

每呎 1.74 磅
每噸 1287 呎
每 100 呎 23.50元

800

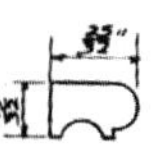

每呎 .571 磅
每噸 3923 呎
每 100 呎 6.20元

807

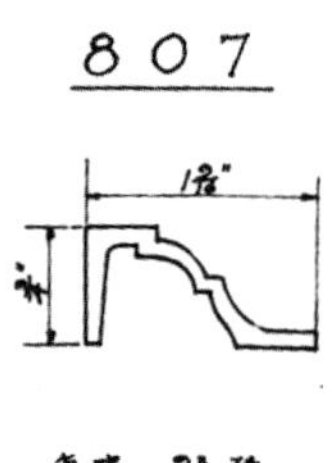

每呎 .93 磅
每噸 2408 呎
每100 呎 12.90元

650

每呎 .854 磅
每噸 2623 呎
每100 呎 9.90元

各式鋼條之價格，已如上述。茲更將銅件人工等，分別錄下：

銅拉手	好貨每只	一元一角		次貨每只	六角
銅梗窗撑	,, ,,	一元四角		,, ,,	九角
螺絲窗撑	,, ,,	一元八角		,, ,,	一元一角
銅鉸鏈	二寸長	每塊	三角		
	三寸長	每塊	三角半		
	四寸長	每塊	四角		
鐵鉸鏈	二寸長	每塊	二角半		
	三寸長	,,	三角		
	四寸長	,,	三角半		
烊氣銲接		每一接頭		洋五分	
電氣銲接		每一接頭		洋四分	
人工		一寸斷面	每方尺	洋二角半	
,,		一寸二分	,,	洋二角八分	
,,		一寸半	,,	洋三角半	
油漆			每方尺	洋三分	
輸送			,,	洋一分	
鐵脚			每只	洋三分	
玻璃彈簧			每磅	洋二元四角	

（待續）

建築材料價目表

磚瓦類

貨名	商號	大小	數量	價目	備註
空心磚	大中磚瓦公司	12"×12"×10"	每千	$250.00	車挑力在外
” ” ”	” ” ” ”	12"×12"×9"	” ”	230.00	
” ” ”	” ” ” ”	12"×12"×8"	” ”	200.00	
” ” ”	” ” ” ”	12"×12"×6"	” ”	150.00	
” ” ”	” ” ” ”	12"×12"×4"	” ”	100.00	
” ” ”	” ” ” ”	12"×12"×3"	” ”	80.00	
” ” ”	” ” ” ”	9¼"×9¼"×6"	” ”	80.00	
” ” ”	” ” ” ”	9¼"×9¼×4½"	” ”	65.00	
” ” ”	” ” ” ”	9¼"×9¼"×3"	” ”	50.00	
” ” ”	” ” ” ”	9¼"×4½"×4½"	” ”	40.00	
” ” ”	” ” ” ”	9¼"×4½"×3"	” ”	24.00	
” ” ”	” ” ” ”	9¼"×4½"×2½"	” ”	23.00	
” ” ”	” ” ” ”	9¼"×4½"×2"	” ”	22.00	
實心磚	” ” ” ”	8½"×4⅛"×2½"	” ”	14.00	
” ” ”	” ” ” ”	10"×4⅞"×2"	” ”	13.30	
” ” ”	” ” ” ”	9"×4⅜"×2"	” ”	11.20	
” ” ”	” ” ” ”	9"×4⅜"×2¼"	” ”	12.60	
大中瓦	” ” ” ”	15"×9½"	” ”	63.00	運至營造場地
西班牙瓦	” ” ” ”	16"×5½"	” ”	52.00	” ”
英國式灣瓦	” ” ” ”	11"×6½"	” ”	40.00	” ”
脊瓦	” ” ” ”	18"×8"	” ”	126.00	” ”
瓦筒	義合花磚瓦筒廠	十二寸	每只	.84	
” ” ”	” ” ” ”	九寸	” ”	.66	
” ” ”	” ” ” ”	六寸	” ”	.52	
” ” ”	” ” ” ”	四寸	” ”	.38	
” ” ”	” ” ” ”	小十三號	” ”	.80	
” ” ”	” ” ” ”	大十三號	” ”	1.54	
青水泥花磚	” ” ” ”		每方	20.98	
白水泥花磚	” ” ” ”		每方	26.58	

木材類

貨名	商號	說明	數量	價格	備註
洋松	上海市同業公會公議價目	八尺至卅二尺再長照加	每千尺	洋八十四元	
一寸洋松	,, ,, ,,		,, ,,	,, 八十六元	
寸半洋松	,, ,, ,,		,, ,,	八十七元	
洋松二寸光板	,, ,, ,,		,, ,,	六十六元	
四尺洋松條子	,, ,, ,,		每萬根	一百二十五元	
一寸四寸洋松一號企口板	,, ,, ,,		每千尺	一百〇五元	
一寸四寸洋松副號企口板	,, ,, ,,		,, ,,	八十八元	
一寸四寸洋松二號企口板	,, ,, ,,		,, ,,	七十六元	
一寸六寸洋松一頭號企口板	,, ,, ,,		,, ,,	一百十元	
一寸六寸洋松副頭號企口板	,, ,, ,,		,, ,,	九十元	
一寸六寸洋松二號企口板	,, ,, ,,		,, ,,	七十八元	
一二五四寸一號洋松企口板	,, ,, ,,		,, ,,	一百三十五元	
一二五四寸二號洋松企口板	,, ,, ,,		,, ,,	九十七元	
一二五六寸一號洋松企口板	,, ,, ,,		,, ,,	一百五十元	
一二五六寸二號洋松企口板	,, ,, ,,		,, ,,	一百十元	
柚木（頭號）	,, ,, ,,	僧帽牌	,, ,,	五百三十元	
柚木（甲種）	,, ,, ,,	龍牌	,, ,,	四百五十元	
柚木（乙種）	,, ,, ,,	,, ,,	,, ,,	四百二十元	
柚木段	,, ,, ,,	,, ,,	,, ,,	三百五十元	
硬木	,, ,, ,,		,, ,,	二百元	
硬木（火介方）	,, ,, ,,		,, ,,	一百五十元	
柳安	,, ,, ,,		,, ,,	一百八十元	
紅板	,, ,, ,,		,, ,,	一百〇五元	
抄板	,, ,, ,,		,, ,,	一百四十元	
十二尺三寸六八皖松	,, ,, ,,		,, ,,	六十五元	
十二尺二寸皖松	,, ,, ,,		,, ,,	六十五元	
一二五四寸柳安企口板	上海市同業公會公議價目		每千尺	一百八十五元	
一寸六寸柳安企口板	,, ,, ,,		,, ,,	一百八十五元	
二寸一半建松片	,, ,, ,,		,, ,,	六十元	
一丈字印建松板	,, ,, ,,		每丈	三元五角	

貨名	商號	說明	數量	價格	備註
一丈足建松板	,, ,, ,,		,, ,,	五元五角	
八尺寸甌松板	,, ,, ,,		,, ,,	四元	
一寸六寸一號甌松板	,, ,, ,,		每千尺	五十元	
一寸六寸二號甌松板	,, ,, ,,		,, ,,	四十五元	
八尺機鋸杭松板	,, ,, ,,		每丈	二元	
九尺機鋸甌松板	,, ,, ,,		,, ,,	一元八角	
八尺足寸皖松板	,, ,, ,,		,, ,,	四元六角	
一丈皖松板	,, ,, ,,		,, ,,	五元五角	
八尺六分皖松板	,, ,, ,,		,, ,,	三元六角	
台松板	,, ,, ,,		,, ,,	四元	
九尺八分坦戶板	,, ,, ,,		,, ,,	一元二角	
九尺五分坦戶板	,, ,, ,,		,, ,,	一元	
八尺六分紅柳板	,, ,, ,,		,, ,,	二元二角	
七尺俄松板	,, ,, ,,		,, ,,	一元九角	
八尺俄松板	,, ,, ,,		,, ,,	二元一角	
九尺坦戶板	,, ,, ,,		,, ,,	一元四角	
六分一寸俄紅松板	,, ,, ,,		每千尺	七十三元	
六分一寸俄白松板	,, ,, ,,		,, ,,	七十一元	
一寸二分四寸俄紅松板	,, ,, ,,		,, ,,	六十九元	
俄紅松方	,, ,, ,,		,, ,,	六十九元	
一寸四寸俄紅白松企口板	,, ,, ,,		,, ,,	七十四元	
一寸六寸俄紅白松企口板	,, ,, ,,		,, ,,	七十四元	
俄麻栗光邊板	,, ,, ,,		,, ,,	一百二十五元	
俄麻栗毛邊板	,, ,, ,,		,, ,,	一百十五元	
一二五，四寸企口紅板	,, ,, ,,		,, ,,	一百四十元	
六分一寸俄黃花松板	,, ,, ,,		,, ,,	七十三元	
一寸二分四分俄黃花松板	,, ,, ,,		,, ,,	六十九元	
四尺俄條子板	,, ,, ,,		每萬根	一百十元	

水泥類

貨名	商號	標記	數量	價目	備註
水泥		象牌	每桶	六元三角	

貨名	商號	標記	數量	價目	備註
水泥		泰山	每桶	六元二角半	
水泥		馬牌	,, ,,	六元二角	
白水泥		英國"Atlas"	,, ,,	三十二元	
白水泥		法國麒麟牌	,, ,,	二十八元	
白水泥		意國紅獅牌	,, ,,	二十七元	

鋼條類

貨名	商號	標記	數量	價目	備註
鋼條		四十尺二分光圓	每噸	一百十八元	德國或比國貨
,, ,,		四十尺二分半光圓	,, ,,	一百十八元	,, ,, ,,
,, ,,		四二尺三分光圓	,, ,,	一百十八元	,, ,, ,,
,, ,,		四十尺三分圓竹節	,, ,,	一百十六元	,, ,, ,,
,, ,,		四十尺普通花色	,, ,,	一百〇七元	鋼條自四分至一寸方或圓
,, ,,		盤圓絲	每市擔	四元六角	

五金類

貨名	商號	標記	數量	價目	備註
二二號英白鐵			每箱	五十八元八角	每箱廿一張重四〇二斤
二四號英白鐵			每箱	五十八元八角	每箱廿五張重量同上
二六號英白鐵			每箱	六十三元	每箱卅三張重量同上
二八號英白鐵			每箱	六十七元二角	每箱廿一張重量同上
二二號英瓦鐵			每箱	五十八元八角	每箱廿五張重量同上
二四號英瓦鐵			每箱	五十八元八角	每箱卅三張重量同上
二六號英瓦鐵			每箱	六十三元	每箱卅八張重量同上
二八號英瓦鐵			每箱	六十七元二角	每箱廿一張重量同上
二二號美白鐵			每箱	六十九元三角	每箱廿五張重量同上
二四號美白鐵			每箱	六十九元三角	每箱卅三張重量同上
二六號美白鐵			每箱	七十三元五角	每箱卅八張重量同上
二八號美白鐵			每箱	七十七元七角	每箱卅八張重量同上
美方釘			每桶	十六元〇九分	
平頭釘			每桶	十六元八角	
中國貨元釘			每桶	六元五角	

貨名	商號	標記	數量	價目	備註
五方紙牛毛毡			每捲	二元八角	
半號牛毛毡		馬牌	每捲	二元八角	
一號牛毛毡		馬牌	每捲	三元九角	
二號牛毛毡		馬牌	每捲	五元一角	
三號牛毛毡		馬牌	每捲	七元	
鋼絲網		27"×96" 2¼lb.	每方	四元	德國或美國貨
,, ,, ,,		27"×96" 3lb.rib	每方	十元	,, ,, ,,
鋼版網		8'×12' 六分一寸半眼	每張	三十四元	
水落鐵		六分	每千尺	四十五元	每根長廿尺
牆角線			每千尺	九十五元	每根長十二尺
踏步鐵			每千尺	五十五元	每根長十尺或十二尺
鉛絲布			每捲	二十三元	闊三尺長一百尺
綠鉛紗			每捲	十七元	,, ,, ,,
銅絲布			每捲	四十元	,, ,, ,,
洋門套鎖			每打	十六元	中國鎖廠出品 黃銅或古銅色
,, ,, ,,			每打	十八元	德國或美國貨
彈弓門鎖			每打	三十元	中國鎖廠出品
,, ,, ,,			每打	五十元	外貨

本會暨營造廠業同業公會
餞別沈工務局長赴德考察

上海市工務局局長沈君怡氏，就任七載，對於本市市區建設，積極規劃，頗著勞績。現沈氏奉全國經濟委員會及吳市長之命，於六月八日啓程赴德，代表我國出席萬國道路會議，並考察該國最近市政設施，以資借鑑。上海市建築協會，暨營造廠業同業公會，鑒於沈氏出國在卽，於六月二日下午七時，在建築協會交誼廳，設讌爲沈氏餞行。到沈局長外，有來賓及會員李大超，薛次莘，董大酉，顧道生，唐文悌，張效良，陶桂林，莊俊，張繼光，謝秉衡，湯景賢，何紹庭，江長庚，陳松齡等，都百餘人。蹌蹌一堂，頗極盛況。席間由陶桂林君代表致辭，略謂大上海之建設計劃，發動於前任黃膺白市長，實現於前任張岳軍市長，完成於現任吳鐵城市長。各項建設，均具規模，水陸交通，積極進展，將來發達，指日可望。而沈局長卽爲始終參與此建設運動之人，苦心擘劃，勞績卓著。此項奉命赴德，出席萬國道路會議，並考察市政建築，他日云歸，對國內定多貢獻，竊以德國自戰後備受各戰勝國束縛之痛苦，國內僅許十萬警察維持秩序，所有正式海陸空軍及軍艦軍器等，均受極嚴厲之限制，幾無以復存；處境之困，甚於今日之吾國。然該國朝野上下，不因是而消極畏餒，堅忍茹苦，努力奮鬥，不曲不撓，始終如一。故年來德國物質上之建設，已恢復戰前狀態，且邁進無已，成績驚人。然凡此種種，皆得力於德人精神建設之助也！故望沈局長考察物質建設之餘，將戰後德人精神上之建設，多多介紹國人，以爲模楷，而資振作云。繼由沈局長致答辭，謂辱承寵讌，殊不敢當。吾國近年來之建築，於質於量，均有顯著之進步，尤以各大都市爲然。惟式盡西歐，能保存東方固有建築藝術者，殊屬希覯。而本人歷盡內地各處，見歷史上有名之古代建築，及具有價值未經聞名之建築等，保存無方，摧毀頻仍，往往初度訪視，頗爲完好，而再度重臨，已非昔比，或竟不復存在矣。此種情形，思之至深惋惜。尙望貴會等能注意及此，

本會暨營造廠業同業公會餞別沈工務局長攝影

（有△者卽爲沈君怡氏）

努力保存，努力演化，積極提倡，發揚光大，俾此東方建築之一線曙光，得以賡續云。至九時許撮影盡歡而散。聞沈氏於本年年底即可歸國，出國期間，局務由薛次莘科長暫代云。

本會常委杜彥耿等
赴北平考察宮殿建築
蒐集研究材料將於本刊發表

北平曩爲我國京師，宮殿建築，富皇典麗，即民間屋宇，亦富東方色彩，均具有藝術上之價值。本會月刊鑒於我國近代與歐美通商以還，建築工程羣趨西化，固有之色彩既喪失殆盡，因需用舶來材料而金錢外溢，更不可勝計。用擬提倡東方建築藝術，特推本會常委杜彥耿暨葛宏夫劉家聲杜駿熊四君，於五月十日遄赴北平，參觀故宮建築，蒐集研究資料，俾我壯麗輝煌之宮殿建築，參以經濟適用之歐美方法，而推行現代化經濟化合用化之新式建築。現杜彥耿君即將由平返滬，攜有大批材料，俟整理就緒後，當於本刊陸續發表。劉家聲暨杜駿熊二君則常川駐平，繼續蒐集工作云。

本會二屆徵求會近訊

本會第二屆徵求會員大會，籌備情形，曾迭誌本刊，大會業於五月一日開始舉行。由總隊長陶桂林江長庚謝秉衡陸以銘等四君，督率各隊長分頭徵求，並由總參謀湯景賢總幹事杜彥耿二君負責主持。進行頗爲順利，成績尚佳，截止目前，各隊繳到分數已不少；現各隊正在積極徵求中，諒不難超出預定目標也。

建築銀行積極籌備中

建築銀行爲本市建築界暨金融界人士所發起，設籌備處於上海市建築協會內。籌備主任爲湯景賢君，副主任李軼儔君，總務組殷信之唐靜僧二君，財務組陳松齡嚴子與二君，文書組胡叔仁王希古二君，交際組羅紀洪君，並設服務組，籌備事務正積極進行中。該行股額定二百五十萬元云。

二卷五期的原稿又已編排就緒，在函電(電話)探詢的熱望中，呈獻給讀者諸君。光陰過得這樣的快，編者對於編制的改進，不敢有絲毫的敷衍、總想每期都能有些更滿意的收穫。

最近幾期已把「封面」及「銅圖」加以改進。封面向用木造紙，但印刷銅圖不易淸晰，所以從上期起改用了月份牌紙，印刷已見精美。雖則代價是增加了不少，但爲了使讀者滿意起見，我們願意負担這犧牲。

建築物及工程進行中的攝影，可使讀者獲得實際上的閱歷。最近數期，已從這方面力謀改善，銅圖因此儘量的增刊；同時於「進行中的建築」等插圖，監督製版公司與印刷所等注意工作，已更見優美。至於各種插圖的說明，必於簡短的註釋中表示銅圖的內容，不敢賣弄文墨，使讀者如墮霧中，而生厭膩。

本期內容，根據前面的主張，於插圖的量與質特別的豐富。所刊材料，决不僅僅供人作茶餘酒後的消遣欣賞，而於工程學識上作有價値的貢獻。如南京主席公邸和中央農業實驗所，都是別具風格的。

「進行中的建築」欄，本期發表了五處工程的攝影，且都極珍貴。

林同棪先生的「硬架式混凝土橋梁」一文，寄來了好久，因上期徵求會員的專著過多，所以移刊本期。林先生的大作，屢載本刊，在讀者諸君當已有充分的認識。本文的價値請大家去評估罷！無煩編者在此喋喋。文前硬架橋梁攝影十二幀，是林先生遊美時所攝的。

「建築辭典」及「工程估價」二長篇，本期起已續刊。

本會爲採集北平宮殿建築研究資料，曾於月前推派常委杜彥耿君等赴平參觀，已集得大批照相，將於下期起陸續發表。查北平建築，最富東方色彩，本刊擬加以改良，俾適合時代需要。以後研究工作，亦當於本刊露佈。

預定

全年	十二冊	大洋伍元
郵費	本埠每冊二分,全年二角四分;外埠每冊五分,全年六角;國外另定	
優待	同時定閱二份以上者,定費九折計算。	

建築月刊

第二卷・第五號

中華民國二十三年五月份出版

編輯者 上海市建築協會 南京路大陸商場

發行者 上海市建築協會 南京路大陸商場

電話 九二〇〇九

印刷者 新光印書館 上海聖母院路聖達里三一號

電話 七四六三五

投稿簡章

1. 本刊所列各門，皆歡迎投稿。翻譯創作均可，文言白話不拘。須加新式標點符號。譯作附寄原文，如原文不便附寄，應詳細註明原文書名，出版時日地點。
2. 一經揭載，贈閱本刊或酌酬現金，撰文每千字一元至五元，譯文每千字半元至三元。重要著作特別優待。投稿人却酬者聽。
3. 來稿本刊編輯有權增刪，不願增刪者，須先聲明。
4. 來稿概不退還，預先聲明者不在此例，惟須附足寄還之郵費。
5. 抄襲之作，取消酬贈。
6. 稿寄上海南京路大陸商場六二〇號本刊編輯部。

廣告價目表
Advertising Rates Per Issue

地位 Position	全面 Full Page	半面 Half Page	四分之一 One Quarter
底封面外面 Outside back cover.	七十五元 $75.00		
封面及底面之裏面 Inside front & back cover	六十元 $60.00	三十五元 $35.00	
封面裏頁及底面裏頁之對面 Opposite of inside front & back cover.	五十元 $50.00	三十元 $30.00	
普通地位 Ordinary page	四十五元 $45.00	三十元 $30.00	二十元 $20.00
小廣告 Classified Advertisements	每期每格一寸高三寸半闊洋四元 - $4.00 per column		

廣告概用白紙黑墨印刷，倘須彩色，價目另議；鑄版彫刻，費用另加。

Designs, blocks to be charged extra.
Advertisements inserted in two or more colors to be charged extra.

安記營造廠

本廠承造之上海茂昌冷藏棧

本廠專門承造一切大小建築鋼骨水泥工程廠房橋梁及壩岸等無不經驗豐富工作認眞如蒙委託承造或估價無任歡迎

AN-CHEE CONSTRUCTION CO.

Lane 97, No. 69 Myburgh Road. Tel. 35059

事務所：上海梅白格路祥康里六十九號

電話 三五〇五九

（定閱月刊）

茲定閱貴會出版之建築月刊自第____卷第____號起至第____卷第____號止計大洋____元____角____分外加郵費____元____角____分一併匯上請將月刊按期寄下列地址爲荷此致

上海市建築協會建築月刊發行部

____啓____年____月____日

地址____

（更改地址）

啓者前於____年____月____日在

貴會訂閱建築月刊一份執有____字第____號定單原寄____收現因地址遷移請卽改寄____收爲荷此致

上海市建築協會建築月刊發行部

____啟____年____月____日

（查詢月刊）

啓者前於____年____月____日

訂閱建築月刊一份執有____字第____號定單寄____收茲查第____卷第____號尚未收到祈卽查復爲荷此致

上海市建築協會建築月刊發行部

____啓____年____月____日

本廠出品，向以國貨圓釘爲大宗。所製三戟牌圓釘，行銷遐邇，早已馳名。歷次參加展覽，頗獲社會好評。優點所在，約舉凡三。（一）釘頭圓整（二）釘身堅挺（三）釘尖鋒銳。整個釘子，全身光潤無疵，桶裝經久不銹。建築界頗有以良友稱之。最近新製鞋釘，銅釘，以及各式特別釘類，因合社會需要，幾致供不應求。釘類分析愈繁，本廠營業，愈益擴大。一方面運用機器部全部母機製造釘機，並設拉絲部自行拉絲，側重於圓釘之製造。而一方面增設分廠，特闢網籬部，從事於網籬之編織。出品及裝置工程見圖。此種網籬，用途甚廣，凡私人住宅，公共花園，工廠學校，球場，體育場等，均適用之，而尤以鐵路車站裝置本廠所製鐵絲網籬，更能表示特色，蓋全國國有鐵路到達之處，中華國產網籬能有如蠅附驥尾而致千里，未始非國貨界之榮光焉。

上項鐵絲網籬，爲本廠最新出品。疊攏成捲，拉開成網，再經設計裝置，便成莊嚴燦爛的圍籬。左圖所示，即係鐵路車站兩傍。月臺裝置鐵絲網籬之一幅攝眞。乘客安全，路局秩序，兩利賴之。

鐵路車站網籬裝置圖

此邊線代表本廠所製刺線

本廠最近承造之中匯銀行大廈

THE CHINA IMPORT & EXPORT LUMBER COMPANY, LIMITED

(INCORPORATED UNDER THE COMPANIES' ORDINANCES OF HONGKONG.)

FLOORING DEPARTMENT

英商祥泰木行有限公司地板部

上海之有美術地板本公司實爲首創嗣後互相效尤凡各商埠之高樓大廈莫不採用本公司以二十年之經驗中外技師之策劃堅固美妙允稱獨步如蒙賜顧定獲稱心滿意本公司購備最新式砂磨機器十五部括垢磨光平滑無比

已竣工程

本埠

美國鄉下總會
法國總會
江海關
安利洋行
月宮飯店
辣斐跳舞場
自來水公司
上海跑馬總會
仁濟醫院
孫科住宅
惠羅公司
滙豐銀行
美泰洋行
禮查飯店
都成飯店
新聞報館
西人青年會
辣斐飯店
十三層公寓
萬國儲蓄會
麥特赫司脫路大廈
漢彌爾登大厦
金城銀行
華懋飯店
中國體育會
字林西報館
英國總會
花旗總會
宜昌路救火會
楡林路巡捕房
江灣路工部局學校
廣西路格致公學
王家沙花園工部局住宅
華德路巡捕醫院
永安公司
台灣銀行
怡和洋行
英美烟公司
徐家滙天主堂
海格路公寓
大西路工部局醫院

外埠

南京　蔣委員長住宅
南京　何應欽住宅
香港　救火會
南京　汪精衞住宅
汕頭　太古公司
青島　萬國總會

進行工程

靜安寺路四行儲蓄會
外白渡橋堍大厦
博德連新廠
漢口安利新厦
白賽仲公寓
中滙銀行
青島海濱大厦
華業公寓
德和工藝學校

其餘工程繁多不及備載

總行　上海楊樹浦路第壹千肆百念六號

電話第五〇〇六八號　三線轉接各部

南京總理陵墓之碑亭

廣州中山紀念堂

英商

中國造木有限公司

唯一機器製造的木工專家

上海楊樹浦路一四二六號

電報掛號"woodworkco"

電話五另另六八號

進行工程

峻嶺寄廬
百老匯大廈
Gascogne公寓
Picardie公寓
福煦路嚴安雅堂居宅
華業大廈
公和洋行建築師惠爾明生君住宅

已竣工程

漢彌爾登大廈（第一部及第二部）
都城飯店
河濱大廈
大華公寓
建業公寓「A」「B」「C」「D」及「E」
貝當路公寓
麥特赫司脫公寓
北四川路狄斯威路口公寓

總經理

英商祥泰木行有限公司

中華郵政特准掛號認爲新聞紙類
內政部登記證警字第二五五四號

英商吉星洋行
建築上用之
各種油漆及凡立水
偉大之建築。內部之壯觀。仰油漆之裝璜者。十居其九。惟欲求良佳成績。則須採用適當油漆。此點建築界恆視爲極重要之問題。
敝行爲世界最大油漆製造廠。凡建築上所用之油漆，磁漆，水牆粉，木光油，凡立水，以及各種理想中之新式油漆。莫不經驗宏富。研究精到。可稱並世無匹。凡此種種材料。分爲次第等級。便於選擇。價格低廉。無論數量多寡。承蒙通知。立即發奉。請察下列種種用法！
刷法　流法　浸法　滾法　噴法　乾法
敝行之研究化驗室。嘗爲建築界解決種種特別油漆問題。不一而足。此種隨事應付之能力。隨時可以爲君服務。請即將君之困難問題寄至下列地址。以便研究奉覆也。

英商吉星洋行油漆服務部
上海九江路六號　電話一〇六一二至三
香港——上海——天津

建築月刊

第二卷　第六期

中國近代建築史料匯編（第一輯）

The BUILDER

建築月刊

VOL. 2 NO. 6
第二卷 第六期

上海市建築協會附設
私立正基建築工業補習學校招生

民國十九年秋創立 〇 上海市教育局登記

宗旨 本校利用業餘時間以啓示實踐之敎授方法灌輸入學者以切於解決生活之建築工程學識爲宗旨

編制 本校參酌學制設高級初級兩部每部各三年修業年限共六年

年級 本屆招考初級一二三年級及高級一二三年級各級新生

程度 凡投考初級部者須在高級小學畢業初級中學肄業或具同等學力者
凡投考高級部者須在初級中學畢業高級中學理工科肄業或具同等學力者

報名 即日起每日上午九時至下午六時親至南京路大陸商場六樓六二〇號上海市建築協會內本校辦事處塡寫報名單隨付手續費一圓（錄取與否概不發還）呈繳畢業證書或成績單等領取應考證憑證於指定日期入場應試

考科 入學試驗之科目　國文　英文　算術(初一)　代數(初二)　幾何(初三)　三角物理(高一)
投考高級二三年級者酌量本校程度加試高等數學及其他建築工程學科（考試時筆墨由各生自備）

考期 八月二十六日(星期日)上午八時起在牯嶺路長沙路口十八號本校舉行

揭曉 應考各生錄取與否由本校直接通告之

校址 牯嶺路長沙路口十八號

附告 (一)函索本校詳細章程須開具地址附郵四分寄大陸商場建築協會內本校辦事處空函恕不答覆
(二)本校授課時間爲每日下午七時至九時
(三)本屆招考新生除高級部外初級各年級名額不多於必要時得截止報名不另通知之

中華民國二十三年七月　日　校長　湯景賢

建築打樣之新工具

活動製圖檯

樣張備索

營業部 上海江西路北京路角 電話一三七六〇

製造廠 上海南市陸家浜路 電話南市二二九三四

高低平斜 坐立咸宜

隨心所欲 省力便利

Universal Drawing Table

Any desirable position and height of drawing board can be set in a few seconds. Sitting and standing at will.

The Chung Hwa Machine Works, Ltd.

396 Kiangse Road, Shanghai. Phone 13760

中華鐵工廠製造

南京總理陵墓之碑亭

廣州中山紀念堂

比國鋼業聯合社
上海九江路十四號
敝社係比國七大鋼廠駐滬總分銷處經售金屬用品承造鋼鐵工程舉凡
鐵路鋼軌
電車鋼軌
各式橋樑
採礦工具
工業機械
電氣用品
鋼窗材料
鋼條鋼板
等等莫不應有盡有色色俱備
如蒙 賜顧竭誠歡迎
電話一二一九七
UCOMETAL
(Union Commerciale Belge de Metallurgie, S.A.)
No. 14 Kiukiang Road.
Telegraphic Address
UCOMETAL—Shanghai
Telephone
12197

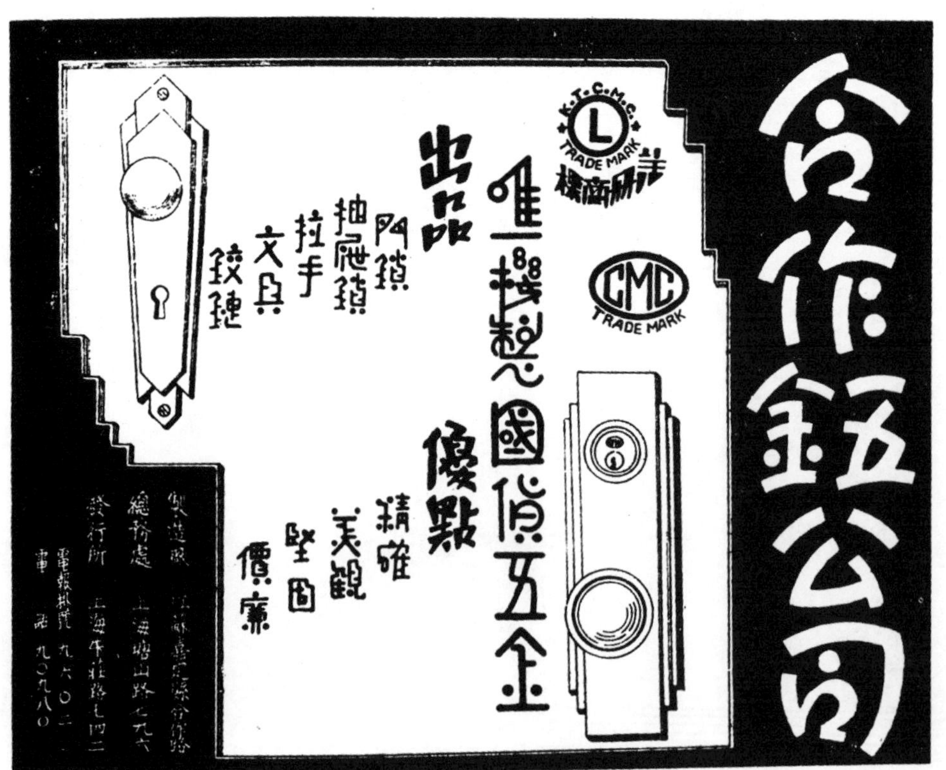
合作五金公司
K.T.C.M.C.
L
TRADE MARK
法L商標
唯一機製國貨五金
CMC
TRADE MARK
出品
門鎖
抽屜鎖
拉手
文具
鉸鏈
優點
精確
美觀
堅固
價廉
製造廠
總務處 上海塘山路七九六
發行所 上海牛莊路七四二
電報掛號 九六〇二
電話 九〇九八〇

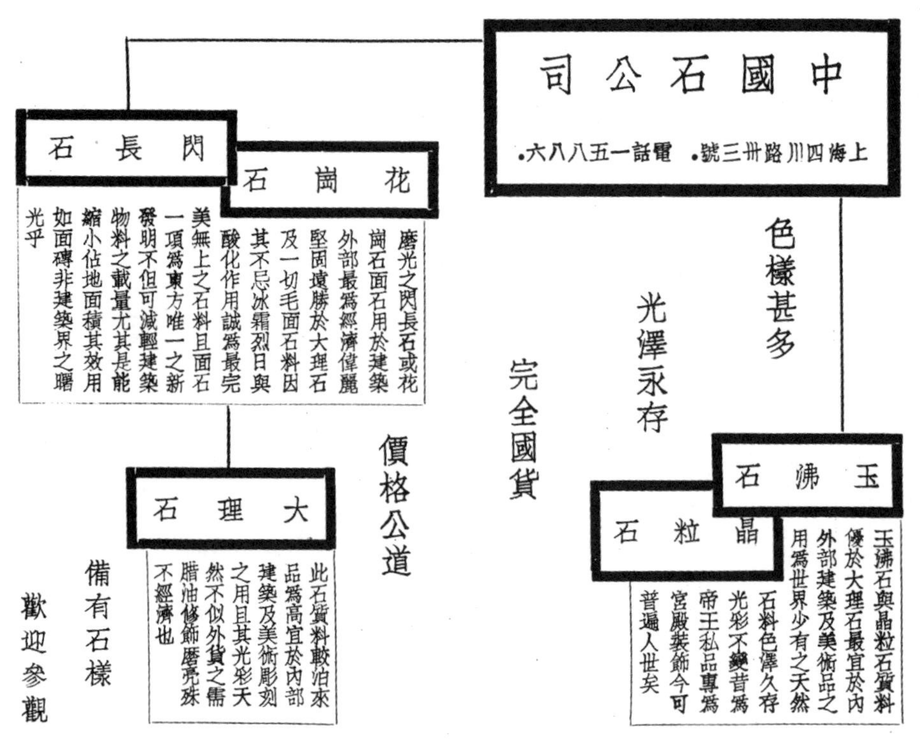

新成鋼管製造股份有限公司

HSIN CHENG CONDUITS MFG. CO., LTD.

專製各種黑白鋼管

大小灣頭及鋼板

本埠存貨充足

俾供各界需求

價目函索即寄

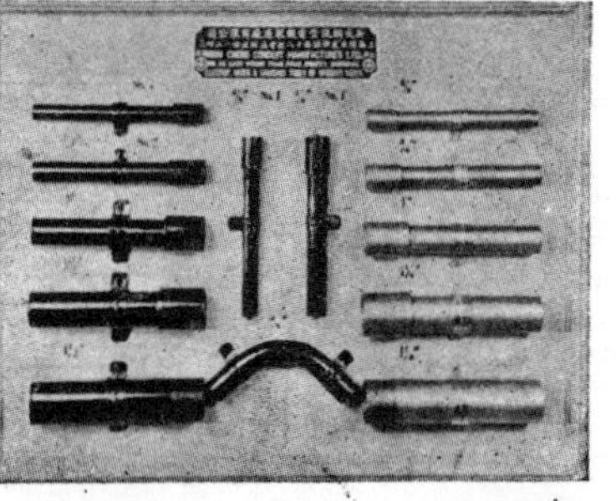

MANUFACTURERS OF
HIGH GRADE BLACK &
GALVANIZED CONDUITS
OF VARIOUS SIZES
STOCK CARRIED
SAMPLES AND PRICE
LIST SUPPLIED ON
REQUEST.

總事務所及製造廠
設在閘北東橫浜路德培里十八號
閘北電話四一二四六
營業所
利泰電料行
有恆路口吳淞路三百七十五號
電話四三四七九號

MAIN OFFICE AND FACTORY:
No. 18 EAST WOUNG PANG ROAD
CHAPEI, SHANGHAI.
TEL. 41246
BRANCH OFFICE:
LEE TAI ELECTRIC CO.
375 WOOSUNG ROAD
Telephone 43479
SHANGHAI

康門五金製造廠
承辦建築一切五金工程
新亞
CORMEN
精確摩登
堅固價廉
製造廠：上海徐家匯南丹路一六九號　營業所：上海江西路一七零號二樓一二二號　電話一六零七三

建築巨擘
東半球唯一最高之建築
元豐
元豐牌油漆
註冊商標
營造油漆要目
厚漆
燥頭
魚油
光油
發彩釉水
松香水
調合漆
磁漆
凡宜水
紅丹油
鋼窗漆
屋頂漆
地板漆
平光牆漆
水粉牆漆
洋灰釉
木釉
水汀金漆
水汀銀漆
特種漆
另備專刊
YUEN FENG CORPORAT
元豐公司出品
油漆巨擘
漆飾工程或設計均可承辦
發行所 上海北京路二六六號
電話 一二八九五
相得益彰

瑞昌
銅鉄
五金
工廠
承辦建築一切銅鉄工程
常備大批新式異樣堅固門鎖
漢口路四二一號 電話九四四六〇
靜安寺路六六七號 電話三一九六七號
工廠 同孚路二四三號

建築月刊

第二卷第六號
民國二十三年六月份出版

目錄

插圖

譯著

THE BUILDER

JUNE 1934 Vol. 2 No.6

LEADING CONTENTS

ILLUSTRATIONS

ARTICLES

廣告索引

Hongs & Shops on Tsingtao & Park Roads, Shanghai.

上海青島路派克路口建築中之市房

Davies, Brooke & Gran, Architects.
Sun Kee, General Building Contractors.

新瑞和洋行設計
森記營造廠承造

上海西區計擬中之一公寓

海傑克建築師設計

Proposed Apartment Building in the Western District, Shanghai.

H. J. Hajek, B. A. M. A. & A. S., Architect.

建築中之懿德公寓正面攝影

Front View of the Yue Tuck Apartments, Tifeng Road, Construction Work in Process.
Davies, Brooke & Gran, Architects.
Sing Hop Kee, Contractors.

懿德公寓背影

新瑞和洋行設計
新合記營造廠承造

View Taken From the Rear of the Yue Tuck Apartments, Tifeng Road, Construction Work in Process.

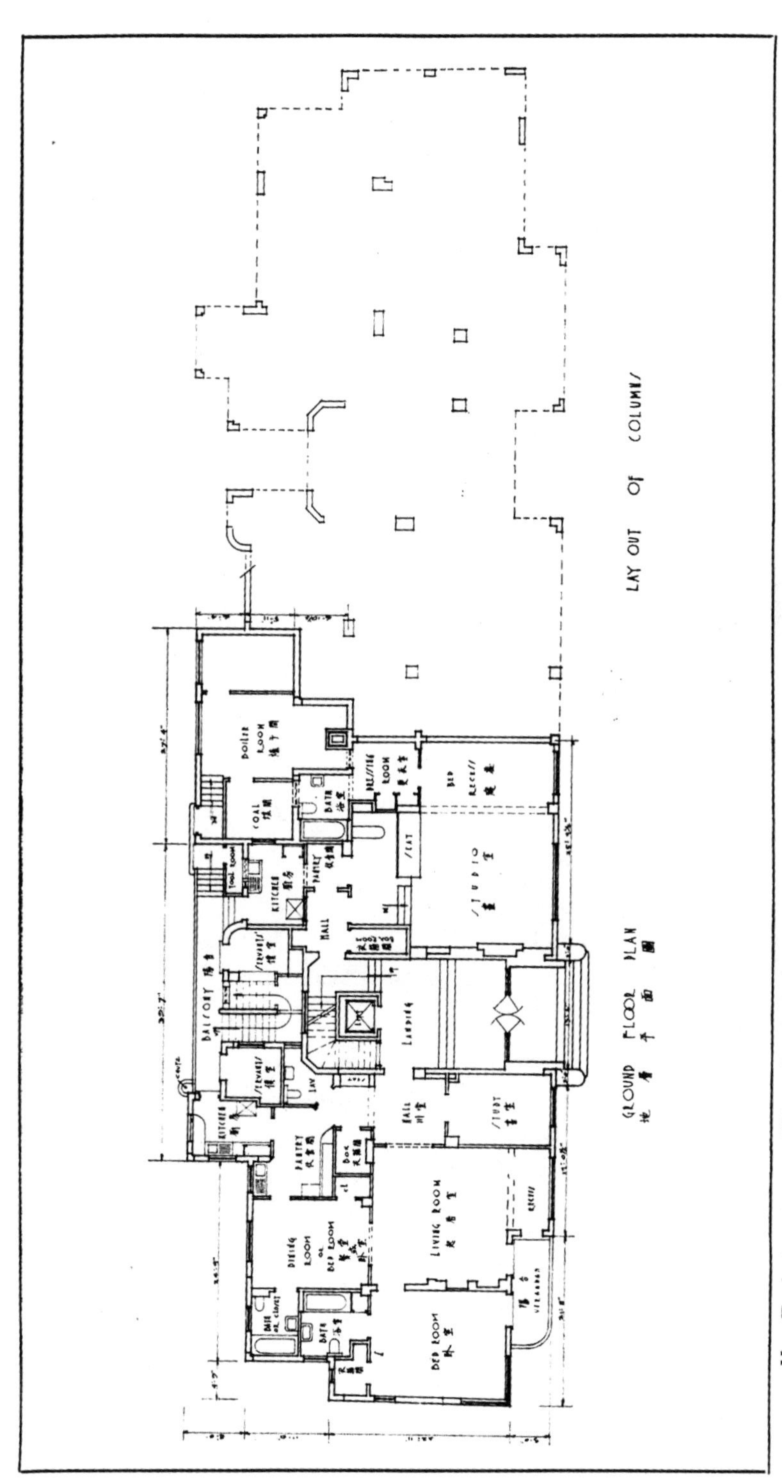

上海地豐路懿德公寓

Yue Tuck Apartments, Tifeng Road, Shanghai.

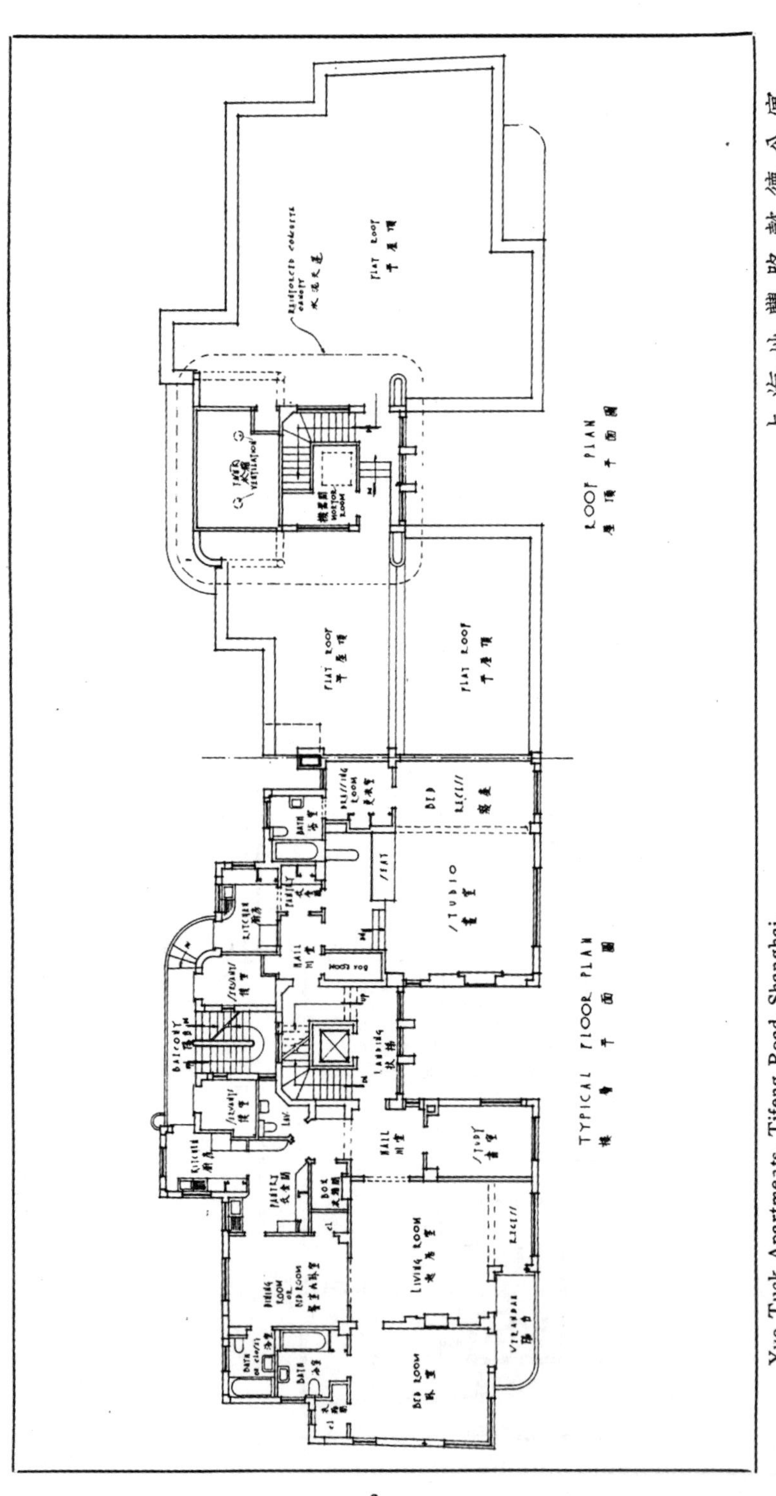

上海地豐路懿德公寓

Yue Tuck Apartments, Tifeng Road, Shanghai.

用克勞氏法計算次應力

林　同　棪

（一）　緒　　論

橋梁桁架(Truss)中次應力(註一)之計算，早成構造工程界之一大問題。平常鉚釘橋架，其次應力之存在，毫無疑義。特以計算繁難，故非在極重要之建築，多置之不理。按尋常鋼架設計，其准許應力(16000#/□")只爲其彈性限(32000※/□")之一半。其所餘之16000#/□",中有三分之一係爲次應力而留下者。蓋尋常橋架之次應力，多未能超過此數；留此以爲準備，頗覺安穩也。雖然，橋架各桿件之次應力各不同，且因橋架之形式，桿件之大小而變遷；今者乃劃一之，甚不合科學設計之原則。徒以計算困難而爲此不得已之辦法耳。

跨度較長之橋梁，在美國多用栓釘聯接(Pin-connected)以減少其次應力。此種栓釘橋梁，其弊病頗多，每有不及鉚釘橋梁者。且將來電銲進步，電銲橋梁之次應力，似更不可忽略。故爲求橋梁設計之進步，對於其次應力之計算及應付之辦法，實大有研究之餘地。

美國鐵路工程協會之尋常橋梁規範書在1923年有下列一條：——

"若桿件在橋梁平面上之寬度，小於其長度之十分一，則此桿件之次應力，恆可不必計算。如其次應力過於其原應力(Primary stress)之三分一，則當將兩種應力合併計算，其准許應力，可較尋常增加三分一。…………"

其1934年之新規範云：——

"如拉力桿件之次應力過4000#/□",或壓力桿件之次應力過4000#/□",則其所超出之部分，應照原應力設計之。

以上兩條，係指尋常之橋梁而言。至於較大之橋梁，更當特別注意矣。

首先計算次應力者，爲德國孟德拉(Manderla)。其論文發表於1880年之德國建築刊物中。此後次應力漸受工程界之注意，研究之者漸多。我國茅君以昇亦曾創造一計算法，爲其博士論文，發表於Carnegie Institute of Technology, 1919。積至今日，計算法愈多，亦各有其長短。(註二)而獨以克勞氏法最爲簡便。本文卽介紹其用法，並舉例以明之。

（二）何謂次應力？

設計桁架之目的，在使每桿件只承受直接應力，而不受撓曲應力。蓋如此則設計較易而材料較省。然實際上因各種關係，各桿件不得不同時承受撓曲應力。惟在尋常之桁架，此項撓曲應力，

(註一)　本文所云次應力，係單指因交點牢固而發生者。

(註二)　參看 Von Abo, "Secondary Stresses in Bridges", Transactions, A. S. C. E. 1925。

恆不計算之。鉚釘橋架撓曲應力之最大原因，厥爲因交點牢固所生之次應力。其數量甚有大於原應力者焉。

鉚釘橋架亦可謂爲連架之一種。尋常連架之主要應力爲其撓曲應力。故應先計算其撓曲動率，然後計算其直接應力及剪力。至於直接應力及剪力所生之撓度與動率，我們卻不之計。鉚釘橋架之主要應力，爲其直接應力。故應先計此而後計因此所生之撓度與動率。至於撓度與動率所生之變形及直接應力，其影響甚微，我們可不計之。然嚴格而言，則各項應力，須同時算求，方可得一極正確之得數。

次應力之發生可用以下眼光觀察之。先假設各交點均係栓釘聯接，橋架受重，各桿件因而伸縮，各交點地位變更如第一圖。將各交點釘在此種地位而加動率於各桿件之兩端使各端之坡度均等於零，如第二圖。此項動率，顯爲各桿件因撓度所生之定端動率。此時各桿件在交點之相對角度，與實際情形相同。再用克勞氏法分配之，漸次放鬆各交點之不平動率以求各桿端之眞動率。

（三） 假 設

用克勞氏法計算次應力，其得數當與用坡度撓度法相同。其重要假設，在尋常應力計算法之外者，有下列各項：——

(1) 因撓曲動率所生之直接應力及撓度，均可不計。

(2) 各桿件之惰動率，可不計其所受鉚釘與聯接板(Gusset plates)之影響。

(3) 各桿件在交點之相對角度，不因載重而變更。

以上各假設，其影響於得數甚微，多不過百分之二，三而已。

（四）計算之步驟

(1) 算求橋架各桿件因載重所生之伸縮度。

(2) 求橋架各桿件兩端之相對撓度。

(3) 求各桿件因此撓度所生之定端動率。

(4) 用克勞氏法分配之，以求各端之眞正動率。

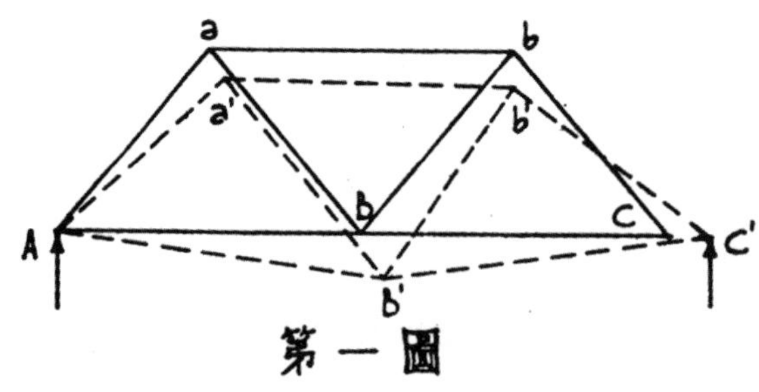

第一圖

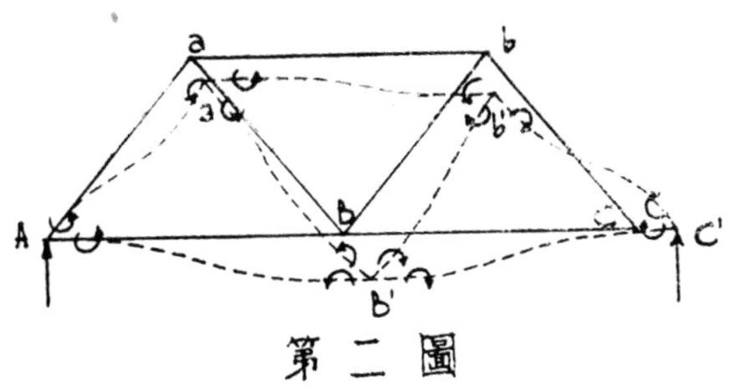

第二圖

（五）簡化克勞氏法

普通應用克勞氏法分配動率時，係將分配(Distributing)與移動(Carrying-over)分爲兩步工作。先將各交點動率分配一次，再移動之。移動畢又再分配；分配畢又再移動。今者設將分配與移動兩種工作同時舉行：每放鬆一交點，立將各桿件所分得之動率移至其遠端。如此則各交點放鬆之次序可隨意先後之。每一動率，被分配而移動後，可用符號記之；則凡無符號之動率，皆在待分配之列。再者，每放鬆一點，各桿件所分得之動率，可不必寫出，只將各遠端所移動得之動率寫出。待分配移動完畢，再將各交點桿端動率，全數加起，作一次之分配。此種寫法，更簡於尋常克勞氏法，可在本文例中看出。

（六）實例

爲便於明瞭起見，下例各桿件之大小及載重之數量，均係任意假設者。設橋架及載重如第三圖，其各桿件之長度"L",截面積"A",惰動率"I",及自重心線至最外線之距離"C",均如第一表。

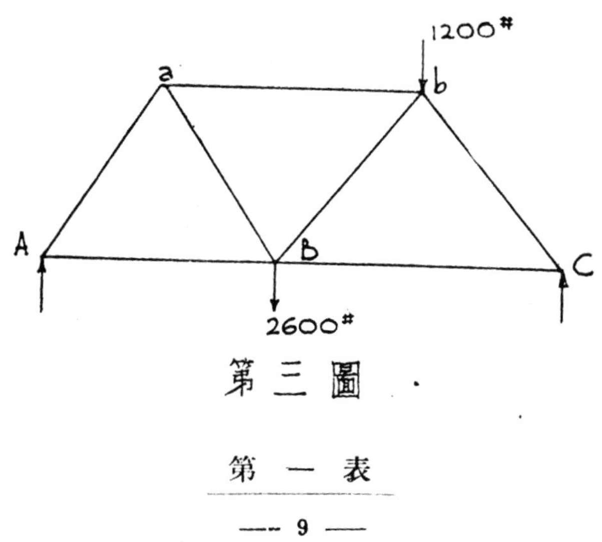

第三圖

第一表

桿件	總面積	淨面積	惰動率	長度	C'	應力	$\frac{S}{E}\frac{L}{A}$
	A in.^{2}	A'in^2	I in.^{4}	L in.	in	S井	(E=1)
ab	12		90	216	4	—2400	43,200
AB	8	6	40	216	3	+1200	32,400
BC	8	6	40	216	3	+1650	44,600
Aa	10		80	180	4	—2000	36,000
Ba	9	7	50	180	3	+2000	40,000
Bb	9	7	50	180	3	+1250	25,000
Cb	10		80	180	4	—2750	49,500

(1)算各桿件之伸縮量 $\frac{SL}{EA}$，列於第一表。

(2)畫Williot Diagram（註三）威立奧圖如第四圖中實線所示者。此圖係以A點爲起點，而設AB桿件之方向不變。量得各桿件兩端與該桿件垂直之相對撓度，D_I，列於第二表。（注意：Mohr Rotation Diagram.莫氏圖可無須畫出。蓋無論有無莫氏圖，各交點放鬆後之架形當完全相等。爲證明此點起見，本例將莫氏圖用虛線畫出於第四圖，再求各桿件之相對撓度 D_{II} 列於第二表。後亦用克勞氏法分配之。所得之次應力動率，與無莫氏圖者果相同。故計算者，可無須求 D_{II}也。）第二表中之箭頭，係表示D_I或D_{II}方向。

(3)算各桿件之定端動率，列於第二表。此項定端動率F可用以下公式求出，

$$F=6\frac{EI}{L}\frac{D}{L}=\frac{6EID}{L^2}=6K\frac{D}{L},\left(E=1,\ K=\frac{I}{L}\right)$$

(4)在每交點各桿端寫出其K'C。(第五圖)例如A點，桿端AB之$K'=\frac{0.185}{0.185+.445}=0.294$，其移動數$C=\frac{1}{2}$；K'C=0.147。

（註三） 參看 Johnson, "Modern Framed structures", Part 1, Chapter on deflections.

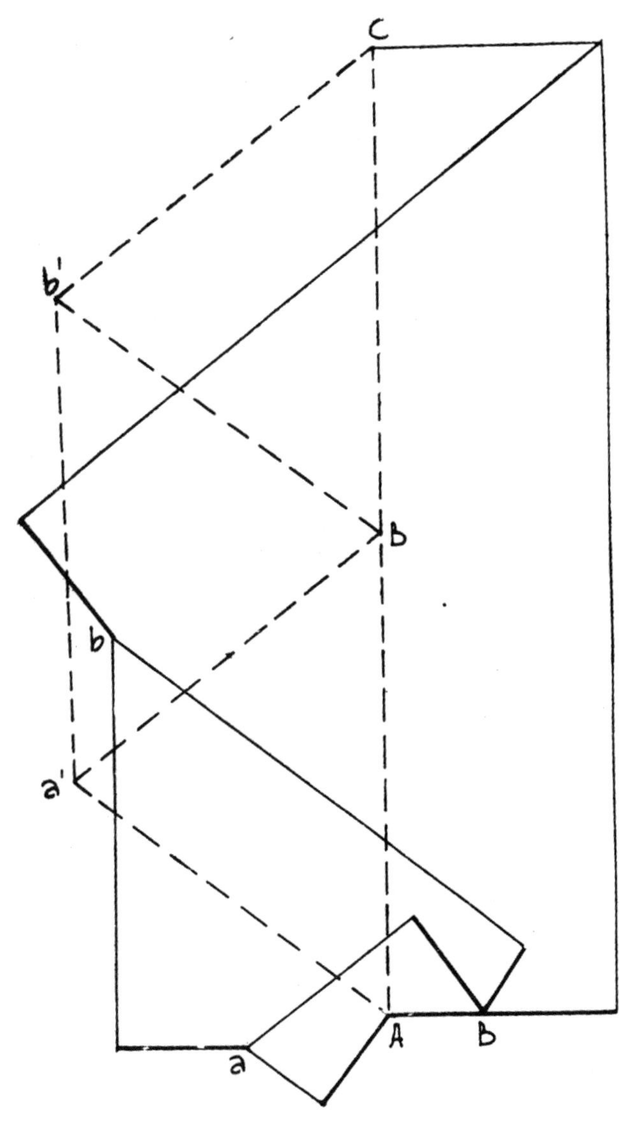

第四圖

比例尺： 1公分＝20,000

第 二 表

桿件	硬度K	長度L	D_I	F_I	D_{II}	F_{II}
ab	0.427	216	↗132000	＋1530	↘ 24.700	— 286
AB	0.185	216	○	○	↙156,700	＋ 806

BC	0.185	216	⤴313,500	+1610	⟩156,700	—806
Aa	0.445	180	⟩32,000	+475	↗98,500	—1462
Ba	0.278	180	↘69,000	+639	⟩61,500	—570
Bb	0.278	180	⤴172,500	+1600	⟩42,000	+389
Cb	0.445	180	↘248,300	+3682	↘117,800	+1747

(5)將各桿端之F_I寫於第五圖而分配之。本例以b點之不平動率爲最大，故由該點分起。b點之不平動率爲，

+1530+1600+3682=6812

將此數變號，乘以K'C而移之於各遠端，ab之a端得，

—0.183×6812=—1247

bB之B端得，

—0.122×6812=—832

bC之C端得，

—0.195×6812=—1330

b點之各動率，既已被放鬆而移動，可將此三動率用符號記之，以示其已被放鬆。

第二放鬆C點，此時C點之不平動率爲，

—1330+3682+1610=+3962

將此數變號，乘以0.353而移之於Cb之b端，乘以0.147而移之於BC之B端，故各得—1397及—582。

如此繼續放鬆各點，其放鬆之次序如下：——

b, C, B, a, b, a, A, C, B, b, a, C, B, A, b, a。

總共放鬆只十六次，而移動動率已化至極小。此時再將各交點之總動率加起而分配之。例如，A點，

Aa之動率爲　+199
AB之動率爲　—250
A點之不平動率爲　—51

此不平動率，Aa應得+51×K'=+51×0.706=+36,AB應得+51×K'=+15。故AB之A端眞動率爲—250+15=—235；Aa之A端眞動率爲+199+36=+235。其他各點，亦當照辦，以求各桿端之眞動率，如第五圖。

第六圖係以$D_{II}F_{II}$算得者，其放鬆之次序如下：——C, A, a, b, C. A, a, b, B, A, a, b, C, B, A, a, b 。此圖所得之得數，顯與第五圖相同，證明莫氏圖之可不必用。

(6)既得各桿端之動率，則其次應力可算出：——

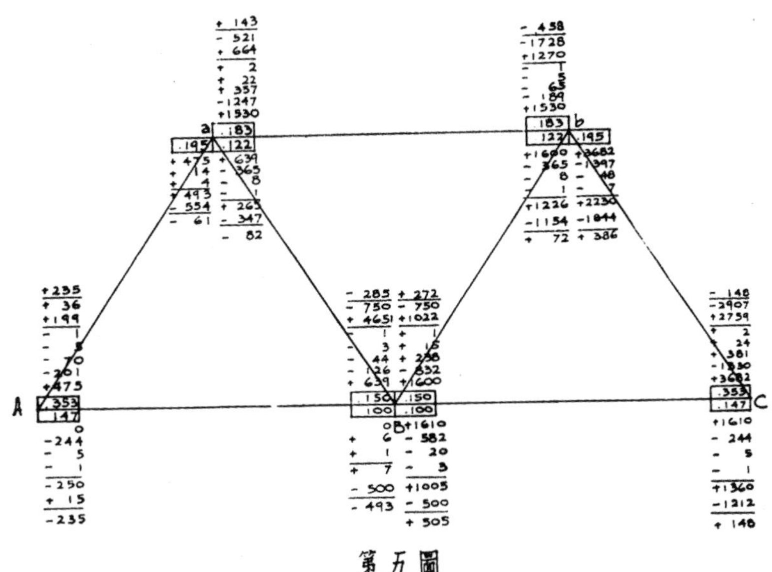

第五圖

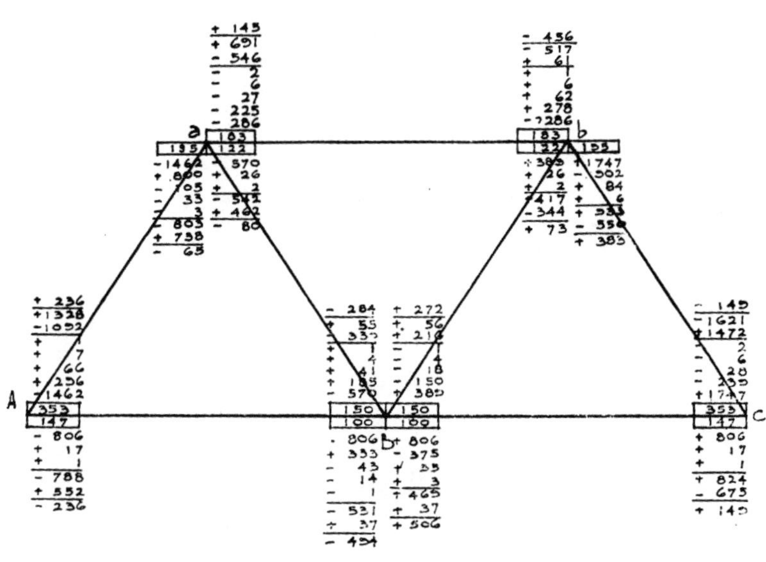

第六圖

$$=f \; \frac{Mc}{I}$$

故桿件AB之A端次應方為，

$$f_{AB} = \frac{-235 \times 3}{40} = 17.6$$ (上面受壓力。)

其B端之次應力爲

$$f_{BA} = \frac{-493\times3}{40} = 37.0 \text{（上面受壓力。）}$$

餘可照算。

（七）結　論

因次應力動率所生之直接應力，可用尋常力學算出。又如載重不在交點，而在桿件之上；則可算出該桿端因此載重所生之定端動率而分配之。克勞氏法之應用無窮，於此可見一斑。

水泥爆炸樁

雨田

輓近科學昌明，凡百事物，無一非利用科學以改良者。即以建築而論，日在改良進程之中。滬地高樓巨廈，接踵而起，巍然矗立，高出雲霄。然其重量雖大，而能歷久不傾者，乃因屋基之堅固耳！以此觀之，屋基之在建築地位中，實佔首要者也！

通常房屋，均用灰漿三合土爲基。但泥土鬆散，或房屋重量過鉅，則須先打入長樁若干，均分房屋全部之重量，方可支持。近來滬上較大建築，其樁子均用水泥：或先搗後用；或用圓鋼管打入泥中，內紮鋼條，然後澆以混合水泥，取出鋼管，使水泥凝結。如是，其負重量可較大於木樁，且不易腐爛。然其法終莫善於爆炸樁耳。

所謂爆炸樁者，其法先以鋼管，內置木樁爲心，下套一尖形鋼殼，使入地較易。木樁上置一鋼蓋，俾於受擊時不致損傷。於是用打樁機打入地中，取去木樁，在鋼管底放一爆裂器，內置炸藥，復通一鉛皮電線。此時鋼管，可用起重機拔起二三尺，——其下端之尖形鋼殼，此時已脫離鋼管，留存於下矣。——傾以水泥，使與鋼管下端相齊，然後用電流爆發炸藥。其鋼管下之泥土，依其鬆堅之程度，向四下擴開，略作橢圓形，而上面水泥，亦隨之而下。加之因炸藥性燥，多能吸收水份，故在爆裂時即能將上面水泥下吸也。此時須察下面容量大小如何，加入相當水泥，另用木樁擊實。然後鋼管隨拔，水泥隨澆；迨鋼管全部拔出，則成一橢圓形底之樁。如於樁之中段，復用上述炸法，使之作一中段之凸出，則樁之負重力更大矣。

新中國建築之商榷

建築工程師過元熙

屋宇之使命，在供人居住與經營事業之用，所以保護生命，增益社會者也。苟民衆無住屋以安居，何能蔽風雨避暴日，而保護其生命；工商事業無屋宇以經營，何能作交易製造而謀產銷，故屋宇是否合宜直接有關於國家民衆之强弱，以及工商各業之盛衰，而爲人生之要素也。

我國古今建築

我國自黃帝發明宮室以來，雖已有數千年之遞嬗，然於建築營造之方式，相因成習，改進殊少，所較可注意者，僅宮殿與廟宇而已。蓋專制時代，帝王擁有無上之威權，不惜盡天下財力以改良宮殿建築。古代民智淺陋，宗教之勢力極大，迷信之徒不惜罄其財力以精建廟宇。故宮殿廟宇建築，特別發展，而於民衆社會有密切關係之一般建築，反無改進，試觀現代中國式之住宅與明代以前之住宅相差能有幾何？殊非社會人士住的幸福。至於能適應近代工商業所需之建築方式，更視歐美而望塵莫及，影響實業之前途，又寧有涯涘哉！

歐美近代建築

近代歐美各國，科學實業之發達，一日千里。各種建築方法，亦進步極速，應用科學衛生之新發明，改良設計營造，增居住者之樂趣，並減低營造之耗費，而輕租賃者之負担，（按去年美芝城萬國博覽會中，專有各種近代住屋成績之陳列，均用新法營造，房屋之用料，室內之裝飾佈置，以及衛生器具，設備俱全。而其營造費則較舊式者反減省過半。往昔需費一萬元者，今則四千元左右，即能造成矣。此等成績，甚可注意而研究者也。）其效果甚著，我國亟宜效法焉。所謂效法，應及國內土地氣候風俗文化之情形，否則，亦不能減省營造等費用，難得適用之結果。如年來都市建築雖已競趨西化，既未見若何之成績，反因採用舶來材料而增加巨大漏卮，此又不可不注意也。邇者頗有人注意中國式房屋，亟欲應用中國式樣於公私建築，然往往以中國舊式房屋之不合時用又不經濟爲憾事。且今日建築界中之提倡中國建築者，徒從事於皮毛，將宮殿廟宇之式樣移諸公司廠店公寓，將古舊廟宇變爲住宅，將佛塔改成貯水塔，而是否合宜，未加深慮，使社會人士對建築之觀念更迷惑不清。

美國芝博會中新式經濟住宅之一

移宮殿亭塔於公司廠店之上，且植諸西式建築之顛，殊屬不倫。

社會需要變遷

丁玆科學倡明時代，實業工商日形發達，文化教育漸趨普及，故近代新興建築物，如工廠，學校，公園，電影場，體育場，輪船碼頭，以及各種新式公私屋宇，均非昔日所有；應用之洋灰水泥，鐵筋玻璃，電燈等設備器具，尤爲曩所未聞。蓋往昔之皇宮廟宇，寶塔住宅，已不能滿足時代之需要也。宮殿建築，堂皇奢華，以屋頂爲皇冠之表號，尤加裝飾；對於營造之經濟適用，則不計焉。所可取者，爲地盤之佈置有方，北平宮殿卽其例也。至廟宇建築，則大半黑暗無光，神座半開，充滿神祕之意味，不宜作住宅或營業工廠之用。

住宅之應改善

西式里弄住宅

至於舊式住宅，則地舖土磚，陰濕極點。高頂椽屋，光線不足。夏暑無通風之方法，冬寒無使暖之器具，均爲病疫之原，而牀椅桌櫈，均不顧安適。至若廚廁水火之衞生設備，則更置之度外矣。況里衖房屋，擠連如牢。六尺之衖，既不易通氣，逢瘟疫火災發生，則更難防患挽救；房租則每月需費高昂，加之各種捐稅負擔，殊非居住者之幸福。

城市不良現象

中式普通住宅之情形

現在街市情形之一

我國城市都會，民衆大半集村居而成市邑，市邑發達而成都市，故街道陋狹，巷衖縱橫，公廁林立，便溺隨意，既礙觀瞻，又妨衛生。通商大埠，普通住宅十數口擁擠而居，空氣汚穢，叫囂吵鬧，高大之營業市房，則接肩而立，阻蔽陽光。若斯情形，亟宜改良，改良須有具體之澈底計劃，作者特提出新中國建築之商榷。

現在街市情形之二

建築之新工作

興建公寓新村

興建大批公寓新村，以利大衆。此種公寓新村，集居四五家至七八十家，各有五六間房屋。並共有廚房，飯廳，遊藝場，花園，機器洗衣所，冷熱水汽貫通機關及公共汽車等，應用集衆管理方法，及科學設計。以減少房租及一切耗費。而於公衆衛生，娛樂，智識等設備，均可顧及。此種公共住宅之設置，當由政府及市政機關等提倡之。興建時，聘專家代爲計劃，利用郊外空地，從事具體建設。若斯，則新村公寓之所在，交進隨爲便利，工商各業，亦漸可發展。城市之百弊，庶幾全歸消滅。

德國公衆寓所之設計，頗能促進民衆生活之健康，簡省及安適。

事務院之設計

通商巨埠，因商務繁盛，地價昂貴，故今之營屋者，多建高層樓房，接連成林，以致交通，陽光，空氣，均受影響，而無普及流通之機會。樓房亦暗黑如籠，且房間佈置失宜。故往往有新造樓房，不能得顧客滿意而出租者。市政當局或同樣機關，當規定章程，限制樓房之營造面積，以爲現在之補救與將來之發展。例如樓房營造面積，只准佔地盤面積四分之三。其餘四分之一，可種樹木，或作進門通道之用。樓房高度過四十尺以上者，當後退合營造面積之五分之一。高度百尺以上，則再退營造面積五分之一。如此類推，則公司樓房成階級形，陽光空氣自能普及。樓房之式樣，亦易佈置。設計用材方面，全在建築營造者之匠心巧思，若能應用科學營造之方法，盡量發揮，則形式既美觀，造費亦經濟矣。無論何種房屋，固莫不如是也。

園帆布，作日光洗浴之場。營造材料多用土產，以求經濟。如此建設，庶幾簡單而合理。

公司樓房高度及面積之分配圖

甲、高度四十尺以下佔地面積四分之三

乙、高一百四十尺以内佔地面積二分之一

丙、高二百四十尺以下佔地面積四分之一

甲圖

乙圖

丙圖

200'

75'

200'

過元熙工程建築師計稿

住宅之新設備

普通住宅及私人寓所之各部份，如廚房飯廳客廳等，應如公寓有規定之尺寸，使合用而減少營造等費。其重要諸素：如臥室飯廳等宜向南，以受充分日光。室內須能開窗使南北通風。亦當有壁爐，於寒冬春初時，可以取暖。室外四圍闢花園，備自然之風景，廚房役室，雖應與上房接近，惟須隔開。僕役問題，為業主之難題，故房屋設計宜從應用之方便着想，使減少僕役之需要。熱帶地方之住宅，宜多築平台露台，四面開窗。寒帶地方，北牆宜少開窗，向南則當有陽台等以取暖。屋頂可闢台閣，種植花艸，為宴賓客敍談之所。並可高

美國賴特建築工程師之住宅

該屋全用土產材料，依山水之形勢構造，頗為別緻。

科學營造方法

新中國式建築營造生路之基礎，乃所謂科學營造之方法，卽應用科學利器及新出建築各材料，以建造房屋。藉此減少材料人工時間之耗費，而增進衛生之要素。再研究物料之本性，而適量施用發揮之。譬如鋼鐵洋灰五金玻璃，各有特性，不應用以做造木石或膏泥。木石亦不能互相調用，致失其眞象。余每見今之倣製古代拱斗椽木者，應用洋灰鐵筋。又見高大樓房，內部有鐵骨鋼柱，已能抵全部樓房之重壓，而外面再重蓋磚石，以作表面之修飾。此則非特耗費材料，抑且不合工程之原理也。

今日之牆壁，可用三合土鐵筋夾板銅片玻璃砌做，薄至六寸。牆內有流通空氣之裝置，使冬夏間傳絕冷熱。地板用混凝土，以除去潮濕。至於工程之進行，則窗門牆板，均可先在工廠做就，運場裝置。公寓及住房，則全部均可先在工廠中做就，到場集合裝造。各部尺寸，如廚房客廳等等，均須有一定之開闊，以求於實用經濟。設計方面，則首當注重衛生，二當注重經濟適用，三當自出心裁。

江灣道上

道、整潔之典型

歐美都市計劃

市鎭都會，爲民衆集居之地，當有一定之計劃，以謀將來人口工商各業之擴張，爲有循序之進步，並可省去無量之耗費也。對於地盤利之管理分配限制，及河港街道電力通水溝渠公園公衆場所之設計，尤當盡量隨地理山河之形勢而建設。各種建築應分類而集居，如實業工廠，須近河港鐵路交通便利之域，而集居一處，以減輕煙霧毒氣之四播。住宅公寓，則與圖書館博物動物院花園醫院公衆遊戲場等，分居同處，宜於郊外幽靜清潔之處。住宅區與營造工作之地，須建大道直貫，可利用公共汽車相往來。各種商店營業所宜同行集處，可造大樓以容同一性質之營業機關，以謀顧主貿易之便利。全城最少面積之半，當開

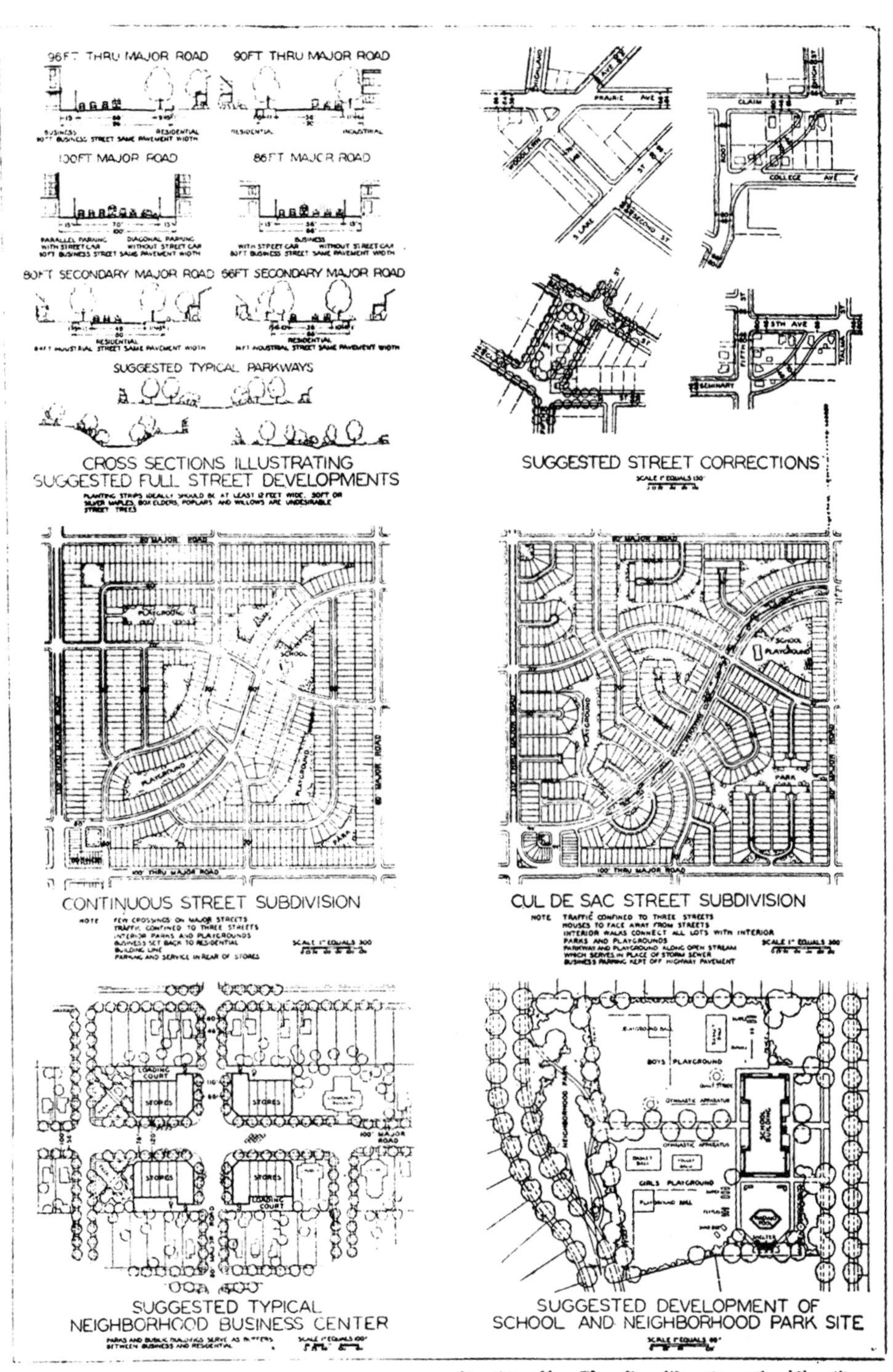

美國新市鎮發展計劃之一

頗注意於交通，商場，住區，公園，遊戲場及學校之佈置闢公園，栽種花艸及樹木。餘則造合量較高之樓房，以得相等之實用面積。譬如面積十萬方尺，普通造二層房屋；今用五萬方尺，闢闢公園，而將全體房屋，改造四層樓房。則以實用地面而論，毫無犧牲。以營造費用而論，則反能減省。以衛生及美觀而論，則遠勝其他方法。英美各城村之實行此種城市計劃，而得滿意成功者，已非一處。至於城市之交通大道，猶如吾人之血脈，須流通無阻，方能發育。大道之旁，須滿種樹木，收吸塵烟。門戶之前，築行人道。電車及慢行車輛，分沿街旁行駛；速行車輛，來往中道。植樹以分隔之。此種計劃，均爲將來工商發達之遠謀，未可輕視也。城市無論大小，當設工務機關，以提倡新式營造及公衆衛生事務，直接歸省政府及國府實業部管轄之。

及時合力推進

我國新進人才濟濟，爲家國服務，大有作爲。且現在國民自動自治之能力漸强，對於房屋均有革新之主張，如首都之蘭園住宅區，新村及河北之模範村等，均在進行試驗。可見時機已臨，不可再待。宜積極工作，而排除消極或不切實際之空談批評。此全在我領袖新進人才之合力提倡也。倘業主而提倡營造新中國式房屋，我建築同志而能廢止抄襲西洋式或古舊不合實用之建築方法，則二三年間，必有顯著之成績，以裨我國民族之健康，及輔佐工商業之發達，未可限量也。

蘇俄造橋實況

漸

譯者按：本文著者爲美國基督生工程師(C.L. Christensen)。基工程師近自俄歸，彼在俄三年，擔任蘇聯政府之鐵道橋梁與工場之顧問工程師。氏曾遍遊歐洲部分之蘇俄，考查各項工程，莫斯科爲其總辦事處。基君係爲一實驗豐富之造橋工程師；美國米歇根城(Michigan)之尼亞伽勒河(Niagara River)上之環空鋼橋，亦爲氏手出之巨構。

蘇俄因實業發達，故交通事業亦隨之擴展。鐵道之修築與增建，初不因工業材料，機械，及工程師等之缺乏而稍怠。造橋工作與交通尤有密切關係，故更積極建設。此正如我國（指美國）先人於半世紀之前從事路橋之建設，現在此種情境重現於今日之蘇俄。雖然蘇俄之江面，大概比較早代美國着手者爲遼闊與淵深，故造橋工作之於蘇聯，必先籌劃精詳，謹慎從事；尤以機械缺乏及材料問題等，均須有深長之研討。標準圖樣亦增製規劃，但不只限於短跨越距離之鋼筋混凝土，石及木之橋梁，同時亦繪製長達五百五十尺之跨越橋梁。有數處新橋梁之建築，以代往昔之引渡，並於窮鄉僻壤之處亦構築新橋梁，以利交通。舊日之橋梁亦有重行建置或修築加固，以便駛行更重之機車頭。造橋施工時之艱難情形，可於附圖中窺見其一斑。

行政

造橋工程之於俄國，其行政組織一若美國大規模之鐵道組織相同。造橋圖樣無論巨細，均由鐵路工程部規劃繪製。工程部有權指揮及監督本部所屬之工人及器械，進行造橋工程，惟房屋建築與鋼架構造則不隸屬於工程部，係在鐵道部監督製造者。

在野外服役巨大橋工之職工，由一主任統制之。此人當具有主宰的天才與各種工程之學識。彼運籌材料與器械，僱用工人並兼顧彼等之住宿與膳食諸問題。爲主任者並與鐵道部，港政部及市政機關，均發生聯絡之關係。

此處已有主任爲之總持一切，故總工程師祇須顧及構建之專門技術問題。彼於河之兩岸，各派有一副工程師與工程職員及專門技士，以指揮智慧各異之工人。

各處造橋之主任及總工程師，應將報告呈報莫斯科聯邦鐵道橋工部總辦；總辦更須呈報人民交通委員會所屬之新鐵道建設總裁。

當一新橋完竣後，須由經常工程師視察接收，並担任自波蘭邊境直至太平洋沿岸橋梁往後之

修理或翻造之職務。

鐵道行政組織，更包含一工程科學部及其他支部，分組研討工程學術。在野外建造橋梁，自有此項人員研究材料之採用與新的方法之設計，繪構並試驗新舊橋梁之傾斜及重壓力量。在此工程研究會各部與其他部份聯合開會討論，以冀有新的發現，而雙方均蒙受其益。

工程師

俄籍工程師多係於大戰之前畢業者，單具學理，而昧於經驗。有數人實不足以當茲重任，竟亦勉强工作。加之材料缺乏，工廠設備及工程器械不良，故其困難自屬更不可避免。放大詳圖之繪製，有時殊屬拙劣。推其原由，蓋因學理與實際間常存一種缺憾，而此缺憾至今仍未能彌補者。

此輩青年工程師之年齡，大約自二十五歲至三十五歲不等，曾受高深專門教育，而大多數尚係學生，在茲習練，以求實驗。彼等學業進境殊覺迅速，並依此觀察，彼等必能於學說之外，更能具有工場與野外之工作實驗。彼等對於世界工程事業之進展頗感興趣，對於美國工程師於構造工作實際開導，深感謝意，故美工程師自亦樂與爲伍。

在工程師之辦事所，尚有多數女工程師。彼輩不只繪製圖樣，担任計算與設計圖樣，有時並爲一小組工程隊之領袖。此輩於集會討論專門學術時，亦屬殷勤熱誠之一部分。

女子亦有在野外工作者，如管理水泥試驗，或爲副工程師，監督拌水泥與擣水泥之工作等。在野外工作，拌擣水泥一項於女子深爲適合。女工程師攀登脚手架，指揮工人，毫無畏懼。此外並有担任工場中之輕量鑽鑿機守者。

鋼橋

設計鋼橋圖樣之方法，與現代在美國者同，惟於鋼廠尚不能供給八寸方折角之工字鐵與H字鐵柱，此外幾盡相同。工廠尚不能與美國頭等造橋工廠相比擬，蓋工廠中之工程師與工人，尚未受得滿足訓練與管理智識。有時機件方纔裝上，即須拆卸修理。已廢弛之陳舊方法尚在引用；船運起卸更不小心；構建場所缺乏吊機及起重機（俗稱壓不死）：一切的一切予鐵路管理者以種種困難。

若論工作上之缺點，其一部分原因係由於戰前高級工程師與野外及工場工作人員間缺少聯絡所至。工人之盡忠職務與勤於工作自屬毫無疑義。曾記於一嚴寒之冬天，見一般鋼鐵工人在一鋼架之上，架置側面鋼架重一千六百八十磅，竟徒手力拔，肩扛架置之。蓋此時吊車正忙於他處工作，而又苦無輕量吊機以資應用也。

蘇俄用於建築工程之鋼，其質地與美國者同。矽鋼亦已採用，作爲一切新建活動油吊橋梁之梁材。

橋之式類常用鋼架跨越，懸挑及鋼拱。在薩拉拖夫(Saratof)區域經伏爾加 (Volga) 河，該處現正造成一巨橋，長達一英里。在柯斯屈羅麥(Kostroma) 區域 (Volga) 河上一座懸挑之橋，中間開距約六百尺，已於三年前完成。（見第一插圖）

構築

蘇聯工程師深贊美國之一切新的發明。例如在鐵軌上推走之吊機，已經造鋼橋及擣水泥涵洞時採用之矣。卡闊尼省 (Carquinez Straits Bridge)懸跨橋工之方法，亦經仿用。

採取新術不能卽時實現者，因限於器械不備之故。有一般人之意見，咸以襲用人工舊法，較新法爲妥，蓋因工人不諳新式機械之使用，要亦爲其有力主張之一。茲姑舉例以證之：當橋工進行時，河中船舶往來，初不能阻斷水上交通。故構合橋梁，祇能於岸上行之，迨構成後搬至橋墩放置。蘇俄有一標準方法，係架脚手與河岸成丁字形，卽在脚手上構架橋梁。橋梁做成，卽行車出，其方法係在脚手上面鋪以軌道，軌道上置多數實心圓鋼滾轆，滾轆上面又係軌條，釘於木塊，木塊上面爲託底板，板上便爲橋梁。一根五百五十尺長之橋梁，曾費兩日夜之時間，從岸搬至橋墩放置。當搬運時，有多人專管圓鋼滾轆。此法雖屬費工需時，然終於不用若何機械設備而告成功，是卽蘇俄最近造橋構架之情況也。

銲接

關於銲接，曾費多時之研究與試驗，並已造成數架銲接橋梁。一座一百五十尺長之電銲橋梁，設於鐵路支線。另一同樣大之電銲梁正在計劃，擬建於鐵路幹線。對於彎力，扭轉力，撞擊力及反轉力等之試驗，結果大概滿意。電銲橋梁可減省鋼鐵數量，比較的經濟，且電銲者更可超越需要之力量。

試驗電銲接處，可構一長一百五十尺之橋梁，用火車頭在上走動。茲將此橋之試驗主要點錄下：主要材料力量，巨大足抗試驗效力。多數接頭用巨量鉚釘接合，一個接頭不用鉚釘，而用電銲，計算力量更較應試力量減弱。此接縫處試驗失敗，橋梁下彎沉盪，略逾最高沉盪彎度。

銲接處經試驗彎曲後，重行用起重機頂起，歸復原位，將接縫處用鉚釘釘合，再選別個接縫，用電銲續行試驗。

水泥建築

實業工廠之建造與鐵道鋼軌之需要，予鋼鐵廠以供不應求之忙迫。因之鐵道橋梁在可能範圍內，不得不改用水泥，以資調劑，藉可減少建設鋼鉄進口之噸位。數年之前，俄國絕少水泥工程師，但經數年之銳意研究，已養成精練人員，足以應付各種水泥工程。例如水泥部份曾築有一長四千六百尺之水泥環洞橋，（見第二圖）卽其明證。

蘇俄有三種水泥，其中等者與美國之青水泥相同。礫頭砂（或稱石卵子）頗佳，並有數處岩石極佳，用機軋成石子，自屬擣水泥之良材。黃砂亦極細潔。水泥工程與美國略同，起初因用水泥較少，以致工作不良，現已改善，故水泥之成份與力量均佳，並不時在野外試驗室加以試驗。

三翼式之拱鐵，爲標準鋼骨水泥拱圈橋梁之殼子，極爲流行。若輩於一處工程完畢，即將殼子拆下，運往別處應用，此舉可節省木殼材料與人工之數極巨。

鋼骨水泥中之鋼條，其接法係用叠透電銲。電銲正加詳密之審驗。橋之跨越街道及鐵道者，係用標準法式，連架構造。

數年之前，公路橋面尙用木板或用碎石。現已易用美國方法，橋面係擣六寸厚水泥石礎，面澆柏油或其他材料。

鐵道水泥橋梁之橋面，亦用水泥澆擣。橋面擣成微坡，藉使雨水瀉洩，不致停留。混拌水泥均用機器；著者旅俄三年，從未見水泥用手拌者。

木料建築

蘇俄產木極富。俄人對於木材建築具有深久之經驗，彼等更習知應用極簡單之器械，鑲接縫接。據此可知蘇俄在茲實業計劃積極實行之時，其需用木材建造鐵路橋梁，自屬頗廣；同時以長木充實樁基，與美國同樣頗巨。

蘇俄現在所用之材料，其長度只二十二尺至二十八尺，故用作橋梁接頭殊多，耗工費料，誠屬不可避免之遺憾。然接頭處之力弱，鬆寬及易於腐壞，尤爲極不滿之缺憾。考其木材致短之由，則因運輸貨車長不過三十尺，或竟短於卅尺，爰將長料截短，以利車運；此種削足適履之弊，可無疑義。數年後定有改善可能也。

數年前所用之打樁機器，殊屬幼稚，此或亦不用長料原因之一。惟蘇俄自造極簡單之機器，仍能於各處見之。關於舂打斜坡底樁之樁機，蘇俄現尙無此設備。

用機器鋸刨木料之設備，現極需要。現在所鋸板片，仍以人工鋸解。一人立於地下，一人立於台上，往來拉鋸。因木工機械種種缺乏，故俄木匠手操快斧，馳聘全場，允推唯一利器。惟此種種缺點，當不難於最近之將來，加以改革，而趨現代化，似屬意料中之事。

底基

蘇俄河牀係屑積之砂礫與泥所形成，絕少岩石，有之亦極深下。泥沙之基殊難工作，更不可靠。水線高下亦屬主要之點，三四月間之漲水與夏季時候之落水，必須小心考慮，謹愼從事。

築造深淵橋墩，係用氣壓挖掘法 (Pneumatic Caisson) 此法雖不經濟，然因現有機器之不足應付，故凡鋼骨水泥樁及木料長樁，均不能採用。低深之水箱壩工程，亦難從事；蓋因無鋼板樁之設置，僅代用鉚釘鉚合之鐵板，則其力量不足，打至中途，易於撓曲，誠爲不能避免之事實。開口底樁 (Open Caisson) 做法已有數處成功，行見其將推行於將來各處工程也。

俄國之造橋工程，若就大體言之，允稱滿意。其工程師與工人之智識技能，進步極速，設更予以新器械之佐助，則蘇俄不久對於造橋技術，將有重要之貢獻也。

最近完成之英國第一條用電銲融合之公路橋樑

漸

最近落成之英國新港(Newport)梯斯河(Tees River)五空連架建築大橋，全用電銲接成，在英倘屬創見。新港係為倫敦與東北鐵道之支線。此橋橫跨梯斯河面，因底基惡劣，故在施工時頗感困難。橋之連架分為五座大梁，以電銲接合於支柱之處，同時橋面小梁，亦就地銲合。據本年四月份英國工程雜誌紀載，五大梁各有其不同之長度，在接合處預留伸漲之隙地，同時並使減輕壓力。第二與第四大梁支附於柱，第三梁則跨越中間涵洞，第一與第五梁則支於第二及第四梁之外端，及鋼筋水泥之橋墩。

此橋之橋柱係立於橋之平基之上，而橋基更臥於橫切面之鋼筋水泥基梁。基架支於十八英寸六角形長七十尺之鋼筋水泥橋樁。兩境橋墩建於四尺穿心圓長七十尺之鋼筋水泥樁上。

設計該橋之工程師係Mott, & Hay Anderson, 承造者為道門鋼廠。(Dorman, Long & Co.,Ltd.)

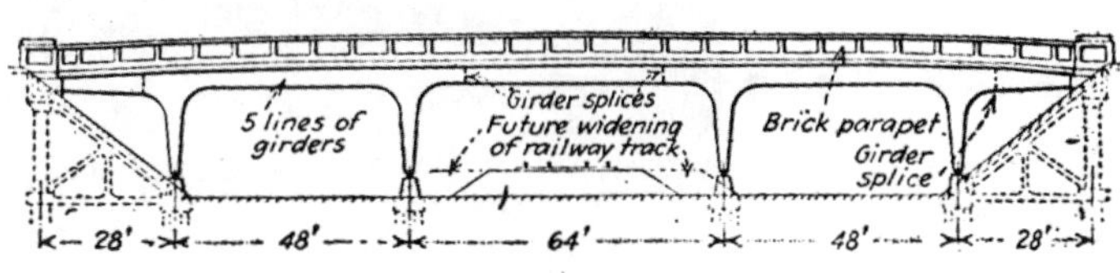

看台上之鋼筋水泥懸挑屋頂

漸

南美阿根廷拉伯勒太(La Plata)地方跑馬場，新近築一鋼筋水泥看台，頗引起工程界之注意。蓋此水泥屋頂自一端挑出達四十四尺之巨，而中間無一支撑。此屋頂之面積長一三一尺，深六五尺。𥓓厚三寸，近柱處厚七寸七分。𥓓之形係屬長方；支於20″×43″懸挑之樑上。小梁每隔五尺，横擱於懸挑大梁之上。全屋頂於四十二小時中繼續澆擣，並不停歇。所用水泥係快燥水泥，其成分爲一：二：三。屋面全屬整塊，中間並無伸漲縫條。

台前看樓專供會中人員使用。兩端之塔儲有水箱，以供潔水，台下闢有騎師室更衣室，及會董會議室與俱樂部等。

此項工程之設計者爲T.Marfott與J. Szelagowski兩工程師。

建築辭典

—十三續—

『Road』路。

Road—level 地平線，泥皮線。構造房屋之標準點。例如從泥皮線掘至底基，深若干尺；從泥皮線以上至地板面，高起若干尺。

Road machine 築路機。

Road maker 築路工。

Road man 管路人。

Road master 站長。火車每一站點之主管人。

Road oil 路油。一種如柏油之油，敷於路面，藉以減少灰塵。

Road roller 滾路機。

Road sign 路標。〔見圖〕

Road surveyor 督理路務者。

『Roman Architecture』羅馬式建築。

『Roof』屋頂。

Roof garden 屋頂花園。

Flat roof 平屋頂。

『Roofing』屋頂材料。

Galvanized iron roofing 瓦輪白鐵屋面。

Malthoid roofing 鷄牌牛毛毡屋面。

Roofing felt 屋頂牛毛毡。

Shingle roofing 片瓦屋面。

Tile roofing 瓦屋面。

『Room』室。

Assembly Room 會議室。

Ballroom 跳舞場。

Bar Room 酒吧間。

Bath-room 浴室。

Bed-room 臥室。

Billiard Room 彈子房。

Boiler Room 汽爐室。

Breakfast Room 早餐室。

Card Room 紙牌室。

Class-room 教室，課堂。

Cloak Room 衣帽室。

Club Room 俱樂部室。

Committe Room 委員室。

Consulting Room 診察室。

Dark room 暗室。

Delivery Room 輸送室。

Dining Room 餐室。

Drafting Room 製圖室。

Drawing Room 會客室。

Dressing Room 梳粧室。

Drying Room 烘房。

Dynamo Room 發電室。

Engine Room 引擎間。

Guard Room 守衛室。

Lecture Room 講堂。

Living Room 坐起室。

Lounging Room 休憩室。

Lunch Room 午餐室。

Maid's Room 下婢室。

Music Room 奏樂室。

Nurses' Room 看護婦室。

Operation Room 手術室。

Reading Room 讀書報室。

Reception Room 接待室。

Sitting Room 起居室。

Smoking Room 吸烟室。

Store Room 什物室。

Strong Room 庫房。

Sun Room 日光室。

Waiting Room 待候室。

『Rosace』圓頂花。泥幔平頂中間之圓形花飾。〔見圖〕

『Rose』玫瑰花飾。柯蘭新式柱子花帽頭(Corinthian Capital)，帽盤中間之花朵，或其他用此花作爲裝飾者。

Rose Window 圓花窗。〔見圖〕

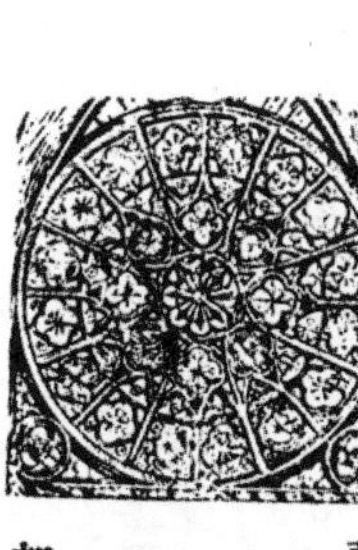

蘭姆斯教堂之圓花窗。蘭姆斯爲法之古城，十三世紀時，法王加冕於此。

『Rotunda』圓亭。圓形之建築物，最顯著者爲饅頂之結構。〔見圖〕

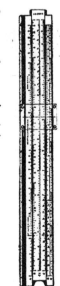

『Rough』粗糙。

Rough arch 毛法圈。

Rough ashlar 毛石。

Rough Cast 毛石子，揩石子。墻面外層用石礫子嵌成之石子牆面。

『Round』圓。

Round arch 圓法圈。

Round bar 圓鐵。

『Rubber』橡皮。

Rubber floor 橡皮氈地。

『Rubble』亂石牆。以亂石叠砌之牆。

『Rule』尺。權衡尺寸之器。

Metre rule 米突尺。

Plumb rule 托線板。繩準垂直之儀。〔見圖〕

Sliding rule 計算尺。工程師用以計算之器。〔見圖〕

Square rule 曲尺，矩。

Two feet rule 雙尺英尺。〔見圖〕

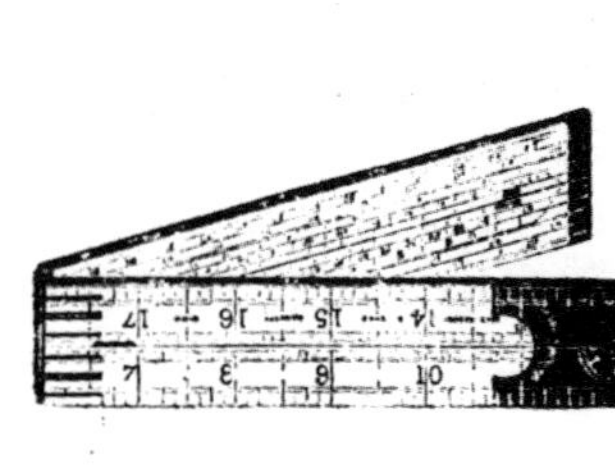

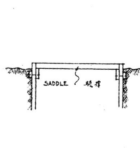

『Russo=Byzantine』羅松卑祥丁建築。〔見圖〕

莫斯科聖彼雪兒教堂。

『Rust』生銹。鐵或鋼因沾濕而發生之銹。

『S piece』彎曲形。建築物之作彎曲形，如英文字母S狀者。若油水馬桶脛際之狀。

『Sacristy』聖器室。室之附屬於教堂，而置放教中各種神器者。

『Saddle』騎撐。〔解一〕暫時減少底脚之負重，用騎撑以支托撑板。〔見圖〕

〔解二〕薄板之貼着地板而撐於門框中間者。〔見圖〕

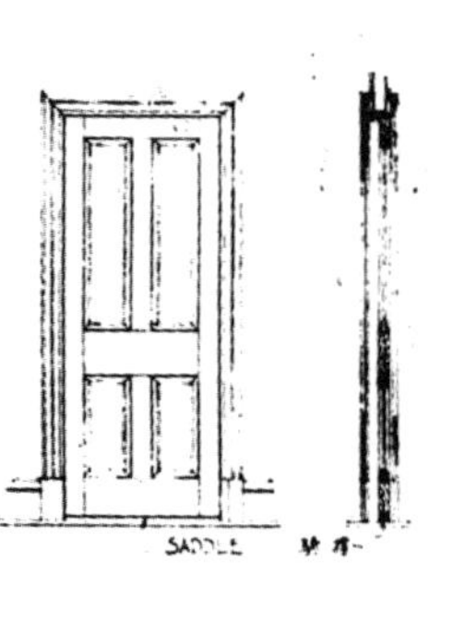

Saddle bar ㊀鉛條玻璃托梗。鉛條玻璃之背面，托置一金屬之梗於窗框之間，以實巨塊玻璃，俾不致被風掀動而破裂。㊁玻璃鉛條。現在的定義，即鉛條玻璃間之鉛條之意。

Saddle joint 咬口接。一金屬片之邊口，疊於另一片上，而絞捲銜合。

Saddle roof 兩山屋頂。屋面之兩端，均有山牆山頭出頂者。

Saddle stone 鞍石。石之狀如馬鞍，置於山牆壓頂之上者。

『Safe』安全，銀箱。

Safe load 安全載重。如工程師計算一梁，必不使該梁擔任極力載重，而施以安全載重。

Safety factor 安全率。義與上同。

『Sag』盪下。因重量關係，中間發現下沉狀態；如電報線或平頂中間盪下。

『Sally』挑出，椽頭。

『Salon』廣廳。正式召集團體之會堂。廣大之廳，用作團體集會，美術品之展覽，或遊藝會之舉行者。會客室。

『Sanatorium』療養院。

『Sanctuary』聖廟。耶路撤冷之廟，爲敎徒頂禮膜拜之所。基督敎之敎堂，主敎堂，回敎堂或廟宇等。

『Sand』砂，沙泥。由巖石崩裂而成之粒體物。

Black sand 黑沙。用於與石灰混拌，而作砌牆之灰沙，或泥粉牆壁。

Yellow sand 黃砂。用於與水泥混拌，而作砌牆之灰沙，或粉牆壁，水泥地面等等，用於與水泥及石子混拌，而成混凝土。

Foundry sand 翻砂沙泥。翻鑄銅鐵所用之沙模。

『Sanding』砂打。如地板之用砂紙砂打使光。

Sanding=machine 砂皮機。砂光地板之機器。

『Sandpaper』砂紙，砂皮。木匠用鉋刨木後，木面所留之刨痕，再用砂紙砂打，使之光潔平滑。粗堅之紙，膠粘砂粒或玻璃粉屑，用以磨砂器物。

『Sandstone』粒石，砂石。矽石及養化鐵等結合之巖石。

『Sanitary fitting』衛生裝置。浴室中之浴缸，面盆及抽水馬桶；廚房中之洗碗磁盆等均屬之。〔見圖〕

f g s r
，，，，處K透12管接，糞糞而污。馬9.滌7.。水3.2.1.
管接透挖滌，，氣嘯透合t管管流水(e桶面盤衛6.管熱CC溢
。通氣通流見及管線出，，均。至即)。盆。生hh5.箱冷水
公透處處O出附：層更t有污B標棚11c8.器生5.箱冷調
路出 。逆接糞面由，彎水，w此高10浴物水熱。水節
線層 浴，管，空使接管B w抽水抽缸，盤水4.管機
糞外 塞見有見氣之t與，管送箱水。洗。管同，。

『Saracenic architecture』回教建築。建築之形與式，如尖拱或馬鞍狀之法圈，尖頂之塔及阿剌伯式之裝飾等，在在表現回教建築之色彩。

『Sarcophagus』石棺。石棺之雕鑿，採用建築式樣者。亦有置石棺於紀念堂或房屋之前，以資點綴紀念者。〔見圖〕

『Sash』窗。木或金屬之窗框，玻璃或其他物件則嵌於此框間；普通啓閉，則藉拉吊或裝鉸鏈。

French sash 玻璃長窗。窗之裝鉸鏈向一邊開啓者。

Leaded sash 鉛條玻璃窗。

Sliding sash 扯窗。窗之可以上下抽吊或左右扯移者。

Sash casing 窗錘箱。箱中孔隙，備置蕩錘，以權衡吊窗之重量。

Sash door 玻璃門。門上裝配玻璃數方者。

Sash holder, Sash fastener 窗括。窗之插銷或閂，以資關閉窗戶者。

Sash frame 窗框，窗堂子。裝窗之圈框。

Sash lift 窗挖手。窗之下帽頭，雕鑿陷洞，以便手指探入啓閉窗戶。

Sash weight 窗權重。吊窗旁窗箱中所裝之盪錘，所以權衡窗之分量，以利吊啓。

『Saw』鋸。鋸割器械，普通係一鋼片，口際有齒，用以鋸割木材及金屬物等。

Saw arbor 銅盆鋸心子。裝鋼盆鋸片之軸心。

Saw back 助鋸鐵。鋸片之背，托襯鐵條，用時藉減鋸片彎曲之病。

Saw bench 鋸桌。桌上裝釘欄口標尺，以便截斷材料。

Saw dust 木屑。鋸剖木材時所遺落之粉屑。

Saw spindle與Saw arbor同。

Saw table 鋸臺。鋸機之台面，材料卽擱置其上，而推鋸之。

Band saw 發條鋸。〔見圖〕

發條鋸

Circular saw 圓鋸，銅盆鋸。〔見圖〕

銅盆鋸

Double saw 雙鋸。兩根鋸片同時動作者。

Drum saw 與Circular saw同。

Jump saw 跳鋸。銅盆鋸之鋸片，可以上升或降低，以鋸自發條鋸上鋸下之材料。

Compass saw 小促鋸。〔見圖〕

Hand saw 手鋸。〔見圖〕

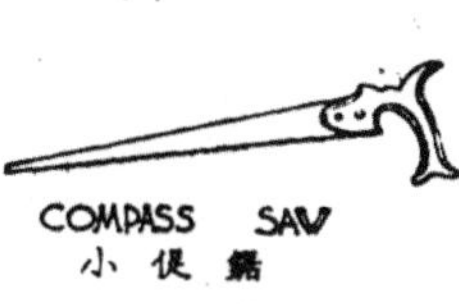

COMPASS SAW 小促鋸

HAND SAW 手鋸

Marble saw 雲石鋸。鋸口無齒，專割剖雲石之鋸片。

Hack saw
Metal saw }鋼鋸。專剖解金屬之鋸。

Shingle saw 瓦片鋸。專割剖瓦片之鋸。

Swing saw 斷鋸。〔見圖〕

HAND SAW 手鋸

斷鋸

『Saw mill』鋸板廠。以原根大木鋸成板片之廠。廠中設備，不僅有鋸機，間亦有刨機等。

『Saw tooth』鋸齒。〔見圖〕

『Sawyer』鋸匠。鋸木之匠工。

『Scabbling』石片。

『Scabellum』胸甲飾。復興建築式用爲花飾之支柱，或半柱，十七世紀時行之於英德二國。

『Scaffolding』脚手，脚手架。構造建築物時，四週架搭台架，以資工人援登工作者。〔見圖〕

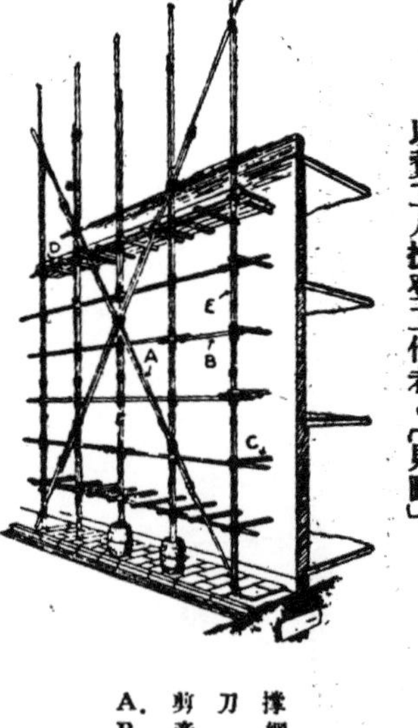

『Scagliola』充石粉刷。用石膏粉製成，並施各種彩色，而成假雲石，假花崗石或其他岩石之狀。

『Scale』比例尺。用金屬，木材或象牙製成，上彫尺寸之尺。

Sliding scale 計算尺。義與Sliding rule同。

Triangular scale 三角比例尺。設計員所用之規尺，其斷面係三角形，尺上彫印各種不同之比例尺。

『Sculpture』彫石藝。彫鐫石料之工藝。

『Scanthing』小木料。木材之厚闊不逾五寸，可作板牆筋及柱子等用者。

『Scape』柱軸。柱子之軸心。

『Scenography』配景圖法。

「Schedule of prices」標價細單。

「School」學校。

Commercial school 商科學校。

Correspondence school 函授學校。

Private school 私立學校。

Public school 公立學校。

「Sciagraphy」「Sciography」投影法。

「Screen」屏風，槅子。

Glazed screen 玻璃槅子。中國式號房天井中之玻璃門。

Fire screen 火爐屏風。戲壁火爐前之屏障。

Mosquito screen 蚊蟲窗。障避蚊蟲之紗窗。

「Screw」螺絲釘。〔見圖〕

Flat head screen 平頭螺旋。

Round head screen 圓頭螺旋。

Screen jack 螺旋起重機。

Wooden screen 木螺旋。螺旋釘之用以釘入木類者。

Screw driver 旋鑿。旋釘螺絲之器械。

Screw machine 螺釘機。製造螺旋釘之機器。

Screw stair 螺旋梯。

「Scullery」碗碟洗藏所。室之洗藏廚房用器者。

「Sculptor」彫鐫家。

「Scutcheon」鑰匙門。

「Seasoned timber」乾材料。

「Seat」座席，櫈。〔見圖〕

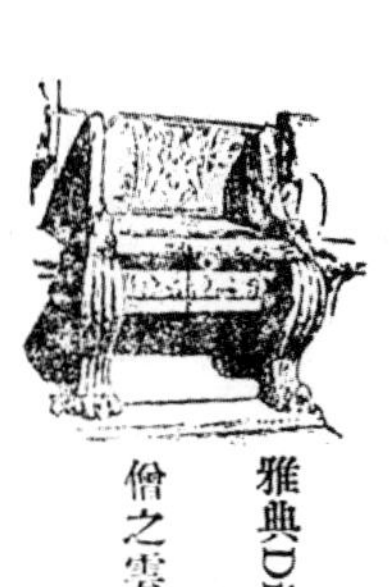

雅典Dionysaic劇院中主僧之雲石座。

「Second floor」三樓，第三層。

「Secondary beam」小梁，小大料。

「Secret dovetail」暗馬牙。不能外觀之馬牙榫。

「Secret nailing」暗釘。舖釘樓板，釘自側面釘入，板面無釘頭外露。

「Section」剖面圖，川宮。建築圖樣之顯示建築物內部構造者；其顯示部份，有如將房屋自頂至底剖開。〔見圖〕

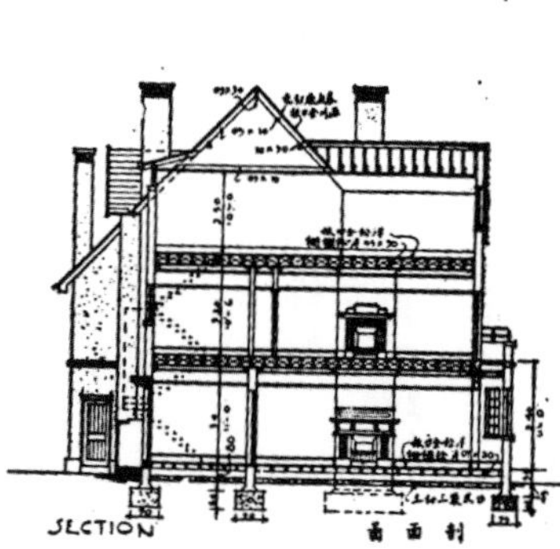

Cross section 短剖面。

Longitudinal section 長剖面。

『Semi-circular arch』半圓法圈。

『Semi-foreign building』半洋房。

『Semi-detached house』和合式房屋。

『Sentry box』崗亭。軍警站崗崗位之亭子。〔見圖〕

『Septic tank』化糞池，坑池。〔見圖〕

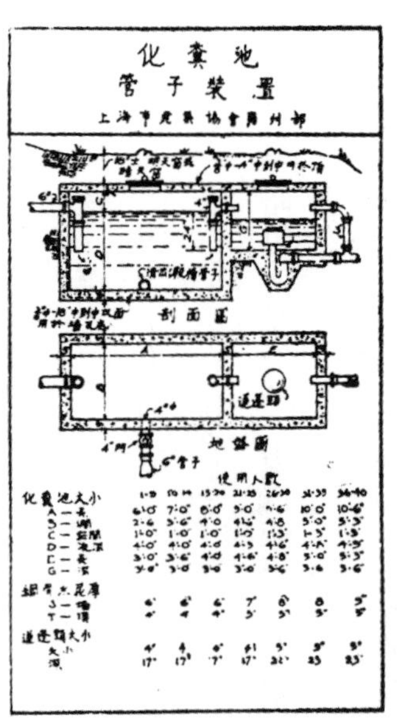

『Seraglio』宮殿。君士坦丁回教王故宮，宮中陳設古物。此宮爲穆罕默德二世所造，位於舊 Acropolis，非現在回教王之住區。

『Serpentine marble』蛇紋雲石。

『Servants' hall』傭人川堂。傭人聚坐及膳食之處。

『Servants' quarter』小房子。傭人所居之部份。

『Service pipe』給水管。

『Service drain』汚水渠。

『Serving hatch』伙食洞。普通在餐室與浜得利室之間，牆上開一小洞，裝置小門，傳授食物者。

『Cesspool』
『Sesspool』} 糞池。

『Set』一套，一組，一堂。如一套椅子，一堂木器。

『Set back』收進。房屋之高度，超過市政機關所規定者，勢必收進，以符定章。牆身下之大方脚，初砌時較牆身闊出二倍，以後逐皮收進，以達正式牆身之厚度。

『Set square』三角板。〔見圖〕

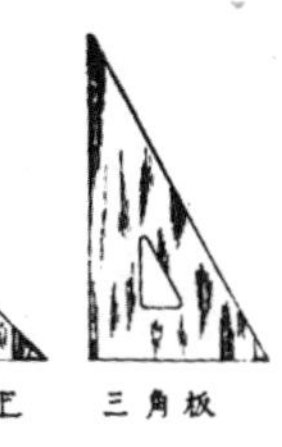

『Settlement』下沉。房屋新建後，每有下沉數寸者。

『Sewage Work』溝渠工程。

『Sewer』汚水渠，陰溝。〔見圖〕

城市溝渠之構造：
c·空氣流通管
d·溝渠
p·水管
w·總水管
wc'·電話電報電流線

『Sewerage』汚水排除法。導引屋中汚水，至江口或大湖，為城市衛生必要建設。普通汚水接管流洩入江，有時或因地形關係，不能自動排洩，則必積貯於大池，用藥物排除穢氣，或使沉澱，以沉澱物用作肥料，用機將水抽去，則此Sewerage與Septic tank相同。

『Shack』陋舍。

Log shack 木房。〔見圖〕

—待續—

同濟建築公司與朱縉侯爲工程帳款及賠償涉訟

朱縉侯建築中國古式住宅於蘇州十梓街，由同濟建築公司承造；工竣後，該公司與朱縉侯爲工程帳欵及賠償涉訟，起訴於上海第一特區地方法院，旋上訴於江蘇高等法院第二分院，並由本會對該案鑑定書予以解釋，茲將解釋意見，及建築章程圖樣等，一併刊載於后：

建造章程

朱縉侯先生建造古式住宅一宅及灶間傭人房屋等。一切做品。均須照圖樣。其地在蘇州城內十梓街第一百十三號門牌，內一切做品及用料。大小高低尺寸。均詳註明於圖樣。或在章程內。迨開工之後。監督工程及檢察材料等。均歸建築師指揮。於工程應有詳細大樣等。待工程進行時。須歸本建築師發出。並工程做到領銀等事。亦須先請本建築師驗察無慮。並允准後出憑方可向東翁領取。

以下數條。不在賬內。但承包人須担任臨時修妥之責。因裝置他物損壞等情。

1 自來水及司汀管子等

2 電燈及電話電鈴綫等

3 花園草地等

4 園牆

5 浴室內浴缸面盆馬桶及手巾架子等

以下工程均承包在賬內

6 大住宅一宅。及傭人房屋廁所等。一切在內。

7 地下陰溝及沿房屋四週。及花園路，明溝，及陰井等。

8 一切材料運輸及稅捐等費。

承包者須担任

9 承包人須担任倘遇一切損壞。及意外坍毁。無論大小等事。均歸承包人自任。不得藉口索加等情。又工程內材料關係工作者。無論已做就或未做成。須當心保護。倘有損壞亦歸承包人更換妥當。

保險費

10作場內倘遇火險等情發生。造主惟担任照已付過之銀爲限。餘儘可自行加保。惟造主之損失須在賠欵內扣除。餘剩之欵退還承包人。保險單須存於造主處保管。

脚手架

11工程做到上層。須搭平穩脚手架。及梯級以便建築師及東翁隨時到作場內。隨處調査監察。不得任意搭腐敗之脚手架及梯級。

12作場內須有一熟悉圖樣及工程之看工員。並須終日在工場監察。以便東翁及建築師隨時到工場與看工員接洽工程。

庇護

13庇護須用板木。一切已做就之牆角臺口綫或其他工程等。以防損壞。

牆基

14牆脚掘後。須用板木撑住。免使泥土墜下。倘牆基內有水須用幇浦抽乾。方可用三合土塡平。三合土合法。用碎磚四份。大小不得過二寸。黑沙二份。拔灰一份。須先在拌板上調和後。方可下入牆基。並每皮十寸。排堅七寸。收面後。又須重槳。加工排打。平直須用平水。其深淺闊狹。均詳註明於剖面圖上。大方脚分作三皮。每皮放五皮牆基。於十五寸牆下作廿寸。於十寸牆下作十五寸厚。深從地平綫以下二尺至三合土面。於一切地板下面。花園週圍水泥路下面灶間。或方磚地下。均有五寸厚滿堂三合土。大小房屋與鄰地毗連處大方脚不能伸出者。須做一、三、六水泥混合土。並須打樁木撑。大小長短距離。均詳註於圖樣上。

水料

15磚頭須用市上頂上新方。足尺寸。並須堅硬正色。一切牆均是紅磚清水。砌到頂。用拔灰黃沙砌合。法一份拔灰三份黃沙。磚縫均不得過四分。磚縫用黃沙水門汀嵌合。法一份水泥二份黃沙。小房子門窗頭發圈。用水門汀黃沙砌。磚頭於未砌之前。須先澆濕透。

16大小房屋。均用頂上頭號天牒瓦。並須堅硬正色。簷口用花瓦頭。

望磚

17大房子外面簷口下面。須做望磚。

18大房子正面上下層。用泰山磚瓦公司面磚。其顏色聽東翁自揀。

鋼骨水泥

19大房子窗檻五寸厚擣売子水泥。闊照窗框。每端伸出三寸。窗楣樑八寸厚。每端須伸入牆身八寸。綫脚看大樣。並須斬毛。如假石大房子。勒脚做三寸厚擣売子。內放三分圓鋼條。十寸中到中雙面。並須斬毛分塊。及大房子正面四根柱子。及第一層洋臺樓板樑。及浴間樓板。大房子東邊平臺。及後面第三層平臺扶梯間。及水箱間等。及小房子過橋挑出洋臺。及大房子水泥欄干。均做鋼骨水泥。做品看詳細大樣。水泥合法。一份水泥。二份黃沙。四份石子。石子須篩過。大小不得過二寸。

粉水門汀

20大房子走廊等花磚地下面。須做一寸厚水門汀。後面穿堂廁所及浴間等瑪席克及花磚等地下面。均須做一寸厚水門汀地。及小房子勒脚粉六分厚水門汀。及小房子扶梯間傭人廁所花園等。均做三寸厚地面。

瑪席克

21大房子走廊及後面穿堂等地面。均做瑪席克地面。

花方磚

22 浴間及廁所。及東邊側門口小平臺等。地面均舖六寸方。中國花方磚。其顏色及花樣。須候東翁及建築師擇定之後。方可舖上。承包人不得任意舖上。

白磁磚

23 大房子浴室及廁所等台度均四尺九寸高。用六寸方。純白磁磚英國貨。每打價約一兩七八錢左右之貨。

搗壳子

24 一切鋼骨水泥混合土。於鋼骨水泥樓板下面。至少須包沒六分。於鋼骨水泥樑底及鋼骨水泥柱子四週。均至少須包沒鋼骨一寸半厚。紮鉄於紮好之後。須先請建築師驗過。允准之後。水泥混合土方可搗入壳子。鋼骨及一切樓板樑及柱子等。大小尺寸。看詳細圖樣。水泥用象牌。

牛毛毡

25 大房子牆頭。於地平綫以上八寸。須舖2 PLY頭號牛毛毡一皮。及屋頂內亦須舖牛毛毡。

錫綠推克司

26 在大房子樓上起居室內。隔牆用錫綠推克司。做品內用二寸四寸花旗松。牆筋二尺中到中。雙面釘一寸六寸本松企口板。然後用螺絲釘上半寸厚錫綠推克司。再做粉刷。做品日後看詳細大樣。

木料

27 一切木料。均須乾透。並去除節疤。倘有裂開及舊料等。一概不能作用。倘已做就。必須拆除更換妥當。木匠須用上海木幇。匠人須精巧熟手之工人。

28 大房子一切門窗堂子。大頭板。上下層走廊掛落。及欄杆裝修等。均用柳安門窗堂子做三寸厚六寸闊。

29 大房子踢脚板畫鏡綫。及小房子一切門窗堂子及扶梯等。均用花旗松。大房子踢脚板高九寸。小房子踢脚板高六寸。

樓板

30 大房子樓地板。用一寸二分厚四寸闊頭號花旗松企口板。並去除節疤。小房子樓地板。用一寸厚六寸潤花旗松企口板。

擱柵

31 大小房子樓地擱柵。均長方形花旗松。大小尺寸及距離。均詳註明於圖樣上。

沿油木

32 大小房屋樓地擱柵下面沿油木。須抹足柏油。門窗堂子四週及木磉磚等。均須抹足柏油。

粧飾櫥

33 每間浴室內。須做粧飾櫥一只。廿寸高十四寸潤。須裝車邊玻璃鏡子一塊。內分三格。式樣日後看大樣。

扶梯

34 大房子扶梯扶手木及踏步等。用頭號柳安。扶梯闊四尺。小房子扶梯二尺九寸闊。做品另有大樣發出。

洋門

35 大房子洋門三尺闊。廁所及浴室等洋門均做二尺九寸潤。壁櫥門二尺半闊。高均七尺。一切腰頭窗均做一尺六寸高。靠東邊側門做四尺半闊。分作三扇。八尺半高連腰頭窗。

窗

36 大房子窗三尺半濶六尺高。連腰頭窗。在會客室內靠東邊上下層二堂窗，做四尺九寸濶。於大房子正面下層均做八尺濶。小房子窗三尺三寸闊四尺高。一切做品。均有大樣發出。

37 大小房子屋頂大料人字木屋頂板桁條椽子風檐板等。均做花旗松。

玻璃

38 大小房子上下層窗。均用二六項子淨片。倘有水泡及水紋等玻璃。均須剔除。在後面穿堂內靠東邊側門大脚玻璃。用卅三項子麻沙玻璃。小房子上下層玻璃。用十六項子淨片。並須油灰嵌縫。

石料

39 大小房子一切踏步石及㮣子石等。均用蘇州金山石。

鐵料

40 大小扶梯欄杆出風洞。及小房子洋台欄杆等。均做熟鐵。大房子後面平台須做三角鐵。晒衣架子八尺高。五架樑上及人字木上螺絲鐵搭等。均須全備。

插銷

41 大房子上下層玻璃窗及落地長窗大脚玻璃門等。均頭號銅長插銷。於大房子窗上須裝銅PEG STAY。式樣將憑大樣。大房子每堂洋門。須裝銅橡皮頭Door Stop裝於踢脚板上。大房子腰頭窗。須裝四寸長銅插銷。小房子窗上鉄鈎子及插銷。均須一應備全。

鉸鏈

42 大房子洋門及落地長窗等。須用銅闊鉸鏈。小房子門窗。用普通白鉄鉸鏈。

鎖

43 大房子洋門鎖。每把五兩左右。東邊側門鎖。每把約四兩左右。

44 大房子一應洋門。均用銅執手。惟浴室裏面執手。用玻璃執手。小房子洋門。用普通瓷質執手。

壁櫥

45 壁櫥內一切抽屜擱板及衣鈎等。承包人均須做全。做品日後有詳細大樣發出。

水落

46 大房子均用生鉄水落管子。三寸四寸長方形。嵌入牆內。上面天溝水落。用二十二號白鉄拷線脚。

鋼絲網平頂

47 大房子平台下面。須做鋼絲網平頂。承包人於鋼骨水泥樓板未搗之先。須預備鉄鈎子。須伸出約二尺。每當二尺中到中。須做通風洞於平頂內。做品日後有大樣發出。

油漆

48 大房子上下層外面一切門窗及掛落欄杆裝修等。一例均做一底雙塗頭號廣漆。及正面四根柱子。做一底雙塗頭號外國油漆。須有光。其包須與頭號廣漆同樣。

大房子內面一切門窗裝修。均做雙塗頭號依納木而白油漆。有光。大房子樓地板扶梯扶手踏步等。均漆光為度。小房子上下層門窗扶梯及樓板等。均做一底一塗廣漆。鉄欄杆出風洞直楞及晒衣架子等。均雙塗黑油。水落做雙塗綠油。

粉壁

49 大房子裏面上下層牆壁。均做六分厚白蔴筋石糕水沙。平頂雙邊頭號西拿利埃白粉。平頂線脚花頭須嵌顏色。牆壁亦粉頭號西拿利埃外國粉。顏色聽東翁自揀。

50 大房子後面三層樓平台。舖柏油牛毛毡一皮。然後舖柏油地面六分厚。

明溝

51 大小房子四週。須做七寸對徑半圓形明溝。

陰溝及陰井

52 地下陰溝大小尺寸穿心及出水方向。均註明於圖樣上。及陰井五只。廿二寸方。週圍砌十五寸厚磚牆。用黃沙水泥砌。內粉六分厚水門汀。底下做八寸厚水坭三合土。合法。一份水坭。三份黃沙。六份石子。

花園路

53 房屋四週路。均做水門汀。濶狹照圖樣。水門汀做三寸厚。下面做五寸厚碎磚灰漿三和土。合法一、三、六。

灶間地面

54 灶間地面。做二寸半厚水門汀。上面做六分厚磨石子地面。

台度

55 灶間內做磨石子台度。四尺高。顏色聽東翁自揀。

保證金

56 承包人簽訂本章程及合同之先。須向業主繳保證金。照造價一成計算。候本章程所歸之工程全部完竣。毫無貽誤。並經業主會同建築師驗收房屋之後。承包人得將該項保證金領回。

規則

57 承包人須知在此工程內一切做工及材料等。均在賬內。並又須遵守工務局定章辦理。倘有章程及圖樣未及詳載明。於工程上應需之物。必當做全。不得另行加賬。即日後本建築師所擬工程進行時隨時新發出大樣。承包人須當遵守照大樣。不得藉口更改。因原樣比例公尺甚小。不得明示。並承包人估價時預定建造期限。倘有過期等情。必須處罰。及他種違背本章程領銀等事。另有合同。與本章程同生効力。

58 工程做到半途，倘有軍事行動或戰事發生等情。倘有損失等情。與業主無涉。不得藉口索加。所有損失。均歸承包人自理。

59 一切材料。於簽訂章程與合同之後。倘因金價升漲。影響及一切材料與工價者。承包人均不得藉口索加。與業主爲難。倘若損失虧本等。均歸承包人自理。

窗簾梗

60 大房子上下層窗。均用一寸二分銅圓管窗簾梗及銅圈。須全備。

坭幔條子隔牆

61 大房子屋頂內做五寸厚坭幔條子隔牆。

造主

建築師

承包者

保人

見證

中華民國二十年　月　日訂立

蘇州朱縉侯住宅圖樣

正面圖

剖面圖甲

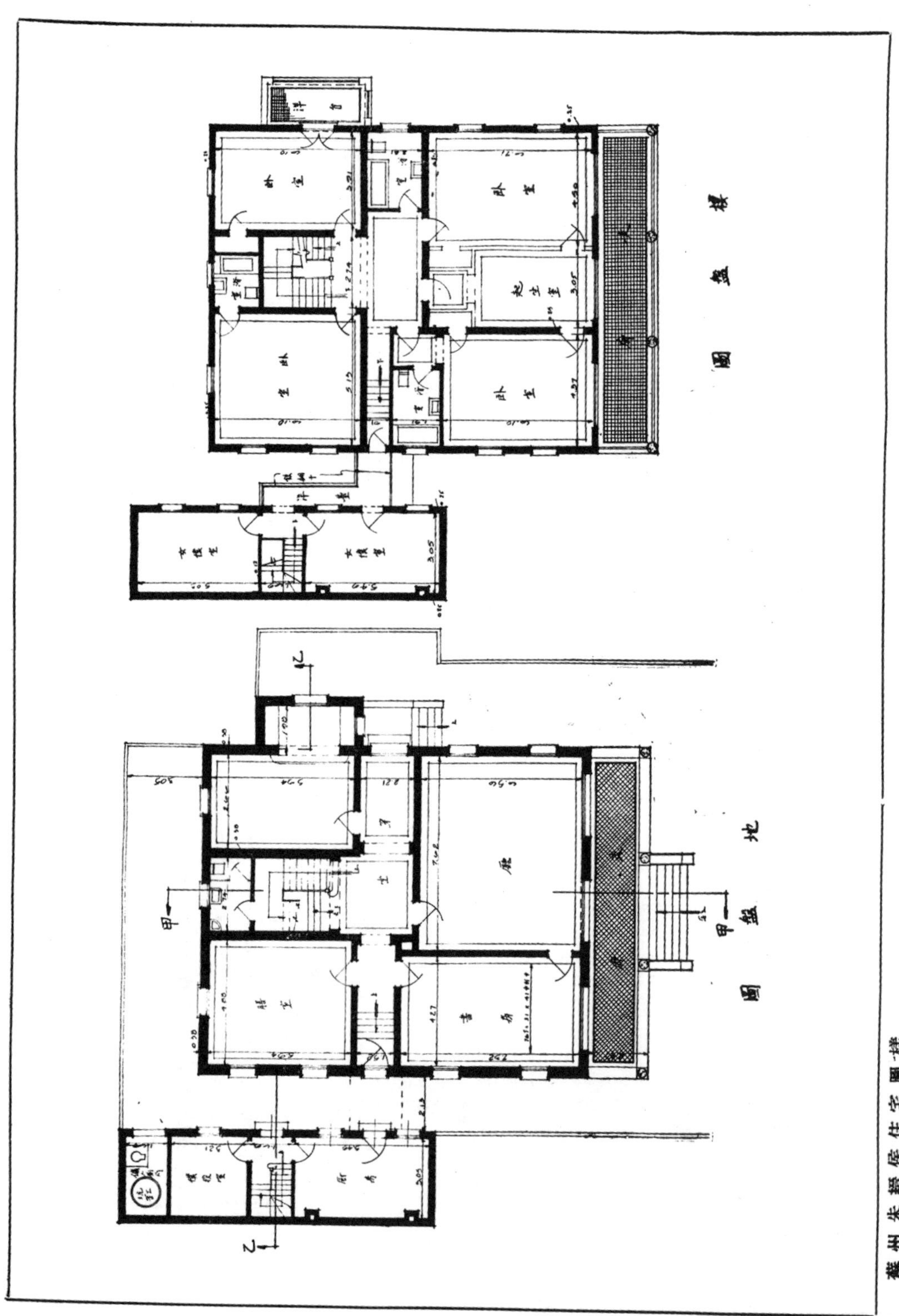

蘇州朱稱侯住宅圖樣

〇一九〇二

爲鑑定同濟建築公司與朱縉侯因工程賬款涉訟一案鑑定書二•乙項載「有類如註及而實則數量與做法均未確定註明…………」之鑑定解說不甚明瞭擬請本會代爲解說茲查二•乙項下各款之性質各異初不能概括下詞應分別加註解說爰特製表如下：一

記號	條項	鑑定	理由	銀數	不應加數	應加數
甲		應加	章程三十九條石料項「大房子一切踏步石及磉子石等均用蘇州金山石」甲項係階沿或稱洋台檯檔非踏步或磉子應加…………………	銀		76.-
癸	(2)	不應加	圖樣第二張與第三張平面圖與剖面圖用比例尺量核確係三尺非二尺故不應加…………	銀	20.-	
未	(1)	不應加	屋頂簷頭根據圖樣第三張平面圖雖僅二尺然圖樣第一張之立面圖兩幅與圖樣第三張之剖面圖所示簷頭須向外突出四尺半之多………	銀	90.-	
	(2)	應加	根據章程二十九條載「大房子踢脚板………均用花旗松」而實際所做爲柳安故應加……	銀		162.-
	(3)	應加	章程十九條鋼骨水泥項「……及大房子正面四根柱及第一層洋臺樓板樑……………均做鋼骨水泥…………」現在所做在鋼骨水泥外擣水泥細砂乾硬後用石工將其出面部份錐鑿成石狀……………………………………	銀		35.-
	(4)	應加	章程四十八條油漆項載「………及正面四根柱子做一底雙塗頭號外國油漆………」而實際所做係與上條〔未(3)〕相同之假石故應加	銀		80.-
	(5)	應加	章程十九條鋼骨水泥項「………大房子東邊平臺………水泥欄杆均做鋼骨水泥………」然實際所做與上述〔未(3)〕相同之水泥假石故應加………………………………………	銀		35.-
	(6)	應加	章程十九條鋼骨水泥項「……… 後面第三層平臺………均做鋼骨水泥…… ……」現在所做與上述〔未(3)〕同應加…… ………… …..	銀		50.-
	(7)	應加	章程十九條鋼骨水泥項「…… …小房子過橋………均做鋼骨水泥………」現在所做與上述〔未(3)〕相同…………………………… 小房子窗盤根本未於此條提及…………………	銀		27.-
	(16)	應加	房屋既照合同圖樣加大應加………………	銀		95.-
乙	(3)	應加	原合同圖樣第三張剖面圖未有水泥鷄頭而更改圖樣第四張在水泥大料之外突出五寸之鷄頭應加……………………………………	銀		46.25

記號	條項	鑑定	理由	銀	不應加數	應加數
	(4)	應加	章程四十九條粉壁項「………平頂線脚花頭			
			須嵌顏色………」此外無只字提及花頭應做			
			幾道花頭之式樣及做法既未於章程及圖樣中			
			切實註明而實際所做則所費工料頗鉅依諸常			
			情自當予以相當補償………………………………	銀		89.25
丙	(2)	應加	同上	銀		83.10
丁	(3)	,,	做高後重復改低應加	銀		30.-
巳	(1)	,,	同〔乙「4)〕	銀		46.90
庚	(5)	,,	同〔乙(4)〕	銀		49.80
辛	(1)	,,	同〔乙(4)〕	銀		35.70
壬	(1)	,,	同〔乙(4)〕	銀		36.90
子	(2)	,,	同〔乙(4)〕	銀		36.-
寅	(1)	,,	同〔乙(4)〕	銀		35.-
	(2)	,,	同〔乙(4)〕	銀		35.90
卯	(1)	,,	三層樓本無平頂線脚之規定現做平頂線脚並			
辰			加花頭應加……………………………………	銀		72.50
	(5)	應加	小房子本無平頂線脚之規定現做平頂線脚應			
申			加……………………………………………	銀		77.00
	(1)	應加	已經被告應允並有發票證明應加……………	銀		18.50
元	(1)	,,	鎖本規定在章程之內嗣由定作人自辦向承造			
洪			人扣還鎖價茲因所扣之數過分故應找還……	銀		34.30
	(1)	應加	情形同上項〔洪(1)〕	銀		13.57
荒	(1)	不應加	章程三十九條規定大小房子踏步石用蘇州金			
戌			山石不應加…………………………………	銀	10.-	
	(1)	應加	剖面圖與章程中均無規定應加……………	銀		24.-
申					120.-	1,325.07

經濟住宅之六

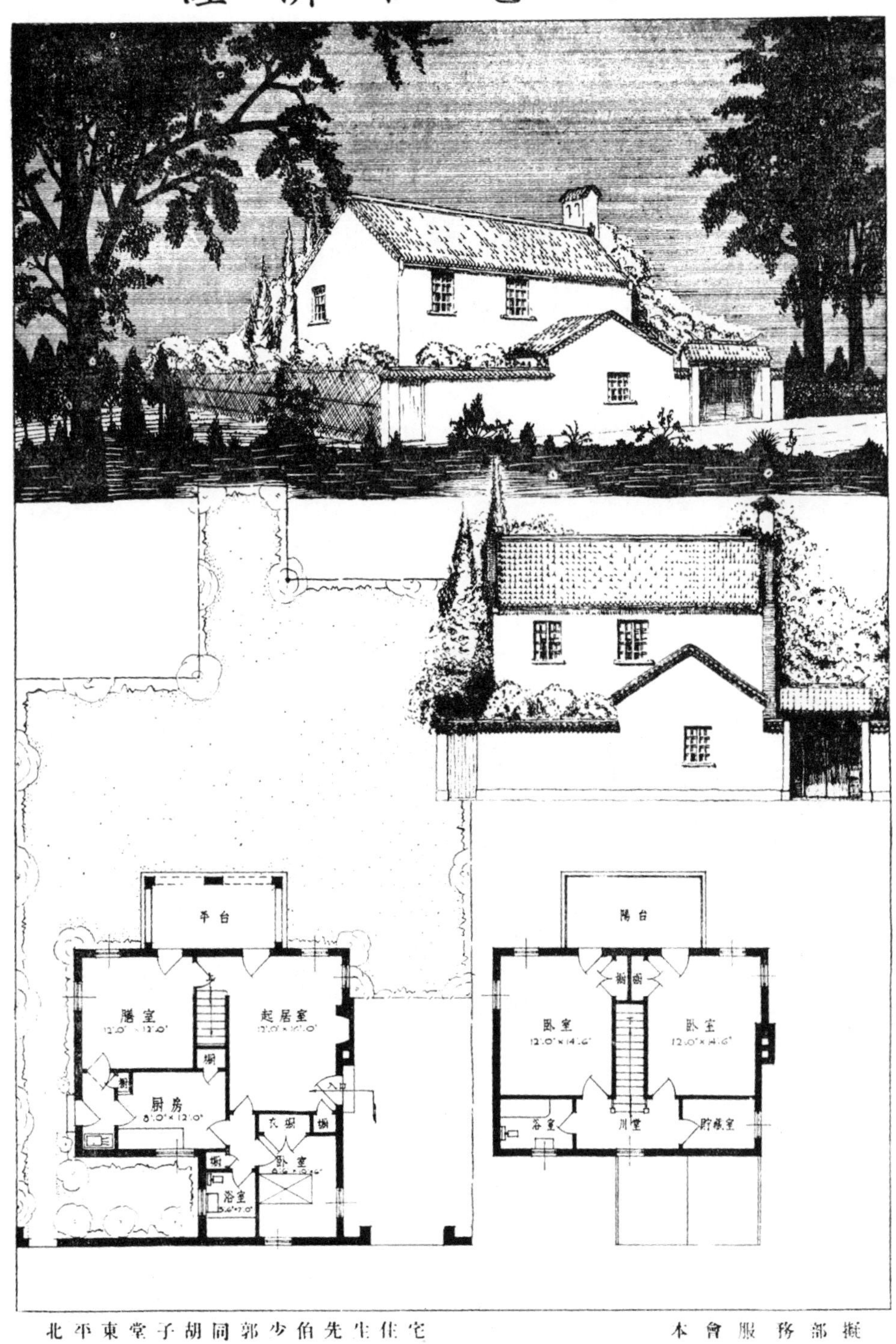

北平東堂子胡同郭少伯先生住宅　　　　本會服務部擬

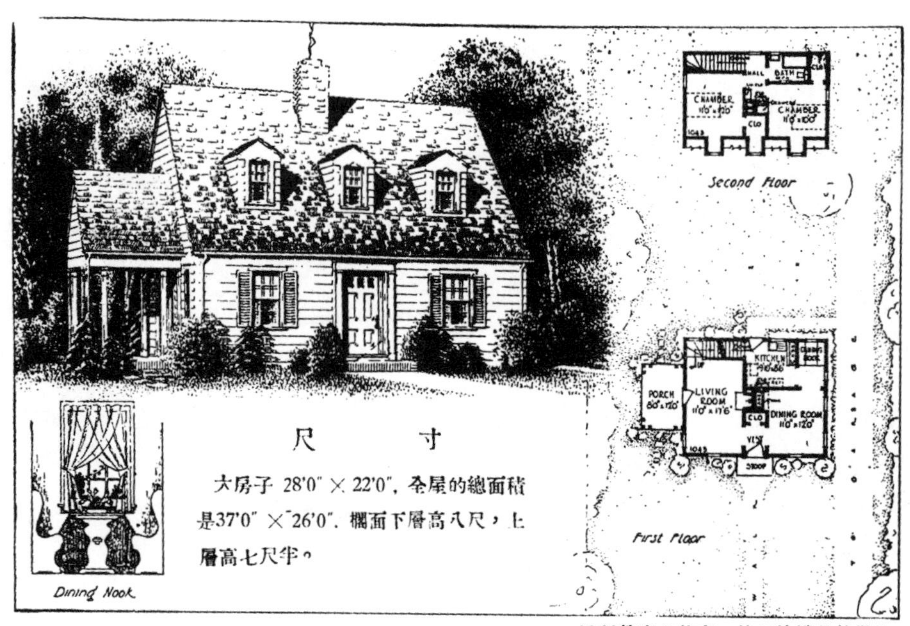

十足的美國式

這所整齊的住宅，他的結構是值得仿造的。他那外表和內裏都很夠味，允稱一座滿意的建築。

堅固！經濟！

不僅建築堅固，並且經濟省費；短小精悍，切合實用，更是這平屋所特具的美點！

聖路易區中的十全住屋

這幅建築圖樣，是在今春經衆選取，認爲聖路易區中的十全住屋，係海麥建築師所設計 (Architect Fred R. Hammond)，造價需美金六千圓。此乃小住宅中最能代表現代之作。上列的模型是美國早期式樣，室中最可注意之點爲面臨陽台的寬大起居室。

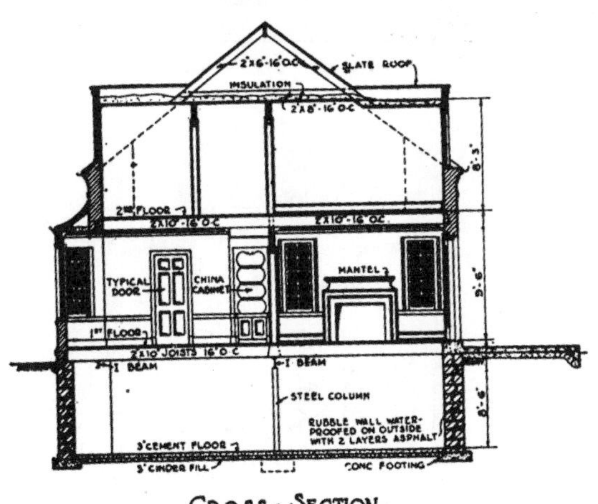

.CROSS·SECTION.

WEST WALL-LIVING ROOM AND STAIR HALL

5 10 15 20 25 30

SCALE IN FEET

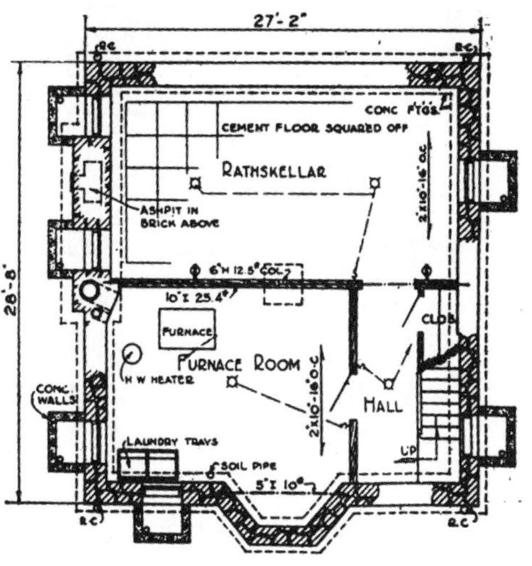

.BASEMENT·FLOOR·PLAN.

〇一九〇七

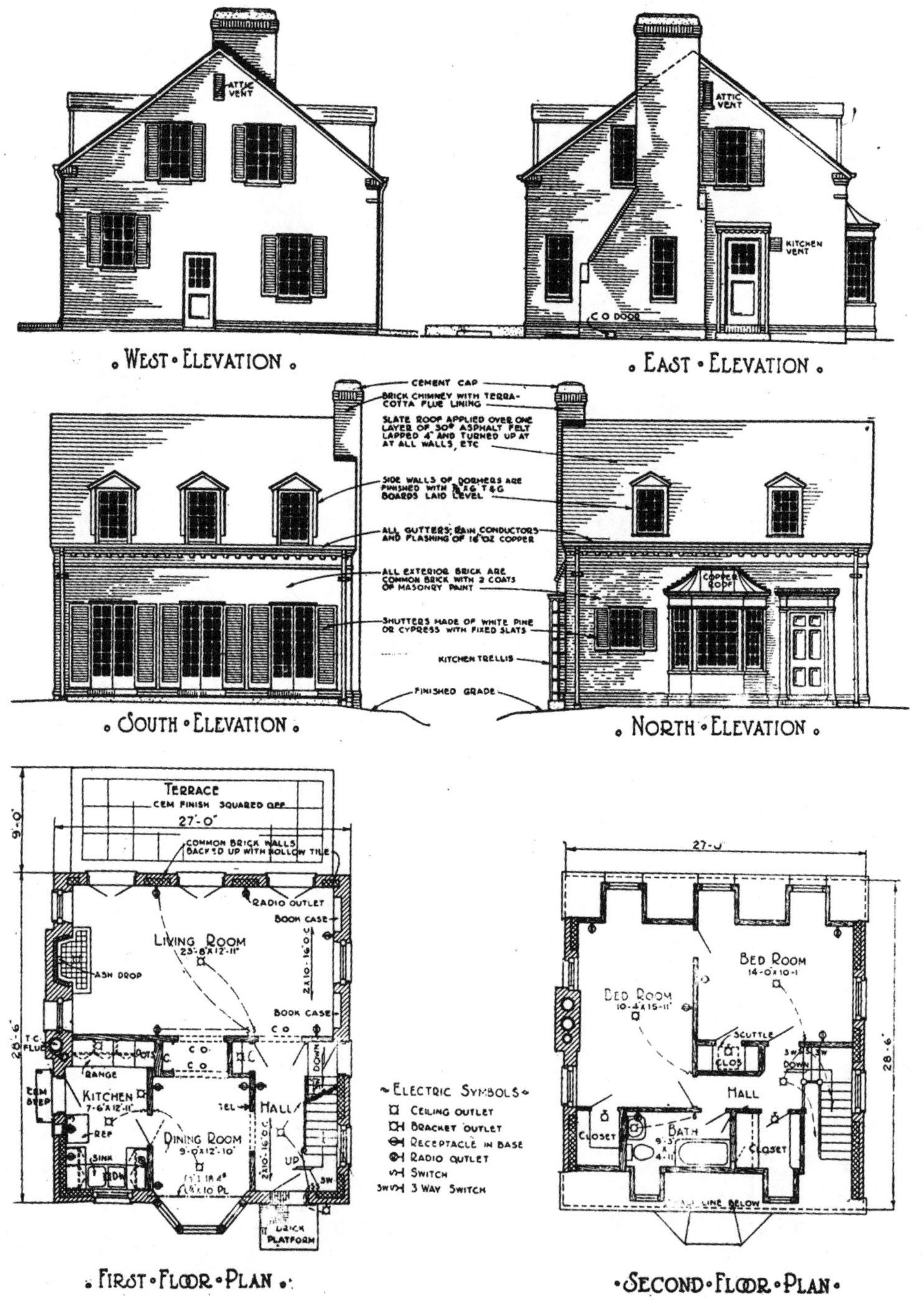

ATTIC VENT
West · Elevation
ATTIC VENT
KITCHEN VENT
C O DOOR
East · Elevation
CEMENT CAP
BRICK CHIMNEY WITH TERRA-COTTA FLUE LINING
SLATE ROOF APPLIED OVER ONE LAYER OF 30# ASPHALT FELT LAPPED 4" AND TURNED UP AT AT ALL WALLS, ETC
SIDE WALLS OF DORMERS ARE FINISHED WITH T&G BOARDS LAID LEVEL
ALL GUTTERS, RAIN CONDUCTORS AND FLASHING OF 16 OZ COPPER
ALL EXTERIOR BRICK ARE COMMON BRICK WITH 2 COATS OF MASONRY PAINT
SHUTTERS MADE OF WHITE PINE OR CYPRESS WITH FIXED SLATS
KITCHEN TRELLIS
FINISHED GRADE
COPPER ROOF
South · Elevation
North · Elevation
TERRACE
CEM FINISH SQUARED OFF
27'-0"
9'-0"
COMMON BRICK WALLS BACKED UP WITH HOLLOW TILE
RADIO OUTLET
BOOK CASE
LIVING ROOM
23'-8"x12'-11"
ASH DROP
BOOK CASE
C O
28'-6"
T.C. FLUE
RANGE
KITCHEN
7-6"x12'-11"
REF
SINK
DINING ROOM
9'-0"x12'-10"
HALL
TEL
DOWN
UP
SW
BRICK PLATFORM
First · Floor · Plan
Electric Symbols
Ceiling outlet
Bracket outlet
Receptacle in base
Radio outlet
Switch
3 Way Switch
27'-0"
BED ROOM
14-0"x10-1
BED ROOM
10-4"x15-11"
SCUTTLE
CLOS
HALL
DOWN
CLOSET
BATH
CLOSET
LINE BELOW
28'-6"
Second · Floor · Plan

建築材料價目表

磚瓦類

貨名	商號	大小	數量	價目	備註
空心磚	大中磚瓦公司	12"×12"×10"	每千	$250.00	車挑力在外
,, ,, ,,	,, ,, ,, ,,	12"×12"×9"	,, ,,	230.00	
,, ,, ,,	,, ,, ,, ,,	12"×12"×8"	,, ,,	200.00	
,, ,, ,,	,, ,, ,, ,,	12"×12"×6"	,, ,,	150.00	
,, ,, ,,	,, ,, ,, ,,	12"×12"×4"	,, ,,	100.00	
,, ,, ,,	,, ,, ,, ,,	12"×12"×3"	,, ,,	80.00	
,, ,, ,,	,, ,, ,, ,,	9¼"×9¼"×6"	,, ,,	80.00	
,, ,, ,,	,, ,, ,, ,,	9¼"×9¼×4½"	,, ,,	65.00	
,, ,, ,,	,, ,, ,, ,,	9¼"×9¼"×3"	,, ,,	50.00	
,, ,, ,,	,, ,, ,, ,,	9¼"×4½"×4½"	,, ,,	40.00	
,, ,, ,,	,, ,, ,, ,,	9¼"×4½"×3"	,, ,,	24.00	
,, ,, ,,	,, ,, ,, ,,	9¼"×4½"×2½"	,, ,,	23.00	
,, ,, ,,	,, ,, ,, ,,	9¼"×4½"×2"	,, ,,	22.00	
實心磚	,, ,, ,, ,,	8½"×4⅛"×2½"	,, ,,	14.00	
,, ,, ,,	,, ,, ,, ,,	10"×4⅞"×2"	,, ,,	13.30	
,, ,, ,,	,, ,, ,, ,,	9"×4⅜"×2"	,, ,,	11.20	
,, ,, ,,	,, ,, ,, ,,	9„×4⅜"×2¼"	,, ,,	12.60	
大中瓦	,, ,, ,, ,,	15"×9½"	,, ,,	63.00	運至營造場地
西班牙瓦	,, ,, ,, ,,	16"×5½"	,, ,,	52.00	,, ,,
英國式灣瓦	,, ,, ,, ,,	11"×6½"	,, ,,	40.00	,, ,,
脊瓦	,, ,, ,, ,,	18"×8"	,, ,,	126.00	,, ,,

鋼條類

貨名	商號	標記	數量	價目	備註
鋼條		四十尺二分光圓	每噸	一百十八元	德國或比國貨
,, ,,		四十尺二分半光圓	,, ,,	一百十八元	,, ,, ,,
,, ,,		四二尺三分光圓	,, ,,	一百十八元	,, ,, ,,
,, ,,		四十尺三分圓竹節	,, ,,	一百十六元	,, ,, ,,
,, ,,		四十尺普通花色	,, ,,	一百〇七元	鋼條自四分至一寸方或圓
,, ,,		盤圓絲	每市擔	四元六角	

五　金　類

貨名	商號	標記	數量	價目	備註
二二號英白鐵			每箱	五十八元八角	每箱廿一張重四〇二斤
二四號英白鐵			每箱	五十八元八角	每箱廿五張重量同上
二六號英白鐵			每箱	六十三元	每箱卅三張重量同上
二八號英白鐵			每箱	六十七元二角	每箱廿一張重量同上
二二號英瓦鐵			每箱	五十八元八角	每箱廿五張重量同上
二四號英瓦鐵			每箱	五十八元八角	每箱卅三張重量同上
二六號英瓦鐵			每箱	六十三元	每箱卅八張重量同上
二八號英瓦鐵			每箱	六十七元二角	每箱廿一張重量同上
二二號美白鐵			每箱	六十九元三角	每箱廿五張重量同上
二四號美白鐵			每箱	六十九元三角	每箱卅三張重量同上
二六號美白鐵			每箱	七十三元五角	每箱卅八張重量同上
二八號美白鐵			每箱	七十七元七角	每箱卅八張重量同上
美方釘			每桶	十六元〇九分	
平頭釘			每桶	十六元八角	
中國貨元釘			每桶	六元五角	
五方紙牛毛毡			每捲	二元八角	
半號牛毛毡		馬牌	每捲	二元八角	
一號牛毛毡		馬牌	每捲	三元九角	
二號牛毛毡		馬牌	每捲	五元一角	
三號牛毛毡		馬牌	每捲	七元	
鋼絲網		27″×96″ 2¼lb.	每方	四元	德國或美國貨
〃〃〃		27″×96″ 3lb.rib	每方	十元	〃〃〃
鋼版網		8′×12′ 六分一寸半眼	每張	三十四元	
水落鐵		六分	每千尺	四十五元	每根長廿尺
牆角線			每千尺	九十五元	每根長十二尺
踏步鐵			每千尺	五十五元	每根長十尺或十二尺
鉛絲布			每捲	二十三元	闊三尺長一百尺
綠鉛紗			每捲	十七元	〃〃〃
銅絲布			每捲	四十元	〃〃〃
洋門套鎖			每打	十六元	中國鎖廠出品黃銅或古銅色
〃〃〃			每打	十八元	德國或美國貨
彈弓門鎖			每打	三十元	中國鎖廠出品
〃〃〃			每打	五十元	外貨

木材類

貨名	商號	說明	數量	價格	備註
洋松	上海市同業公會公議價目	八尺至卅二尺再長照加	每千尺	洋八十四元	
一寸洋松	〃 〃 〃		〃 〃	〃八十六元	
寸半洋松	〃 〃 〃		〃 〃	八十七元	
洋松二寸光板	〃 〃 〃		〃 〃	六十六元	
四尺洋松條子	〃 〃 〃		每萬根	一百二十五元	
一寸四寸洋松一號企口板	〃 〃 〃		每千尺	一百〇五元	
一寸四寸洋松副號企口板	〃 〃 〃		〃 〃	八十八元	
一寸四寸洋松二號企口板	〃 〃 〃		〃 〃	七十六元	
一寸六寸洋松一頭號企口板	〃 〃 〃		〃 〃	一百十元	
一寸六寸洋松副頭號企口板	〃 〃 〃		〃 〃	九十元	
一寸六寸洋松二號企口板	〃 〃 〃		〃 〃	七十八元	
一二五四寸一號洋松企口板	〃 〃 〃		〃 〃	一百三十五元	
一二五四寸二號洋松企口板	〃 〃 〃		〃 〃	九十七元	
一二五六寸一號洋松企口板	〃 〃 〃		〃 〃	一百五十元	
一二五六寸二號洋松企口板	〃 〃 〃		〃 〃	一百十元	
柚木（頭號）	〃 〃 〃	僧帽牌	〃 〃	五百三十元	
柚木（甲種）	〃 〃 〃	龍牌	〃 〃	四百五十元	
柚木（乙種）	〃 〃 〃	〃 〃	〃 〃	四百二十元	
柚木段	〃 〃 〃	〃 〃	〃 〃	三百五十元	
硬木	〃 〃 〃		〃 〃	二百元	
硬木（火介方）	〃 〃 〃		〃 〃	一百五十元	
柳安	〃 〃 〃		〃 〃	一百八十元	
紅板	〃 〃 〃		〃 〃	一百〇五元	
抄板	〃 〃 〃		〃 〃	一百四十元	
十二尺三寸六八皖松	〃 〃 〃		〃 〃	六十五元	
十二尺二寸皖松	〃 〃 〃		〃 〃	六十五元	
一二五四寸柳安企口板	〃 〃 〃		每千尺	一百八十五元	
一寸六寸柳安企口板	〃 〃 〃		〃 〃	一百八十五元	
二寸一半建松片	〃 〃 〃		〃 〃	六十元	
一丈字印建松板	〃 〃 〃		每丈	三元五角	

貨　　名	商　　號	說　　明	數量	價　　格	備　　註
一丈足建松板	上海市同業公會公議價目		,, ,,	五元五角	
八尺寸甌松板	,, ,, ,,		,, ,,	四元	
一寸六寸一號甌松板	,, ,, ,,		每千尺	五十元	
一寸六寸二號甌松板	,, ,, ,,		,, ,,	四十五元	
八尺機鋸杭松板	,, ,, ,,		每丈	二元	
九尺機鋸甌松板	,, ,, ,,		,, ,,	一元八角	
八尺足寸皖松板	,, ,, ,,		,, ,,	四元六角	
一丈皖松板	,, ,, ,,		,, ,,	五元五角	
八尺六分皖松板	,, ,, ,,		,, ,,	三元六角	
台松板	,, ,, ,,		,, ,,	四元	
九尺八分坦戶板	,, ,, ,,		,, ,,	一元二角	
九尺五分坦戶板	,, ,, ,,		,, ,,	一元	
八尺六分紅柳板	,, ,, ,,		,, ,,	二元二角	
七尺俄松板	, , ,		, ,	一元九角	
八尺俄松板	,, ,, ,,		,, ,,	二元一角	
九尺坦戶板	,, ,, ,,		,, ,,	一元四角	
六分一寸俄紅松板	,, ,, ,,		每千尺	七十三元	
六分一寸俄白松板	,, ,, ,,		,, ,,	七十一元	
一寸二分四寸俄紅松板	,, ,, ,,		,, ,,	六十九元	
俄紅松方	,, ,, ,,		,, ,,	六十九元	
一寸四寸俄紅白松企口板	,, ,, ,,		,, ,,	七十四元	
一寸六寸俄紅白松企口板	,, ,, ,,		,, ,,	七十四元	

水　泥　類

貨　　名	商　　號	標　　記	數量	價　　目	備　　註
水泥		象牌	每桶	六元三角	
水泥		泰山	每桶	六元二角半	
水泥		馬牌	,, ,,	六元二角	
白水泥		英國"Atlas"	,, ,,	三十二元	
白水泥		法國麒麟牌	,, ,,	二十八元	
白水泥		意國紅獅牌	,, ,,	二十七元	

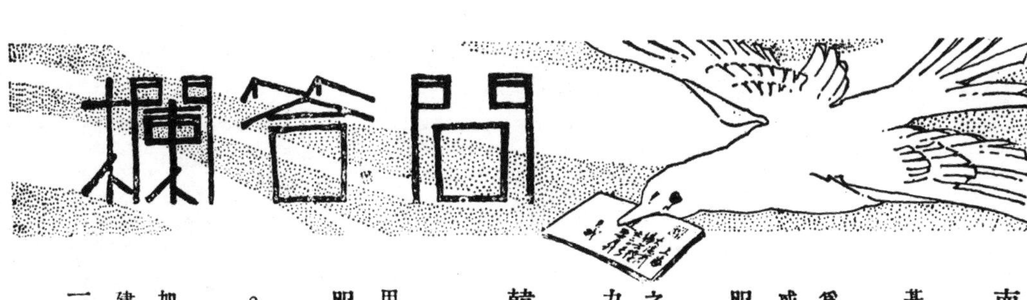

南昌行營審核處左應時君問：

（一）基地如係數丈深之沙質，建築房屋時，其牆基可否照普通建築構造？抑須特別設計？以求堅固。

（二）如基地之面積極大，在其中部建屋一所，屋爲長方形式，寢室位於屋之二旁，則此屋究以坐西朝東或坐北朝南爲宜？

服務部答：

（一）若造普通平屋，不妨用普通灰漿三和土打堅之法；惟倘建高屋，則須試驗土質一方尺可負若干壓擠力及房屋之載重若干以配之。

（二）以坐北朝南爲佳。

韓正君問：

（一）洋松最長尺數？

（二）請示 Extraseal Iron Cement 之譯名及其功用。

服務部答：

（一）洋松之長度，最長五十尺，超出此數者極少。

（二）可譯作鉄屑水泥，依英文字義分析譯之，爲加料(Extra)固封(Seal)鉄(Iron)水泥(Cement)。係建築所用之避水材料。

三森建築公司竺宜智君問：

圓鋼條與方鋼條，其斷面積相等時，則其可受之拉力及壓力作何比例？其用處有何區別？

服務部答：

其面積既相等，則可受之拉力及壓力當亦相等；惟同等面積之鋼條，圓鋼條之周較方者爲多，故與水泥三和土之接觸亦多，因之黏結力(Bond Stress)較爲略強。

招商局龔景綸君問：

舶來膠夾板之經理商及上海膠夾板製造廠，共有若干？

服務部答：

上海製造膠夾板者，有英商祥泰木行及華商精藝木行。經售外貨膠夾板者，有太平洋木行，公大洋行，大來洋行木部，祥泰木行，蘭格木行等。

繆競潮君問：

大中磚瓦公司出品西班牙式紅筒瓦，每方丈需底瓦多少？蓋瓦多少塊？每千塊時價若干？倘運至南京下關車站，每千塊運費幾何？

服務部答：

每方丈需底瓦三百六十塊；時價每千塊洋五十二元。運費視重量而定，請直接向大中磚瓦公司接洽；該公司地址，請參閱本刊該公司廣告。

本期稿擠，工程估價下期續登。

本會二屆徵求會員定期截止

本會第二屆徵求會員大會，自五月一日開始舉行以來，由各總隊長分隊長等努力徵求，成績頗屬可觀，截止目前，各隊繳到分數已經不少。現並經第十一次執監聯席會議議決，定期七月三十一日結束，不再展延。並規定每一執監委員至少須徵得十人，每一總隊長至少須徵得十人，每一隊長至少須徵得一人，以爲先導。想屆期結束，不難超出預定目標也。

國民大學工學院工業考察團來會參觀

廣東國民大學，爲私立著名大學之一，現有學生近二千人，頗爲發達；工學院辦理成績，亦稱良好。近該校師生，利用暑假，組織工業考察團，來滬參觀。該團久聞本會組織，亦經來會參觀。並於七月十日，由常委杜彥耿君陪同該團，至四行儲蓄會二十二層大廈，及百老匯大廈等工程處分頭參觀。對於實際營造情形，解說周詳；各生對於工程有疑難處發問頗多，提出討論，極感興趣云。

敬告本市各營造廠家

本會近來迭經報告，謂有不肖之徒，虛設辦公地點，藉名通函招標，騙取巨額保證金，逃逸無蹤。本會以事關設局撞騙，除已報捕請緝外，特再備具通告，敬告各營造廠家，以免墮其奸計，茲將通告原文照錄如下：

會本迭據報告，近有宵小虛設辦公地點，藉名招標，騙取保證金後，携逃無蹤。其方法係按照本市營造廠登記名冊，陸續分函各營造廠家，邀請前往投標，各營造廠家接函後，不知底蘊，沾然自喜，依照規定，籌措巨額現金，以爲保證。到期開標，則杳無蹤跡。設局欺騙，情弊顯然。本會爲保護各營造廠利益計，爰揭其黑幕，除報捕請緝外，特再鄭重通告，此後各廠家如遇通函招標情事，應慎重將事，縝密調查，幸勿貿然出之，以免墮其奸計。若係設局撞騙，確有證據，應卽報捕拘究，以除敗類。此啓。

北平市工務局託代索靶子場建築圖樣

北平市工務局近擬建築靶子場一所，鑒於上海公共租界工部局在北四川路底所建靶子場，設計完善，足供參考。頃由該局備具公函，託本會代向工部局索取靶子場建築圖樣一份。本會當據情備函，連同公函前往索取，茲已得工部局覆函，謂已將該項圖樣逕寄北平市工務局矣。

籌議自建會所

本會現在大陸商場會所，地位得宜，尚堪敷用。惟以寄賃而居，終非久計，故於三年前卽有在江灣購地自建會所之籌議，迨後因一二八事變中止。近各執監委員鑒於會務進展，自建會所，頗爲切要。現經七月十四日第十二次執監聯席會議議決，籌發債券十萬元，以爲購置基地之用。惟以茲事體大，所有發行手續及償還方法等，將慎重研究後，再付討論。所有建築經費，將另籌措云。

北行報告

杜彥耿

余等一行於二十三年五月十一日晨八時，搭京滬車離上海北站，下午二點三十分抵首都。逐往旅店安頓行李，旋卽出遊。先至交通部新署，攝影三幀；繼至外交部新署，攝影一幀，上二新署均在建築之中，惟交部大廈行將竣工。其建築之喬皇富麗，允推爲中山道上之巨構，與鐵道部公署相映，尤覺生色。余常謂中國現代建築，羣趨歐化，固有建築，將年久湮滅，嘗引爲杞憂。今見中山大道二旁建築，如勵志社，華僑招待所，主席官邸，中山陵園，譚延闓墓，陣亡將士墓，將士紀念塔，以及中央運動場等，旣在在表顯中國原有之建築美，且參以近代構造計算方法，並採用鋼筋水泥等新式材料，故又能富於持久性，夙所杞憂者，爲之冰釋。惟此種建築尚有未能使人滿意者，如地位之不經濟，造價之太耗費，不合時代需要，不易普及民間及其他繁盛區域。此則建築師所亟須注意研究，藉以剏造一新的建築法式；使具備實用經濟堅固之條件，而不失中國固有之建築精神。

然復興中國建築法式，非有相當之時間與多人之研究不爲功；極宜組織一專門委員會，常時集議，共策進行。惟專門人材如建築師營造家等，率皆忙於職務，初無餘暇參加集議。是以最妥善之辦法，厥爲各人於設計建築圖樣時，酌採古代建築式樣，融合西洋合理之方法與東方固有之色彩於一爐，剏造最經濟適用之建築物，以資提倡。此種圖樣，除供實施工作外，並發表於有關建築學術之刊物，互相研摹探討。苟能同具此心，則不久之將來，定可實現目的也。曩者各人偶有所得，多秘而不宣，誠爲文化之罪人，竊以爲不取也。

十二日過江，乘津浦車北上，每過一鋼橋，輒探首外望，第見橋下黃沙平舖，了無滴水，兩旁柳樹成行，宛似公路，殊不知卽爲河流。河底低於田隴僅六寸左右，無怪水發時，洪流泛濫，而成水災，亢旱時則乾涸無水可資灌溉，而成旱災。自浦口迄天津長凡一〇五八公里間，幾全屬如此，可知歷年災患已成，原因在此，是亦不加疏濬有以致之。

沿路二旁民屋，構造之簡陋，非住居都市者所能想象。屋建於離地一尺高之亂石基上，用黃泥塊疊砌，外塗黃泥，（泥塊係用黃泥加水搗爛，和以草筋，擣入黃塊模型，待乾取出曝於日光而成。）屋頂架以樹幹爲桁條，樹枝爲椽骨，編蓋蘆幹，上覆黃土，卽可居人。

其建築工程，自無建築師爲之設計，營造廠爲之承造也。北方的下層同胞，固多生於此種泥屋，長於此種泥屋，而老於此種泥屋者也。

民居

每三五所泥屋間，必有堡壘一，蓋藉以抗禦土匪來襲之設備也。苟洪水暴發時而水逾一尺高之石基時，泥壁必着水而坍圮，居民卽成無家可歸之災黎。雖北地氣候多旱，然一旦水發，則易成災患，如十九年災區之遼濶，遭難者之不可勝計，皆因人力不爲預防之結果也。

十四晨八時十九分車抵平站，首觸我眼簾者，黃瓦紅牆與花坊之建築物，較之津浦道上所見泥屋，不啻天壤。

平市街道可大別爲二種，曰幹路與支路，重要之幹路，面澆柏油，二旁人行道殊寬闊，道旁栽植槐樹，綠陰森森，枝葉婆娑，洵屬可愛。支路則多起伏不平，泥灰厚積，風起塵飛蔽天；惟澆水伕役工作頗勤，不時在路澆灑。

天安門外之華表石獅

余等此行主要目的，在參觀故宮建築，爰驅車經一牌樓二重拱圈門而至天安門。門外華表矗立，石獅雄踞，過御河橋，而進天安門。門次復有華表分列二旁。御道二旁遍植槐樹，槐樹之後爲東西朝房；中國營造學社卽設於西首朝房。正對天安門者爲端門，過此則爲午門，爲太和門門前御河環繞，有金水橋五座，雕欄玉砌，備極典麗。太和門廣宇九楹，中開三

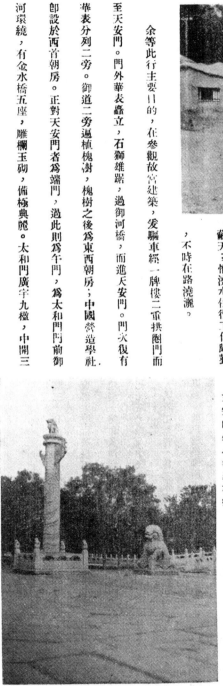

樹木蓊鬱中之中國營造學社

門；門前列銅獅二，姿態之美，彫鐫之精，誠帝皇時代不惜鉅工之美術品。

從太和門更進，則太和殿在矣，太和殿卽俗稱金鑾殿者；深五楹，廣十一楹，中設寶座，爲國家大慶帝皇御殿受賀之處。殿外露台，陳列龜鶴。彝器日晷嘉量金缸四口龍墀三重丹陛五出殿頂藻井及一盤龍，其彫鐫與設計，誠屬鬼斧神工，允推精選。

中和殿寬深各五楹，滲金圓頂；陛左右各一重，南北出各三重，中設龍墀。面積不巨，僅似一較大之亭子耳。

保和殿廣九楹，深五楹，陛南北出各三重，中鐫龍墀。殿內朱柱，方磚地，平頂，無斗拱。中設寶座，爲帝皇御殿朝考新進士處。

更進，則乾淸宮，坤甯宮，坤甯閣，天一門等，兩旁爲太廟，社稷壇，武英殿，文華殿，傳心殿，南三所，東三所，毓慶宮，及內宮各院。

設登景山，向南遙矚，則太和殿，太和門，午門，端門，大安門，中華

金帶橋與太和門

門，正陽門，直至城南永定門，成爲一直線。建築之偉大，可見一斑。惟此等建築，在當時無非用以顯耀宮室之美，固非帝后息居之所。帝后平時所居者，在圓明園暢春園之時間爲最多，次則頤和園及熱河行宮。因之，此四處建築，亦較爲新穎；如須研究我國近代宮殿建築之變遷，非參觀該三處不可。而圓明暢春已圯，熱河行宮又被佔奪；現存者僅頤和園，頤和園則四者間最乏研究資料之建築也。

天安門

二十六日午刻，應平市公務局汪局長欵待於德國飯店，同席者除汪局長及工務局各科長外，尚有中國營業學社梁思成，劉敦禎，沈理源建築師，葛宏夫董奏膚等諸君。席間據譚科長談，北平現有人口，根據公安局最近調查，計一百七十萬，突破以前紀錄。市府收入年約四百五十萬，用諸公安方面者佔其半數而猶感不敷，故建設方面未能獲特殊之成績，即如平市急待解決之溝渠問題，因經費關係，現尚陷於停頓狀態，但原有溝渠係築於明代，大半已經淤塞，每逢下雨，水積街衢，不易排洩，故工務局曾訂有「北平市溝渠建設設計綱要」及「徵求北平市溝渠計劃意見報告書」二種云云。記者兹摘要錄後，藉資公開討論焉。

（待續）

午門

預定

全年	十二冊	大洋伍元
郵費	本埠每冊二分,全年二角四分;外埠每冊五分,全年六角;國外另定	
優待	同時定閱二份以上者,定費九折計算。	

投稿簡章

1. 本刊所列各門,皆歡迎投稿。翻譯創作均可,文言白話不拘。須加新式標點符號。譯作附寄原文,如原文不便附寄,應詳細註明原文書名,出版時日地點。
2. 一經揭載,贈閱本刊或酌酬現金,撰文每千字一元至五元,譯文每千字半元至三元。重要著作特別優待。投稿人却酬者聽。
3. 來稿本刊編輯有權增删,不願增删者,須先聲明。
4. 來稿概不退還,預先聲明者不在此例,惟須附足寄還之郵費。
5. 抄襲之作,取消酬贈。
6. 稿寄上海南京路大陸商場六二〇號本刊編輯部。

建築月刊

第二卷·第六號

中華民國二十三年六月份出版

編輯者 上海市建築協會 南京路大陸商場

發行者 上海市建築協會 南京路大陸商場

電話 九二〇〇九

印刷者 新光印書館 上海聖母院路聖達里三一號

電話 七四六三五

廣告價目表
Advertising Rates Per Issue

地位 Position	全面 Full Page	半面 Half Page	四分之一 One Quarter
底封面外面 Outside back cover.	七十五元 $75.00		
封面及底面之裏面 Inside front & back cover	六十元 $60.00	三十五元 $35.00	
封面裏頁及底面裏頁之對面 Opposite of inside front & back cover.	五十元 $50.00	三十元 $30.00	
普通地位 Ordinary page	四十五元 $45.00	三十元 $30.00	二十元 $20.00
小廣告 Classified Advertisements	每期每格一寸高三寸半闊洋四元 — $4.00 per column		

廣告概用白紙黑墨印刷,倘須彩色,價目另議;鑄版彫刻,費用另加。
Designs, blocks to be charged extra.
Advertisements inserted in two or more colors to be charged extra.

宜興中國釉面磚瓦公司出品
全國獨家經售處
開山礦磚公司
上海九江路二百十號　電話一九九二五
出品項目
各色中山瓦
琉璃瓦
西班瓦
以及火磚，釉面長磚
，釉面短磚地磚等
樣品及價目單　函索卽寄
We Manufacture:--
Chun-San Roofing Tile,
Lui-Li Roofing Tile,
Spanish Roofing Tile,
Bricks & Quarry Tile, in colours.
Glazed or unglazed Tile.
Samples and prices suppied on request.
CHINA GLAZING COLOUR TILE CO.
I-Hsing, China.
Sole Agents
CATHAY QUARRY TILE CO.
210 Kiukiang Road, Telephone 19925

兩廣批發所
廣州濠畔街西約二七四號

分廠
上海楊樹浦
齊齊哈爾路二七〇號

總廠
上海楊樹浦
臨青路五十三號

上海經理處
源椿號
北蘇州路

電話＝五〇二一四・五〇一六一七・五二三四五
電報掛號(國內"二〇六〇")(國外"COLUCHUNG")

事務所上海天潼路二八四號＝電話四一一二〇號

本廠出品，向以國貨圓釘爲大宗。所製三戟牌圓釘，行銷遐邇，早已馳名。歷次參加展覽，頗獲社會好評。優點所在，約舉凡三。(一)釘頭圓整(二)釘身堅挺(三)釘尖鋒銳。整個釘子，全身光潤無疵，桶裝經久不銹。建築界頗有以良友稱之。最近新製鞋釘銅釘，以及各式特別釘類，因合社會需要，幾致供不應求。釘類分析愈繁，本廠營業，愈益擴大。一方面運用機器全部母機製造釘機，並設拉絲部自行拉絲，側重於圓釘之製造。而一方面增設分廠，特闢網籬部，從事於網籬之編織。出品及裝置工程見圖。此種網籬，用途甚廣，凡私人住宅，公共花園，工廠學校，球場，體育場等，均適用之，而尤以鐵路車站裝置本廠所製鐵絲網籬，更能表示特色，蓋全國國有鐵路到達之處，中華國產網籬能有如蠅附驥尾而致千里，未始非國貨界之榮光焉。

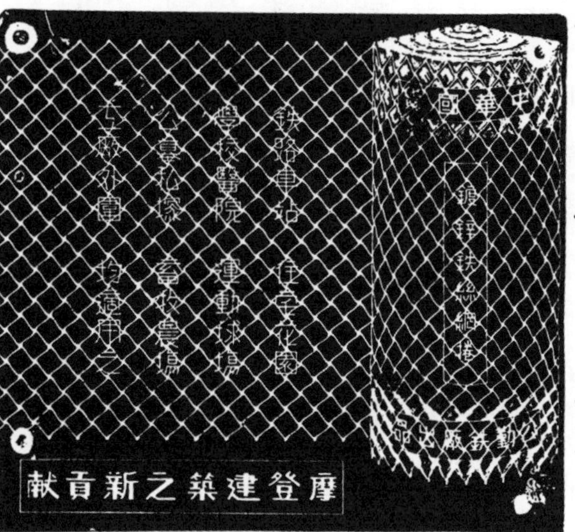

上項鐵絲網籬，爲本廠最新出品。疊攏成捲，拉開成網，再經設計裝置，便成莊嚴燦爛的圍籬。左圖所示，即係鐵路車站兩傍。月臺裝置鐵絲網籬之一幅攝真。乘客安全，路局秩序，兩利賴之。

鉄路車站網籬裝置圖

此邊線代表本廠所製刺線

THE CHINA IMPORT & EXPORT LUMBER COMPANY, LIMITED

(INCORPORATED UNDER THE COMPANIES' ORDINANCES OF HONGKONG.)

FLOORING DEPARTMENT

英商祥泰木行有限公司地板部

上海之有美術地板本公司實為首創嗣後互相效尤凡各商埠之高樓大廈莫不採用本公司以二十年之經驗中外技師之策劃堅固美妙允稱獨步如蒙 賜顧定獲稱心滿意本公司購備最新式砂磨機器十五部括垢磨光平滑無比

已竣工程

本埠

美國鄉下總會
法國總會
江海關
安利洋行
月宮飯店
辣斐跳舞場
自來水公司
上海跑馬總會
仁濟醫院
孫科住宅
惠羅公司
滙豐銀行
義泰洋行
禮查飯店
都成飯店
新聞報館
西人青年會
辣斐飯店
十三層公寓
萬國儲蓄會
麥特赫司脫路大廈
漢彌爾登大廈
金城銀行
華懋飯店
中國體育會
字林西報館
英國總會
花旗總會
宜昌路救火會
楡林路巡捕房
江灣路工部局學校
廣西路格致公學
王家沙花園工部局住宅
華德路巡捕醫院
永安公司
台灣銀行
怡和洋行
英美烟公司
徐家滙天主堂
海格路公寓
大西路工部局醫院

外埠

南京 蔣委員長住宅
南京 何應欽住宅
香港 救火會
南京 汪精衛住宅
汕頭 太古公司
青島 萬國總會

進行工程

靜安寺路四行儲蓄會
外白渡橋堍大廈
博德連新廠
漢口安利新廈
白賽仲公寓
中滙銀行
青島海濱大廈
華業公寓
德和工藝學校

其餘工程繁多不及備載

總行 上海楊樹浦路第壹千肆百念六號

電話第五〇〇八六號 三線轉接各部

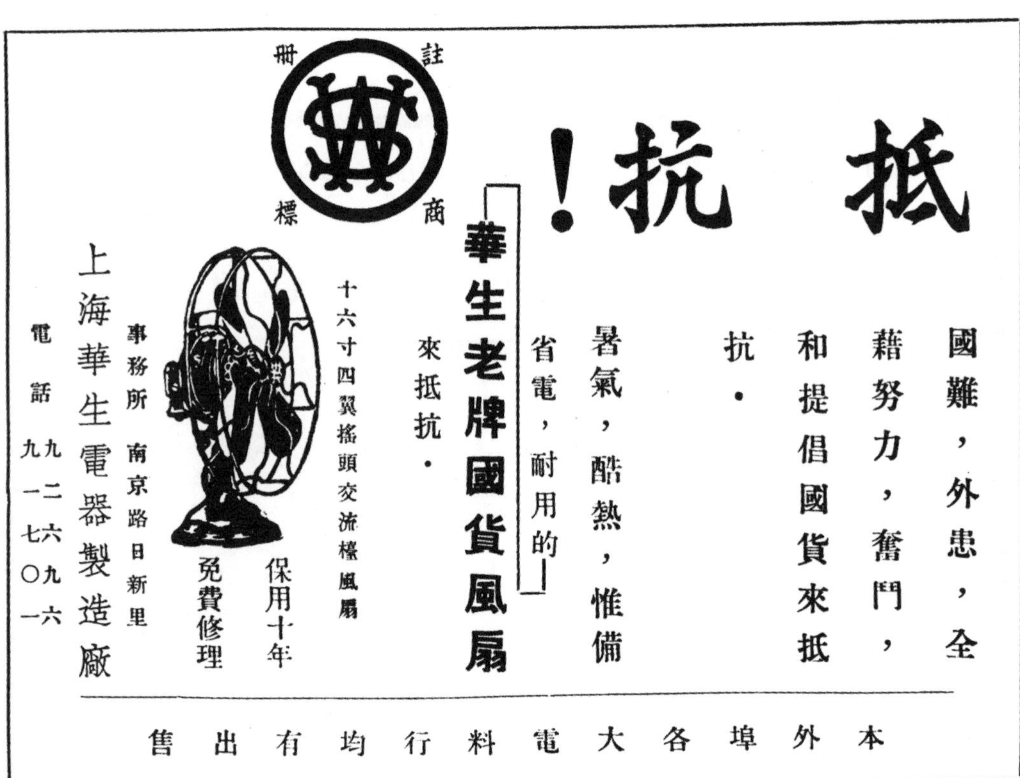

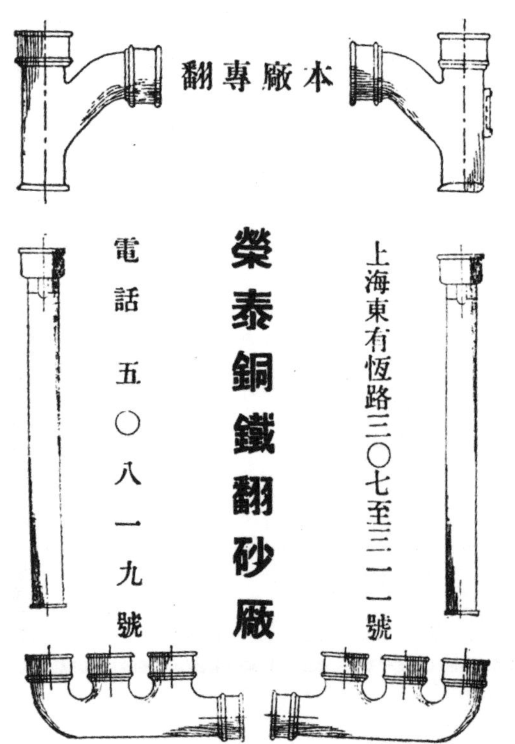

SLOANE·BLABON

司隆百拉彭

印花油毛氈毯

此爲美國名廠之出品。今歸秀登第公司獨家行銷。中國經理則爲敝行。特設一部。專門爲客計劃估價及舖設。備有大宗現貨。花樣顏色。種類甚多。尺寸大小不一。司隆百拉彭印花油毛氈毯。質細耐久。終年光潔。既省費。又美觀。室內舖用。遠勝毛織地毯。

美商美和洋行

上海江西路二六一號

怡昌泰營造廠

上海新閘路新興里B字三號　　電話三三七一四

本廠最近承造工程之一

北江西路崇明路轉角承造之公寓………五和洋行設計

本廠承造一切大小鋼骨水泥及鐵路橋樑碼頭等工程皆所擅長並代客設計規劃如蒙委託無不竭誠歡迎

YEE CHONG TAI
GENERAL CONTRACTOR
Sinza Road, Lane 929, B-3　　Tel. 33714

英商

中國造木有限公司

唯一機器製造的木工專家

上海楊樹浦路一四二六號

電報掛號"woodworkco"

電話五另另六八號

進行工程

峻嶺寄廬
百老匯大廈
Gascogne公寓
Picardie公寓
福煦路嚴安雅堂居宅
華業大廈
公和洋行建築師惠爾明生君住宅

WOODWORKCO

已竣工程

漢密爾登大廈（第一部及第二部）
都城飯店
河濱大廈
大華公寓
建業公寓「A」「B」「C」「D」及「E」
貝當路公寓
麥特赫司脫公寓
北四川路狄斯威路口公寓

總經理

英商祥泰木行有限公司

FAR EASTERN DECORA, LTD.

遠東雲石股份有限公司

New invented artificial marble

"DECORA"

德國專家新發明之

"德高拉"

雲石。已爲歐西各國建築界所一致公認之最優美而最經濟的石料。故現代建築。咸多樂用之。

現經本公司購得祕密製造方法。獨家出品。在中國全部及南洋各埠有專銷權。凡欲求建築之富麗雄壯。合用而經濟者。誠不可不採用焉。

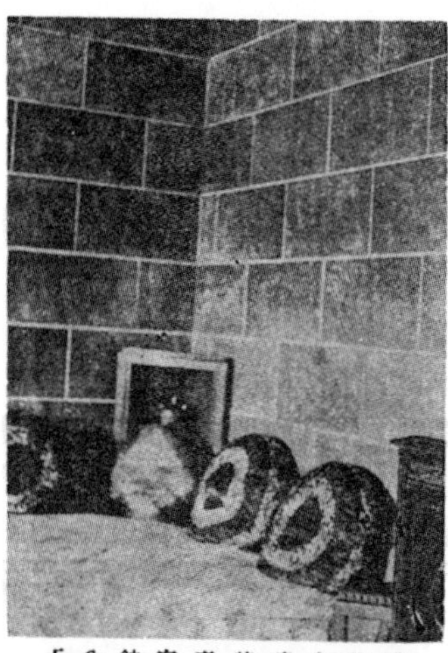

王公館客廳牆磚之裝置

費公館平台地磚之裝置

for FLOORING,
DADO,
PANELLING WALL
EXTERIOR & INTERIOR

Permanent,
Durable,
Weather Proof including
Sun Proof.

Low Cost and
Economical.

Samples and quotations
supplied on request.

"德高拉"雲石之特點，列下：

（一）石質　堅固耐久　不畏冰霜烈日

（二）顏色　各色皆有　任隨指定製造

（三）光彩　永遠不變　不忌磨擦污垢

（四）代價　極端低廉　適合時代經濟

Temporary Office:

169 Rue Porte de 1' Ouest, Shanghai, Tel. 85691

地　　址

上海法租界西門路西成里一六九號

電話　八五六九一

華德老牌
華德
WHA TEH
精良國貨
華德
上海 廠址
西安路六十八至七十號

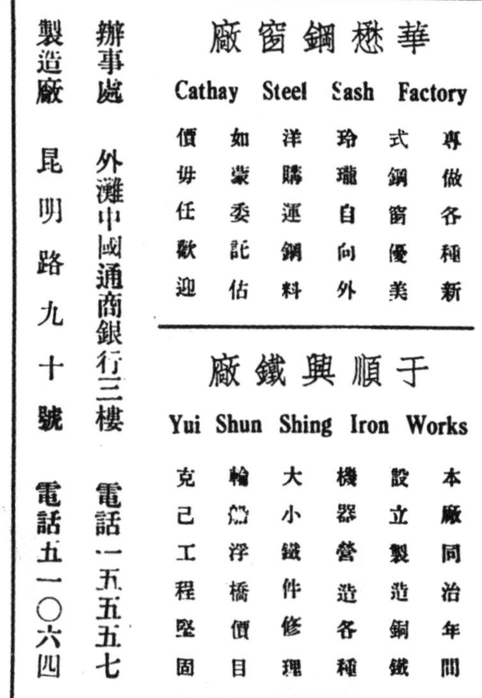
華懋鋼窗廠
Cathay Steel Sash Factory
專做各種新式鋼窗優美玲瓏自向外洋購運鋼料如蒙委託估價毋任歡迎
于順興鐵廠
Yui Shun Shing Iron Works
本廠同治年間設立製造銅鐵機器營造各種大小鐵件修理輪船浮橋價目克己工程堅固
辦事處 外灘中國通商銀行三樓 電話一五五五七
製造廠 昆明路九十號 電話五一〇六四

建築上可靠之材料請向
合豐行接洽
定能使君滿意
承包
馬路柏油工程
屋頂油毡工程
柏油沙工程
磁磚瓷磚工程
經理
油毛毡，柏油
各色磁磚
衛生器具
大小五金
BUILDING SUPPLIES
ROAD & ROOFING
CONTRACTORS
HAH FOONG & CO.
47 NINGPO ROAD.
Tel. 18254

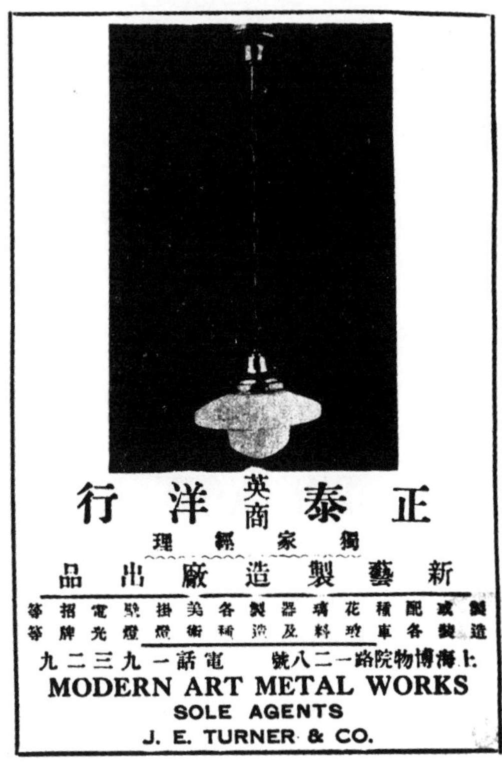
英商 正泰洋行
獨家經理
新藝製造廠出品
製造或製配各種車花玻璃料器及製造各種美術掛燈懸燈電光招牌等等
上海博物院路一二八號 電話一九三二九
MODERN ART METAL WORKS
SOLE AGENTS
J. E. TURNER & CO.

久記營造廠

事務所 上海老北門路十六號
中滙銀行大廈

廠設 上海南市機廠街二一七號

本廠專造
機房碼頭
鐵道橋樑
以及一切
大小鋼骨
水泥工程

最近落成之中滙銀行大廈 由本廠承造

SPECIALISTS IN

GODOWN, HARBOR, RAILWAY, BRIDGE, REINFORCED

CONCRETE AND GENERAL CONSTRUCTION WORKS.

THE KOW KEE CONSTRUCTION CO.

Town office: 615 Chung Wei Bank Bldg, Avenue Edward VII, Shanghai.

Factory: 217 Machinery Street, Nantao.

安記 營造廠

本廠承造之
上海茂昌冷藏棧

本廠專門承造一切大小建築鋼骨水泥工程廠房橋梁及壩岸等無不經驗豐富工作認眞如蒙委託承造或估價無任歡迎

AN-CHEE CONSTRUCTION CO.

Lane 97, No. 69 Myburgh Road. Tel. 35059

事務所：上海梅白格路祥康里六十九號

電話 三五〇五九

新仁記營造廠

總賬房
愛文義路一四二三號
電話三〇五三一

事務所
江西路一七〇號二樓二五八號
電話一〇八八九

二十層百老匯大廈　本廠最近承造工程之一

Broadway Mansions

本廠承造工程之一班：

沙遜大樓　南京路

漢彌爾登大廈　江西路

都城飯店　江西路

Sin Jin Kee & Company

Head office: 1423 Avenue Road Tel. 30531

Town office: Hamilton House Room No. 258 170 Kiangse Road Tel. 10889

本廠最近承造工程之一——

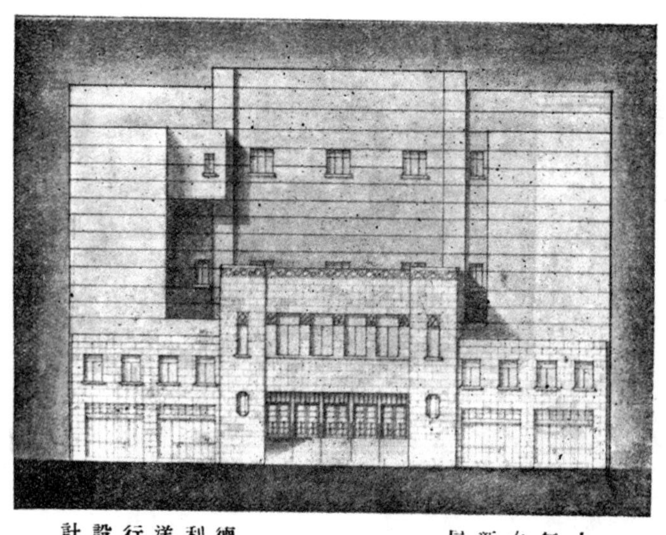

大舞台新屋　德利洋行設計

本廠專門承造各式中西房屋及一切鋼骨水泥工程最近承造工程除上圖所示之大舞台新屋外尚有西摩路公寓倘蒙委辦不勝歡迎之至

CHOW YUN FOO

GENERAL BUILDING CONTRACTOR

OFFICE: NORTH HONAN ROAD BEHIND OF C. P. I. HOSPITAL.

周鴻興營造廠

華界公立醫院後面八字橋

創辦於西歷一千八百五十二年

本公司出品「西摩近」水門汀漆，質堅耐久，光澤豔麗，頗適宜於塗刷新水泥，鋼骨混凝土及磚牆面等。

並監製鴨牌各色磁漆，上白油漆，貢藍、魚油、凡立水、紅丹、及各色調合漆等。存貨充足，倘荷賜顧，無任歡迎。

採用"西摩近"水門汀漆之

上海麥特赫司脫公寓

DODO

註冊商標

總經理

英豐洋行

北京路一〇六號

電話一三六三六

廠址

上海蘭路福寗路六五〇號

電話五〇六六九號

電報掛號九四九三

出品

(一)各種銅鐵元釘

(二)有刺鉛絲

(三)文具紙夾

出品優良之鐵證

鐵道部全國鐵路沿線出產貨品展覽會獎狀

品類 工藝

品名 釘

出品人 中國製釘公司

出品地 上海

右出品經本會審查評定應給予超等獎狀

部長 顧孟餘

中華民國二十二年七月 日

中華郵政特准掛號認爲新聞紙類

LEAD AND ANTIMONY PRODUCTS

各種鉛銻出品

英國聯合鉛丹製造公司製造

紅白鉛丹
各種成份，各種質地，（乾粉，厚質及調合）

黃鉛養粉（俗名金爐底）
質地清潔，並無混雜他物。

活字鉛
「磨耐」「力耐」「司的了」等，合任何各種用途。

鉛片及鉛管
用化學方法提淨，合種種用途。

鉛線
合鋼管接連處釬錫等用。

硫化銻（養化鉛）
合橡膠廠家等用。

如蒙垂詢詳情及價目等請駕

中國總經理處

英商吉星洋行

四川路三二〇號

中華民國廿九年九月廿六日出版

WILKINSON, HEYWOOD & CLARK
SHANGHAI – TIENTSIN – HONGKONG

中國近代建築史料匯編（第一輯）

建築月刊

第二卷 第七期

THE BUILDER

建築月刊

VOL. 2 NO. 7

第二卷 第七期

卧楽民居

孔祥熙題

大中機製磚瓦股份有限公司

製造廠浦東南匯縣下沙鎮

本公司因鑒於建築事業日新月異材料選擇尤關重要特聘專門技師購置德國最新式機器精製各種青紅磚瓦及空心磚等品質堅韌色澤鮮明自應銷以來已蒙各界推爲上乘樂予採購茲略舉一二以資參攷其他惠顧諸君因限於篇幅不克一一備載諸希鑒諒是幸

大中磚瓦公司附啟

曾經購用敝公司出品各戶台銜列后

本埠

工部局平涼路巡捕房　新蓀記承造
國立中央實驗館兆豐花園　和興公司承造
四行儲蓄會英大馬路　陶馥記承造
墾業銀行北京路　趙新泰承造
南京飯店山西路　新金記祥號承造
開成造酸公司軍工路　王鏡記承造
四海銀行北京路　惠記興承造
麵粉交易所民國路　元和興記承造
業廣公司歐嘉路　陳馨記承造
法教堂勞神父路　吳仁記承造
七層公寓霞飛路　吳仁記承造

外埠

中央飯店南京　新金記承造
金陵大學南京　利源建築公司承造
航空學校杭州　新金記康號承造

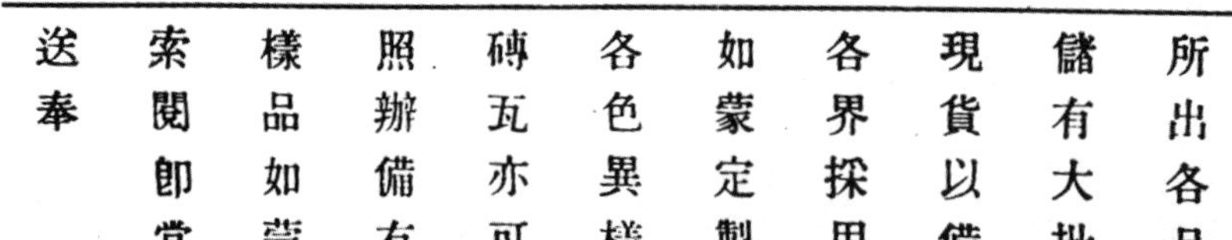

所出各品儲有大批現貨以備各界採用如蒙定製各色異樣磚瓦亦可照辦備有樣品如蒙索閱即當送奉

駐滬批發所

英租界牛莊路德興里四號　電話九〇三一一

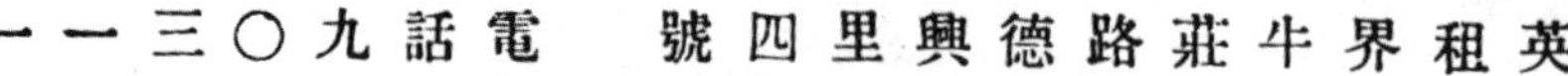

DAH CHUNG TILE & BRICK MAN'F WORKS.

Sales Dept. 4 Tuh Shing Lee, Newchwang Road, Shanghai.

TELEPHONE 90311

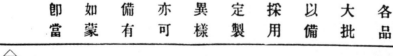

上海大理石公司

博物院路一二八號　　電話一〇二二五號

Stucco! For your Spanish Home

by

THE SHANGHAI STUCCO CO.

Contractors, Interior & Exterior

Art Decorators.

Importers of Spanish Decorative

Glazed Tiles.

We undertake to decorate and improve the interior or exterior of any building in Stucco at a very low cost. coloring and design to suit any requirements.

'Consult us First"

西班牙式住屋宜用

上海大理石公司出品之「美術人造石」

本公司出品西班牙美術人造石及承包各種建築之室內外裝飾工程設計精巧色彩得宜代價低廉服務週到如荷賜洽莫不竭誠歡迎

THE SHANGHAI STUCCO CO.

128 Museum Road.　　Telephone. 10225

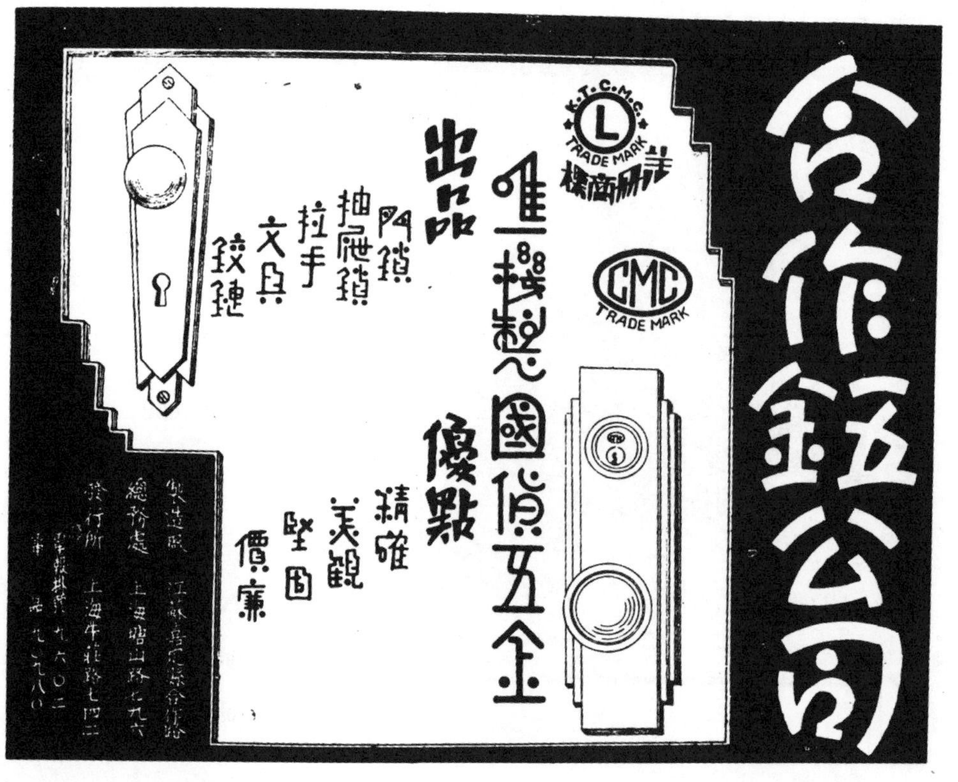

南京中央醫院衛生實驗處——由本公司承裝樓地板工程

上海市建築協會附設
私立正基建築工業補習學校招生

民國十九年秋創立 ○ 上海市教育局登記

宗旨 本校利用業餘時間以啓示實踐之教授方法灌輸入學者以切於解決生活之建築工程學識爲宗旨

編制 本校參酌學制設高級初級兩部每部各三年修業年限共六年

年級 本屆招考初級一二三年級及高級一二三年級各級新生

程度 凡投考初級部者須在高級小學畢業初級中學肄業或具同等學力者

凡投考高級部者須在初級中學畢業高級中學理工科肄業或具同等學力者

報名 即日起每日上午九時至下午六時親至南京路大陸商場六樓六二〇號上海市建築協會內本校辦事處塡寫報名單隨付手續費一圓（錄取與否概不發還）呈繳畢業證書或成績單等領取應考證憑證於指定日期入場應試

考科 入學試驗之科目 國文 英文 算術（初一） 代數（初二） 幾何（初三） 三角物理（高一）

投考高級二三年級者酌量本校程度加試高等數學及其他建築工程學科（考試時筆墨由各生自備）

考期 八月二十六日（星期日）上午八時起在牯嶺路長沙路口十八號本校舉行

揭曉 應考各生錄取與否由本校直接通告之

校址 牯嶺路長沙路口十八號

附告 （一）函索本校詳細章程須開具地址附郵四分寄大陸商場建築協會內本校辦事處空函恕不答覆

（二）本校授課時間爲每日下午七時至九時

（三）本屆招考新生除高級部外初級各年級名額不多於必要時得截止報名不另通知之

中華民國二十三年七月 日 校長 湯景賢

興業瓷磚股份有限公司

The National Tile Co., Ltd.

Manufacturers of Floor & Wall Tiles

興業毛踏步磚之五大特點

安全 耐用 寧靜 應用 特色

其他各式釉光無光地牆瓷磚瑪瓆克瓷磚無不俱備詳情請向

本事務所 河南路五〇五號

電話 九五六六六號接約

營造業主及建築師應請儘量

採用興業出品國貨瓷磚

上圖係用本公司出品之四寸方美術牆磚毛踏步磚及瑪瓆克瓷磚舖成扶梯踏步之一角

Dial for Information 95666
505 HONAN ROAD, SHANGHAI
Code Address 7451
Factory: Chung Shan Road,

本公司最新出品第九百號四寸二分方釉光及默光之「興業」美術牆磚各種顏色俱備美觀耐久凡新式之辦公室銀行大旅館公寓及高上住宅等皆宜採用之定價克己

FAR EASTERN DECORA, LTD.

遠東雲石股份有限公司

New invented artificial marble

"DECORA"

德國專家新發明之

"德高拉"

雲石。已爲歐西各國建築界所一致公認之最優美而最經濟的石料。故現代建築。咸多樂用之。

現經本公司購得祕密製造方法。獨家出品。在中國全部及南洋各埠有專銷權。凡欲求建築之富麗雄壯。合用而經濟者。誠不可不採用焉。

王公館客廳牆磚之裝置

費公館平台地磚之裝置

for FLOORING,
DADO,
PANELLING WALL
EXTERIOR & INTERIOR

Permanent,
Durable,
Weather Proof including
Sun Proof.

Low Cost and
Economical.

Samples and quotations
supplied on request.

"德高拉"雲石之特點，列下：

（一）石質　堅固耐久
不畏冰霜烈日

（二）顏色　各色皆有
任隨指定製造

（三）光彩　永遠不變
不忌磨擦污垢

（四）代價　極端低廉
適合時代經濟

Temporary Office:

169 Rue Port de l'Ouest, Shanghai, Tel. 85691

地　址

上海法租界西門路西成里一六九號

電話　八五六九一

新成鋼管製造股份有限公司

HSIN CHENG CONDUITS MFG. CO., LTD.

專製各種黑白鋼管

大小灣頭及鋼板

本埠存貨充足

俾供各界需求

價目函索即寄

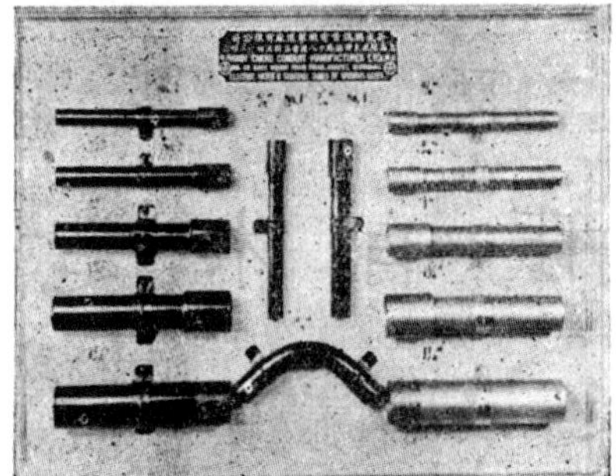

MANUFACTURERS OF HIGH GRADE BLACK & GALVANIZED CONDUITS OF VARIOUS SIZES

STOCK CARRIED

SAMPLES AND PRICE LIST SUPPLIED ON REQUEST.

總事務所及製造廠

設在閘北東橫浜路德培里十八號

閘北電話四一二四六

營業所

利泰電料行

有恆路口吳淞路三百七十五號

電話四三四七九號

MAIN OFFICE AND FACTORY:
No. 18 EAST WOUNG PANG ROAD
CHAPEI, SHANGHAI.
TEL. 41246

BRANCH OFFICE:
LEE TAI ELECTRIC CO.
375 WOOSUNG ROAD
Telephone 43479
SHANGHAI

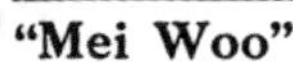

Hong Name

Certainteed Products Corporation
Roofing & Wallboard
The Celotex Company
Insulating Board
California Stucco Products Company
Interior & Exterior Stuccos
Midwest Equipment Company
Insulite Mastic Flooring
Mundet & Company, Ltd.
Cork Insulation & Cork Tile

"Mei Woo"

Richards Tiles Ltd.
Floor, Wall & Coloured Tiles
Schlage Lock Company
Lock & Hardware
Simplex Gypsum Products Company
Plaster of Paris & Fibrous Plaster
Toch Brothers Inc.
Industrial Paint & Waterproofing Compound
Wheeling Steel Corporation
Expanded Metal Lath

Large stock carried locally.
Agents for Central China

FAGAN & COMPANY, LTD.

261 Kiangse Road

Telephone
18020 & 18029

Cable Address
KASFAG

美商

美和洋行

承辦屋頂及地板工程幷經理石膏粉石膏板甘蔗板避水漿鐵絲網磁磚牆粉門鎖等各種建築材料備有大宗現貨如蒙垂詢請打電話一八〇二〇或駕臨江西路二六一號接洽為荷

英商

中國造木有限公司

唯一機器製造的木工專家

上海楊樹浦路一四二六號

電報掛號 "woodworkco"

電話五另另六八號

進行工程

峻嶺寄廬
百老匯大廈
Gascogne 公寓
Picardie 公寓
福煦路嚴安雅堂居宅
華業大廈
公和洋行建築師惠爾明生君住宅

WOODWORKCO

已竣工程

漢密爾登大廈（第一部及第二部）
都城飯店
河濱大廈
大華公寓
建業公寓「A」「B」「C」「D」及「E」
貝當路公寓
麥特赫司脫公寓
北四川路狄斯威路口公寓

總經理

英商祥泰木行有限公司

建築月刊

第二卷第七號
民國二十三年七月份出版

目錄

插圖

論著

THE BUILDER

JULY 1934 Vol. 2 No. 7

LEADING CONTENTS

ILLUSTRATIONS

ARTICLES

廣告索引

New Reception Hall of the Peiping–Liaoning Railway at Tientsin, the building cost of which will be $100,000.00. Construction will commence during this fall. Architect, Wm. Kirk, R. N. E., M. E. S. C.

圖爲天津北甯路局之大禮堂，造價國幣十萬元（內部裝修除外），卽將興工，設計者爲上海高爾克建築師云。

天津北寧路局將建之大禮堂

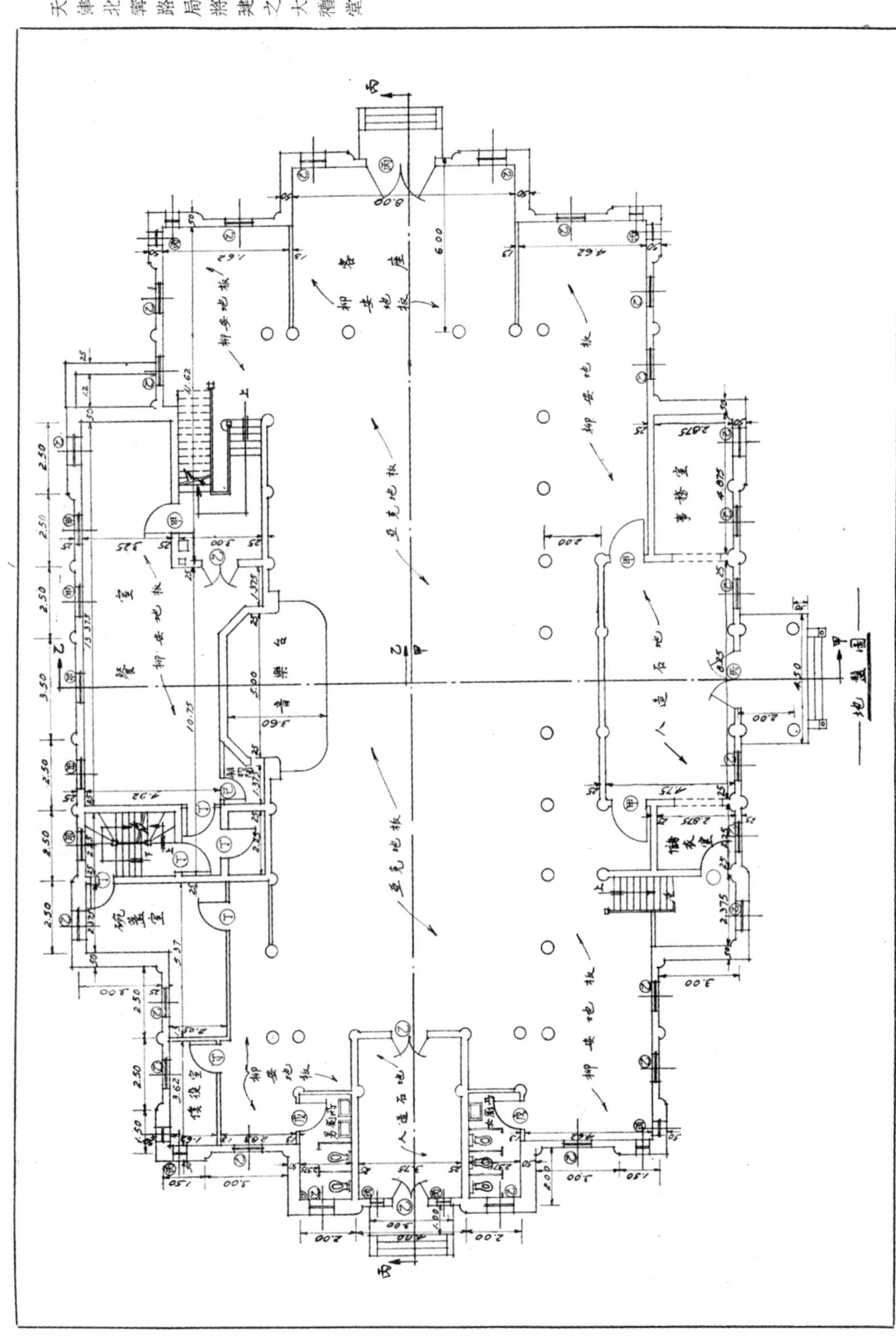

New Reception Hall of the Peiping-Liaoning Railway at Tientsin.

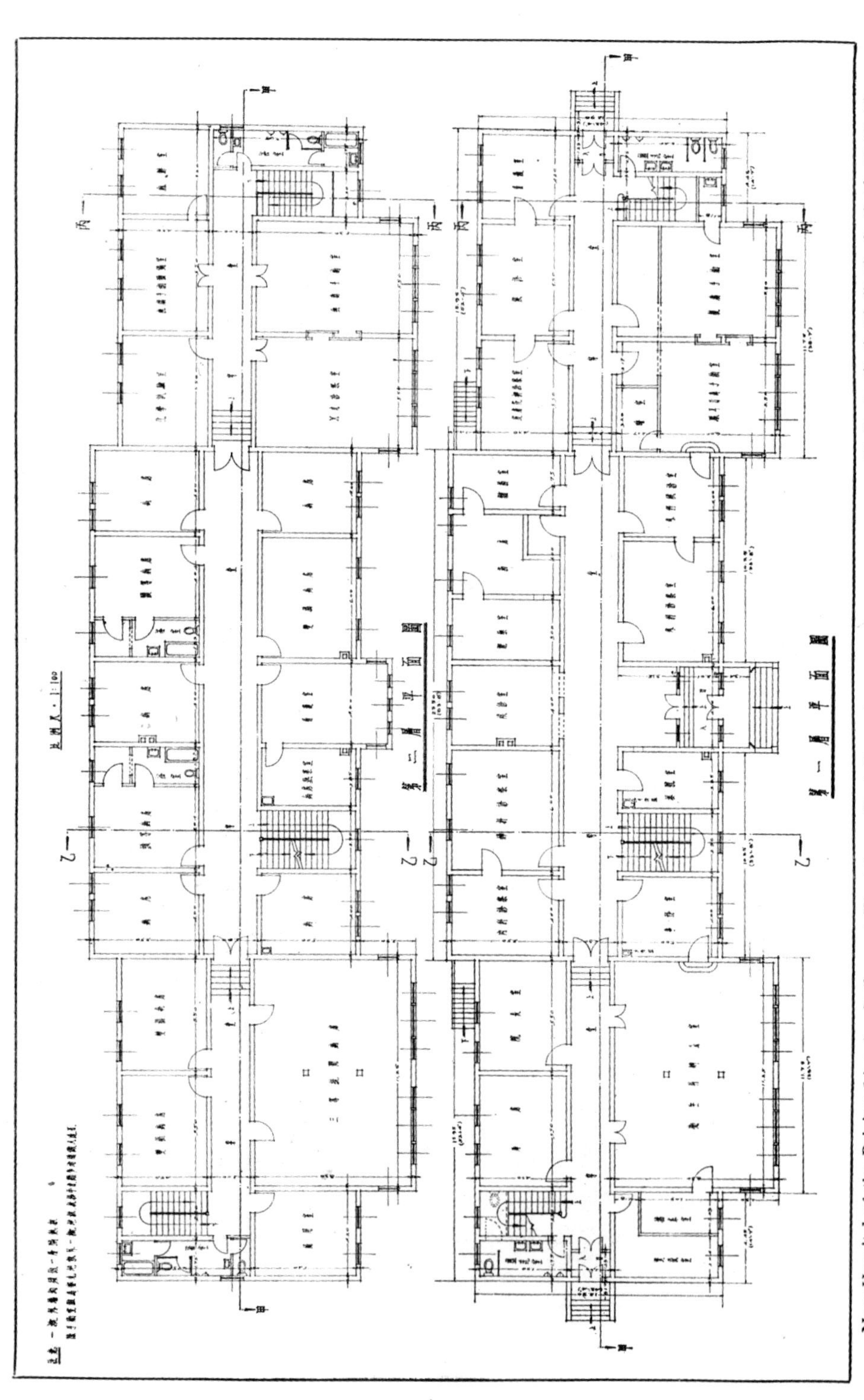

天津北寧路局將建之醫院平面圖

New Hospital of the Peiping-Liaoning Railway at Tientsin—— First floor plan.

天津北寧路局將建之一醫院

上海高爾克建築師設計

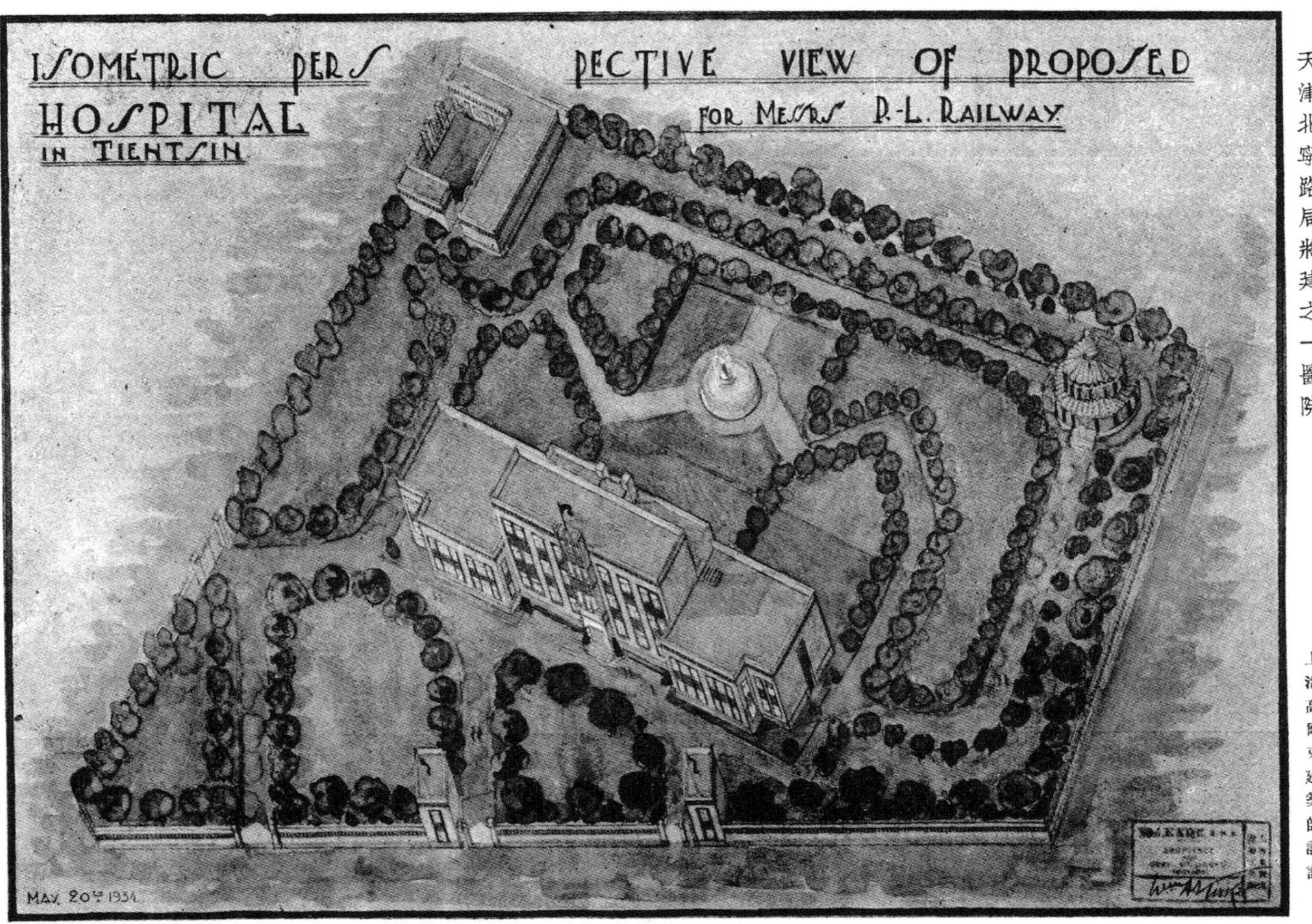

New Hospital of the Peiping-Liaoning Railway at Tientsin.

Wm. A. Kirk, R. N. E., N. E. S. C., Architect.

巴黎城中之橋梁

巴黎以美麗名。塞納河穿過城中，河上橋梁十餘座，雖均係拱橋，而形式各殊。其注重美術，適合環境，不徒遠勝美國，卽歐陸諸國亦罕有及之者。斯則遊巴黎之工程師，所不能忽視者也。憶客歲在紐約，晤見華德爾博士，談及將赴歐旅行，調查橋梁一事；彼云：「巴黎橋梁華麗，殊足一觀。」記者行經巴黎，將城中各橋，一一遠觀細味。意其於橋梁工程之美術方面，頗有足供參考者。特將影片十數幀，付印以供讀者。

林同棪識

在Arc de Triumph上俯視巴黎市之一部

Pont de Grenelle. 三空鋼板拱橋兩座，中隔一小島。

Pont de Passy. 鋼板拱橋一座，中部係雙層式。

Passerelle De Billy. 二鉸鏈行人拱橋。橋之上部爲鋼架，在橋面以下則爲鋼板。

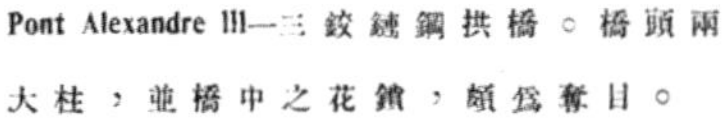

Pont Alexandre III—三鉸鏈鋼拱橋。橋頭兩大柱，並橋中之花飾，頗爲奪目。

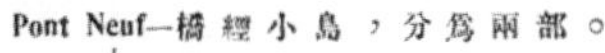

Pont Neuf—橋經小島，分爲兩部。

Pont du Carrouset. 橋面之載重，用鋼環傳至橋拱。

Pont an Change. 沿河大馬路，汽車來往甚多，致橋上停車多輛。公路橋之實際載重，每因橋之所在而變更，可於此見之。

Pont St. Louis. 無鉸鏈之拱橋。

Pont de la Tournell。一九二八年新建之鋼筋混凝土拱橋。年來建築之美術，與昔迥異，而悅目則一也。

Petit Pont—橋邊即著名之Notre Dame。橋之美，固不專在其本身，亦視其環境如何耳。

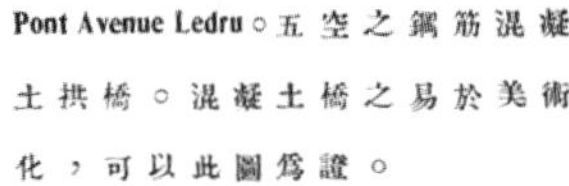

Pont Avenue Ledru。五空之鋼筋混凝土拱橋。混凝土橋之易於美術化，可以此圖爲證。

Viaduc D' Austerlitz。三鉸鏈式之鋼架拱橋。在林下望之，愈顯其美。

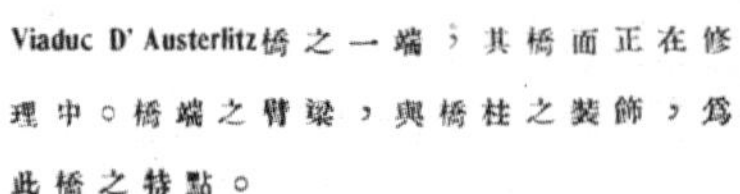

Viaduc D' Austerlitz橋之一端，其橋面正在修理中。橋端之臂梁，與橋柱之裝飾，爲此橋之特點。

Pont de Bercy○橋面之半，係兩層式，上行電車○

Pont de Tolbiac○此係五空拱橋○在樹叢中只見其兩空焉○

Pont de Bercy○圖爲橋端上層之近觀○圖左爲鋼架引橋○

Pont National—此爲巴黎城中塞納河下游最末之一橋○

北四川路崇明路角之公寓

五和洋行建築師
仁昌營造廠

Apartment House Corner of North Szechuen and Tsingming Roads.
Republic Land Investment Co., Architects.
Shun Chong & Co., Building Contractors.

北四川路崇明路角公寓之又一影

Another View of the above Apartment.

粵漢鐵路株韶段隧道初開時之攝影

Tunnel Opened Prior to Lining of Arch.

粵漢鐵路株韶段隧道攝影

Tunnel Opened for Canton and Hankow Railway.

隧道之又一影

Another Tunnel.

上海北四川路新亞酒樓之大禮堂

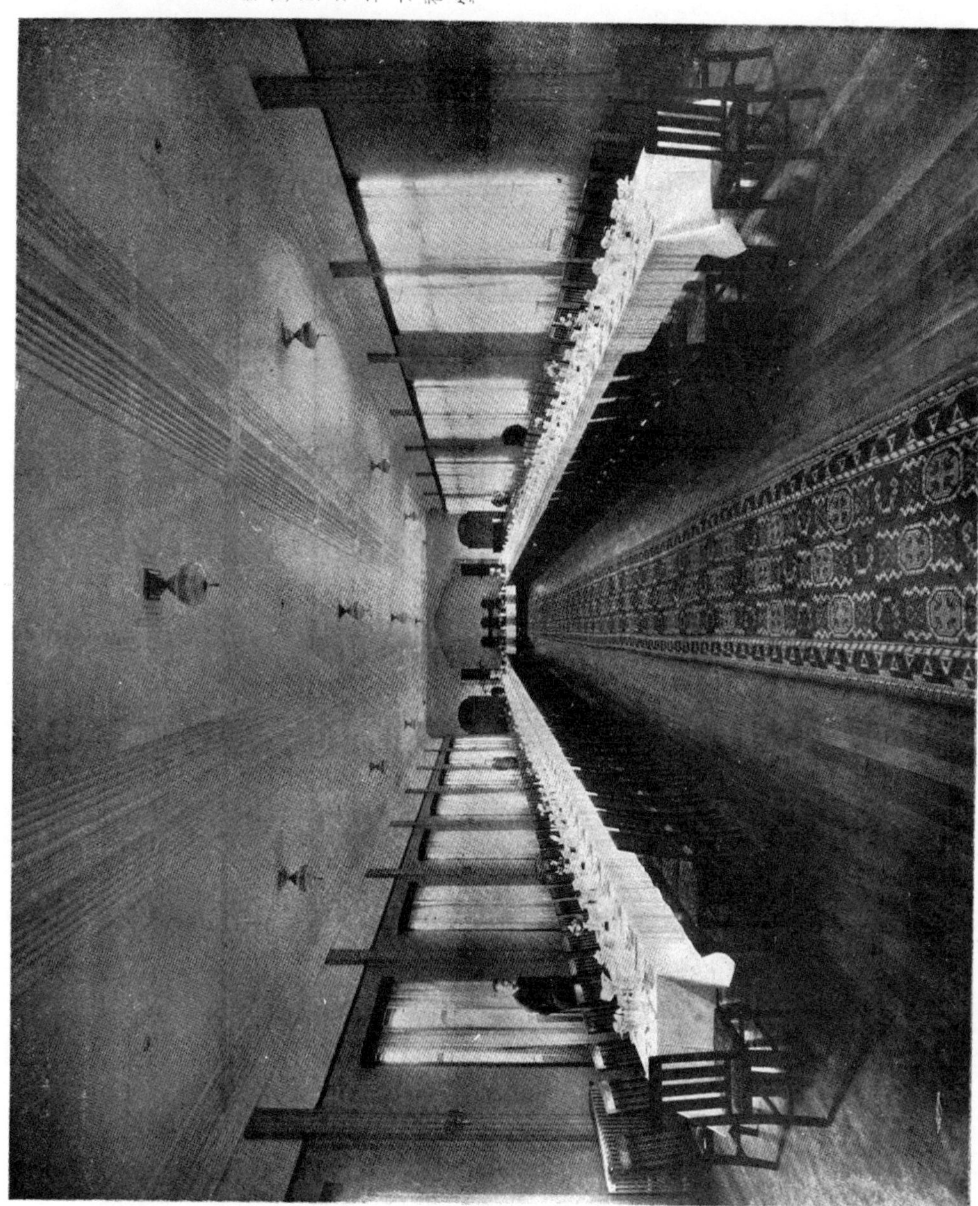

Interior View of Main Dining Room Especially for Big Gathering, New Asia Hotel, North Szechuen Road, Shanghai.

新亞酒樓 西餐室

Another Dining Room of New Asia Hotel Where Foreign Meals are Served.

川堂

Lobby. of New Asia Hotel.

新亞酒樓之長廊

Main Corridor from Elevator to Rooms.
NEW ASIA HOTEL

新亞酒樓正面圖

五和洋行設計

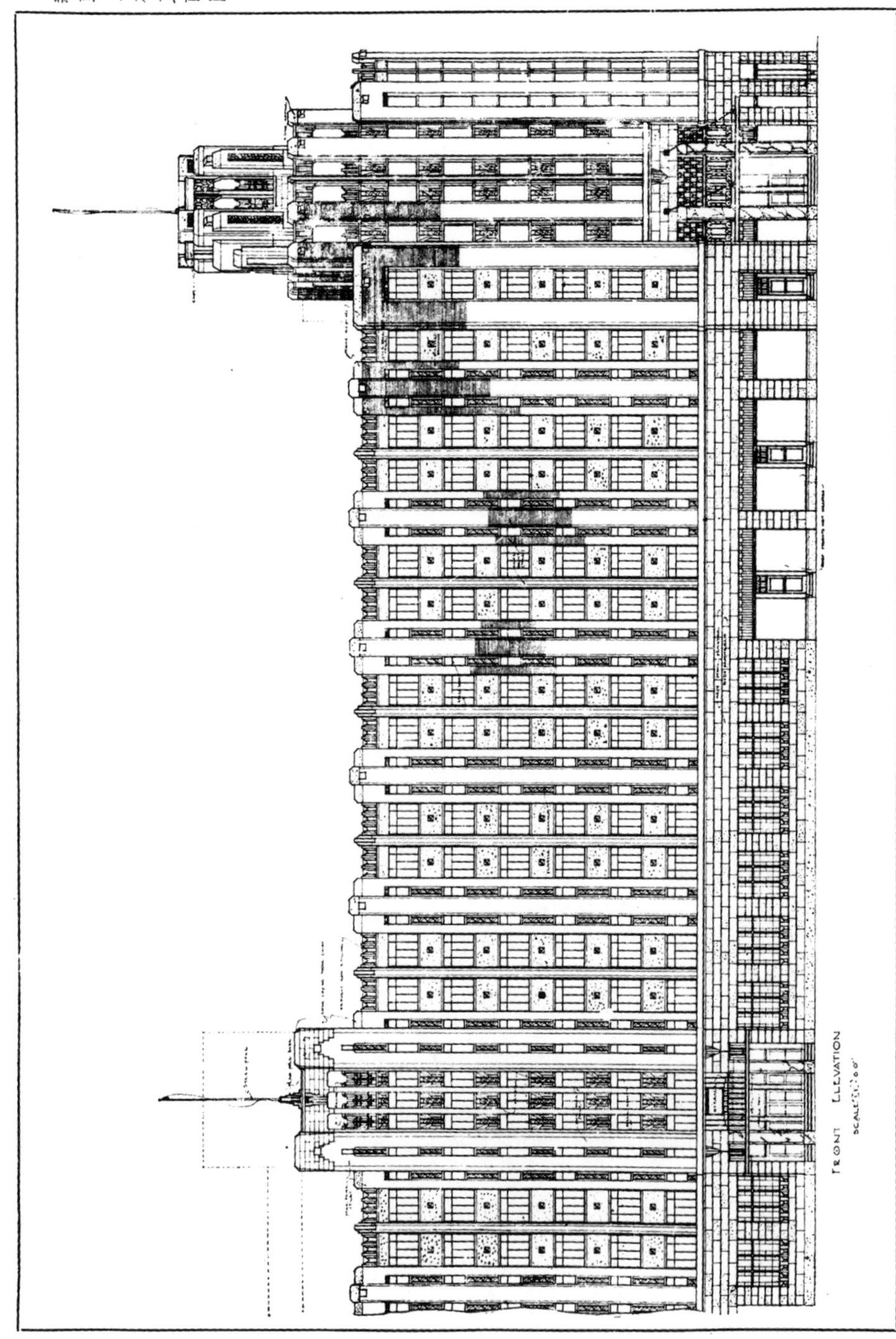

New Asia Hotel, North Szechuen Road, Shanghai.

Republic Land Investment Co., Architects.

新亞酒樓正面圖（東角）

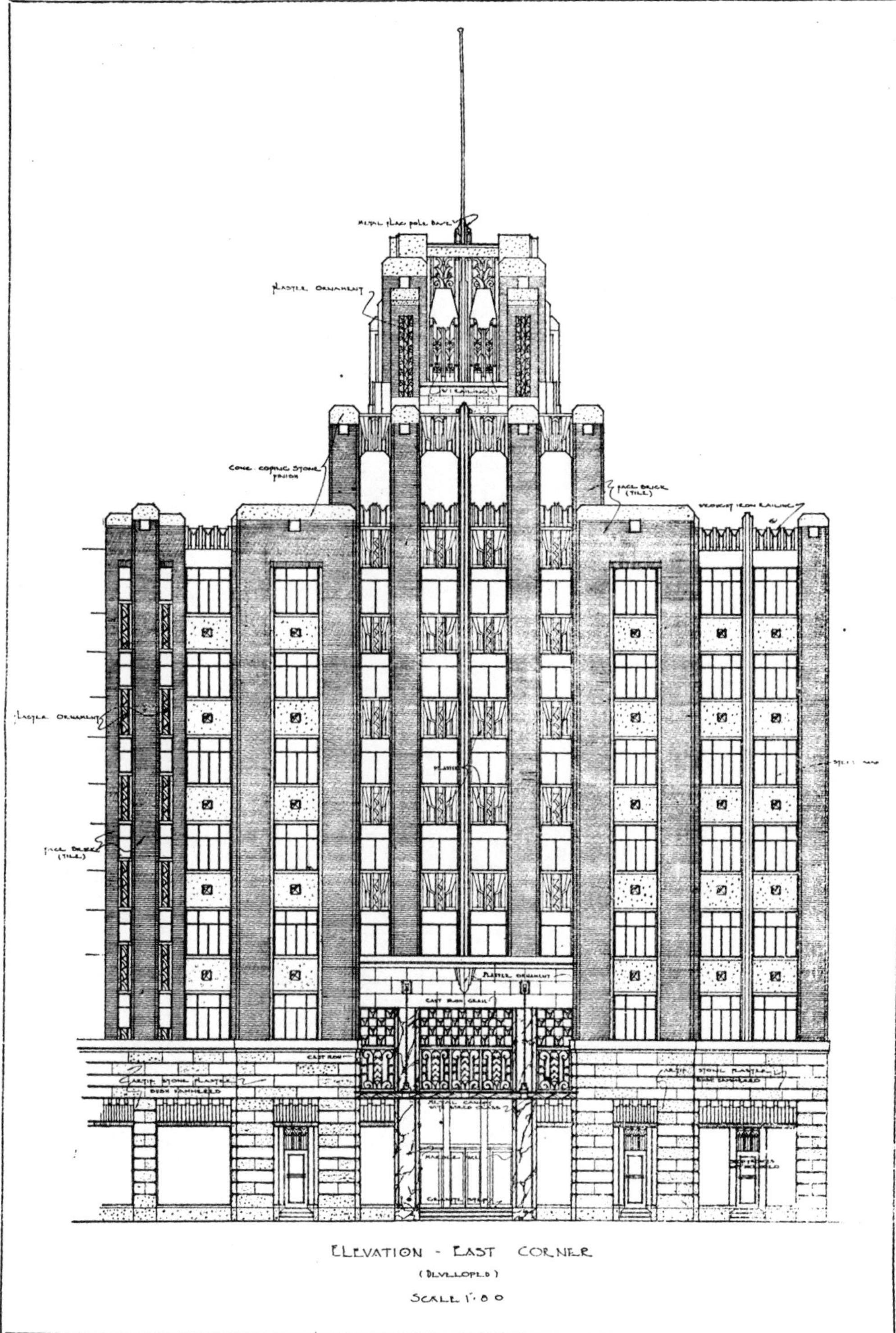

New Asia Hotel.

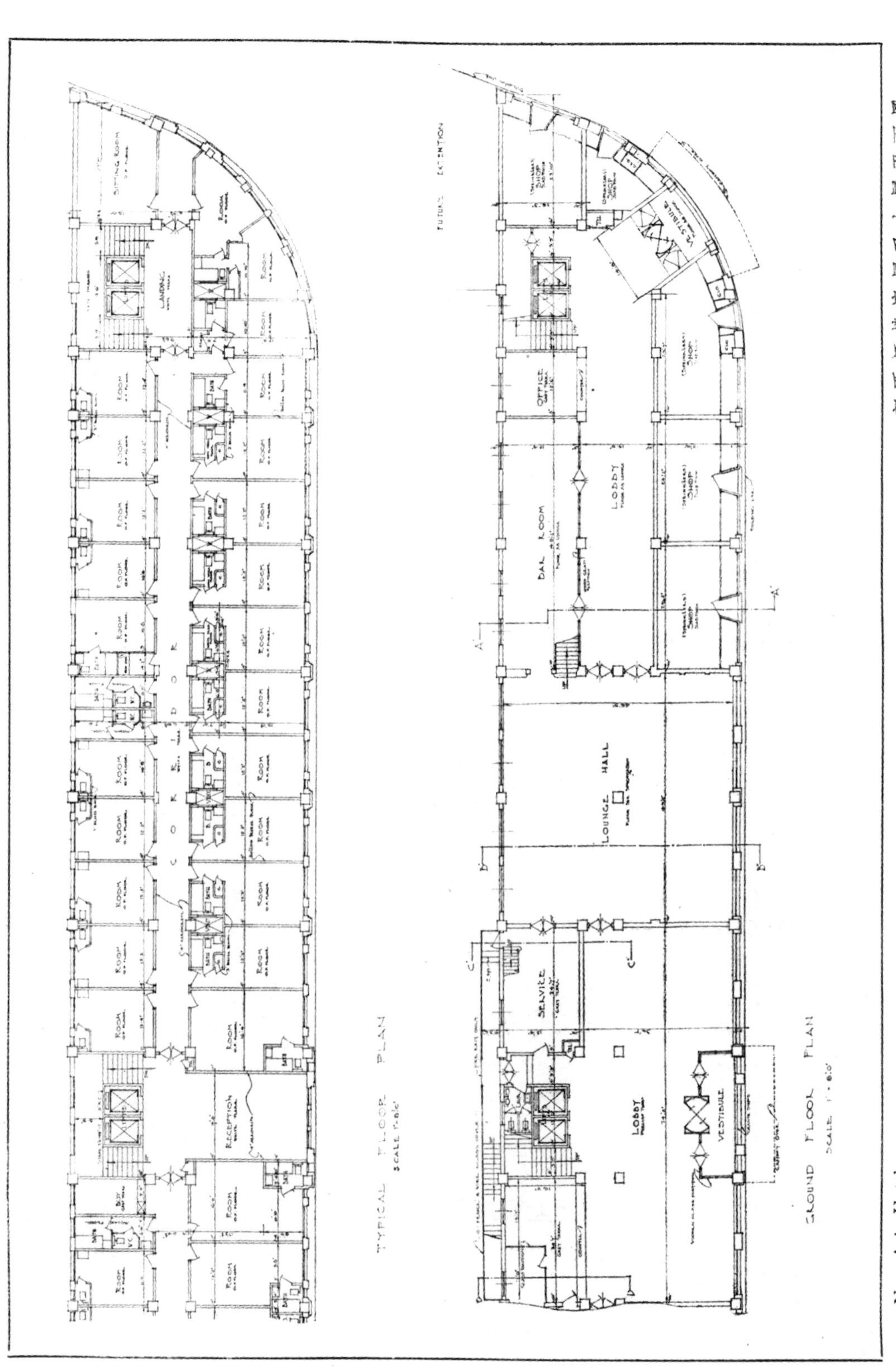

新亞酒樓底層及上層平面圖

New Asia Hotel.

新亞酒樓屋頂平面圖

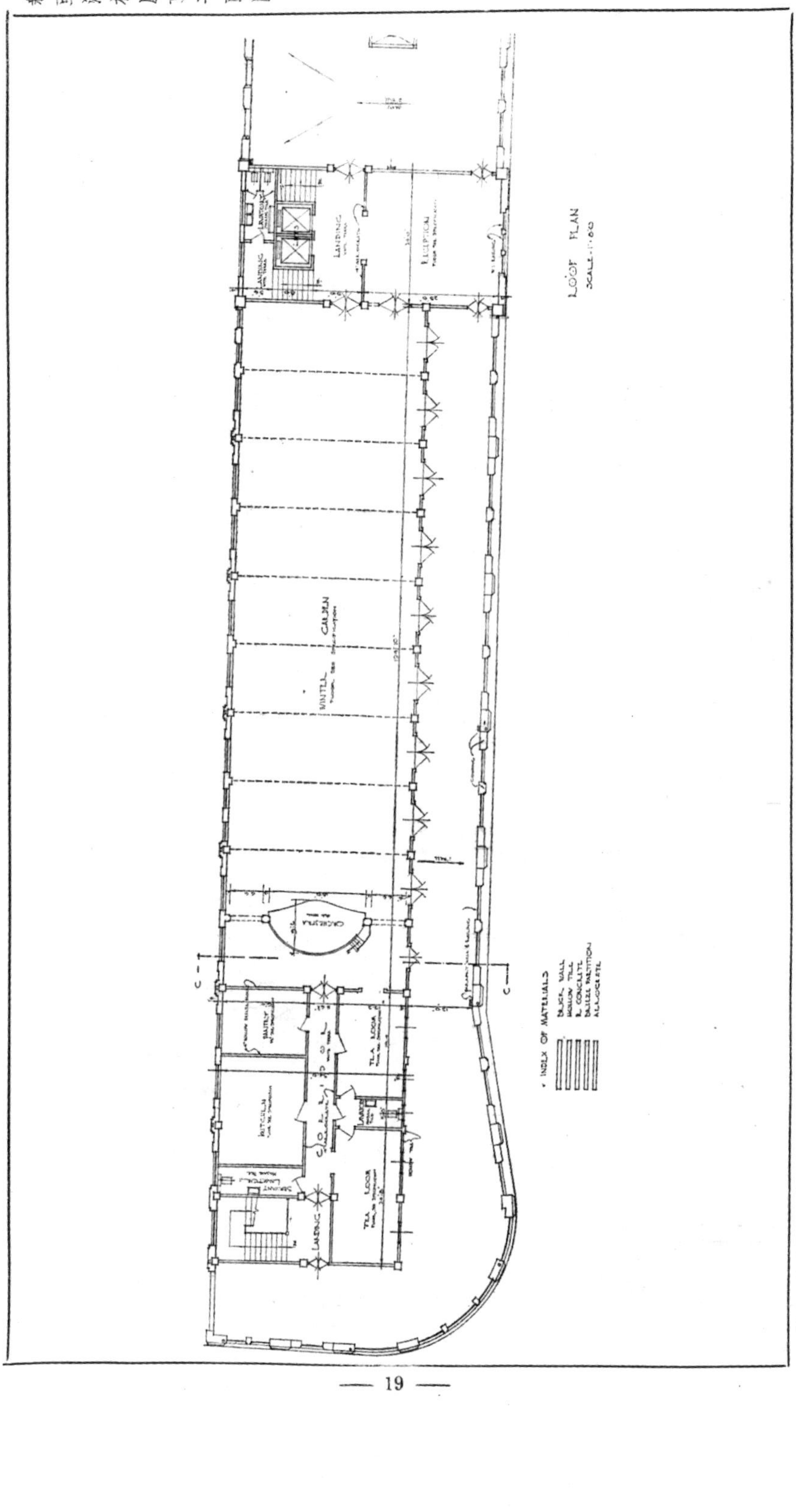

New Asia Hotel.

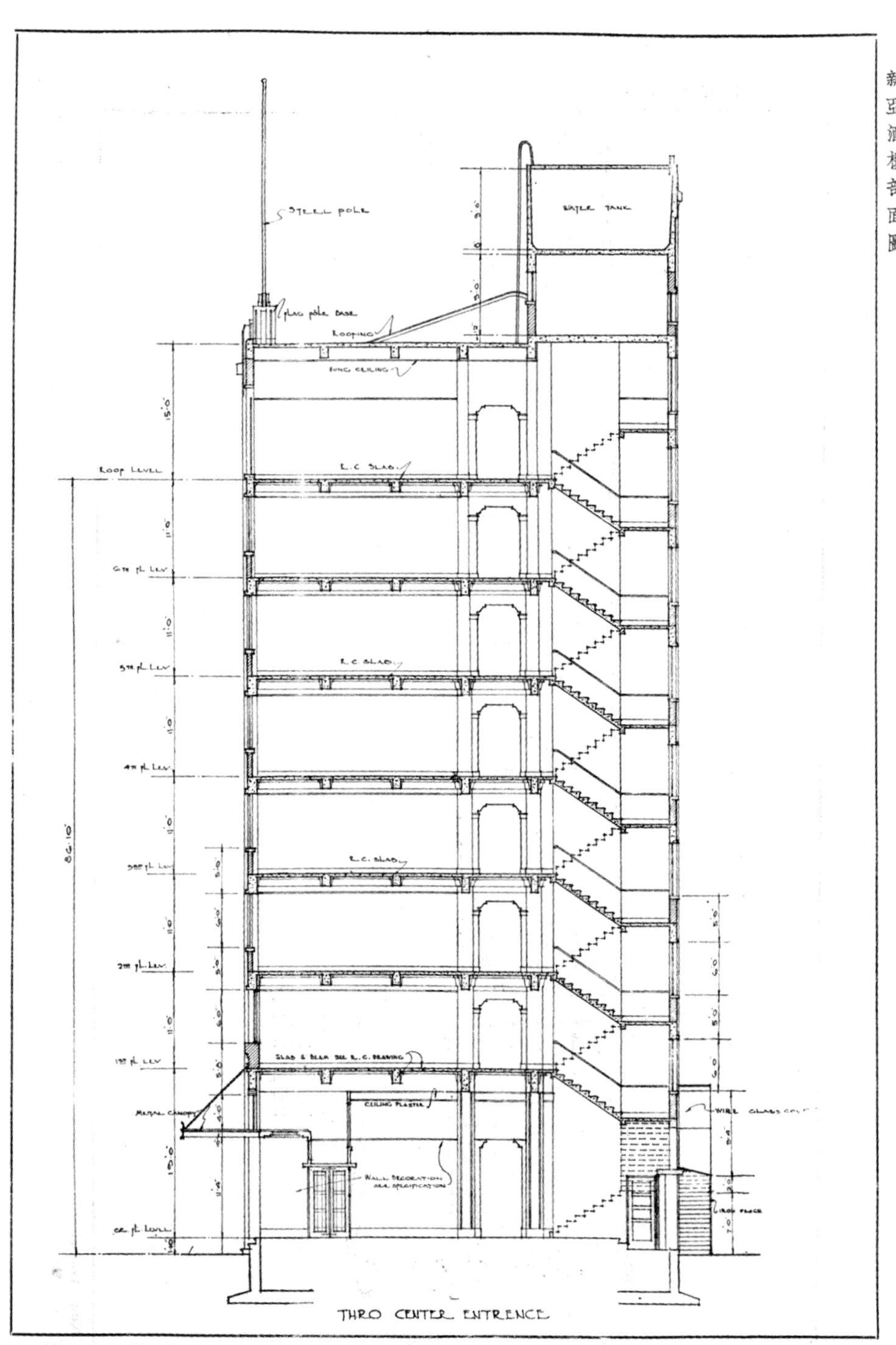

新亞酒樓剖面圖

New Asia Hotel

勘　　誤

上期本刊插圖森記營造廠承造之"上海青島路派克路口建築中之市房"，設計者爲凱司建築師 (Keys & Dowdeswell)，誤植新瑞和洋行，特此更正。

第二卷第三期"克勞氏法間接應用法"一文，應改正各點：

(1)第29頁第一圖，各尺寸40,23,20,應添上英呎之符號。48'5應爲48'.5。

(2)第30頁第二行， direct and shear, 應作 direct stress and shear。

(3)第二圖，右端之上角應添←——H'

(4)第十圖，右端下角之—900h，應作—1900h。

第二卷第六期"用克勞氏法計算次應力"一文，應改正各點：

(1)第7頁第18行，"壓力桿件之次應力過4000#/□"其4000#/□"應作3000#/□"。

(2)第13頁下部。"$=f\frac{MC}{I}$"應作"$f=\frac{MC}{I}$"

"次應方"應作"次應力"

"上面受壓力"應作"下面受壓力"

用克勞氏法計算樓架

林　同　棪

第一節——緒　論

高樓建築，遍於美國各城市，近亦漸風行滬上。此種建築之構架，須足以抵抗風力，庶不致有傾覆之虞，卽尋常三五層之混凝土連架，亦每有計算風力之必要。按樓架計算法，種類甚多，在構造學課本以及各雜誌上，多可見及。然非專門研究者，自無暇一一尋讀，殊無介紹之必要。作者意此種計算法，以克勞氏法爲最輕便而簡捷。卽以克勞氏法而論，間接用於此架，手續亦有多種。本文所介紹兩種手續，雖均須完全創作，其中自有新穎之處。在美國雜誌中，尙可見及其他手續。然讀者得此兩種，卽已應付有餘。如有志研究，可參看下列各書：—

(1) Hardy Cross, "Analysis of Continuous Frames by Distributing Fixed-end Moments" Reprint from Transactions, Am Soc. of Civil Engrs., 1932, P.l-156.

(2) Cross & Morgan, "Continuous Frames of Reinforced Concrete", John Wiley, 1932.

(3) Proceedings, A. S. C. E., Jan. 1933, Grinter's "Wind Stress Analysis Simplified." May, 1933, Goldberg, "Wind Stresses by Slope-deflection and Converging Approximations".

第二節——樓架受風力後之變形

樓架受風力後，其變形與其靜力學之關係，殊値吾人之注意。計算時所假設其變形，必須合以下之條件，

(1)交在同一交點之各桿端，其坡度相等。

(2)在每層樓中之各柱其兩端之相對撓度相等。

(3)各柱因直接應力之變形，槪不計算。

※又樓架受力後，其靜力學上之條件如下：—

(1a)在每一交點之桿端動率，其和等於零。

(2a)每一層各柱端動率，被柱高所除；其得數之和，爲該層之內剪力。每層之內剪力，應等於該層之外來剪力。

以上(1)與(1a)兩條，凡應用克勞氏法者，當能知之。至於(2)與(2a)兩條，凡能用克勞氏法間接應用者，亦當能明瞭其意義。(註一) 讀者先將此五點完全了解，牢記在心，然後再往下細看。

第三節——第一種手續

第一種手續，係利用聯立方程式。其理論與實用，均較爲簡單。惟如層數過多，則費時較久，

(註一) 請參看本刊本卷第一期及第三期關於克勞氏法之兩文

似不如下文之第二種手續。玆將此種利用聯立方程式之步驟列下：一

第一步——設第一層各柱均發生撓度=1,（或任何其他方便數目）；而其他各層，均無相對撓度。算得第一層各柱之定端動率，而用克勞氏法分配之，以求在此種撓度情形下之各桿端動率M_1。再算各層因此等動率所生之內剪力。第一層之剪力謂之$H_{1\text{-}1}$；第二層爲$H_{2\text{-}1}$；第三層爲$H_{3\text{-}1}$…………。再設第二層各柱均發生撓度=1,而其他各層均無相對撓度；求各桿端動率M_2並各層之內剪力$H_{1\text{-}2}$, $H_{2\text{-}2}$, $H_{3\text{-}2}$……………。將其餘各層一一如法照算，求出$H_{1\text{-}3}$, $H_{2\text{-}3}$, $H_{3\text{-}3}$,……………。

第二步——算得各層之外來剪力H_1,H_2,H_3,…………。則各層之眞正撓度D_1,D_2,D_3,…………所生之內剪力，須與該層之外剪力相等。而每層之內剪力，係因各層撓度所集合而生者，故，

$$H_1=H_{1\text{-}1}D_1+H_{1\text{-}2}D_2+H_{1\text{-}3}D_3\cdots\cdots$$

$$H_2=H_{2\text{-}1}D_1+H_{2\text{-}2}D_2+H_{2\text{-}3}D_3\cdots\cdots$$

$$H_3=H_{3\text{-}1}D_1+H_{3\text{-}2}D_2+H_{3\text{-}3}D_3\cdots\cdots$$

$$\cdots\cdots\cdots\cdots\cdots\cdots$$

由以上各聯立方程式，可算出 D_1,D_2,D_3, …………… 。（用麥克斯緯定理 Maxwell's law of reciprocal deflections，以可證明$H_{1\text{-}2}=H_{2\text{-}1}$,$H_{3\text{-}1}=H_{1\text{-}3}H_{2\text{-}3},=H_{3\text{-}2}$，……………）

第三步——各桿端率動，係因各層撓度所生者，故其因H_1,H_2,H_3……所生之動率爲，

$$M=M_1D_1+M_2D_2+M_3D_3+\cdots\cdots。$$

第四節——第二種手續

如樓架層數過多，而其載重情形不過一二種，則第二種手續當爲較愈。其步驟如下：一

第一步——設每層各柱均因撓度而同時發生定端動率；其定端動率所生之內剪力，與每層之外剪力$H_1H_2H_3$…… 相等或相近。用克勞氏法分配之，以求各桿端動率M_1，並M_1所生之各層剪力H_{11},H_{12},H_{13},………。再算每層此時內外剪力之比例，$\frac{H_1}{H_{11}}$，$\frac{H_2}{H_{12}}$，$\frac{H_3}{H_{13}}$…………。如此數比例均相等，則將各桿端之M_1乘以此比例，便得其眞動率。實際上，此數比例多不相等，則須求此數比例之平均數或其相近數K_1。以K_1乘各動率M_1，則各層之內剪力當爲K_1H_{11},K_1H_{12},K_1H_{13}………乘後之各層內剪力未必皆能與其外剪力相等。其相差之度，$H_1-K_1H_{11}$,$H_2-K_1H_{12}$,$H_3-K_1H_{13}$,……………………可用第二步改正之。

第二步——設每層各柱又因撓度而同時發生定端動率；其定端動率所生之內剪力，與每層之外剪力$H_1-K_1H_{11}$,$H_2-K_1H_{12}$,$H_3-K_1H_{13}$……………相等或相近。用克勞氏法分配之，以求各桿端動率M_2並各層之內剪力$H_{21}H_{22}H_{23}$……………。設如$H_{21}=H_1-K_1H_{11}$,$H_{22}=H_2-K_1H_{12}$, $H_{23}=H_3-K_1H_{13}$,……則各桿端之眞正動率爲$M=K_1M_1+M_2$。否則可求各比例$\frac{H_1-K_1H_{11}}{H}$

，$\frac{H_2-K_1H_{12}}{H_{22}}$，$\frac{H_3-K_1H_{13}}{H_{23}}$……………。求各比例之平均數$K_2$。如$K_1H_{11}+K_2H_{21}$與外剪$H_1$相近，而其他各層內外剪力均相差無多，則可求各桿端動率$M=K_1M_1+K_2M_2$。如各層內外剪力仍相差頗多，則可用第三步改正之。

第三步——設每層各柱又因撓度而同時發生定端動率；其定端動率所生之內剪力，每層之外剪力$H_1-K_1H_{11}-K_2H_{21}$，$H_2-K_1H_{12}-K_2H_{22}$，$H_3-K_1H_{13}-K_2H_{23}$，…………相等或相近。照第二步進行而求$M=K_1M_1+K_2M_2+M_3$或$M=K_1M_1+K_2M_2+K_3M_3$。

第四步——如第三步用後，仍嫌不準確，則可繼續改正之。實際上，第一二步用後，多卽已準確有餘矣。

第五節——簡化克勞氏法

在本刊前期"用克勞氏法計算次應力"文中，作者已介紹一種簡化克勞氏法。此處再略爲重說之，以便讀者。其法係將分配與移動兩種工作同時舉行；每放鬆一交點，不將各桿端所分得之動率寫出，而立將各遠端所移動得之動率寫出。待分配移動完畢，再將各交點桿端動率，全數加起，作一次之分配。本文各算圖中，並將各交點放鬆之次序註出，以便讀者之對照。

第六節——實例，用第一種手續

設兩層樓架如第一圖，其各桿件均係固定惰動率者，其硬度K及載重均如圖。算出每交點各桿端之K'，如AB之A端$K'=\frac{5}{5+3}=0.625$…………。再算出其K'C，如$0.625\times\frac{1}{2}=0.312$………。

第一步——設第一層發生撓度，故各柱端均生定端動率。其數量可用以下公式算出，（註二）

$$F=C\frac{K}{L}$$

設C=10,000,（C可爲任何數目；此處設其爲10,000,純爲計算上之便利而已。），則，

$$F_{DF}=F_{FD}=10,000\frac{5}{20}=2500$$

$$F_{CE}=F_{EC}=10,000\frac{4}{25}=1600$$

將以上各定端動率寫於第二圖而用簡化克勞氏法分配之如圖。再算各層之內剪力如下：—

$$H_{1\text{-}1}=\frac{783}{25}+\frac{1804+2152}{20}=229.1$$

（註二）參看本刊第二卷第二期"桿件各性質C.K.F.之計算法"一文。

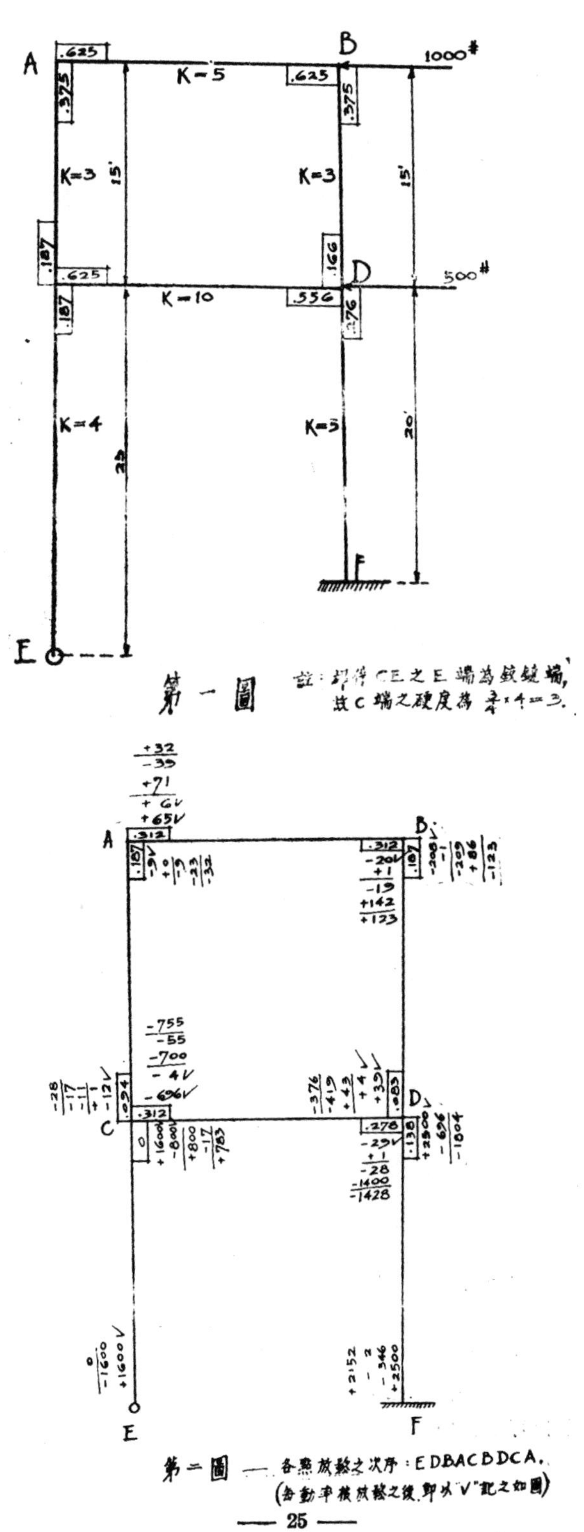

第一圖

註：桿件CE之E端為鉸鏈端，故C端之硬度為 $\frac{3}{4}\times4=3$.

第二圖 —— 各點放鬆之次序：EDBACBDCA.
(每點平衡放鬆之後，即以"V"記之如圖)

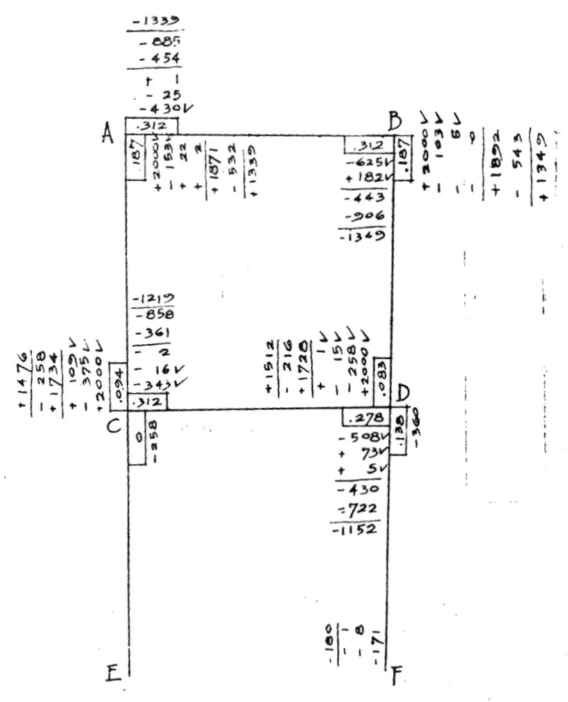

第三圖 —— 各点放鬆之次序：ADCDADCDBCD

$$H_{2\cdot1} = \frac{-28-32-123-376}{15} = -37.3$$

再設第二層發生撓度，其各柱之定端動率爲，

$$F_{AC} = F_{CA} = 10000\,\frac{3}{15} = 2000$$

$$F_{BD} = F_{DB} = 10000\,\frac{3}{15} = 2000$$

將各定端動率分配之如第三圖並求各層之內剪力如下：—

$$H_{1\cdot2} = \frac{-258}{25} + \frac{-360-180}{20} = -37.3$$

$$H_{2\cdot2} = \frac{1339+1476+1349+1512}{15} = 378.4$$

（以上$H_{1\cdot2}=H_{2\cdot1}=-37.3$,證明計算無誤）

第二步——第一層之外剪力，$H_1=1500$※。第二層之外剪力$H_2=1000$※，故

$$1500 = 229.1D_1 - 37.3D_2$$

$$1000 = -37.3D_1 + 378.4D_2$$

由以上兩聯立方程式，可以算出，

$D_1 = 7.100$

$D_2 = 3.345$

第三步——將第二圖之各桿端動率乘以7.100將第三圖之動率乘以3.345，而加之如第四圖。其得數即為在第一圖載重下之各桿端動率。例如桿件AB之A端動率，在第二圖為＋32，在第三圖為—1339,故其眞動率為，

7.100×32—3.345×1339＝230—4480＝—4250（如第四圖）。從第四圖可算出各層之內剪力，以驗其是否與外剪力相等，例如第一層之內剪力為，

$$\frac{4700}{25}+\frac{14680+11600}{20}=188+1314=1502,$$

與外剪力1500顯明相等。

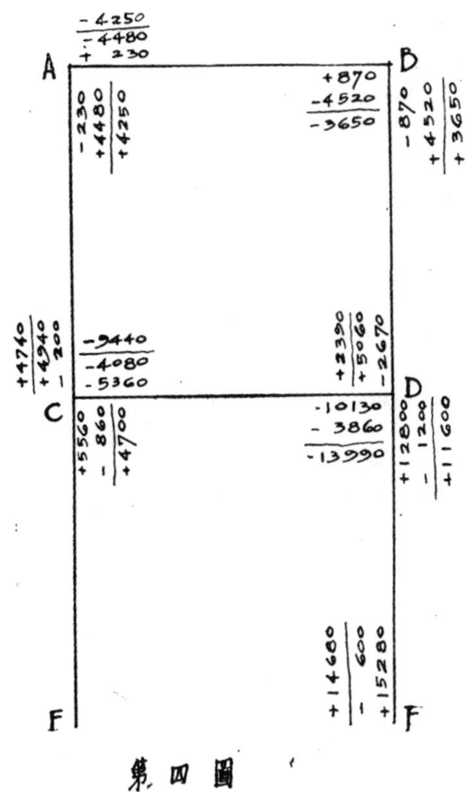

第四圖

第七節——實例，用第二種手續

本節將第六節中之實例，用第二種手續（卽第四節所示者）算出如下：—

第一步——每柱因撓度所生之定端動率，

$$M = C\frac{K}{L} \qquad (\text{C爲任何定數})$$

而每層因撓度所生之內剪力，爲該層各柱端之 $\frac{M}{L}$ 之和，故

$$H = \Sigma\frac{M}{L} = \Sigma C\frac{K}{L^2} = C\Sigma\frac{K}{L^2}$$

第一層柱端之 $\Sigma\frac{K}{L^2}$ 爲，

$$\left(\frac{4}{25^2}\times 2\right)+\left(\frac{5}{20^2}\times 2\right)=0.0378$$

第二層柱端之 $\Sigma\frac{K}{L^2}$ 爲，

$$\left(\frac{3}{15^2}\times 2\right)+\left(\frac{3}{15^2}\times 2\right)0.0533$$

第一層，$H_1=1500$,

$$\therefore C_1=\frac{1500}{.0378}=39.700$$

第二層，$H_2=1000$

$$\therefore C_2=\frac{1000}{0.0533}=18.800$$

由此可算出各柱之定端動率，

$$F_{CE}=F_{EC}=39700\frac{4}{25}=6350$$

$$F_{DF}=F_{FD}=39700\frac{5}{20}=9925$$

$$F_{AC}=F_{CA}=F_{BD}=F_{DB}=3760$$

將以上各動率寫於第五圖而分配之，得各桿端率動M_1如圖。再算得各層之內剪力如下：

第一層，$H_{11}=\frac{2627}{25}+\frac{8041+6475}{20}=831$

第二層，$H_{12}=\frac{2664+2392+1350+2045}{15}=563$

再算內外剪力之比例：一

第一層，$\frac{H_1}{H_{11}}=\frac{1500}{831}=1.806$

第二層，$\frac{H_2}{H_{12}}=\frac{1000}{563}=1.775$

其平均比例爲 $\frac{1.806+1.775}{2}=1.79$。

故如將第五圖乘以1.79，則各層之剪力將爲，

第一層，$K_1 H_{11} = 1.79 \times 831 = 1490$

第二層，$K_1 H_{12} = 1.79 \times 563 = 1010$

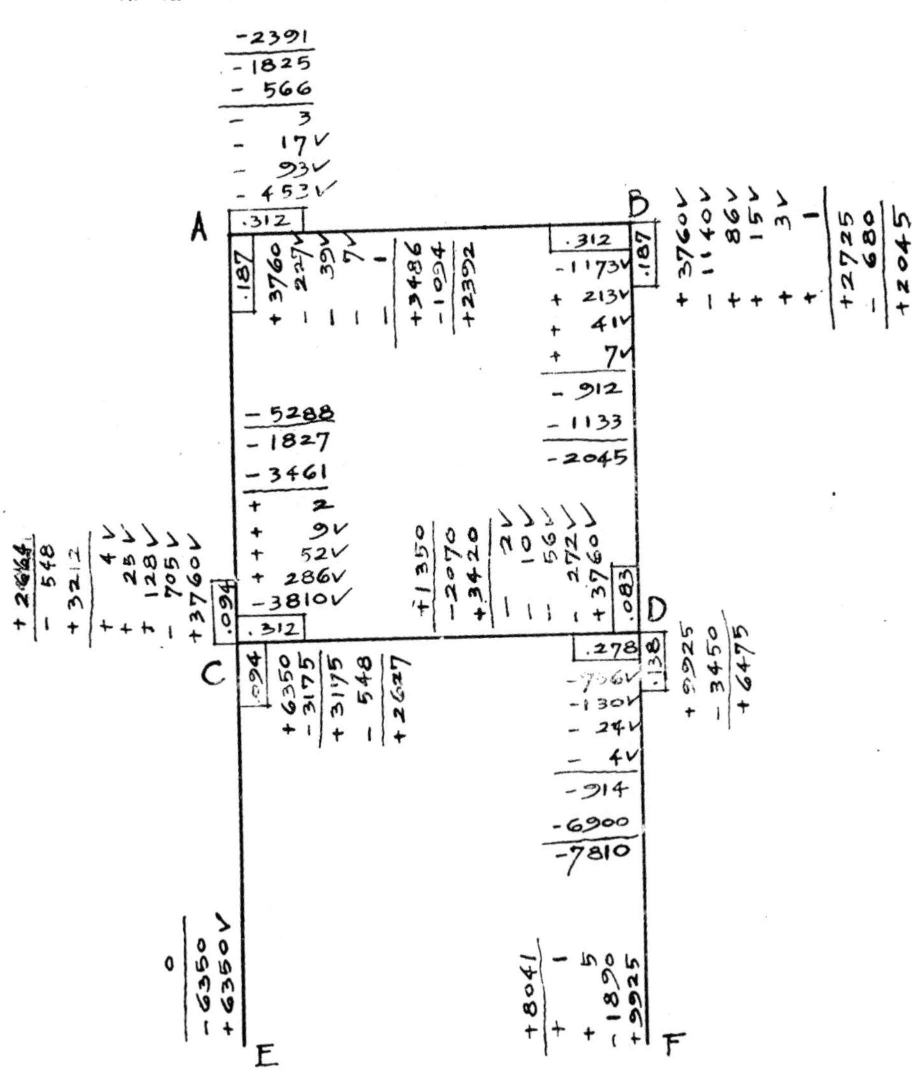

第五圖 —— 各点放鬆之次序：—
EDABCDABCDABCDABCD.

此時內外剪力之相差為，(相差之數甚小，實際上可不必用第二步矣。)

$H_1 - K_1 H_{11} = 1500 - 1490 = 10$

$H_2 - K_1 H_{12} = 1000 - 1010 = -10$

如欲更求精確，可繼續用第二步以改正之。

第二步——設每層各柱又因撓度而同時發生定端動率。第一層之定端動率，其內剪力須等於$H_1-K_1H_{11}=10$。第二層之定端動率，其內剪力等於$H_2-K_1H_{12}=-10$。

故此次第一層之 $\frac{H_1-K_1H_{11}}{\Sigma\frac{K}{L^2}}$ 為

$$C'_1=\frac{10}{.0378}=265$$

第二層為，

$$C'_1=\frac{-10}{.0533}=188$$

由此可得各定端動率，

$$F_{CE}=F_{EC}=265\frac{25}{4}=42$$

$$F_{DF}=F_{FD}=265\frac{5}{20}=66$$

$$F_{AC}=F_{CA}=F_{BD}=F_{DB}=-188\frac{3}{15}=-38$$

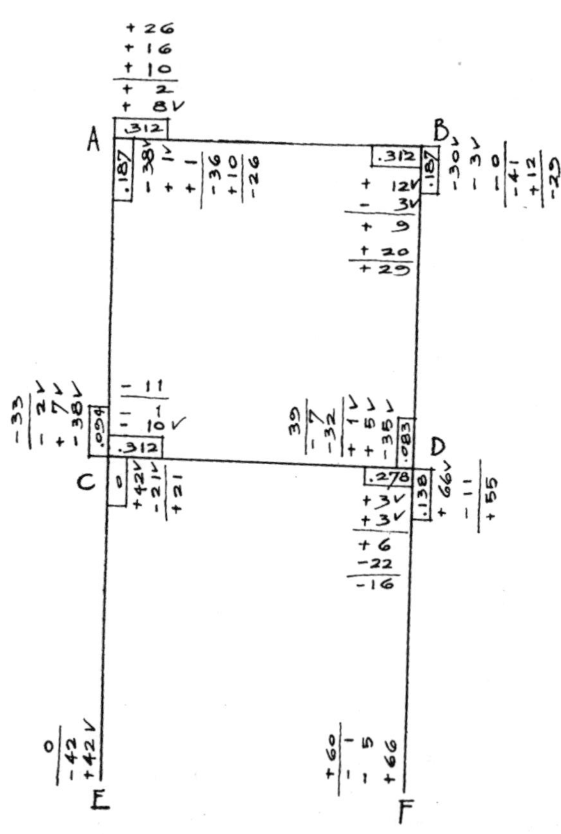

第六圖—各点放鬆之次序：—

EABCDABCD

將以上各定端動率寫於第六圖而分配之。由其所得之桿端動率算出各層之內剪力：

$$第一層，\quad H_{21}=\frac{21}{25}+\frac{60+55}{20}=6.6$$

$$第二層，\quad H_{22}=\frac{-26+33+29+39}{15}=-8.5$$

$$故第一層之比例，\quad \frac{H_1-K_1H_{11}}{H_{21}}=\frac{10}{6.6}=1.6$$

$$第二層之比例，\quad \frac{H_2-K_2H_{12}}{H_{22}}=\frac{-10}{-8.5}=1.2$$

$$其平均比例為\quad \frac{1.6+1.2}{2}=1.4=K_2\text{。}$$

$$K_1H_{11}+K_2H_{21}=1490+1.4\times6.6=1499$$

$$K_1H_{12}+K_2H_{22}=1010-1.4\times8.5=998$$

與1500及1000均甚相近。故其準確已足，第三步可不必用。

將第六圖乘以K_2，第五圖乘以K_1而加之，可得各桿端動率如第七圖。第七圖之得數，顯與第四圖相同。

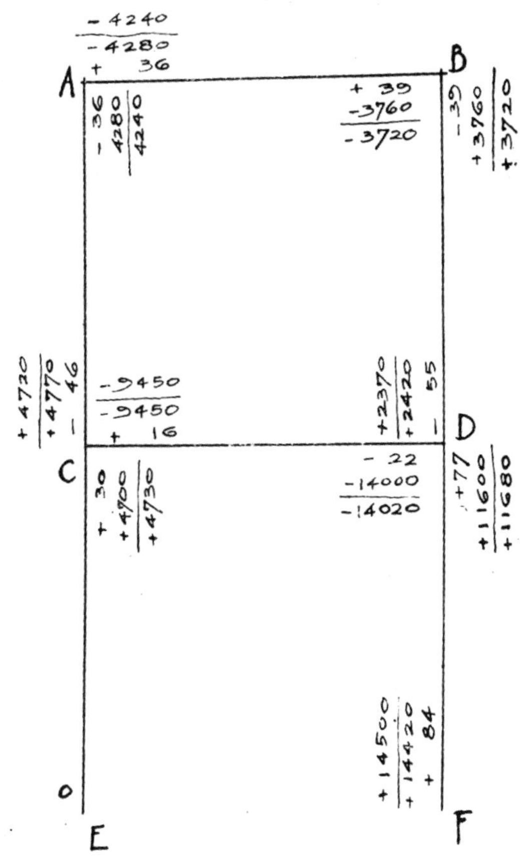

第七圖

第八節——結論

以上兩種手續，各有長短。如層數不過三四，而載重情形甚多，則以第一法為適用。否則第二法為較簡。讀者可自擇一種，或兩種並用。熟習之後，更可有改良之處，所謂熟能生巧是也。至於樓架之各層撓度及各點坡度，亦可算出無難，茲不多述。關於層數甚多之樓架，本文第一節所載第二本參考書228—233頁，亦頗簡單，可與本文第二種手續相較量。總之，應用克勞氏法者，如能注意連架變形與其靜力之關係，自能變化無窮，捷徑百出。

建築辭典

——十四續——

『Shaft』㊀柱身。柱子之一部份，普通均爲圓形，界於花帽頭與坐盤之間。其他物之形狀與柱身相類者，亦名之。如樹幹等。〔見圖〕

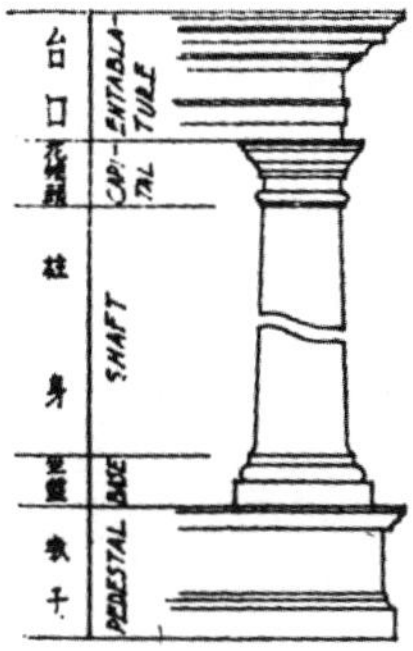

㊁地軸。轉動皮帶盤之金屬梗。

㊂吊車架子，揪拔洞。營造場中所築洞架，藉以吊送建築材料者。

Air shaft 空氣洞。

Elevator shaft 吊梯洞。

Light shaft 光線洞。

『Shambles』屠宰場。屠者宰殺牲畜之場所。

『Shank』㊀柱身。與shaft之義同，惟shank本義，係膝以下踵以上之足脛，以之狀坐盤上花帽頭之下之柱身。

㊁白地。陶立克式台口壁緣中，排鬚鑲槽兩旁之平面白地。〔見圖〕

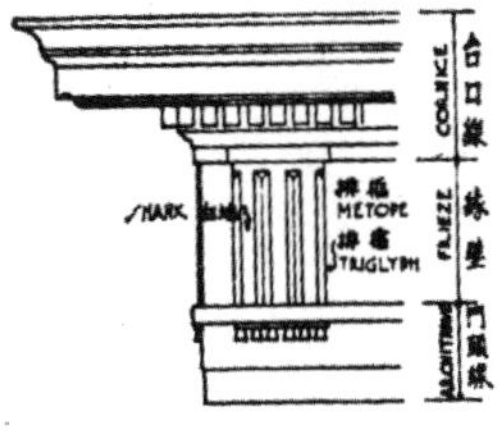

『Shape』形象，型範。

『Shearing force』剪力。凡二種力在反對方向，各沿距離甚近之二平行線，施於一體，如剪刀之切割者，謂之剪力。

『Shearing stress』抵剪力。

『Shed』棚。屋舍之構築簡略，屋架於柱而四周臨空。

Galvanized iron shed 白鐵棚。

Mat shed 蘆蓆棚。

『Sheet glass』淨片玻璃。

『Sheet iron』鐵皮。鐵之製成薄片，以資應用者。他如sheet brass銅皮，sheet steel鋼皮等，其厚度大概不過二分。

『Sheet pile』板樁。厚塊之板。打舂成行，以爲樁閘者。如水箱壩之外層樁板，亦有用鋼片板樁者。

〔見圖〕

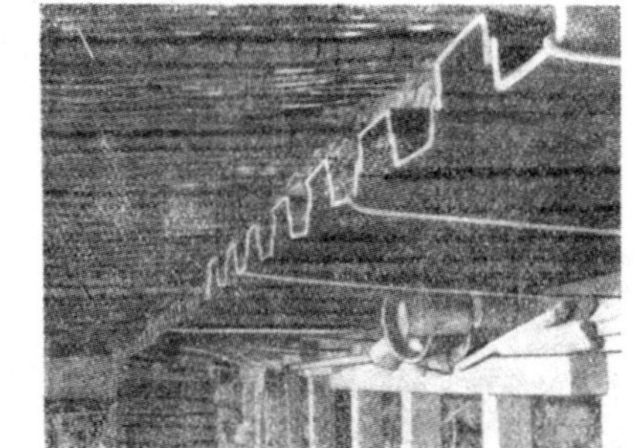

『shelf』居壁架，擱板。一塊薄板，平橫貼着於牆際，下承以木架，用以置放另件，如書架，飾物架，及廚房中之壁架等。

『Shell』蚌殼花，貝飾。〔見圖〕

Shell lime 蚌殼石灰。石灰之以貝殼之類燒煉者。

『Shellac』雪納。東印度之一種樹脂，製成薄片，以之浸於酒精，便成泡立水，可以塗漆器物。此種樹脂，亦爲製造凡立水之原料。

『Shingle』㊀片瓦。係一塊木片，大概十八寸長，四寸或四寸餘潤，一端厚一寸，另一端則不滿一寸，用之作爲瓦或石版舖蓋於屋面；有時亦用於屋之旁邊，以代牆壁。晚近建築材料，日趨於新，片瓦均用石棉及牛毛毡製成，顏色與種類極多。

㊁礫頭砂，瓜子片。圓形之石礫子，小於gravel者，石子之小於六分者。

『Shoe』靴脚。水落管子下端與明溝相近處，突出之嘴，雨水從茲漏出者。鐵靴脚之保護木樁尖端者。

『Shop』店舖，市房。一所房屋之用以闢作店舖，銷售貨物者，如米舖，肉舖等。一所店舖，除售貨物外，兼作製造修理者，如鐵舖，車行等。在英國，"shop"一字有二種意義：（一）一個所在用作製造，修理等者。（二）一個所在用作銷售貨物者。美國僅取第一義，但第二義現亦通用。

『Shop front』店面。

『Shop window』櫥窗。陳列貨品之櫥窗。與 show window 同解。

『Shore』支柱，撐頭。房屋修理時，臨時支撐之支柱。〔見圖〕

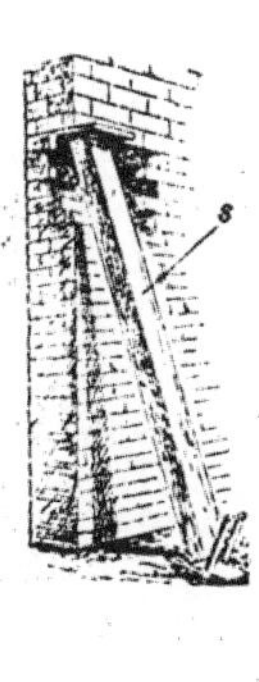

『Shovel』煤鍬。方板之鍬，上有揑手，用以鍬泥，煤等物，或掘泥之工具。〔見圖〕

Steam shovel 氣機鍬。〔見圖〕

a. 儲電平台
b. 爐鍋
c. 引擎
d. 繞繩輪齒
e. 繞繩輪齒及繞繩盤
f. 管機座
g. 汽管
h. 吊管
i. 推進引擎
j. 幹
k. 鍊
l. 掘手
m. 掘齒
n. 掘斗
o. 掘斗門繩
p. 旋轉盤
q. 茄克手與茄克螺絲

『Shovel』機鍬。

〔見圖〕

『Shower bath』淋浴。浴室中裝就龍頭，水放出如雨點，俾冲洗身體。

『Shrink』收縮。不乾燥之木材，以之作器，必至收縮離縫。

『Shutter』百葉窗。窗框之中，實以百葉板，或浜子板，藉以遮蔽陽光及掩護窗戶。

Box shutter 百葉箱。百葉板之可藏於窗之二邊箱中者。

Venetian shutter 百葉窗。百葉窗之裝於玻璃窗外者。係活動之百葉板釘於豎直之猢猻棒，可資啓閉。

『Side board』山扒檯。餐室中木器之一種。普通上有擱板，下有抽屜及櫥門，用以置放盆碟等食器者。

『Side elevation』側面樣。圖樣之顯示側面部份者。

『Side light』邊窗。窗之開於房屋側面或門之旁邊者。

『Side walk』人行道。街路旁行人之道。

『Sieve』篩子。分選物質粗細分子之網眼器具。種類頗多；普通者在竹框之下，裝釘絲網。

〔見圖〕

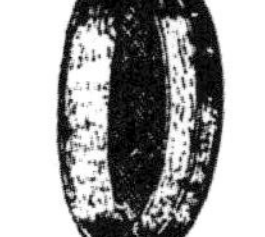

『Sill』檻。 橫置於窗或門下之木或石。

Door sill 地檻，踏步。

〔見圖〕

Window sill 窗檻。

〔見圖〕

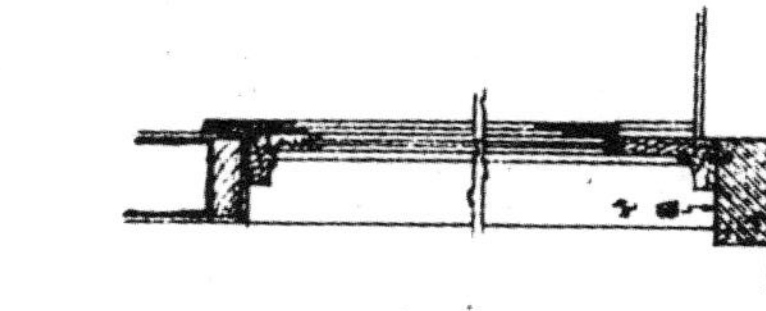

『Silo』穀倉，秣室。

『Sink』水盤。盤之形狀，普通爲長方，如箱狀，裝於廚房中，通接出水管，以之洗滌食器及食物等。

『Sitting room』坐起室。家人聚首或憩息之所。義與parlor同，惟parlor一字較舊，故人咸呼sitting room。

『Size』㊀大小尺寸。 量測一物之大小，高低，圓徑或直徑等，例如一書之尺寸，一人之長短。

㊁膠。 各種有膠黏性之物質。

Golden size 金膠。一種流質之膠黏物，用以加滲於嵌玻璃之油灰中。

『Skeleton construction』鋼骨構造。

『Sketch』草圖。短時間內繪成一物之大概形象；如建築師先繪草圖，略示房屋之格式，內部各室之分配，以示計擬營屋者，俾資商榷，以便繪製正式圖樣。

『Skew』圈脚，山頭，鑲牌。㊀法圈兩面根際斜形之圈根。

〔見圖〕

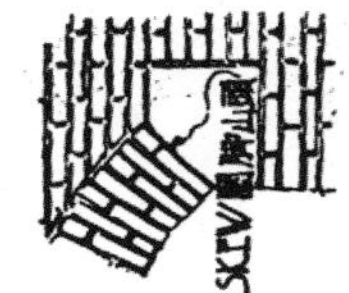

㊁山頭脚下挑出之石。

〔見圖〕

『Skirting』踢脚板。室中牆根與地板接鑲處所釘之木板。

〔見圖〕

『Sky light』天窗。屋面所開之窗。

『Sky line』外線。房屋之外緣線。

『Sky parlor』汽樓坐起室。屋頂汽樓間中所闢之坐起室。

『Sky scraper』摩天建築。高矗雲霄之大廈。

『Slab』片塊，礅。㊀將樹段鋸成片塊，用片塊遮蓋或做成片塊舖蓋屋面。

㊁平扁之塊片金屬或石，面部平整，如雲石礅。

㊂人行道用石礅舖成。

㊃鋼骨水泥礅擱於鋼骨水泥梁上。

〔見圖〕

『Slag brick』礦渣磚。

『Slag cement』礦渣水泥。

『Slaked lime』石灰末。石灰化散而成之粉末。

『Slat』百葉板。薄狹之木板(或金屬)，用以遮蔽陽光，做百葉窗及歡百葉。

Slat crimper 百葉捲摺器。

Slat machine 百葉板機。將木塊鋸成百葉板之機器。

Slat seat 楞條櫈。用狹木條釘成之櫈，每根木條之中間留有空隙者，如公園中之長櫈。

『Slate』石礅瓦。舖蓋屋面之石礅。

任何石塊，可依石紋剖成大塊光潔之薄片者。

石礅之厚且佳者，可作彈子臺面，電氣開關礅，水盤及地庫之用。

石礅之厚度，自一分至二分者，均可作為舖蓋屋面之材料。

石礅瓦之用人工製造者，依所用原料名製成之石礅瓦如下：

Argillaceous or clay slate 黏土石礅瓦。

Bitumirous slate 油毛毡石礅瓦。

Calcareous slate 石灰質石礅瓦。

Chlorite slate 綠酸鹽石礅瓦。

Damourite slate 千層紙石礅瓦。或稱「旦摩蘭」石礅瓦，「旦摩蘭」係法國一化學師之名。

Diorite slate 閃綠石礅瓦。

Hornblende slate 角閃石礅瓦。

Hydromica slate 水雲母石破瓦。

Mica slate 雲母石破瓦。

天然石破瓦，有因產地之名以名者，如次：

Dolgelly slates 道爾其石破瓦，產於英國威爾斯之道爾其區。

La Conyere slates 拉哥賢石破瓦，產於法國之西北部。

Peiping slates 北平石破瓦，產於中國北平。

Virenx slates維烈斯石破瓦，產於比國。

在英國之石破瓦，有以大小尺寸之別而定其名者如下：

Doubles……………………………13 in.× 6 in.

Ladies ……………………………16 in.× 8 in.

Viscountesses ……………………18 in.× 9 in.

Countesses ………………………20 in.× 10in.

Marchionesses ……………………22 in.× 11in.

Duchesses ………… ………24 in.× 12in.

Princesses ………………… ..24 in.× 14in.

Empresses ………………………26 in.× 16in.

Imperials …………………………30 in.× 24in.

Queens ……………………………36 in.× 24in.

普通所用之尺寸，以Duchesses與Countesses二種爲最。

『Slaughter house』 屠宰場。屠宰牲畜之場所。

『Sleeper』 ❶小欄柵。鋼骨水泥樓破上，欲舖置木板，故預置錠襻式之小欄柵，欄柵之間舖以水泥煤屑，待硬後，即舖木板於上。〔見圖〕

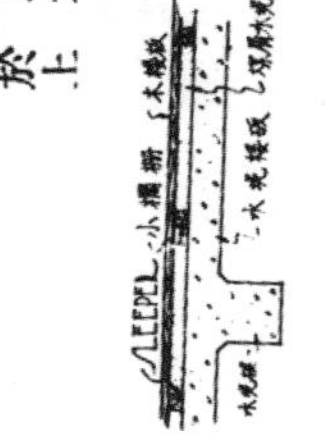

❷枕木。鐵路軌道下所橫之枕木。

『Sleeping wall』 地龍牆。下層擱置地擱柵之牆。

〔見圖〕

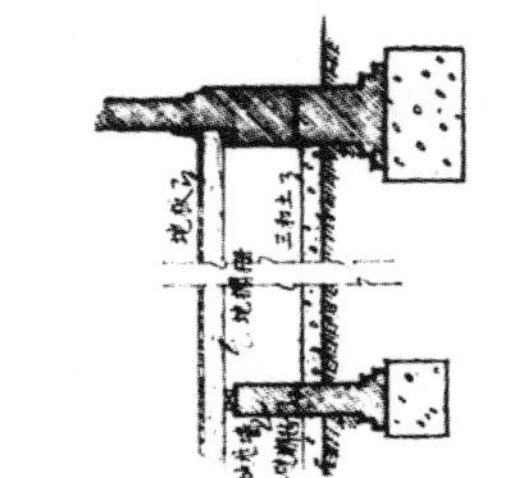

『Slide-rule』 計算尺。尺之刻有兩面或兩面以上之度線者。更於活動拉抽之尺上，亦刻有度線，以資相對核算。工程師因其計算迅捷，故用者特多。〔見圖〕

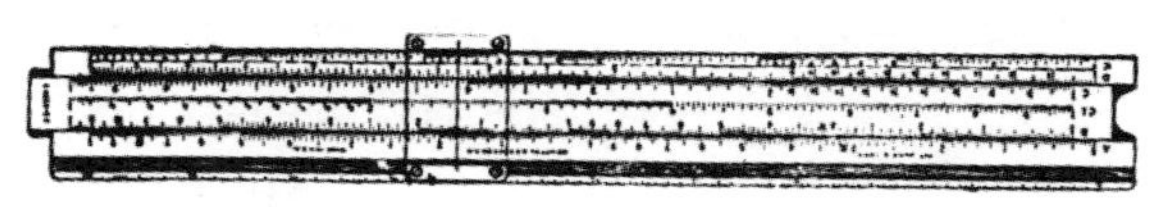

『Sliding door』推門。普通在起居室與餐室之間，有雙扇闊之門一堂，平素關閉，有時兩扇拉開，合而爲一，地位自大。

『Sliding rule』計算尺。與Slide rule同

『Sliding sash』推窗。窗之啓閉以上下抽吊者。

『Slope』斜，反水。任何不平而傾向坡斜之面線，如水泥平屋面之向兩邊傾瀉，馬路中央脊起兩邊斜下；明溝之一端高於他端，俾雨水或汚水流入於陰溝。此種傾斜，均稱反水。

『Smith』金工。打鍛金屬物成器之工匠，如：

Black smith 鐵匠。

Boiler smith 鍋爐匠。

Brass smith 銅匠。

Tin smith 鉛皮匠。

『Smoking room』吸烟室。

『Smooth plane』細鉋。木匠鉋木之工具。

『Sneck』關鍵。門上所裝之彈簧鎖，義與 latch 同。疊砌亂石牆間以水泥犬牙黏接，藉資鞏固。

『Snecked』用亂石築砌。

『Snecking』亂石工。

『Soak』浸，濕。磚於未用之前，須先浸濕或澆濕。

『Socket』❶內螺絲接頭。裝接管子之接頭。

〔見圖〕

❷燈頭。

〔見圖〕

1. 燈頭開關。

2. 鍊條開關。

『Socle』像座。平齊方整，無線脚，較高於勒脚之坐盤，用以置放彫鐫像體或其他美術品。

『Sofa』沙發椅。長椅之後背與兩邊高起者。

『Soffit』平頂，底。扶梯底之平頂，簷口平頂，台口底，過梁底，法圈圈底。

〔見圖〕

『Soil pipe』**糞管**。生鐵翻鑄之管子，裝於室內或室外，爲貫接衛生設備之要物。

『Solder』**銲接**。使兩金屬物銲接成一片。

『Solid floor』**實心地板**。地板底下，完全實質，無流通空氣之空隙者。

『Soligunum』**沙立根油**。油之一種，色分黑，淺黑及棕黑三種，用以塗抹木材，防止腐蝕。亦可用作泡立水之底塗，如樓地板之欲漆黑色泡立水者，可先抹沙立根油一塗，待乾透後，再上泡立水打蠟。

『Sound material』**良材**。材料之完好優良者。

『Sound proof』**隔音**。隔絕音響之設置，如隔音板壁或隔音室。

『Spall』**石片**。石工鑴鑿時所留之殘片斷屑。

『Span』**開當，開闊**。兩橋墩中間之距離，法圈，梁，或房屋中間之寬度。

『Spandrel』**三角檔**。普通在門頭法圈上之三角處，或兩法圈相接處之三角地。

〔見圖〕

『Spanish style』**西班牙式建築**。

『Spare room』**客室**。臥室之備客暫宿者。

『Sparge pipe』**噴水管**。

『Specification』**承攬章程**。建築師所訂之建築用料及施工詳章，以輔建築圖樣及合同之不足。

『Sphinx』**女思奮獸像**。女首獅身之彫鐫像，或其他以人獸合體之美術鐫像。

埃及彫像獅身男人之首者 Andro sphinx

埃及彫像獅身羊首者 Criosphinx

埃及彫像獅身鷹首者。Hieracoshinpx

〔見圖〕

『Spigot joint』**套筒接**。一根管子尾接於另一管子，其法不用螺旋，而用套筒式之接合。

『Spike』**大釘**。釘之粗大於尋常者，其長度自四寸半至六寸，鉚頭亦特大，用以釘鐵道上之鐵軌，或碼頭墩子等者。

〔見圖〕

a 釘鐵軌者。

b 釘碼頭者。

（待續）

振興建築事業之首要

建築師工程師於承接設計之工程招集營造廠商領取圖樣章程開賬投標時，必須繳納手續押樣等費，自數十元至數百元不等；廠商受託開賬，精密計算，既具苦心，又須受此貼費損失，殊失事理之平，且此種惡例，時爲宵小利用以作詐財之徑，尤感痛苦，因之廠商紛向上海市營造廠業同業公會請求設法救濟，藉以保障利益，業經該會致函中國建築師學會及中國工程師學會，陳述廠商困苦實情，請以後如有工程招標，應芟積弊，將習慣上之押樣手續等費，概行豁免。查建築師工程師等於招商投標時，收取費用，揆之世界各國，均無例可援；建築師工程師之服務，只能直接或間接向業主收取報酬，而不能向無論何種承包商分包商材料商等收受金錢，此乃專門技士應有之尊嚴，亦即歐美建築師工程師確切不移之箴訓。迺我國建築界獨狃陋習，重累營造廠商，不合理，不公平，一無足取，貽患甚深。按營造廠向建築師工程師處領得圖樣說明書後，必精心估值，以冀得標，凡屬較大之工程，恆費時一星期或十日以上，經濟時間之損失，既不能取償於人，反須支付手續等費，不平悖理，莫此爲甚；況押樣費之流弊，已發現多起，例如上年十月間，有上海長源測繪公司主任全某，承接南市姜延澤遜記藥號之委託，於法租界蒲石路基地上設計西式住宅，招商投標承建，當時應徵者十餘家，各遵照規定繳納押樣費三百元，均由全某掣給收據爲憑；詎屆開標之際，全某突然身故，致各廠所繳押樣費，雖經迭次交涉，卒無人負責發還。此其一。今年七月間，有名奚光新者，設事務所於圓明園路一三三號三樓三二二至三二三號房間，聲言在法租界亘潑來斯路建造三層出租住宅八十三幢，招商投標，規定於七月四日前赴事務所領取圖樣，並隨繳押樣費六百元，約定同月十五日開標。而屆期竟人去樓空，該奚光新者已席捲押樣費而鴻飛冥冥矣。捕房雖在嚴緝，尚未獲案。此其二。類此之舉，固不勝臚述。又如最近法租界投標一大工程，每廠須繳押樣費三千元，投標者達二十三家，總計有六萬九千元之鉅。雖設計該工程之建築師乃建築界之佼佼者，信用卓著，開標後必能一律發還，自毋庸置疑；然不欲啓宵小之覬覦，以爲設計騙局之階梯乎？

且建築師工程師之收取押樣費，轉瞬卽須發還，手續既繁，況代行保管，尚有發生意外之虞，亦有弊無利。要之，押樣費之亟宜取消，固無置辯之可能。上海營造廠業同業公會之主張取消，故本會深表贊同。或曰：押樣費存在之理由，係防患投標者任意開帳，蓋建築師工程師於投標建造房屋時，深恐投標者初則競開小賬，得標後又不願承包，或投標後不將圖樣交還，致受損失，爰規定預繳押樣費，以便於此種情形下，沒收抵償，以作消極之抵制。然此固未嘗不可另籌保證之策也。況建築師工程師對於當地營造廠情形，必經調查明瞭，儘可於授予投標權時嚴格鑑別，認爲不能勝任者卽行拒絕，以免僨事。若採用預繳押樣費之習慣，則只須有繳費能力，則卽或明知其承造之實力不敷，亦不便拒絕，祇得予以投標之權；而此輩廠商爲競爭工程起見，輒投濫帳，開標結果，每能得標。其時建築師工程師因事前既予以圖樣，既令其繳納手續費，而將其剔去，不予接受，於心似不忍。且濫帳易得業主屬意，蓋少費金錢建築同樣房屋，業主自必贊同，雖預知承造者必賠本，亦不予聞問。致工程進行，多無良好結果。

因之，建築師工程師對於營造廠商之條件愈苛，如現金担保額之鉅，人保舖保之信用孚實，不動產担保之過戶等等，多方束縛，制承包人於無動擅之餘地，而正式廠商則受累匪淺矣。

然而，營造商人甯非萬愚，豈願賠貼血本低首下心而接受種種苛刻條件耶？蓋尙有其他隱情在焉。夫際茲百業凋敝市況衰落之秋，營造業自亦不能例外。資金雄厚信望素孚者，固尙能維持其固有之營業；而外表雖規模宏大舉止闊綽，實際則外强中乾，岌岌終日者，亦大有人也。此輩之出入必汽車，囊橐常豐富，無非欲裝飾其門面，維持其信譽耳。又以維持之困難，不得不圖週轉靈便，延宕行欵，乃不惜競開濫帳，以冀得標，藉掩內虛。況新工程進行中，需用之材料，可隨時支付少許貨欵以提用，俾唐塞一時。此輩未嘗不知斯乃飲鴆止渴，然則無他法以維目前危機，卒不得不出諸自絕生機之策。如最近兩營造廠之倒閉，一營造商之逃亡，卽屬實例。

專開小帳者，除上述外，尙有另一種商人，此輩初無資本，待得標後，乃覔人担保並投貸資本。工程進行時，彼又按月支薪，俾獲盈餘，且可分潤利益，虧本則委諸貸本人負担；故爲彼個人利益，亦競開濫賬也。

然則建築師工程師等祇知收取手續費而不顧投標者是否確具資格，究有若何利益？曰：有損而無益。蓋建築師工程師設計圖樣後，向業主算取之報酬額，多視造價之高低爲標準，投標者競開濫賬，影響非尠；且在投標者，因造價已低，乃多方設法彌補，於是弊竇百出，防不勝防，稍一不愼，且涉訟累；建築師工程師於此情形，亦云苦矣。

流弊所及，整個社會均蒙其害，因濫賬之風氣既成，素所持重者亦不得不隨波逐流，藉以競獲承造權；得標後又不得不力事克扣，以全其利。對於工人，儘量剝削，對於行商，儘量拖宕，馴至工人生活力抵落，行商將貨價增高。市場乃發生影響，業主亦備受損害矣。

上述諸弊，僅略舉犖犖大者，然已可覘其爲害之一斑，亟應設法改良也。改良之首要，厥爲取消投標時之手續費及押標費，而嚴格選別投標人之資格（業主所舉之投標人，亦應甄別。）及採取適度之標賬。所謂採取適度之標賬，卽不重最低標價，而於應有造價上予承包人以一分之毛利者爲合格；如是則商人既有利可圖，信用良好資力充足者乃樂予投標，估計確實標賬，愼重進行工程，各方均可蒙其利也。欲圖實現此種計劃，非主其事者建築師工程師備具廢除積弊之決心不可。

現在開估鋼骨水泥工程造價木壳子板恆不計在內，所持原因，則謂因有底貨可資應用之故；又如花賬結束後，有將總數扣除三成者；似此情形，營造廠商尙有何利可獲，安得而不陷於失敗哉？

數十年來，營造事業，於外表觀之，似頗呈進步氣象，實則不然，竟有漸趨衰落之勢。因建築商人無力設廠自造建築材料，故外貨充斥，漏巵日鉅；童工手工之教練方法較曩昔未有改善，故工人程度並未提高，工作難於改良；商人營業不振，自顧不及，無暇謀及公益，故整個建築事業亦未獲進境。

欲振興建築事業，應由全體建築業者共同努力之；建築師工程師應注意營造商之利益；營造廠商亦應注意工程之良善。一言以蔽之，則建築業之從業者，應放遠目光，以公共事業爲前提，毋以私利爲尾閭，庶幾整個建築事業日趨繁榮也。

Cottages–Western District, Shanghai. H. J. Hajek, B. A M. A. & A. S., Architect.

西區將建之新村 海傑克建築師設計

精美的二層樓美國式小住宅

羅林卓別玲建築師設計

曾獲得一九三二年獎賞

競賽評判員對此圖的按語：此屋佈置週到，平面圖精小合宜，尤以二層樓爲最佳，頗合居住者之幸福；至於用料之簡省，尤其餘事也！

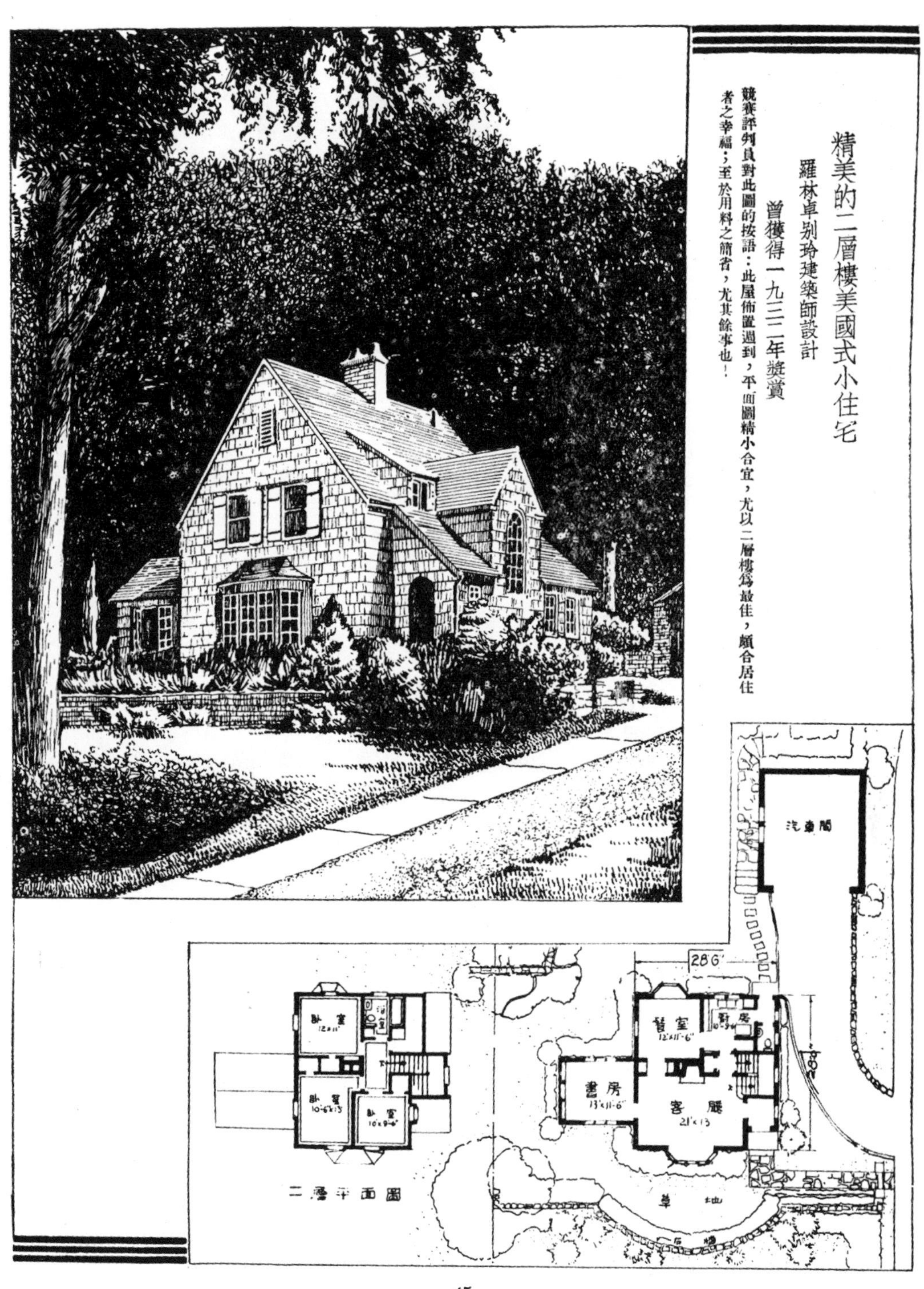

工程估價

（十五續）

杜彥耿

第六節　五金工程

金屬之於建築，約可分作二種，即實金屬與片金屬是 (Solid metal and Sheet metal)。實金屬包括生鐵柱子，鋼與熟鐵。白鐵，鐵皮，紫銅皮及其他薄片金屬之產物，則屬之於片金屬。

金屬物之估價綦繁，殊難遽下斷論；蓋同一物件，其品質之差別，不下數十種。即如鉸鏈一項，須視所用原料——有鋼質，生鐵，熟鐵，及銅質之別——及鉸鏈之大小尺寸而判其價值；因鉸鏈之尺寸益狹，則價值益賤。鉸鏈狹，螺釘釘於邊口，木料極易碎裂；故鉸鏈大，則螺釘可以錯綜釘入框木，以與狹溢之鉸鏈相較，其牢脆自不可以道里計矣。

壓鋼與熟鐵之鉸鏈，亦須視其厚度與鉸鏈之脊接密度而判其優次。

求生鐵分量之法，須先知有若干立方寸生鐵，再以.26磅相乘，即可求得其重量。生鐵價值每磅約五分，此僅指工作簡易平面而論；倘因工作艱繁，則價自當稍昂。他若一物之特製成模型者，僅鑄一件與鑄百件以上，其價自較貴，此盡人皆知也。

例如有一平面鐵板，長四十七寸，濶九寸半，厚七分，欲求其重量，可以下列公式得之：

$$47\times9.5\times7\div8=391\text{立方寸}$$

再以.26磅乘之，則其答數爲101.66磅或作102磅，設此鐵板之中間，有二十個空洞眼子，如爐底鐵板者然，每個眼子一寸穿心圓，其面積似爲.7854方寸，因之.7854×20=15.7立方寸×.26=4.08磅，隨將此數在前述之數中減去，

茲將生鐵，熟鐵及鋼之重量，分述如下：

生鐵　每立方尺重四百五十磅　每立方寸重•二六磅

熟鐵　每立方尺重四百八十磅　每立方寸重•二八磅

鋼　每立方尺重四百九十磅　每立方寸重•二八磅

根據瓊斯與拉富玲二氏 (Jones and Laughlin) 所算之確數，則生鐵每立方寸爲•二六○四磅，熟鐵每立方寸•二七八磅，鋼每立方寸•二八四磅。然營造廠於估賬時，不必如此精確之小數。

茲更將鐵皮，鐵板，洋方及洋圓之重量，分別列表如後：

鐵皮每一平方尺之重量

厚度(寸)	重量(磅)	厚度(寸)	重量(磅)
1/32	1.25	5/16	12.58
1/16	2.519	3/8	15.10
3/32	3.788	7/16	17.65
1/8	5.054	1/2	2.200
5/32	6.305	9/16	22.76
3/16	7.578	5/8	25.16
7/32	8.19	3/4	30.20
1/4	10.09	7/8	35.30
9/32	11.38	1	40.40

扁鐵板每一長尺之重量

(以磅為單位)

闊(吋)	厚(吋)								
	$\frac{1}{4}$	$\frac{5}{16}$	$\frac{3}{8}$	$\frac{7}{16}$	$\frac{1}{2}$	$\frac{5}{8}$	$\frac{3}{4}$	$\frac{7}{8}$	1
1	·83	1·04	1·25	1·46	1·67	2·08	2·50	2·92	3·34
$1\frac{1}{8}$	·93	1·17	1·40	1·64	1·87	2·34	2·81	3·28	3·75
$1\frac{1}{4}$	1·04	1·30	1·56	1·82	2·08	2·60	3·13	3·65	4·17
$1\frac{3}{8}$	1·14	1·43	1·72	2·00	2·29	2·87	3·44	4·01	4·59
$1\frac{1}{2}$	1·25	1·56	1·87	2·19	2·50	3·13	3·75	4·38	5·00
$1\frac{5}{8}$	1·35	1·69	2·03	2·37	2·71	3·39	4·07	4·70	5·43
$1\frac{3}{4}$	1·46	1·82	2·19	2·55	2·92	3·65	4·38	5·11	5·84
$1\frac{7}{8}$	1·56	1·95	2·34	2·74	3·13	3·91	4·69	5·47	6·26
2	1·67	2·08	2·50	2·92	3·34	4·17	5·01	5·86	6·68
$2\frac{1}{8}$	1·77	2·21	2·66	3·10	3·55	4·43	5·32	6·21	7·10
$2\frac{1}{4}$	1·87	2·34	2·81	3·28	3·76	4·69	5·63	6·57	7·52
$2\frac{3}{8}$	1·98	2·47	2·97	3·47	3·96	4·95	5·95	6·94	7·93
$2\frac{1}{2}$	2·08	2·60	3·13	3·65	4·17	5·21	6·26	7·30	8·35
$2\frac{5}{8}$	2·19	2·74	3·28	3·83	4·38	5·47	6·57	7·67	8·77
$2\frac{3}{4}$	2·29	2·87	3·44	4·01	4·59	5·74	6·88	8·03	9·18
$2\frac{7}{8}$	2·40	3·00	3·60	4·20	4·80	6·00	7·20	8·40	9·60
3	2·50	3·13	3·75	4·38	5·01	6·26	7·51	8·76	10·02
$3\frac{1}{4}$	2·71	3·39	4·07	4·74	5·43	6·78	8·14	9·49	10·86
$3\frac{1}{2}$	2·92	3·65	4·38	5·11	5·84	7·30	8·76	10·23	11·69
$3\frac{3}{4}$	3·13	3·91	4·68	5·47	6·26	7·82	9·39	10·95	12·52
4	3·34	4·17	5·00	5·84	6·68	8·35	10·02	11·69	13·36
$4\frac{1}{4}$	3·54	4·43	5·32	6·21	7·09	8·87	10·64	12·42	14·19
$4\frac{1}{2}$	3·75	4·69	5·63	6·57	7·51	9·39	11·27	13·15	15·03
$4\frac{3}{4}$	3·96	4·95	5·94	6·94	7·93	9·91	11·89	13·88	15·86
5	4·17	5·21	6·26	7·30	8·35	10·44	12·52	14·61	16·70
$5\frac{1}{4}$	4·38	5·47	6·57	7·67	8·76	10·96	13·14	15·34	17·53
$5\frac{1}{2}$	4·59	5·73	6·88	8·03	9·18	11·48	13·77	16·07	18·37
$5\frac{3}{4}$	4·80	6·00	7·20	8·40	9·60	12·00	14·40	16·80	19·20
6	5·01	6·25	7·51	8·76	10·02	12·53	15·03	17·53	20·05

洋方洋圓每一長尺之重量

（以磅爲單位）

直徑或邊長	方鐵條	圓鐵條	闊或直徑（吋）	方鐵條	圓鐵條	闊或直徑（吋）	方鐵條	圓鐵條
1/4	·209	·164	1 1/4	5·25	4·09	3	30·07	23·60
5/16	·326	·256	1 3/8	6·35	4·96	3 1/4	35·28	27·70
3/8	·470	·369	1 1/2	7·51	5·90	3 1/2	40·91	32·13
7/16	·640	·502	1 5/8	8·82	6·92	3 3/4	46·97	36·89
1/2	·835	·656	1 3/4	10·29	8·03	4	53·44	41·97
9/16	1·057	·831	1 7/8	11·74	9·22	4 1/4	60·32	47·38
5/8	1·305	1·025	2	13·36	10·49	4 1/2	67·63	53·12
11/16	1·579	1·241	2 1/8	15·08	11·84	4 3/4	75·35	59·18
3/4	1·879	1·476	2 1/4	16·91	13·27	5	83·51	65·58
13/16	2·205	1·732	2 3/8	18·84	14·79	5 1/4	92·46	72·30
7/8	2·556	2·011	2 1/2	20·87	16·39	5 1/2	101·03	79·35
15/16	2·936	2·306	2 5/8	23·11	18·07	5 3/4	110·43	86·73
1	3·34	2·62	2 3/4	25·26	19·84	6	120·24	94·43
1 1/8	4·22	3·32	2 7/8	27·61	21·68	—	—	—

把表内的數目乘·93為生鐵的重量，乘1·02為鋼，乘1·15為紫銅，乘1·09為黃銅，乘1·47為鉛，乘·92為鋅。

金屬片每平方呎重量

厚度：量鉄標準

量鉄標準	鉄	鋼	銅	黄銅	量鉄標準	鉄	鋼	銅	黄銅
1	12·00	12·48	13·68	13·11	16	2·56	2·66	2·92	2·80
2	11·04	11·48	12·59	12·06	17	2·24	2·33	2·55	2·45
3	10·08	10·48	11·49	11·01	18	1·92	2·00	2·19	2·10
4	9·28	9·65	10·60	10·14	19	1·60	1·66	1·82	1·75
5	8·48	8·82	9·67	9·26	20	1·44	1·50	1·64	1·57
6	7·68	7·99	8·76	8·39	21	1·28	1·33	1·46	1·40
7	7·04	7·32	8·03	7·69	22	1·12	1·16	1·28	1·22
8	6·40	6·66	7·30	6·99	23	0·96	1·00	1·09	1·05
9	5·76	5·99	6·57	6·29	24	0·88	0·92	1·00	0·96
10	5·12	5·32	5·84	5·59	25	0·80	0·83	0·91	0·87
11	4·64	4·83	5·29	5·07	26	0·72	0·75	0·82	0·79
12	4·16	4·33	4·74	4·54	27	·656	·682	·748	·717
13	3·68	3·83	4·20	4·02	28	·592	·616	·675	·647
14	3·20	3·33	3·65	3·50	29	·544	·566	·620	·594
15	2·88	3·00	3·28	3·15	30	·496	·516	·565	·542

（待續）

註：表內之"銅"亦作"紫銅"。

建築材料價目表

磚瓦類

貨名	商號	大小	數量	價目	備註
空心磚	大中磚瓦公司	12″×12″×10″	每千	$250.00	車挑力在外
,, ,, ,,	,, ,, ,, ,,	12″×12″×9″	,, ,,	230.00	
,, ,, ,,	,, ,, ,, ,,	12″×12″×8″	,, ,,	200.00	
,, ,, ,,	,, ,, ,, ,,	12″×12″×6″	,, ,,	150.00	
,, ,, ,,	,, ,, ,, ,,	12″×12″×4″	,, ,,	100.00	
,, ,, ,,	,, ,, ,, ,,	12″×12″×3″	,, ,,	80.00	
,, ,, ,,	,, ,, ,, ,,	9¼″×9¼″×6″	,, ,,	80.00	
,, ,, ,,	,, ,, ,, ,,	9¼″×9¼×4½″	,, ,,	65.00	
,, ,, ,,	,, ,, ,, ,,	9¼″×9¼″×3″	,, ,,	50.00	
,, ,, ,,	,, ,, ,, ,,	9¼″×4½″×4½″	,, ,,	40.00	
,, ,, ,,	,, ,, ,, ,,	9¼″×4½″×3″	,, ,,	24.00	
,, ,, ,,	,, ,, ,, ,,	9¼″×4½″×2½″	,, ,,	23.00	
,, ,, ,,	,, ,, ,, ,,	9¼″×4½″×2″	,, ,,	22.00	
實心磚	,, ,, ,, ,,	8½″×4⅛″×2½″	,, ,,	14.00	
,, ,, ,,	,, ,, ,, ,,	10″×4⅞″×2″	,, ,,	13.30	
,, ,, ,,	,, ,, ,, ,,	9″×4⅜″×2″	,, ,,	11.20	
,, ,, ,,	,, ,, ,, ,,	9.,×4⅜″×2¼″	,, ,,	12.60	
大中瓦	,, ,, ,, ,,	15″×9½″	,, ,,	63.00	運至營造場地
西班牙瓦	,, ,, ,, ,,	16″×5½″	,, ,,	52.00	,, ,,
英國式灣瓦	,, ,, ,, ,,	11″×6½″	,, ,,	40.00	,, ,,
脊瓦	,, ,, ,, ,,	18″×8″	,, ,,	126.00	,, ,,

鋼條類

貨名	商號	標記	數量	價目	備註
鋼條		四十尺二分光圓	每噸	一百十八元	德國或比國貨
,, ,,		四十尺二分半光圓	,, ,,	一百十八元	,, ,, ,,
,, ,,		四二尺三分光圓	,, ,,	一百十八元	,, ,, ,,
,, ,,		四十尺三分圓竹節	,, ,,	一百十六元	,, ,, ,,
,, ,,		四十尺普通花色	,, ,,	一百〇七元	鋼條自四分至一寸方或圓
,, ,,		盤圓絲	每市擔	四元六角	

五　金　類

貨名	商號	標記	數量	價目	備註
二二號英白鐵			每箱	五十八元八角	每箱廿一張重四〇二斤
二四號英白鐵			每箱	五十八元八角	每箱廿五張重量同上
二六號英白鐵			每箱	六十三元	每箱卅三張重量同上
二八號英白鐵			每箱	六十七元二角	每箱廿一張重量同上
二二號英瓦鐵			每箱	五十八元八角	每箱廿五張重量同上
二四號英瓦鐵			每箱	五十八元八角	每箱卅三張重量同上
二六號英瓦鐵			每箱	六十三元	每箱卅八張重量同上
二八號英瓦鐵			每箱	六十七元二角	每箱廿一張重量同上
二二號美白鐵			每箱	六十九元三角	每箱廿五張重量同上
二四號美白鐵			每箱	六十九元三角	每箱卅三張重量同上
二六號美白鐵			每箱	七十三元五角	每箱卅八張重量同上
二八號美白鐵			每箱	七十七元七角	每箱卅八張重量同上
美方釘			每桶	十六元〇九分	
平頭釘			每桶	十六元八角	
中國貨元釘			每桶	六元五角	
五方紙牛毛毡			每捲	二元八角	
半號牛毛毡		馬牌	每捲	二元八角	
一號牛毛毡		馬牌	每捲	三元九角	
二號牛毛毡		馬牌	每捲	五元一角	
三號牛毛毡		馬牌	每捲	七元	
鋼絲網		27″×96″ $2\frac{1}{4}$lb.	每方	四元	德國或美國貨
„ „ „		27″×96″ 3lb.rib	每方	十元	„ „ „
鋼版網		8′×12′ 六分一寸半眼	每張	三十四元	
水落鐵		六分	每千尺	四十五元	每根長廿尺
牆角線			每千尺	九十五元	每根長十二尺
踏步鐵			每千尺	五十五元	每根長十尺或十二尺
鉛絲布			每捲	二十三元	闊三尺長一百尺
綠鉛紗			每捲	十七元	„ „ „
銅絲布			每捲	四十元	„ „ „
洋門套鎖			每打	十六元	中國鎖廠出品黃銅或古銅色

貨名	商號	標記	數量	價格	備註
洋門套鎖			每打	十八元	德國或美國貨
彈弓門鎖			每打	三十元	中國鎖廠出品
〃〃〃			每打	五十元	外貨

木材類

貨名	商號	說明	數量	價格	備註
洋松	上海市同業公會公議價目	八尺至卅二尺再長照加	每千尺	洋八十四元	
一寸洋松	〃〃〃		〃〃	〃八十六元	
寸半洋松	〃〃〃		〃〃	八十七元	
洋松二寸光板	〃〃〃		〃〃	六十六元	
四尺洋松條子	〃〃〃		每萬根	一百二十五元	
一寸四寸洋松一號企口板	〃〃〃		每千尺	一百〇五元	
一寸四寸洋松副號企口板	〃〃〃		〃〃	八十八元	
一寸四寸洋松二號企口板	〃〃〃		〃〃	七十六元	
一寸六寸洋松一頭號企口板	〃〃〃		〃〃	一百十元	
一寸六寸洋松副頭號企口板	〃〃〃		〃〃	九十元	
一寸六寸洋松二號企口板	〃〃〃		〃〃	七十八元	
一二五四寸一號洋松企口板	〃〃〃		〃〃	一百三十五元	
一二五四寸二號洋松企口板	〃〃〃		〃〃	九十七元	
一二五六寸一號洋松企口板	〃〃〃		〃〃	一百五十元	
一二五六寸二號洋松企口板	〃〃〃		〃〃	一百十元	
柚木（頭號）	〃〃〃	僧帽牌	〃〃	五百三十元	
柚木（甲種）	〃〃〃	龍牌	〃〃	四百五十元	
柚木（乙種）	〃〃〃	〃〃	〃〃	四百二十元	
柚木段	〃〃〃	〃〃	〃〃	三百五十元	
硬木	〃〃〃		〃〃	二百元	
硬木（火介方）	〃〃〃		〃〃	一百五十元	
柳安	〃〃〃		〃〃	一百八十元	
紅板	〃〃〃		〃〃	一百〇五元	
抄板	〃〃〃		〃〃	一百四十元	
十二尺三寸六八皖松	〃〃〃		〃〃	六十五元	
十二尺二寸皖松	〃〃〃		〃〃	六十五元	

貨名	商號	說明	數量	價格	備註
一二五四寸柳安企口板	上海市同業公會公議價目		每千尺	一百八十五元	
一寸六寸柳安企口板	” ” ”		” ”	一百八十五元	
二寸一半建松片	” ” ”		” ”	六十元	
一丈字印建松板	” ” ”		每丈	三元五角	
一丈足建松板	” ” ”		” ”	五元五角	
八尺寸甌松板	” ” ”		” ”	四元	
一寸六寸一號甌松板	” ” ”		每千尺	五十元	
一寸六寸二號甌松板	” ” ”		” ”	四十五元	
八尺機鋸杭松板	” ” ”		每丈	二元	
九尺機鋸甌松板	” ” ”		” ”	一元八角	
八尺足寸皖松板	” ” ”		” ”	四元六角	
一丈皖松板	” ” ”		” ”	五元五角	
八尺六分皖松板	” ” ”		” ”	三元六角	
台松板	” ” ”		” ”	四元	
九尺八分坦戶板	” ” ”		” ”	一元二角	
九尺五分坦戶板	” ” ”		” ”	一元	
八尺六分紅柳板	” ” ”		” ”	二元二角	
七尺俄松板	” ” ”		” ”	一元九角	
八尺俄松板	” ” ”		” ”	二元一角	
九尺坦戶板	” ” ”		” ”	一元四角	
六分一寸俄紅松板	” ” ”		每千尺	七十三元	
六分一寸俄白松板	” ” ”		” ”	七十一元	
一寸二分四寸俄紅松板	” ” ”		” ”	六十九元	
俄紅松方	” ” ”		” ”	六十九元	
一寸四寸俄紅白松企口板	” ” ”		” ”	七十四元	
一寸六寸俄紅白松企口板	” ” ”		” ”	七十四元	

水泥類

貨名	商號	標記	數量	價目	備註
水泥		象牌	每桶	六元三角	
水泥		泰山	每桶	六元二角半	
水泥		馬牌	” ”	六元二角	

貨名	商號	標記	數量	價目	備註
水泥		英國"Atlas"	,, ,,	三十二元	
白水泥		法國麒麟牌	,, ,,	二十八元	
白水泥		意國紅獅牌	,, ,,	二十七元	

油漆類

貨名	商號	數量	價格	備註
各色經濟厚漆	元豐公司	每桶（廿八磅）	洋二元八角	分紅黃藍白黑灰綠棕八色
快性亮油	,, ,,	每桶（五介侖）	洋十二元九角	
燥頭	,, ,,	,, ,,（七磅）	洋一元八角	
經濟調合漆	,, ,,	,, ,,（五十六磅）	洋十三元九角	色同經濟厚漆
頂上白厚漆	,, ,,	每桶（廿八磅）	洋十一元	
上白磁漆	,, ,,	,, ,,（二介侖）	洋十三元五角	
上白調合漆	,, ,,	,, ,,（五介侖）	洋三十四元	
淺色魚油	,, ,,	,, ,,（六介侖）	洋十六元五角	
三煉光油	,, ,,	,, ,, ,, ,,	洋二十五元	
橡黃釉	,, ,,	,, ,,（二介侖）	洋七元五角	
柚木釉	,, ,,	,, ,,（二介侖）	,, ,, ,, ,,	
花利釉	,, ,,	,, ,,（二介侖）	,, ,, ,, ,,	
平光牆漆	,, ,,	,, ,,（二介侖）	洋十四元	色分純白淺紅淺綠淺藍
鋼窗李紅丹油 屋頂紅	,, ,,	五十六磅裝	洋十九元五角	
鋼窗灰綠	,, ,,	,, ,, ,, ,,	洋二十一元五角	
松香水	,, ,,	五介侖裝	洋八元	
清黑凡宜水	,, ,,	二介侖 五介侖	洋七元 十七元	
水汀金銀漆	,, ,,	二介侖裝	洋二十一元	
發彩油	,, ,,	一磅裝	洋一元四角五分	分紅黃藍白黑五種
朱紅磁漆	,, ,,	二介侖裝	洋二十三元五角	
純黑磁漆	,, ,,	,, ,, ,, ,,	洋十三元	
上綠調合漆	,, ,,	五介侖裝	洋三十四元	

北行報告（續）

北平市溝渠建設設計綱要

杜彥耿

一 序言

溝渠爲市政建設之基幹，爲市民新陳代謝之脈絡。道路藉溝渠之排水，路基始得穩固，路面始免冲毀，是以道路與溝渠，爲市政上不可分離之建設，須相輔而行者也。惟道路與溝渠在設計上有截然不同之點在，卽道路可就目前需要之程度以定其路面之寬度，他日交通增繁，可隨時就路傍預置之空地展寬，昔日所修之路面仍可完全利用。溝渠則反是，若僅就目前建築狀況及一區域之水量而建造，則將來再本區建築增多或鄰區安設溝渠須假道此區以排水時，則原設溝管必難容納，另改較大溝管，則昔日所埋設者，費工挖出，大半拆毀，不能用，投資化爲烏有，此誠市政建設上之一種浪費，爲市政工程上所應竭力避免者也。故溝渠創辦之初，雖可就市民需要及財力所及，舉局辦局部之小規模建設，但設計時必須高瞻遠矚，作統系全市之整個計劃，以適應市內溝渠全部完成後之情況。如此則脫胎於整個計劃中之部建設，雖爲局部小工程，亦可永爲市產之一部，永爲市民所利用，不致中途廢棄，使建設投資變爲一種無益之消耗也。

根據以上所論，雖在市財政尚未充裕之時，亦應先行草擬全市溝渠建設之整個計劃，以爲局部建設之所依據。惟全市溝渠整個計劃，非有精確之測量，縝密之研究，難期完善。北平爲已臻發育成長之城市，市民習慣及已成建設，均須顧及，而籌適應利用之策，故尤須有詳確之調查及各項預備工作，方克着手設計。但設計所依據之基本原則，基本數字及基本公式，須先行討論研究，經專家之審定後，以爲擬定整個計劃之所根據。此本設計綱要之所由起草也。

二 舊溝渠現狀

北平市舊溝渠之建築時期，已不可考，傳稱完成於明代，迄今已有數百年之歷史。內城分五大幹渠，由北南流，皆以前三門護城河爲總匯，內城幹渠之最大者爲大明濠（卽南北溝沿）與御河（卽沿東皇城根之河道）。現除御河北段外，均改爲暗溝。什刹海匯集內城北部之水導入三海。西四南北大街與東四南北大街各有暗溝二道，惟出口淤塞。外城之水大部匯集於龍鬚溝，流入城南護城河，龍鬚溝西段現亦改成暗渠。據北平市內外城溝渠形勢圖而論，幹支各溝，脈絡貫通，似甚完密，實則溝綫宛延曲折，甚少與路綫平行；且曩時市民築房，漫無限制，致多數溝渠壓置市民房屋之下，難於尋覓。溝之構造均爲磚砌，作長方形，上覆石板溝蓋，無人孔，滲漏性甚大，小量之水洩入溝中，常不抵出口，卽已滲盡，掏挖時須刨掘地面，揭起石蓋，方可工作。現大部溝渠或淤塞不通，或供少數住戶之傾洩污水，雨水則多由路面或邊溝流入幹渠。此項舊溝渠，昔時完全用以宣洩雨水，迨後生活提高，市民污水漸感有設法排除之必要，遂多自動安設污水管接通街溝，近年本市工務局為便利市民並資限制計，代為住戶安裝溝管，而舊溝渠之為用遂成污水雨水合流矣。舊溝渠淤塞之病，由來已久，歷年雖有溝工隊專司掏挖，然人數既少（僅百餘人）又無整個計畫，此通彼塞，無濟於事，蓋積病已深，非支節掏挖之所能收效也。

三　溝渠系統

溝渠之為用，可大別為二：（一）排除工廠及市民家屋（廚房浴室廁所）中之污水。（二）宣洩路面屋頂及宅院中之雨水。污水含有多量之污穢物及微菌，終年流洩，不稍間斷，故須設管導引至市外遠處，經過清理手續，再洩入江湖或海洋中。此種污水流量無多，且無陡增陡減之現象，故清理之工作雖繁，所需以導引之管徑則小。雨水之流量嘗數百倍於污水，設管導引，所需之管徑極大，但污穢較少，不必清理，即可洩入市內之河流池沼。污水與雨水之質與量，既有如上所述之不同，溝渠之系統遂有「分流制」與「合流制」之區別：分流制為一街之中分設雨水污水兩種溝渠，各成系統，不相混亂，適宜於舊城市已設雨水溝渠設備之區域，及雨水易於排出之處，無須設大規模之雨水溝渠系統以導引者。此法多數市街可單設污水管，雨水則藉明溝或短距離之暗渠以流洩至雨水幹渠或逕達消納雨水之處。此種分流制度之優點，以污水流量較少，所需導引之管徑亦小，用機器排除，亦較簡易，大雨時因與雨水分管而流，無雨水過多，倒灌室內之弊。故各國城市多採用之。合流制為雨水與污水同在一混合管內流出，適宜於新闢市街，雨水不易排洩之區，污水雨水需同時設管導引或同需機器抽送者。此法一街之中僅設一道混合管，開辦既較同時安設兩管為省，而平時維持費亦較分流制為低也。

北平市舊溝渠現況，污水與雨水混流，似為合流制，然此種現象之造成，實因本市人口增加，生活提高，新式浴室廁所日多，無污水溝渠以消納污水，于是洩入舊溝，而現成今日無溝不臭之現狀，不可據以認為污水混流於雨水溝內為合理，而斷定本市溝渠為合流制也。新式雨水溝渠不適於宣洩污水為盡人皆知之事實，而本市之舊式雨水溝渠，不適於污水之流洩，其理由更為顯著，因溝底不平，坡度過小，污水入內，幾不流動，與其名為溝渠，勿寧視作滲坑，附近井水，莫不被溝內滲下之污水所濁，因而病菌繁殖，侵害市民，此本市舊溝渠不適於合流制之最大理由也。

本市溝渠系統應採何制？舊溝之不能用以合流雨水污水，已如上述，即本市將來建設新式溝渠，亦不能用合流制而應採分流制，其理由有五：（1）分流制之水管可用圓形管，合流制之水管則多用蛋形（下窄之橢圓）管，因圓管水滿時流速大，水淺時流速小，故量少之污水流過時發生沉澱；蛋形管則無論污水之多寡，水深與水面寬度，常為一不變之比，流速無忽大忽小之弊，故流大量之雨水或少量之污水、皆不致發生沉澱。惟此種蛋形管，管身既高，且下端又窄，所需以埋設之溝必深，而本市地勢平坦，不易得一適當之坡度，且土質鬆軟，安設此種溝管，不特所費過鉅，且工事進行亦甚困難，此本市不能用合流制而應採分流制之理由一也。(2)什剎海三海及內外城之護城河皆可用以宣洩雨水，而不能任污水流入，以臭化全市，此污水雨水應分道宣洩而採用分流制之理由二也。(3)本市舊溝渠雖不適于運除污水，若加以改良疏濬，大部分尙可用以宣洩雨水，利用舊時建設，排除今日積潦，爲最經濟之市政計畫，此本市溝渠應採分流制之理由三也。(4)市民生活程度漸高，衞生設備日增，現據自來水公司之報告，新裝專用水管者，每月有百戶之多，近年來全市水量消費亦日增，因而時感不敷供給。全市之穢水池皆苦宣洩不及，穢水洋溢於外。前三門護城河中污水奔流而下，爲量可驚。由以上三點而論，本市之污水排洩問題已日趨嚴重，自應另行籌設全市之新式污水溝渠，自成系統，與雨水溝不相混亂，專用以排除全市污穢，此不僅現時市民之衞生狀況因以改善，且可一勞永逸，樹市政建設之百年大計，此本市溝渠應採分流制之理由四也。(5)污水量少，所需之溝管直徑亦小，約自二百公厘(八吋)至六百公厘(二十四吋)，故建設費所需較少，粗估第一期工程費約爲一百四十萬元(詳見北平市污水溝渠初期建設計劃)，初期建設完成後，雖不能逐戶安設專用之污水管，但利用新式穢水池稍納多數住戶污水之效力，則今日污濁橫流，穢水潑街之現象，當可免除。此就建設經濟言，本市應採分流制之理由五也。

根據以上之討論，本市之溝渠系統問題可得一合理之解決，即改良舊溝以宣洩雨水，建設新渠以排除污水，即所謂分流制者是也。此不僅爲理論上探討之結論，亦本市實際情況所需要，且爲比較經濟之市政建設計劃也。

四　舊溝渠之整理

欲整理本市舊溝渠，須先明瞭舊溝渠弊端之所在。本市之舊溝渠，其弊有五：(一)全市排水均以環繞內外兩城之護城河爲總匯，而以二閘爲洩出之尾閭。但二閘以上，多年未加疏濬，河身淤淺，且有較溝底爲高之處，以致水流不暢。大雨時洩水過緩，遂有路面積水，溝渠淤塞之病。(二)支渠斷面過小，不足容納路面及宅院排出之水。(三)溝渠坡度太小，多數均不及千分之一，直如一水平之槽溝，非雨水注滿，水不流動，即或流動，速度不足，不能攜泥沙以同流，易致沉澱，故溝常淤塞。(四)本市柏油路不多，土路及石渣路面上之雨水，常攜多量之泥沙，沖積溝內。(五)污水藉舊溝流洩，不獨有第三節所述之各種弊害，且溝中常存積污水，大雨時則洋溢於外。(四)(五)兩項可藉道路之鋪修，污水暗渠之建設，以免除之。(一)(二)(三)三項乃溝渠本身之已成事實，設局部支節挖濬，一年之後，又復淤塞，非一勞永逸之計，徒耗財力。爲謀澈底改善，茲擬定整理之大綱如下：

(一)護城河之疏濬　護城河源始於玉泉山麓，至城西北之高梁橋以東，分爲二道，環繞內外兩城，終復匯流於二閘，成爲通惠河之上流。二閘以下是否淤塞，尙待調查，但以二閘上下流高度之差觀之，（二閘上下流河底之差爲三・四公尺，設上流挖深二公尺，相差尙有一・四公尺）卽二閘以下不加導治，於上流之洩水，亦無妨礙。高梁橋以上，雖亦淤塞，但於本市溝渠之整理，關係尙小，玆不備論，故亟需疏濬者，爲環繞內外兩城及貫通三海之一段，而尤以前三門護城河爲最要，以其爲內外兩城洩水之惟一幹渠也。疏濬之次序應斟酌緩急，分爲五期進行。

第一期　前三門護城河（自西便門至二閘一段）

第二期　西城護城河（自高梁橋至西便門一段）

第三期　什剎海及三海水道

第四期　外城護城河（自西便門環繞外城至東便門一段）

第五期　東城北城護城河（自高梁橋至東便門一段）

(一)舊溝渠之整理　本市各街溝渠淤塞已久，位置在市民房屋之下者有之，湮沒無從尋覓者亦有之，皆淤積過甚，非支節挖濬之所能濟事。設一區之幹溝挖通，支渠未治，大雨後各支渠淤積之汚穢泥沙順流而下，已挖濬者有重被堵塞之虞。反是若支渠疏通，幹渠不治，則水流遲緩，仍難免巨量之沉澱。故擬採分區分期疏濬辦法，就全市地勢高低之所趨及各幹溝分布之情形，分爲若干排洩區，每區之疏濬整理必須於一個時期內完成之。舊溝渠之斷面過小坡度過平者，則設法縮短其洩水路程，以期於可能範圍內充其量以利用之。其實不堪應用者，則另行籌設新式雨水暗渠。如此分期進行，市庫不致担負過重，且可一勞永逸，不數年間，全市溝渠可望無淤塞或排洩不暢之弊矣。

按本市舊溝渠系統迄今尙無詳確調查，工務局雖有一萬七千五百分之一之溝渠形勢圖，及十八年份工務特刊中之內外城暗溝一覽表，但此項圖表僅表示流水方向，溝渠寬深及長度。溝渠之位置及坡度則未詳載，故可供參考之價値甚微。且圖中所示已疏濬之一部，有壓佔於市民房屋之下者，（如燈市口等處）有僅爲穢水池洩水之用，雨水則另藉明溝或路邊以排洩者（如西安門大街等處）。故全市溝渠中究有若干尙可利用，若干須另設新溝，以及疏濬舊溝渠與另設新溝渠經濟上之比較，均無由着手，整理工程之概算，亦無從估計。故詳確之測量調查實爲整理舊溝之基本工作，而須首先着手進行者也。

(二)雨水溝渠流量計算法　（卽整理舊溝渠用作根據者）雨水流量之計算擬採用準理推算法（Rational method），此法較用其他各種實驗公式（Empirical Formulas）爲宜，因後者係就歐美各城市之經驗而定，各國各市之情況且各不同，本市强予採用，有削足適履之弊也。準理推算法之公式如下：

$$Q=ciA$$

Q爲每秒鐘流量之立方呎數，c爲洩水係數，(Coef. of Rain-off)，i爲降雨率，(Intencity of Rain-fall)每小時之吋數，A爲集水區域之英畝數。其中之c.i可規定如下

（1）降雨率（i） 降雨率在本公式中須視雨量大小，降雨時間(Duration of Rainfall)之久暫，及降雨集水時間 (Time of Concentration)之長短而定。本市降雨量無長久精確記載，北平研究院雖有自民國三年至二十一年之最大雨量表，但記錄中最大降雨率(民國三年)每小時僅三七•二公厘，淸華大學本年(二十二年)之雨量記錄最大爲每小時四四•五公厘，淸華所用者爲新式之自動雨量計，北平研究院所用者爲普通標準雨量計，由所用方法上比較，則前者所得結果自較後者爲準確，且本年（二十二年）本市雨量不爲過大，而淸華之記錄卽達每小時四四•五公厘，由此可證明研究院之每小時三七•二公厘之記錄，不足憑信。淸華大學亦僅有二年（民國二十一年及二十二年）之雨量記錄，亦難用爲設計之標準。華北各城市之雨量記錄可供參考者甚少，青島之雨量記錄年限稍久，但僅有每小時之最大雨量測驗表，降雨時間，亦無記載。青島溝渠設計所用之最大降雨量爲六二•六公厘（二•四六吋），本市爲大陸氣候，全年降雨總量雖不甚大，每小時之雨量則不能斷定其小於青島（據翁丁二氏合著之中國分省新圖中之全年平均等雨量區域圖，北平與青島之全年平均雨量均爲六〇〇公厘至八〇〇公厘），因夏季多驟雨故也。據此暫假定本市之最大雨量爲每小時六十五公厘（二•五吋），似較爲合理。再本市多舊式瓦房，路面坡度又甚小，降雨集水時間（t）當稍長，設一切溝渠均按照假定之最大降雨率設計，殊不經濟。然本市之降雨率及降雨時間既無記載，上海市雖有五年十年之降雨率循環方程式，因與北平氣候懸殊，不能採用，華北各地亦無可供參考者。茲就美國各城市之雨量統計加以比較，擬採用梅耶氏(Meyer)公式第三組之「降雨率五年循環方程式」：

$$i=\frac{122}{t+18}$$

爲本市設計之標準，而最大以每小時六十五公厘爲限，卽降雨集水時間在三十分鐘（t等於三十分鐘時，i等於六十五公厘。）以上者用方程式，在三十分鐘以下者用假定之最大降雨率。

進水時間(Inlet time)按十五分鐘計算

（2）洩水係數（c） 與地質，地形，房頂之疏密，街道之構造，及地上之植物均有關係。此等係數有從平日實驗而得者，有根據

情況相近之城市已有之記載而定者，茲限於時日，採用第二法。本市繁盛區域，多爲四合房（卽四面建房，中留空地），房頂與房地全面積之比爲四：五，道路面積與房地面積之比約爲一：五，（本市街寬至無規律，同爲繁盛區，王府井大街及西單牌樓街寬二十餘公尺，大柵欄鮮魚口等處街寬不過八公尺，計算時須按照各街實況斟酌變更），道路假定爲瀝青路面，屋頂爲普通中國瓦鋪成，院地爲磚砌或土地，準此情形，列爲下表：

洩水係數表（甲）

承雨面積種類	道路	屋頂	院地	總計
面積百分數（R）	二〇	六四	一六	一〇〇
洩水係數（C）	〇•八五	〇•九	〇•五	
R X C	一七•〇	五七•六	八•〇	八二•六

住宅區域，道路多爲石渣路或土路，院地較大，空間處且種植草木，洩水自少，如次表：

洩水係數表（乙）

承雨面積種類	道路	屋頂	院地	總計
面積百分數（R）	一五	三五	五〇	一〇〇
洩水係數（C）	〇•五	〇•九	〇•二	
R X C	七•五	三一•五	一〇•〇	四九•〇

由甲乙二表可定繁盛區洩水係數爲〇•八三，住宅區洩水係數爲〇•四九，此項數字係一假定之例，設計時須就市內各處實際情況酌爲變更。

（五）汚水溝渠之建設

本市原無汚水溝渠，設計時得因地勢之宜，作統盤之計劃，而無所遷就顧忌。惟汚水溝渠之運用，有需於自來水之輔助，本市自來水設備，尙未普遍，市民大多數取用井水，取之不易，用之惟儉，恐汚穢難得充量之水以沖刷溶解，溝渠內難免有過量之沉澱。然此自爲初設時之現象，將來市政進展，自來水飲用普及，此弊自免。

（一）汚水出口之選擇　選擇之標準，須（1）地勢低下，（2）旁近湖泊或河流，（3）須距市區稍遠。本市地勢，西北凸起，東南趨下，最大水流爲護城河匯集而東之通惠河，該河二閘附近，遠在郊外，人煙不密，地勢較低，以作汚水出口，尙稱合宜。惟河狹流細，恐不足沖淡氧化巨量之汚水，故須於總出口附近，設總清理廠，於汚水洩出前清理之。

（二）汚水排洩之劃分　本市地勢平坦，土質鬆軟，設路面掘槽過深，不獨工勞費鉅，滯礙交通，且恐損及兩旁房屋。冬季氣候嚴寒，汚水管敷設過淺，則有凍結之虞。故假定管頂距路面之深度最少以一公尺爲限，最多以四公尺爲限，幹管坡度最小千分之一，支管坡度最小千分之三，準此劃分汚水排洩區如下：

第一區　內城東部，鐵獅子胡同以南三海以東之區域，幹管設南北小街，逕達於二閘之總清理廠。

（待續）

預定

全年	十二冊	大洋伍元
郵費	本埠每冊二分,全年二角四分;外埠每冊五分,全年六角;國外另定	
優待	同時定閱二份以上者;定費九折計算。	

投稿簡章

1. 本刊所列各門，皆歡迎投稿。翻譯創作均可，文言白話不拘。須加新式標點符號。譯作附寄原文，如原文不便附寄，應詳細註明原文書名，出版時日地點。
2. 一經揭載，贈閱本刊或酌酬現金，撰文每千字一元至五元，譯文每千字半元至三元。重要著作特別優待。投稿人却酬者聽。
3. 來稿本刊編輯有權增刪，不願增刪者，須先聲明。
4. 來稿概不退還，預先聲明者不在此例，惟須附足寄還之郵費。
5. 抄襲之作，取消酬贈。
6. 稿寄上海南京路大陸商場六二〇號本刊編輯部。

建築月刊

第二卷・第七號

中華民國二十三年七月份出版

編輯者 上海市建築協會 南京路大陸商場

發行者 上海市建築協會 南京路大陸商場

電話 九二〇〇九

印刷者 新光印書館 上海愛而近路聖達里三一號

電話 七四六三五

華興磚瓦

SING HOP KEE

GENERAL BUILDING CONTRACTORS

新合記營造廠

For the

YUE TUCK APARTMENTS BUILDING
ON TIFENG ROAD

Davies, Brooke & Gran, Architects.

懿德公寓……………………地豐路

新瑞和洋行設計

OFFICE: LANE 688, House No. 3 PEKING ROAD
TELEPHONE 93156

辦事處——北京路第六八八弄三號

電話——九三一五六

公勤鉄廠股份有限公司
總廠
上海楊樹浦
臨青路五十三號
分廠
上海楊樹浦
齊齊哈爾路二七〇號
三戟牌
註冊
商標
電話＝五〇二一四・五〇一六七・五二三四五
電報掛號(國內"二〇六〇")(國外"COLUCHUNG")
事務所上海天潼路二八四號＝電話四一一二〇號
上海經理處
源椿號
北蘇州路
兩廣批發所
廣州濠畔街西約
二七四號
本廠出品，向以國貨圓釘爲大宗。所製三戟牌圓釘，行銷遐邇，早已馳名。歷次參加展覽，頗獲社會好評。優點所在，約舉凡三。(一)釘頭圓整(二)釘身堅挺(三)釘尖鋒銳。整個釘子，全身光潤無疵，積儲經久不銹。建築界頗有以良友稱之。最近新製鞋釘銅釘，以及各式特別釘類，因合社會需要，幾致供不應求。釘類分析愈繁，本廠營業，愈益擴大。一方面運用機器部全部母機製造釘機，並設拉絲部自行拉絲，側重於圓釘之製造。而一方面增設分廠，特闢網籬部，從事於網籬之編織。出品及裝置工程見圖。此種網籬，用途甚廣，凡私人住宅，公共花園，工廠學校，球場，體育場等，均適用之，而尤以鐵路車站裝置本廠所製鐵絲網籬，更能表示特色，蓋全國國有鐵路到達之處，中華國產網籬能有如蠅附驥尾而致千里，未始非國貨界之榮光焉。
中華國貨
鍍鋅鉄絲網捲
公勤鉄廠出品
鉄路車站 住宅花園
學校醫院 運動球場
公墓私塚 畜牧農場
工廠外圍 均適用之
摩登建築之新貢獻
上項鐵絲網籬，爲本廠最新出品。疊攏成捲，拉開成網，再經設計裝置，便成莊嚴燦爛的圍籬。左圖所示，即係鐵路車站兩傍。月臺裝置鐵絲網籬之一幅攝眞。乘客安全，路局秩序，兩利賴之。
此邊線代表本廠所製刺線

鉄路車站網籬裝置圖

建築巨擘
油漆巨擘
元豐公司出品
東半球惟一最高之建築
元豐
元豐牌油漆
商標
註冊
EN FENG CORPORA
營建油漆要目
厚漆
燥頭
魚油
光油
發彩釉
松香水
調合漆
磁漆
凡宜水
紅丹油
鋼窗漆
屋頂漆
地板漆
平光牆漆
水粉牆漆
洋灰釉
木釉
水汀金漆
水汀銀漆
特種漆
另備專刊
發行所 上海北京路二六六號
電話 一二八九五
漆飾工程或設計均可承辦
相得益彰

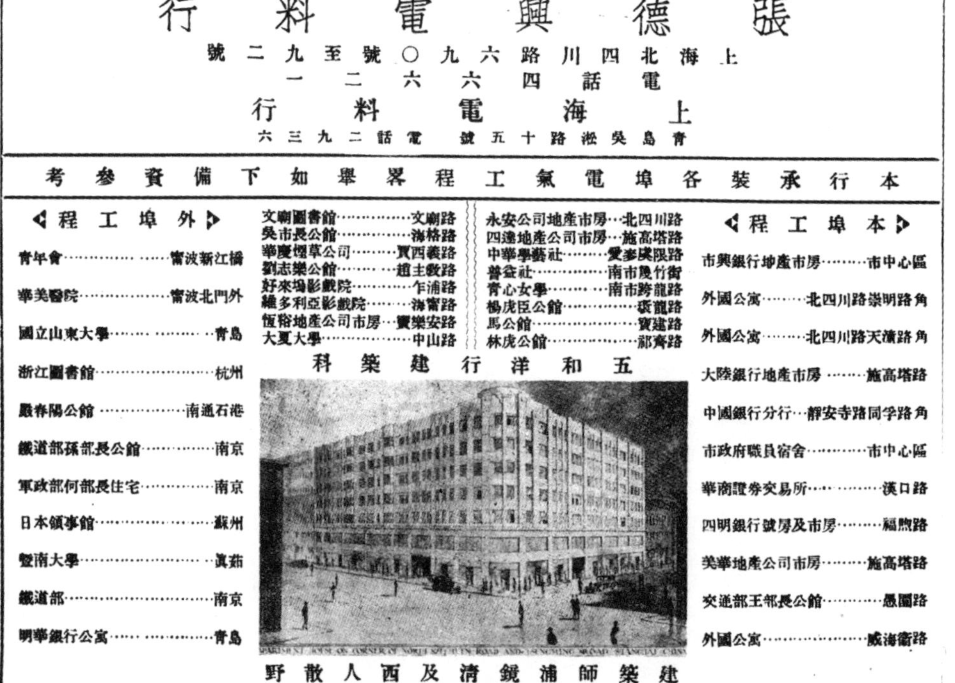
張德興電料行
上海北四川路六九〇號至九二號
電話四六六二一
上海電料行
青島吳淞路十五號 電話二九三六
本行承裝各埠電氣工程畧舉如下備資參考
外埠工程
青年會……寗波新江橋
華美醫院……寗波北門外
國立山東大學……青島
浙江圖書館……杭州
嚴春陽公館……南通石港
鐵道部孫部長公館……南京
軍政部何部長住宅……南京
日本領事館……蘇州
暨南大學……眞茹
鐵道部……南京
明華銀行公寓……青島
文廟圖書館……文廟路
吳市長公館……海格路
華慶煙草公司……貝西義路
劉志樂公館……趙主教路
好來塢影戲院……乍浦路
維多利亞影戲院……海寗路
恆裕地產公司市房……寶樂安路
大夏大學……中山路
永安公司地產市房……北四川路
四達地產公司市房……施高塔路
中華學藝社……愛麥虞限路
普益社……南市篾竹街
育心女學……南市跨龍路
楊虎臣公館……褒龍路
馬公館……寶建路
林虎公館……郝齊路
本埠工程
市興銀行地產市房……市中心區
外國公寓……北四川路崇明路角
外國公寓……北四川路天潼路角
大陸銀行地產市房……施高塔路
中國銀行分行……靜安寺路同孚路角
市政府職員宿舍……市中心區
華商證券交易所……漢口路
四明銀行號房及市房……福煦路
美華地產公司市房……施高塔路
交通部王部長公館……愚園路
外國公寓……威海衛路
五和洋行建築科
建築師浦鏡清及西人散野

〇二〇二八

THE CHINA IMPORT & EXPORT LUMBER COMPANY, LIMITED
(INCORPORATED UNDER THE COMPANIES' ORDINANCES OF HONGKONG.)
FLOORING DEPARTMENT

英商祥泰木行有限公司地板部

上海之有美術地板本公司實爲首創嗣後互相效尤凡各商埠之高樓大廈莫不採用本公司以二十年之經驗中外技師之策劃堅固美妙允稱獨步如蒙　賜顧定獲稱心滿意本公司購備最新式砂磨機器十五部括垢磨光平滑無比

已竣工程

本埠

美國鄉下總會
法國總會
江海關
安利洋行
月宮飯店
辣斐跳舞場
自來水公司
上海跑馬總會
仁濟醫院
孫科住宅
惠羅公司
滙豐銀行
義泰洋行
禮查飯店
都城飯店
新聞報館
西人青年會
辣斐飯店
十三層公寓
萬國儲蓄會
麥特赫司脫路大廈
漢彌爾登大廈
金城銀行
華懋飯店
中國體育會
字林西報館
英國總會
花旗總會
宜昌路救火會
楡林路巡捕房
江灣路工部局學校
廣西路格致公學
王家沙花園工部局住宅
華德路巡捕醫院
永安公司
台灣銀行
怡和洋行
英美烟公司
徐家滙天主堂
海格路公寓
大西路工部局醫院

外埠

南京　蔣委員長住宅
南京　汪精衛住宅
南京　何應欽住宅
汕頭　太古公司
香港　救火會
青島　萬國總會

進行工程

靜安寺路四行儲蓄會
中滙銀行
外白渡橋堍大廈
青島海濱大廈
博德連新廠
華業公寓
漢口安利新廈
萊斯德工藝學校
白賽仲公寓

其餘工程繁多不及備載

總行　上海楊樹浦路第壹千肆百念六號

電話第五〇〇六八號　三線轉接各部

瑞昌銅鐵五金工廠
承辦建築一切銅鐵工程
常備大批新式異樣堅固門鎖
漢口路四二一號 電話九四四六〇
靜安寺路六七六號 電話三一九六七六號
工廠 同孚路二四三號

中華郵政特准掛號認為新聞紙類
內政部登記證警字第二五五四號

英商吉星洋行
建築上用之
各種油漆及凡立水
偉大之建築。內部之壯觀。仰油漆之裝璜者。十居其九。惟欲求良佳成績。則須採用適當油漆。此點建築界恆視為極重要之問題。
敝行為世界最大油漆製造廠。凡建築上所用之油漆，磁漆，水腦粉，木光油，凡立水，以及各種理想中之新式油漆。莫不經驗宏富，研究精到。可稱並世無匹。凡此種種材料。分為次第等級。便於選擇。價格低廉。無論數量多寡。承蒙通知。立即發奉。請察下列種種用法！
刷法 流法 浸法 滾法 噴法 乾法
敝行之研究化驗室。嘗為建築界解決種種特別油漆問題。不一而足。此種隨事應付之能力。隨時可以為君服務。請即將君之困難問題寄至下列地址。以便研究奉覆也。

英商吉星洋行油漆服務部

上海九江路六號　電話一〇六一二至三

香港——上海——天津

中國近代建築史料匯編（第一輯）

建築月刊

第二卷　第八期

The BUILDER
建築月刊
北平天安門外華表
VOL. 2 NO. 8
第二卷 第八期
東方文明

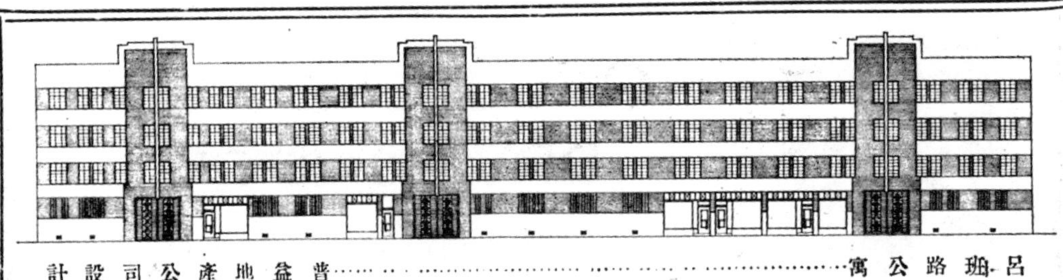

呂班路公寓……………………普益地產公司設計

上列房屋內之**衛生器管工程**由

本公司承辦

毛榮記水電公司

本公司專門承包各種水電工程及衛生器具

冷熱水管裝置如蒙賜顧毋任歡迎

上海華德路二〇六至八號　　電話 五〇三一六

MAO YUNG KEE & CO.

206-208 WARD ROAD.　　Telephone 50316

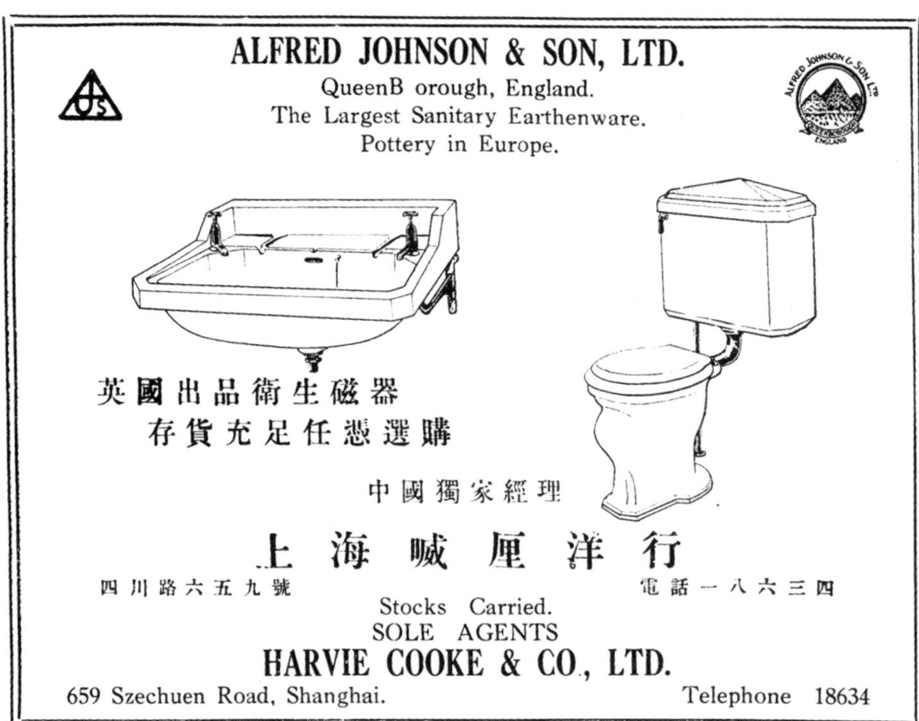
ALFRED JOHNSON & SON, LTD.
QueenB orough, England.
The Largest Sanitary Earthenware.
Pottery in Europe.
英國出品衛生磁器
存貨充足任憑選購
中國獨家經理
上海喊厘洋行
四川路六五九號
電話一八六三四
Stocks Carried.
SOLE AGENTS
HARVIE COOKE & CO., LTD.
659 Szechuen Road, Shanghai.
Telephone 18634

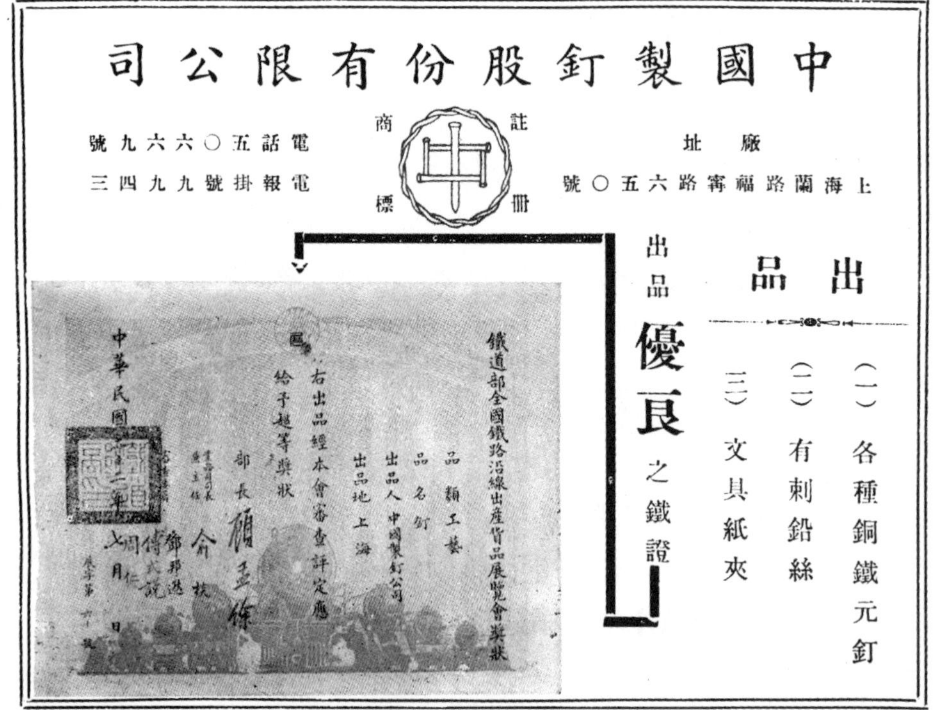
中國製釘股份有限公司
電話五〇六六九號
電報掛號九九四三
註冊商標
廠址
上海蘭路福寧路六五〇號
出品
(一)各種銅鐵元釘
(二)有刺鉛絲
(三)文具紙夾
出品優良之鐵證
鐵道部全國鐵路沿線出產貨品展覽會獎狀
品類 工藝
品名 釘
出品人 中國製釘公司
出品地 上海
右出品經本會審查評定應
給予超等獎狀
部長 顧孟餘
中華民國
月 日

FAR EASTERN DECORA, LTD.

遠東雲石股份有限公司

New invented artificial marble

"DECORA"

德國專家新發明之

"德高拉"

雲石。已爲歐西各國建築界所一致公認之最優美而最經濟的石料。故現代建築。咸多樂用之。

現經本公司購得祕密製造方法。獨家出品。在中國全部及南洋各埠有專銷權。凡欲求建築之富麗雄壯。合用而經濟者。誠不可不採用焉。

for FLOORING,
DADO,
PANELLING WALL
EXTERIOR & INTERIOR

Permanent,
Durable,
Weather Proof including
Sun Proof.

Low Cost and
Economical.

Samples and quotations
supplied on request.

"德高拉"雲石之特點，列下：

（一）石質　堅固耐久　不畏冰霜烈日

（二）顏色　各色皆有　任隨指定製造

（三）光彩　永遠不變　不忌磨擦污垢

（四）代價　極端低廉　適合時代經濟

Temporary Office:

169 Rue Port de l'Ouest, Shanghai, Tel. 85691

地　址

上海法租界西門路西成里一六九號

電話　八五六九一

上海大理石公司

博物院路一二八號　　電話一〇二二五號

Stucco! For your Spanish Home

by

THE SHANGHAI STUCCO CO.

Contractors, Interior & Exterior Art Decorators.

Importers of Spanish Decorative Glazed Tiles.

We undertake to decorate and improve the interior or exterior of any building in Stucco at a very low cost. coloring and design to suit any requirements.

"Consult us First"

西班牙式住屋宜用上海大理石公司出品之「美術人造石」

本公司出品西班牙美術人造石及承包各種建築之室內外裝飾工程設計精巧色彩得宜代價低廉服務週到如荷賜洽莫不竭誠歡迎

THE SHANGHAI STUCCO CO.

128 Museum Road.　　Telephone. 10225

POMONA PUMPS

凡裝自流井而欲求最經濟之水源請採用最新式

「普摩那」

電機抽水機

最新式之抽水設備

PUMPING WATER

THE MODERN WAY

「普摩那」透平式抽水邦浦。利用機械與水壓原理製成。適得其宜者。

「普摩那」透平邦浦。絕對可靠。費用儉省。而出水量較多。

常年運用。幾無需耗費管理或修理等費。

時間減少。出水量增多。無需裝置價格昂貴之壓氣機等設備。大小邦浦。皆可裝置自動機件。

出水量。每分鐘自十五伽倫至五千伽倫。大小俱備。

抽水機軸。每隔十尺。裝有橡皮軸承。用水潤滑。靈便。可靠。

所佔裝置地位極小。

用美國威斯汀好司廠馬達發動之。

滬上各處裝置。成績優良。咸皆贊美。

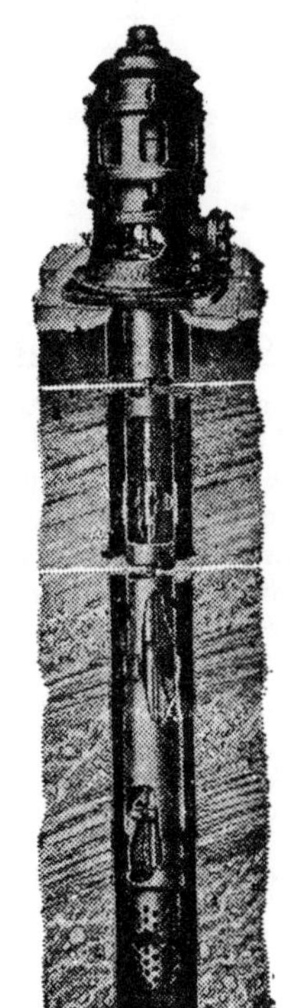

總經理美商茂和公司

上海圓明園路一八五號　電話一一三一〇

亞
欲避免觸電
請指定選用
亞光電木玉電料品
既避電又美觀
又耐用又經濟
營業所
靜安寺路四一一號
電話三五〇八五
製造廠
普陀路第一五三號
電話三五六三二
亞光製造公司

建築月刊

第二卷　第八號

廣告索引

THE BUILDER

August 1934 Vol. 2 No. 8

LEADING CONTENTS

ILLUSTRATIONS

ARTICLES

目錄

插圖

譯著

本會出借圖書啟事

本會成立伊始，即以研究建築學術爲宗旨，研究之基礎，端爲蒐集圖書，藉借博採觀摩。故組織建築圖書館，亦嘗列入本會工作之一。迺者，檢集歷年存書，得中西書數百本，雖爲數寥寥，然束之高閣，殊背蒐致之初衷。爰將書目列下，並訂定暫行借書規則，以供會員之借閱。一面仍量力增購，以圖擴充；並盼熱心提倡建築學術之人士，踴躍捐贈，務使建築同人獲得讀書之機會。此啓

△暫行借書規則

一、本會所置圖書，搜集未豐，不能完備，故借閱書籍，暫以本會會員爲限。

一、會員借閱書籍，須照本會公佈書目，註明書名及類別，憑會員證至本會取書。

一、書籍出借後，會員證暫由本會司事員保存，俟歸還書籍時，再行領取會員證。

一、每會員至多得借書兩冊。

一、借閱期間至多不得逾一星期。

一、先借者，如未到期，有優先借閱權，其他會員如欲借閱同一書籍，本會未便索回應命。

一、書籍如有毀損遺失塗抹刪註等情，概須照原價賠償。

一、本規則如有更改，得隨時由本會常委核准後施行，不另通知之。

圖書

上海市政府徵求圖樣	
上海市建築協會成立大會特刊	
上海地產大全	陳炎林編
工務合刊	北平市政府工務局
工業管理法	
工業大辭典（日文）	工業大辭典編輯局
大數小數命名標準研究意見書	實業部全國度量衡局
元大都宮苑圖考	
中國建築師學會公守誡約	
中國礦產	黃著勳著
英和，和英建築用語新字典	須藤眞金
英和建築新語彙	日本建築學會
英漢對照化學工程名詞	中國工程師學會
,, ,, ,, ,, 汽車 ,, ,, ,, ,,	,,
,, ,, ,, ,, 染織 ,, ,, ,, ,,	,,
,, ,, ,, ,, 航空 ,, ,, ,, ,,	,,
,, ,, ,, ,, 無綫電 ,, ,, ,,	,,
,, ,, ,, ,, 電報 ,, ,, ,, ,,	,,
清式營造則例（附圖片及算例）	梁思成著
園　冶	明計無否著
道路工程學名詞譯門法之研究	趙祖康
暫行建築規則	上海市政府
經濟住宅	徐鑫堂著
實業部工業施政概況	
營造法式	李明仲
營造算例	梁思成編
薔薇園新村計畫大綱	張永作
鉄道部圖書室圖書目錄	
鐵筋混凝土之設計及計算（日文）	小川敬次郎
鐵路管理	王成森著
鐵路統計學	
鐵　路	聶肇靈
河　工	馮　雄
橋　梁	凌鴻勛
道　路	劉友惠
透視學	沈　能
機構學	馮　雄
城市計劃學	鄭肇經

雜誌

工程會刊	清華大學編
土木工程	浙江大學編
工　程	中國工程師學會編
工程學報	廣東國民大學編
工程譯報	上海市工務局
工業安全	工業安全協會
中央大學工學院畢業紀念刊	
中國建設	中國建設協會
中國建築	中國建築雜誌社
中國營造學社彙刊	
江蘇省實業廳半月刊	
建築月刊	本　會
浙江大學畢業紀念刊	
浙江省建設月刊	
理工雜誌	震旦大學工學院
商業工程	
國際建築（日文）	日本國際建築協會
復旦大學土木工程學會會刊	
湖北建設月刊	
道路月刊	中華全國道路建設協會
電機工程	浙大電機工程學會
廣西年鑑	廣西統計局
綏遠省分縣調查概要	

BOOKS

Amateur Carpenter & Builder
Architectural Design & Lettering by Herman Ritow
Architecture Carpentry & Building
B. R. C. Reinforcement
Building Construction (Element & Advance) by Charles F. Mitchell
Bungalow of Today
Carpenters' Handbook
The China Architects & Builders Compendium by J. T. W. Brooke & R. W. Davis
Civil Engineering
Coal Tars by G. Malatesta
Concrete Handbook
Cyclopedia of Drawing
Design of Timber & Steel Structure by Hool
Design for Houses
Essentials in Architecture by John Belcher
Estimating Building Costs by William Arthur
Estimating for Builders by Giles
History of Architect by I. C. S. Reference Library
A History of Commerce & Industry by Herrick
International Congress of Building Societies 1933
Interior Wall Decoration by Vanderwalker
The Law of Fixtures by W. T. Creswell
The Law Relating to Dilapidation & Waste by W. T. Creswell
Lefax Engineering Data
Masonry Structure by Frederick P. Spalding
Modern Road Construction
The Order
Old London Illustrated by Herbert A. Cox
The Power of the Architect by W. T. Creswell
R. I. B. A. Calendar 1933–1934
Reinforced Concrete by Hool & Johnson
The Slide Rule
Shanghai Municipal Report 1933
Sketch from Nature by John Maswhirter
Wood Carving by Baul N. Hasluck
Unitication of Weights & Measures in China

MAGAZINES

American Builder Association News
American Builder & Building Age
Architecture
Architecture & Building
The Builder
Building Age
Cassier's Engineering
The China Builder
The China Press (Construction & Trade Development)
Construction Method
Engineering New Record
General Building Contractor
Pencil Points
Shanghai Builder

上海南京路永安公司，在湖北路浙江路轉角天蟾舞台舊址，增造新廈，計二十二層高，現已興工建築。新屋地基爲三角形，自第一層至第五層，作爲公司營業之用。自第六層起，及廣大之屋頂，則備爲小規模之電影院，茶園，及露天散步場之用。此外公司對於職員公餘娛樂休憩，亦有相當設備。此屋最足注意之點，爲介於原屋與新屋間之懸橋。屋之下層用以儲存，包紮及接收貨物等用，並可裝置安全庫房，以供該公司銀行部之使用。新屋在南京路角之交叉點，上築頂尖，其高度將獨步遠東。而常務董事室之辦公處，即將設於此頂尖中。頂尖將裝置別緻之光線，俾在夜間放一異彩。屋之形式爲最新之立體式，下層以迄於二層，舖用蘇石。沿街有極大之櫥窗，以備陳列貨物，並以綠色花崗石舖砌之，以求美觀。該屋由哈沙得與飛力拍斯二建築師聯合設計，底脚由錦生記營造廠承包，全部房屋則由陶桂記營造廠承造云。

上海南京路永安公司正在添建中之新廈

哈沙得建築師
飛力拍斯建築師聯合設計
陶桂記營造廠承造

The "Times Square" of Shanghai
Wing On Company Annex, Nanking Road.
Elliot Hazzard, Architect
E. S. J. Phillips, Associated Architect
Dao Kwei Kee, General Building Contractor

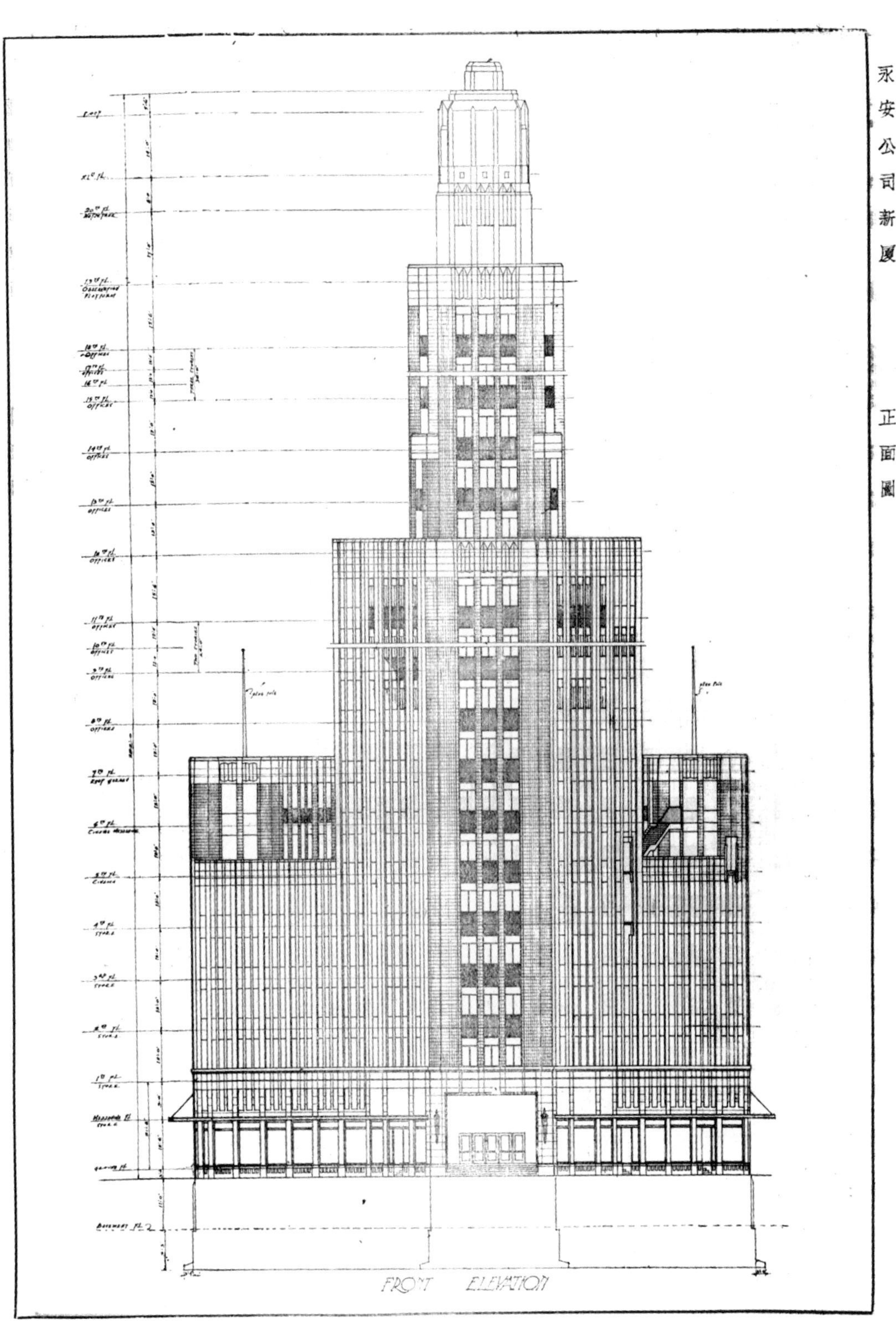

The New Wing On Annex.

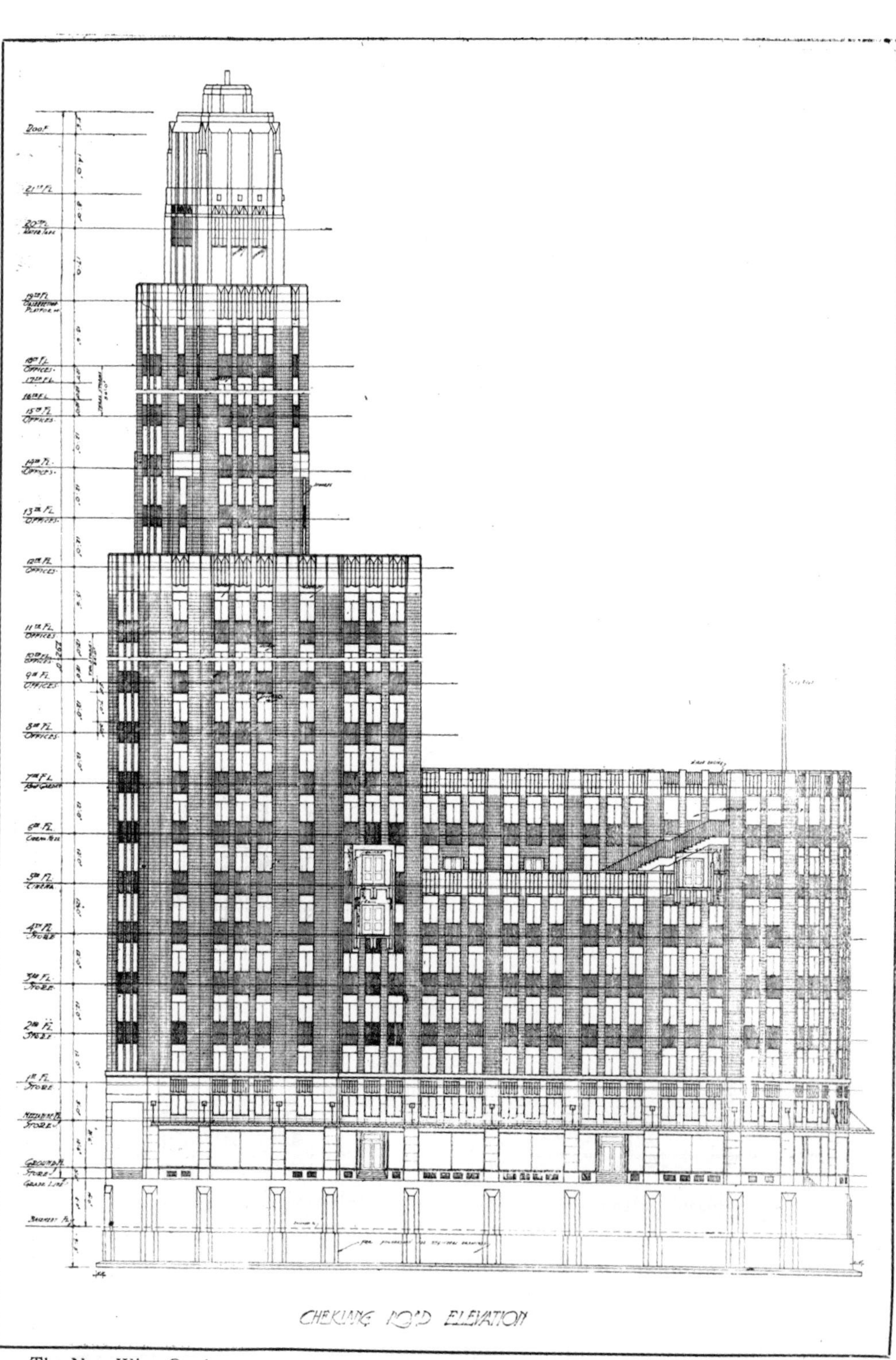

永安公司新厦

側面圖

The New Wing On Annex.

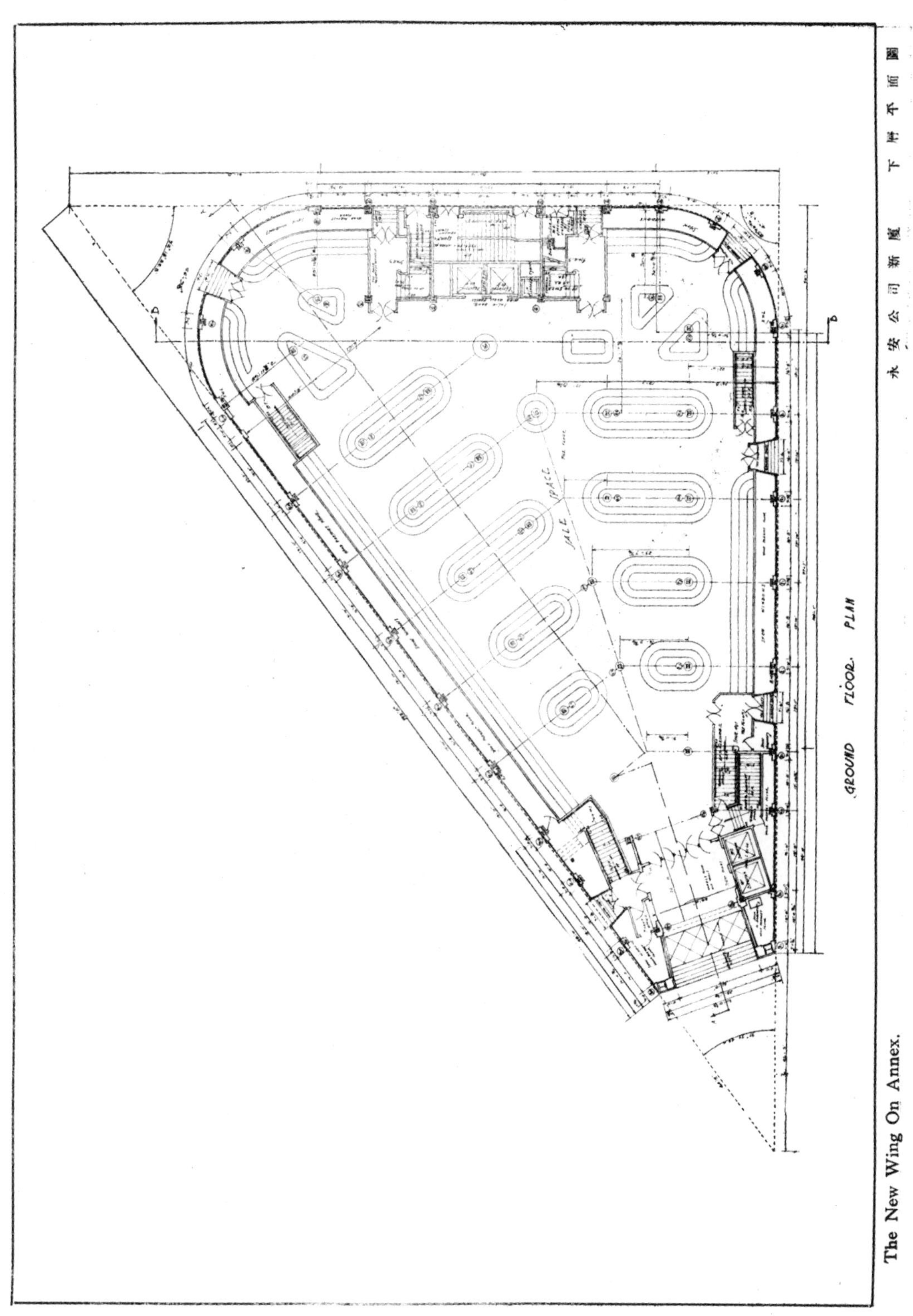

永安公司新廈 下層平面圖

The New Wing On Annex.

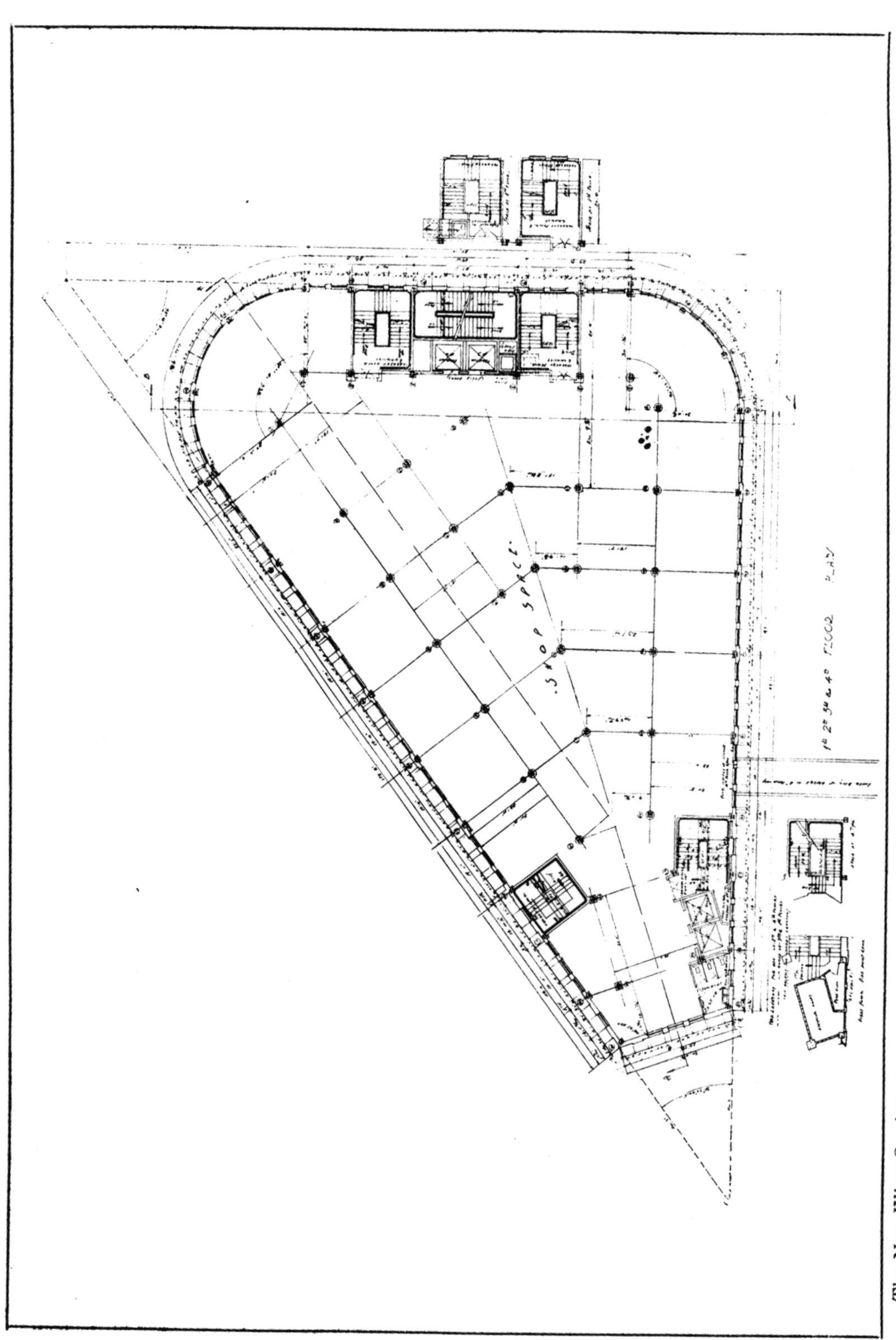

永安公司新廈　上層平面圖

The New Wing On Annex.

View showing foundation of New Wing On Annex on Nanking Road.

Elliot Hazzard, Architect

E. S. J. Phillips, Associated Architect

永安公司新廈建築底基之攝影

Mr. T. Chang's Sketch of a Railway Station

張君習繪火車站圖

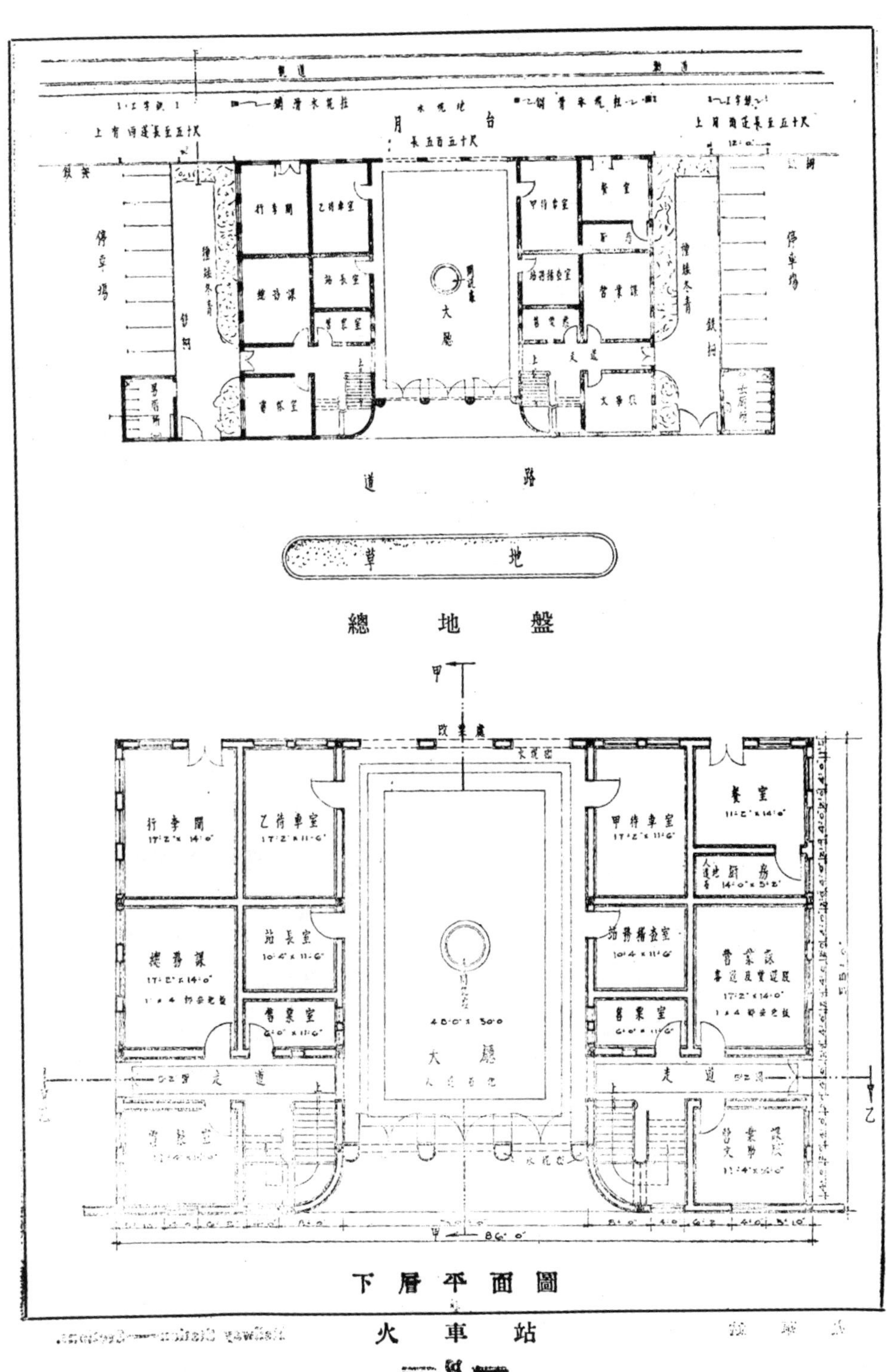

月台
長五百五十尺
行李間
乙待車室
總務課
站長室
售票室
大廳
甲待車室
餐室
廚房
站務稽查室
營業課
走道
停車場
道路
草地
總地盤
行李間 17'-2" x 14'-0"
乙待車室 17'-2" x 11'-6"
總務課 17'-2" x 14'-0"
站長室 10'-4" x 11'-6"
售票室 6'-0" x 11'-6"
大廳 48'-0" x 50'-0"
甲待車室 17'-2" x 11'-6"
餐室 11'-2" x 14'-0"
廚房 14'-0" x 5'-8"
站務稽查室 10'-4" x 11'-6"
營業課
17'-2" x 14'-0"
售票室 6'-0" x 11'-6"
走道
86'-0"
甲
乙

下層平面圖

火車站

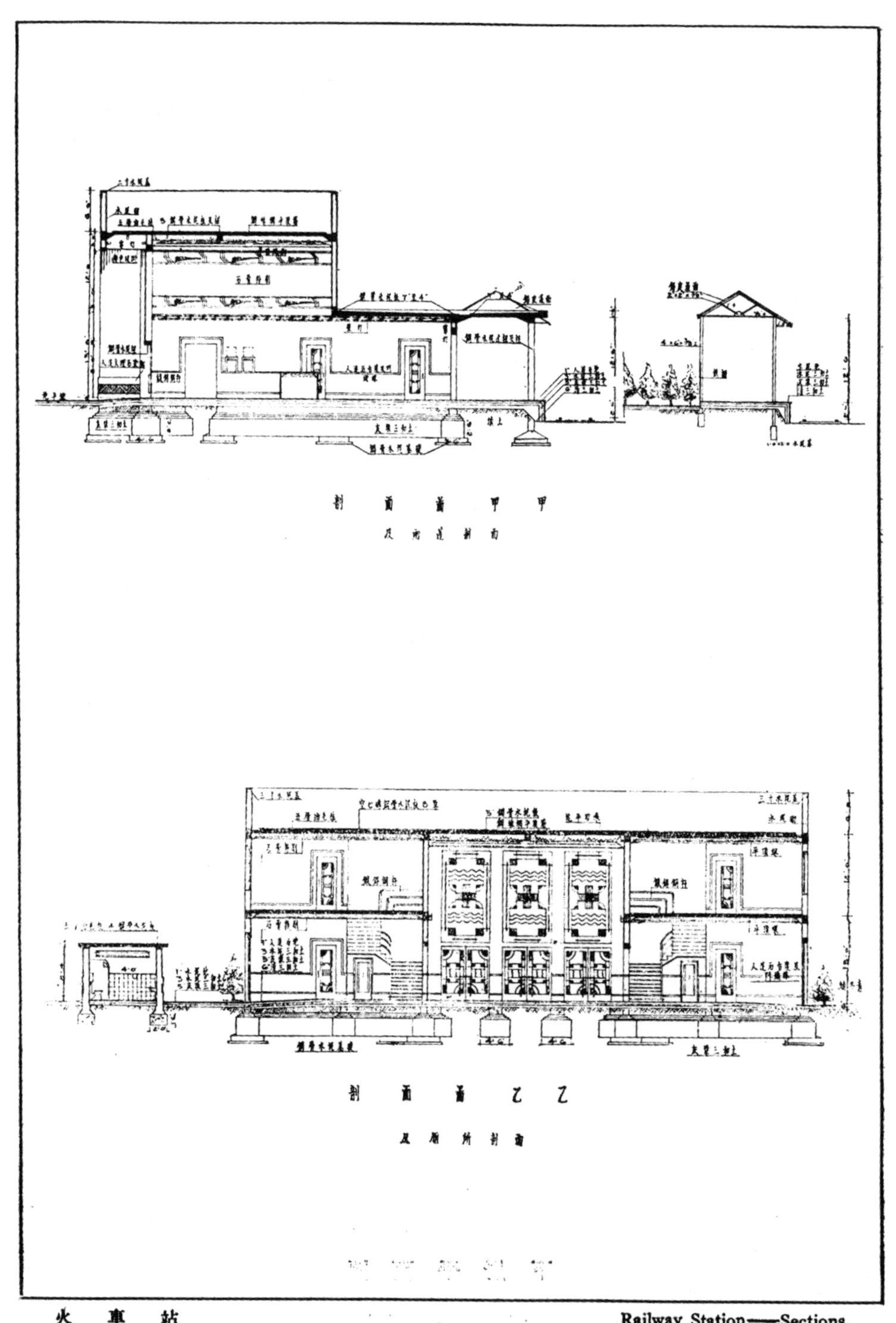

甲甲剖面圖

及雨道剖面

乙乙剖面圖

及廁所剖面

火車站　　Railway Station——Sections.

美國空前圖樣競賽揭曉

朗琴

美國筆端雜誌(Pencil Points)與平面玻璃業(Flat Glass Industry)同人主辦之一九三四年建築圖樣大競賽，已圓滿結束。此次參加競賽者達一，一七六名，極爲踴躍，經評選委員會愼重選拔；擇尤錄取二十九名。本刊不惜犧牲巨數製版費用，特爲全部轉登，以供參閱，藉資借鑑。玆先刊登錄取之前十名，俟當順序陸續刊載。並爲求明瞭起見，特將競選經過，及前四名之評語概譯如后，想亦讀者所欲知者也。

筆端雜誌及平面玻璃業同人，鑒於現代住屋設計，窗戶玻璃所佔之地位極多，蓋如此可使居住者接受充分陽光，增進身心健康，所獲利益，實匪淺鮮。故以充分增加窗戶玻璃地位，不妨礙居住者之健康爲原則，示以範圍，制定程序(Programe)公開徵選建築圖樣，兼示提倡小住宅之至意。開始徵求後，投稿者遵照設計程序，紛至沓來，佳作如林，蔚爲大觀。評選委員會以七人組織之，多爲大公無私，久負盛名之建築師；另設業餘顧問一人，主持其事。評選委員會對於評閱圖樣工作，至爲愼重。於六月十三日在紐約一度聚議後，卽設法遠遷至耶瑪農村(Yama Farms)。此村在凱斯葛山脚(Catskill Mount)處境幽靜，遠離市塵，頗適宜於審核評判之工作，而其手續之愼重，亦可見一斑。委員會努力職務，日以繼夜，工作不息。對於每一圖樣詳愼評閱，共同討論，遇有一點特長，卽加保留，再付審閱；如此重複選擇，始定取去，再付最後審查。各委員會至六月十八日始返紐約，連續工作達六日之久。業餘顧問之職務，爲承接投稿者之圖樣，初步審閱，若圖樣不按投稿程序或不相符合者，摒而不取，概行無效，此種圖樣，亦達七十六張；惟爲證明信實無私起見，亦均報告委員會，經核准後始予摒棄不閱。業餘顧問對於中選圖樣無投票表決之權，以示限制。

在一千餘幅圖樣中，錄取二十九名；雖經評選委員會愼重選甄，未忝厥職，然滄海遺珠，在所難免，故該會對於未錄取者，深致歉意。然競賽之舉，使投稿者鈎心鬥角，運其睿思，增進技巧，獲益不少；故競賽辦法謂爲趨於成功之捷徑，亦無不可也。

玆將圖樣評選委員會，對於錄取圖樣前四名之評語節譯如左，使讀者按圖索驥，瞭然於各該圖樣優異之點：

第一名(Mr. Geoffrey Noel Lawford) 此圖樣概括簡單，能符合程序之條件。設計合於理論，能免感情用事。一切無謂之複雜，均能免去，故在結構上及建築上能形成一良好之住屋。主要住室，面向南面之花園；舖砌之露台，可遮蔽西方日光之曬射，平添不少幽趣。關於院子及汽車間之設計，尤見精彩。

此圖樣之優點，可於平面圖表見之。比例均平，分配相稱；垂直不曲，極爲動人。凡此種種，均能使圖樣和諧協調，呈現美觀與機敏也！

第二名(Messrs. Alexis Dukelski, Charles Shilowitz, Joseph Shilowitz)　此圖宜於細玩，而所表現之技巧與智慧，深堪嘉許者。作者能深知業主需要陽光與空氣，而不偏不私，與家人共有之。故全屋陽光充足，室內諸人咸感愉快；即僕役輩之浴室，一如逍遙在水池之中，而家用之汽車，亦並不被黑暗所蒙蔽也。

此圖設計，對於地基之使用，一若實逼處此，頗爲奇特，而地盤樣似有無謂之重複處。籬笆與走道間之草地，廢棄有用面積，而汽車間前面地位太小，不便掉頭，餘處則太大。此屋若更能移前向南，俾北面之花園，寬留餘地，則更佳妙，雖然此種式樣之住宅，倘不需偌大之花園菜圃也。二樓及三樓之佈置，盡善盡美。餐室東面之窗，若更向前，則接受陽光更多；但於此已足，亦能使業主愜意也！臥室之設計，切合實際，並使愉快；但孩子臥室之東牆，接近北面扶梯間，配置玻璃，似不甚舒適。

第三名(Mr. Antonio Di Nardo)　此圖設計有頗多特點，足資介紹。地盤樣簡單概括，頗稱扼要。玫瑰花涼亭及其他植物使臥室及餐室前之草地，蔭蔽生幽。二樓長方形全部，分配頗爲美觀得當。經過拱圈之走道，以達於天井及有屋頂之走廊，若能稍事點綴，當更盡善。但走廊直接通至汽車間，頗稱便利，全部佈置亦屬良好。三樓設計，與二樓有異曲同工之妙；居住其間，令人感覺舒適愉快。投稿者似深知業主愛好賓客，故在四樓之佈置，款待賓衆，頗稱合宜。此就設計言，雖爲似是而非之論也。屋之正面樣，細加審閱，覺其設計較所頒給之程序，能盡情包括，無懈可擊；投稿者之技巧與風趣，實值得評判委員會之介紹也。

第四名(Mr. H. Roy Kelley)　此又爲一幀生面別開之圖樣，但能與程序相符合，而富有新趣者。起居室，餐室及二主要臥室面向花園，均值得介紹。室外偃息所，(Lounge)，餐室，及地窖等設計盡善，令人發生快感。二樓進口處之客廳及扶梯，雖略狹促，但臥室却因進口之紆絅而隱藏。家具用品，關係家庭幸福至大，而其設計佈置一如在輪舟之上；雖此屋形式非如輪船，而爲靜止的，莊肅的，通常的，但無處不露其高尚之風格也。

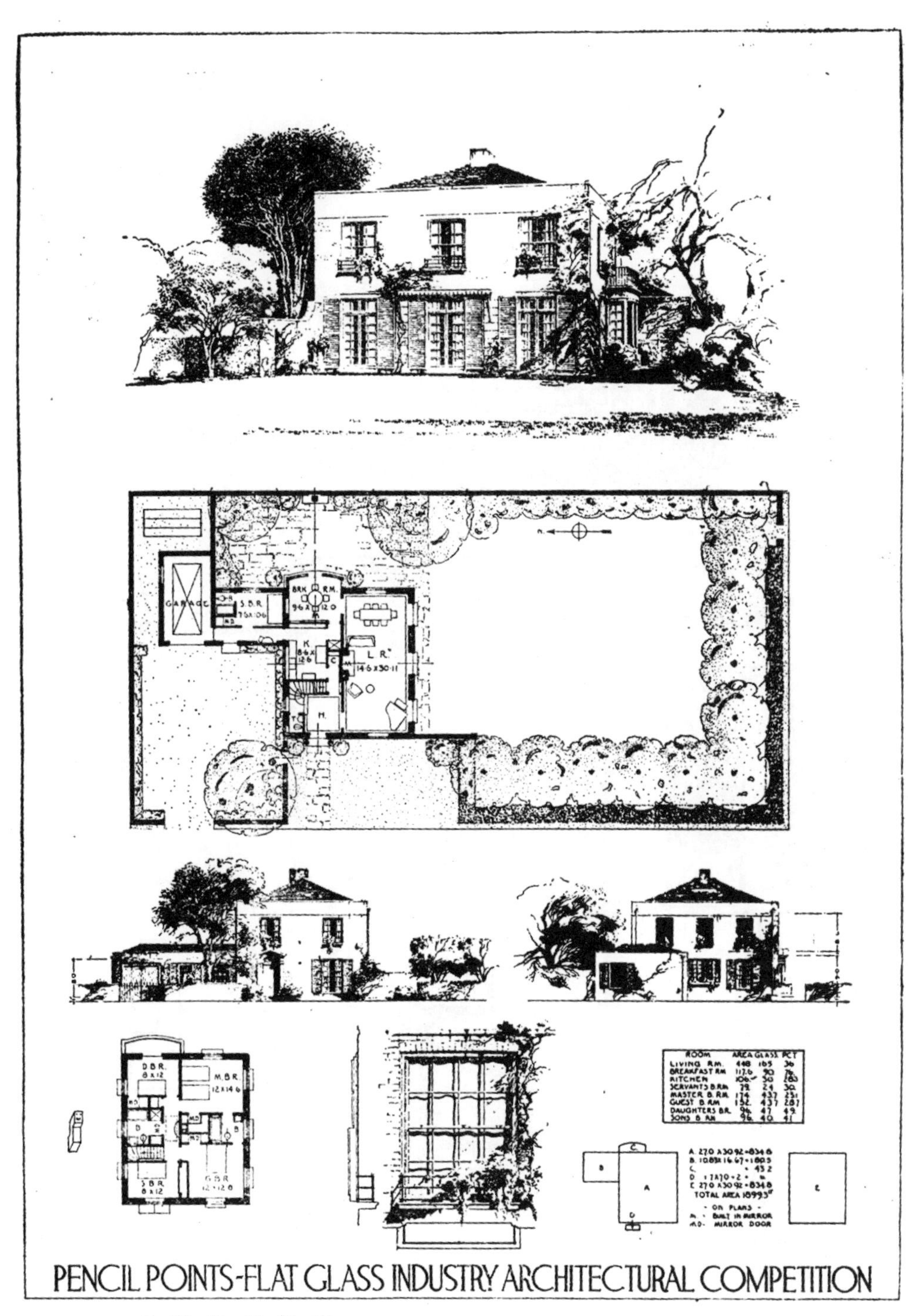
GARAGE
S.B.R.
BRK. RM.
K.
L.R.
H.
D.B.R.
M.B.R.
S.B.R.
G.B.R.
ROOM AREA GLASS PCT
LIVING RM.
BREAKFAST RM.
KITCHEN
SERVANTS B.RM.
MASTER B. RM.
GUEST B. RM.
DAUGHTERS B.R.
SONS B. RM.
TOTAL AREA
- ON PLANS -
M. - BUILT IN MIRROR
MD. - MIRROR DOOR
PENCIL POINTS-FLAT GLASS INDUSTRY ARCHITECTURAL COMPETITION

美國圖樣競賽　　第一獎

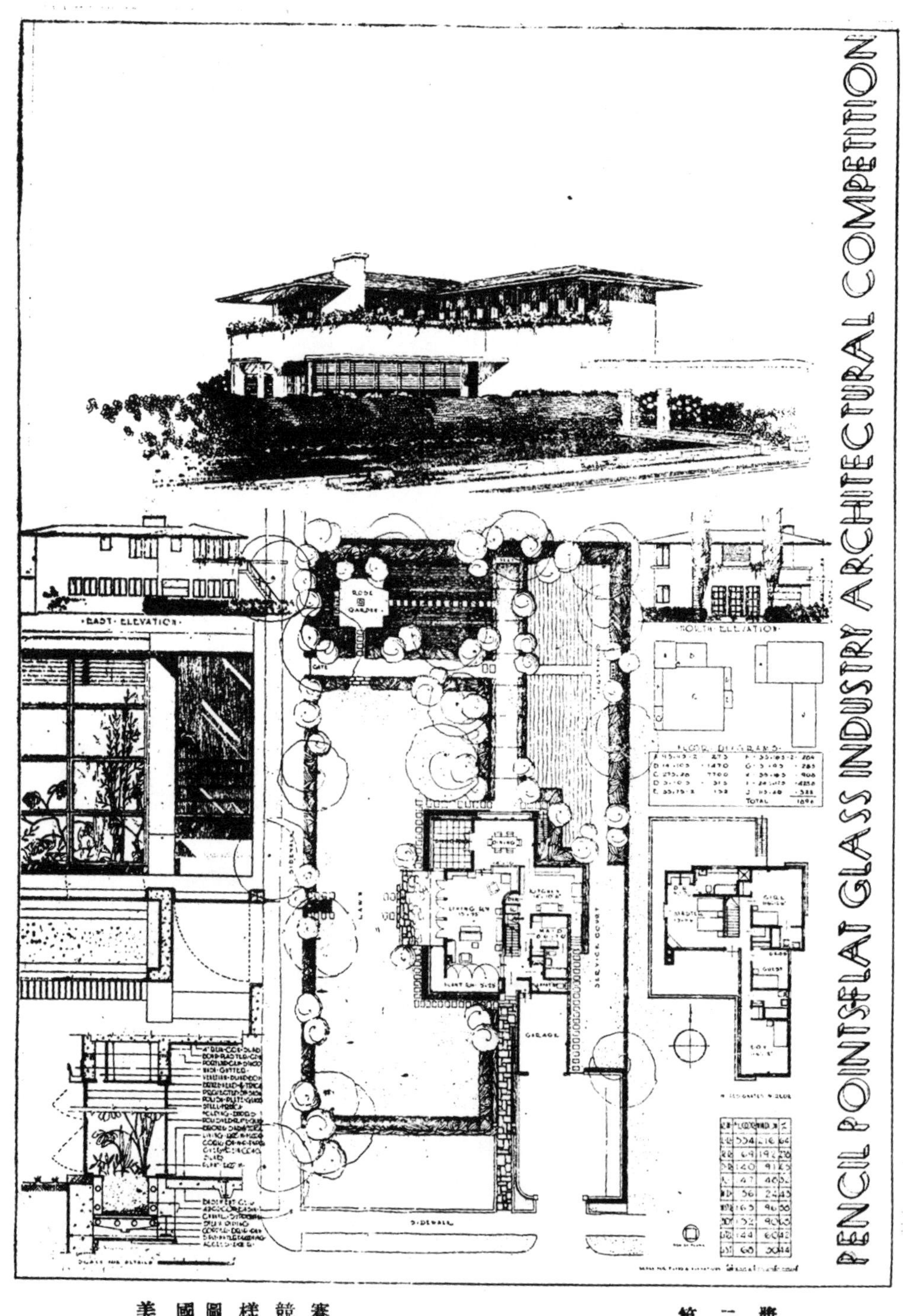
PENCIL POINTS FLAT GLASS INDUSTRY ARCHITECTURAL COMPETITION
EAST ELEVATION
NORTH ELEVATION
FLOOR DIAGRAMS
SIDEWALK
GARAGE
SERVICE COURT
TOTAL

美國圖樣競賽　第二獎

SOVTH ELEVATION
EAST ELEVATION
BOY
MAID
GIRL
OWNER
RECREATION RM
GUEST
SCALE FOR PLANS & ELEVATIONS
FIRST FLOOR
SECOND FLOOR
ELEVATION
PLAN
SECTION
PENCIL POINTS FLAT GLASS INDVSTRY ARCHITECTVRAL COMPETITION

美國圖樣競賽　　第三獎

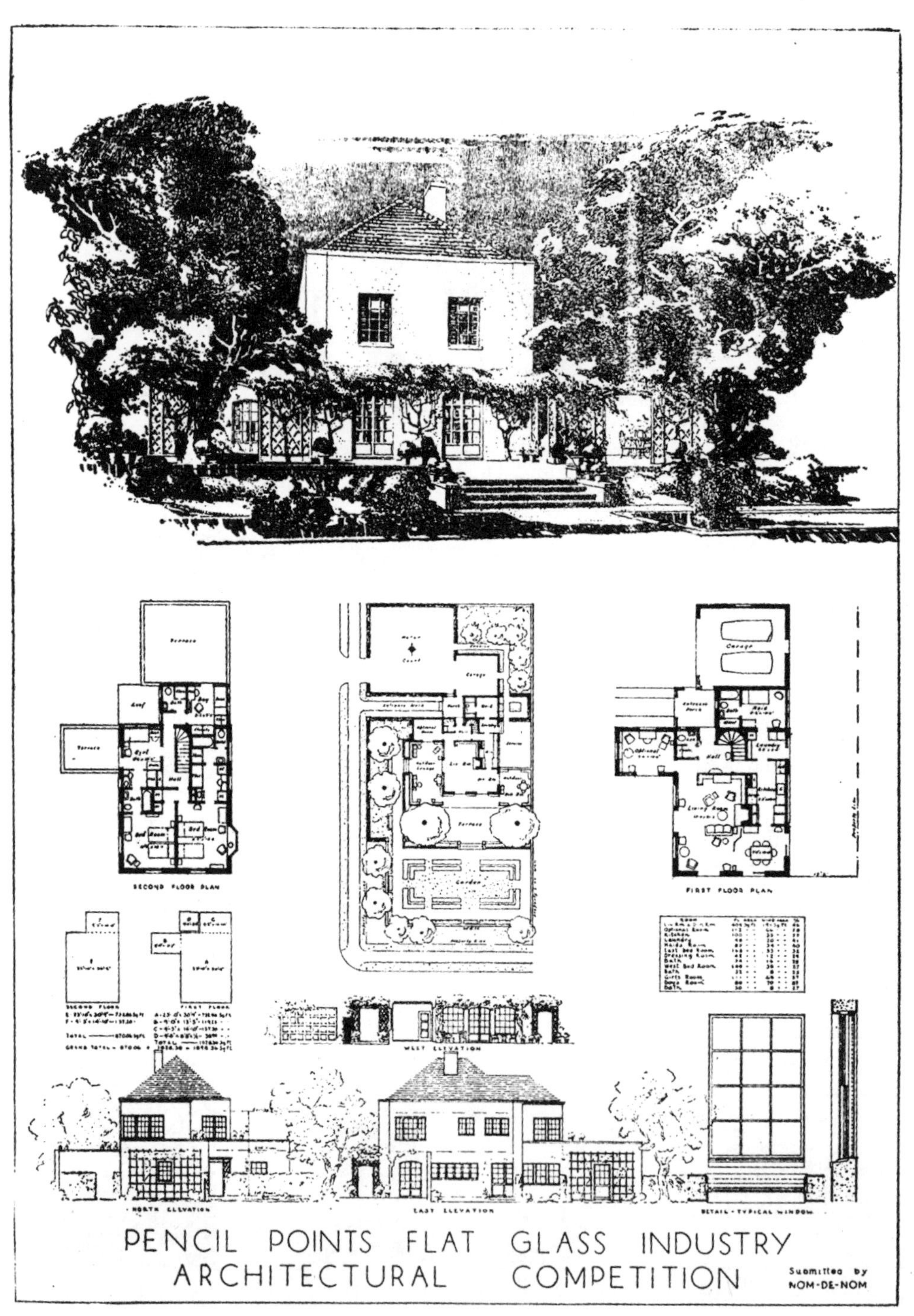
SECOND FLOOR PLAN
FIRST FLOOR PLAN
WEST ELEVATION
NORTH ELEVATION
EAST ELEVATION
DETAIL - TYPICAL WINDOW
PENCIL POINTS FLAT GLASS INDUSTRY
ARCHITECTURAL COMPETITION
Submitted by
NOM-DE-NOM

美國圖樣競賽　　第四獎

PENCIL POINTS FLAT-GLASS INDUSTRY ARCHITECTURAL COMPETITION
GARAGE
SERVT
PASSAGE
EVERGREEN GARDEN
KITCHEN
GUEST
DINING COURT
DINING
HALL
LIVING ROOM
TERRACE
DETAIL OF DOORWAY GRILLE OF WROUGHT IRON WITH GILDED ARROWS-DOOR BLACK WITH GILT MOULDINGS
DETAIL OF WINDOW SHOWING DISPOSAL OF APPURTENANCES TO PERMIT FULL LENGTH WINDOWS
TOTAL AREA 1896 SQ.FT.
N

美國圖樣競賽　　附選

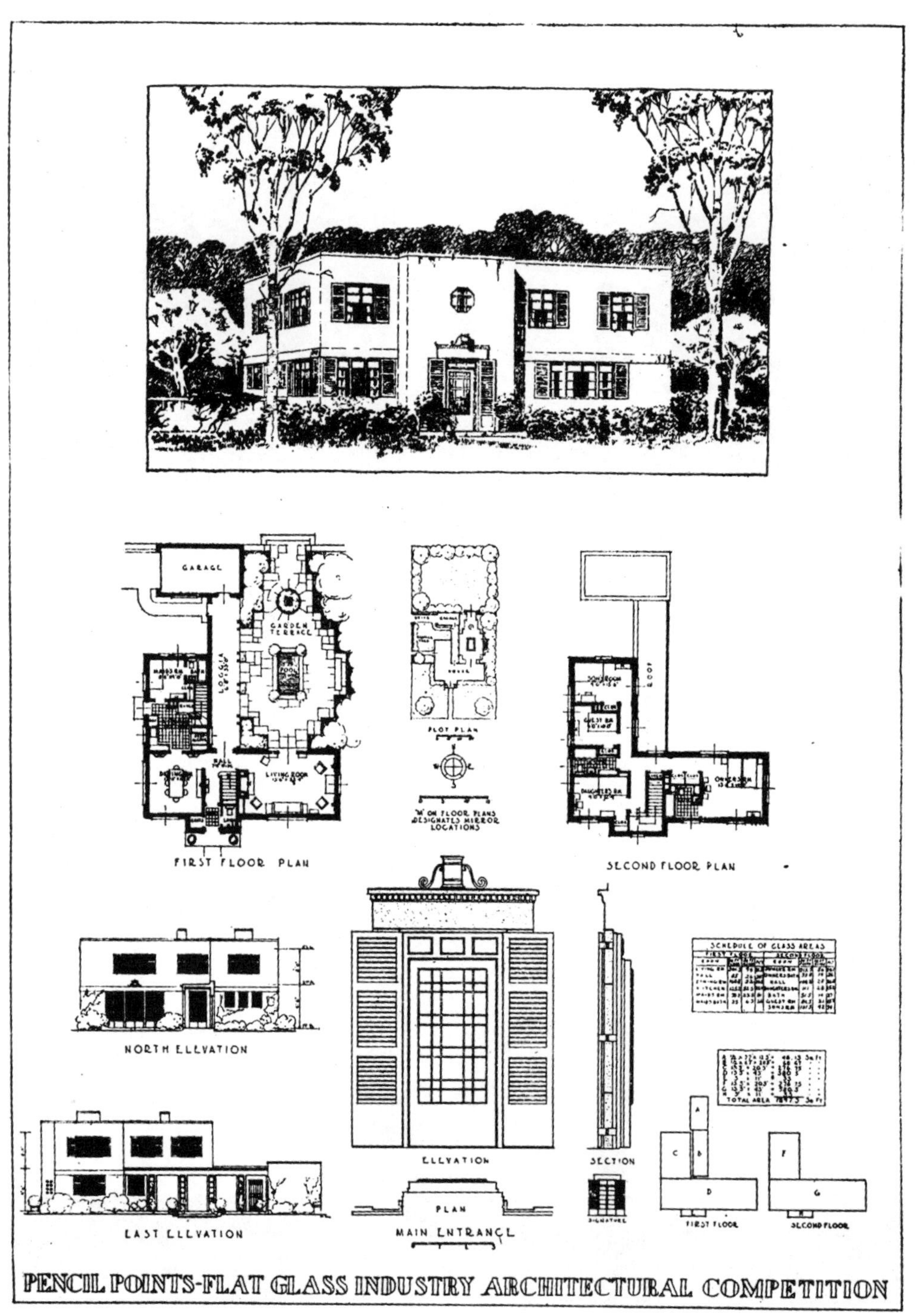
GARAGE
GARDEN TERRACE
POOL
LOGGIA
HALL
LIVING ROOM
FIRST FLOOR PLAN
PLOT PLAN
"M" ON FLOOR PLANS DESIGNATES MIRROR LOCATIONS
ROOF
SECOND FLOOR PLAN
NORTH ELEVATION
EAST ELEVATION
ELEVATION
PLAN
MAIN ENTRANCE
SECTION
SCHEDULE OF GLASS AREAS
FIRST FLOOR
SECOND FLOOR
PENCIL POINTS-FLAT GLASS INDUSTRY ARCHITECTURAL COMPETITION

美國圖樣競賽　　附選

GARAGE
MAID
KITCHEN
LIVING ROOM
DINING ROOM
STUDY GUEST RM
BED RM 1
BED RM 2
BED RM 3
DECK
SOUTH
EAST
PENCIL POINTS
FLAT GLASS INDUSTRY
ARCHITECTURAL COMPETITION

美國圖樣競賽　附選

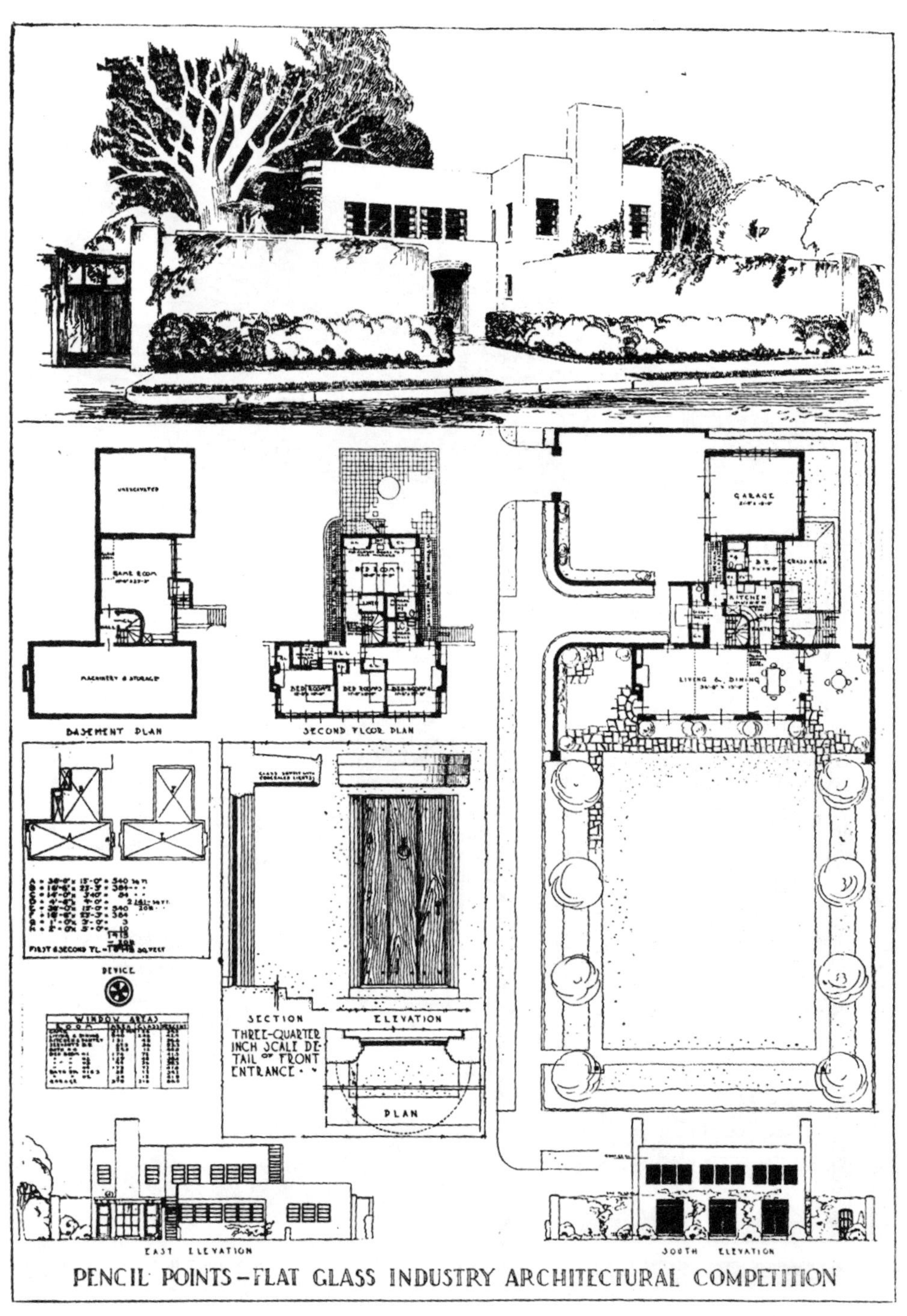

PENCIL POINTS – FLAT GLASS INDUSTRY ARCHITECTURAL COMPETITION

附選美國圖樣競賽

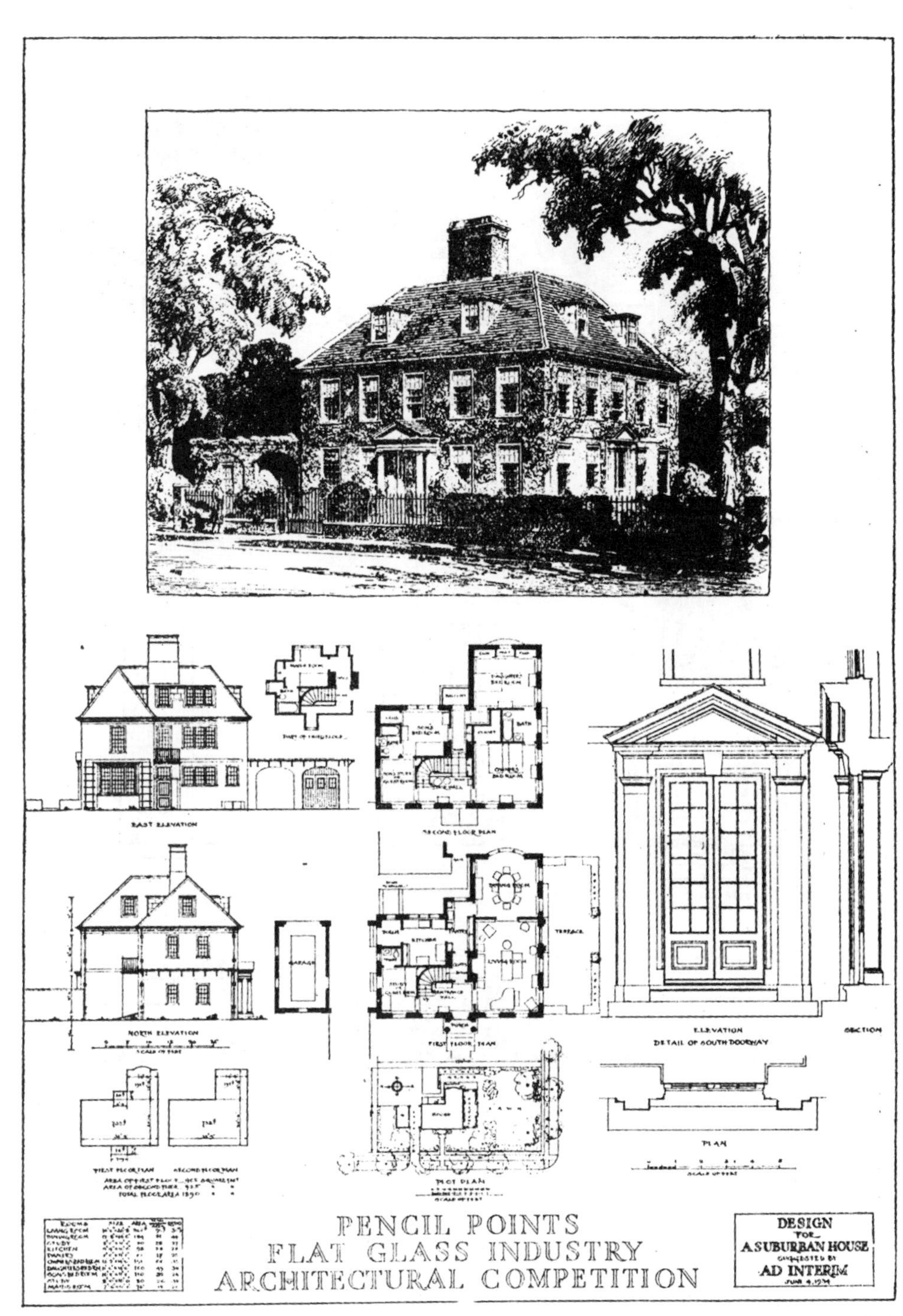
EAST ELEVATION
SECOND FLOOR PLAN
GARAGE
TERRACE
NORTH ELEVATION
FIRST FLOOR PLAN
ELEVATION
DETAIL OF SOUTH DOORWAY
SECTION
PLOT PLAN
PLAN
PENCIL POINTS
FLAT GLASS INDUSTRY
ARCHITECTURAL COMPETITION
DESIGN
FOR
A SUBURBAN HOUSE
AD INTERIM

美國圖樣競賽　　　　附　選

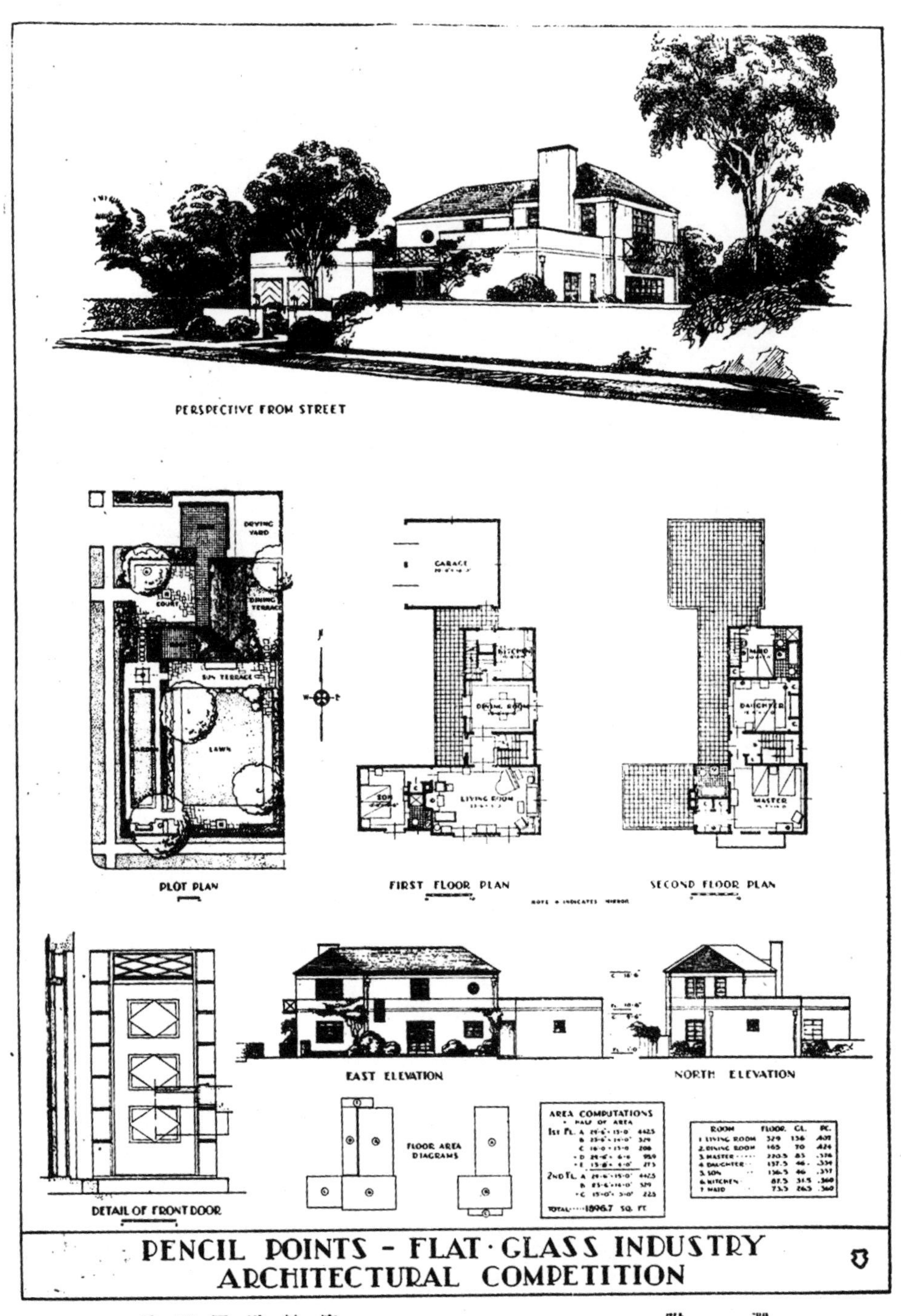
PERSPECTIVE FROM STREET
PLOT PLAN
FIRST FLOOR PLAN
SECOND FLOOR PLAN
EAST ELEVATION
NORTH ELEVATION
DETAIL OF FRONT DOOR
FLOOR AREA DIAGRAMS
AREA COMPUTATIONS
PENCIL POINTS - FLAT·GLASS INDUSTRY
ARCHITECTURAL COMPETITION

美國圖樣競賽　附選

『Spindle』執手鐵梗。鐵梗之貫通門上插銷，以資裝置執手者。〔見圖〕

『Spire』尖頂。〔見圖〕

1,尖頂及壓簷牆(Antun Cathedral)
2,銳尖(Bayenx Cathedral)
3,尖塔(Bayenx Cathedral)

『Splay』斜角。將方角做成斜面。〔見圖〕

Splay arch 八字角法圈。圈之起於八字角，故牆之一面較小於另一面。

『Spline』薄板。用於室中台度或平頂之薄板。

『Spring』彈簧。

Spring catch 彈簧銷子。勾住腰頭窗之金屬物，倘欲將腰頭窗關閉，祇須將窗推上，彈簧銷子自能彈入銅眼而勾住。〔見圖〕

Spring hinge 彈簧鉸鏈。 開門後能自動關閉之鉸鏈。

『Sprinkler』 灑水器，噴水管。 噴水之器，大建築中每有此種設備，如棧房，公寓中平頂上，裝有噴水管，設逢火危，噴水管之頭露於平頂之外，着火後銲錫溶化，水卽汩汩自管噴出。屋中有此設備，倘遇火災，人雖不覺，而火自滅。

『Sprinkler head』噴頭水子。

『Square』❶方。 邊角四面相等者。

❷矩。 器械之一種，用以定出方角者。普通其形如L或T。

『Squinch』敵角圈。一個法圈砌於牆之陰角者。

〔見圖〕

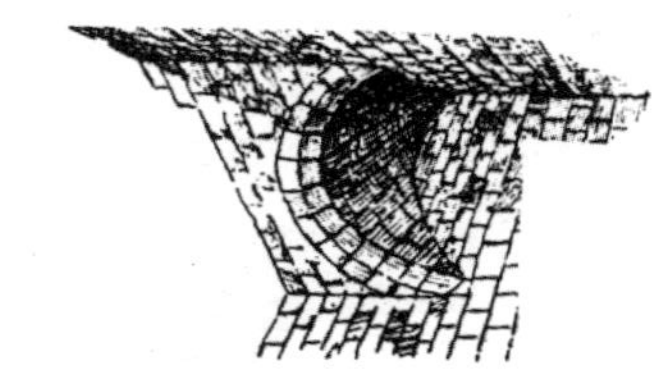

『Stable』馬廐。

『Stack』身幹。如煙卤露於屋面上之幹段。堆積木材而成之木堆。

『Stadium』運動場。古希臘雅典城亞林匹地方之賽跑場，兩旁與末端築有看台，末端之看台作圓形。

〔見圖〕

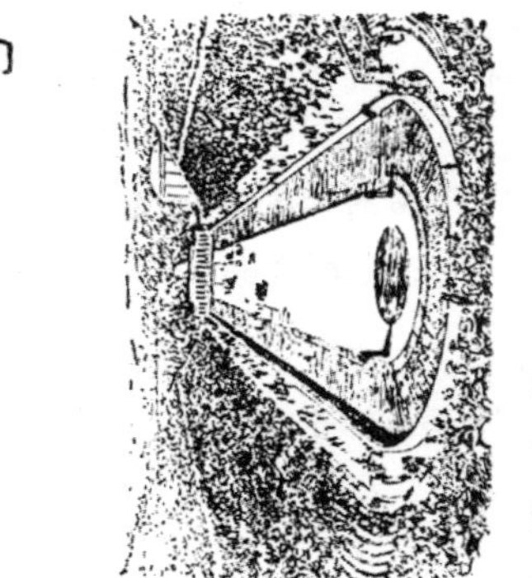

古賽跑場業經修築，重復舊觀，一九〇六年之萬國運動會，卽舉行於此。Stadium之字義，係來自希臘。Stadion係英文Stand之義，意指場之四週，羅列看座；故現在之運動場，四週設有看座，中間作爲運動員之競賽，鬥牛，球賽或其他運動者，均稱Stadium。

『Staff quarter』職員住宿舍。

『Stage』臺，戲臺。戲院中在地板上築起之臺階，置有佈景，特種燈亮及機器等，以資戲劇之表現或音樂之節奏者。

『Stain』着色，染色。以色染之，例如地板之先以黑色塗染，然後再做泡立水上蠟。Stain與paint有別，故着色與油漆兩者，爲不同類之塗漆料。Stain 大概爲黑色，如餐室中之木器，多係Stain and polish。

『Stair』扶梯。

Back stair 後扶梯，小扶梯。

Stair carpet 扶梯毯子。

Stair rod 扶梯毯梗。扣除扶梯毯子之銅梗。

Stair well 扶梯井。扶梯夾檔中間，自上至下之空間。

「Stair-case」扶梯間，扶梯衖。屋中裝置扶梯之所在。

「Stake」樁。一端削尖之木樁，打入地中，以爲支撐，繫繩柱子，界樁及木柵等者。

「Stall」㊀廂座，展覽席。戲院中之廂座。展覽會場中所隔成之小室，陳列物品，以資展覽或出售者。

㊁馬廄。關閉牛馬之廄舍。

「Stanchion」直柱。豎直之支柱。

「Stand」臺，看台。建築物之上，人能坐立者。如賽馬場中之看臺，法官之席座，博物院中陳列物體之台等。

「Standard」標準。物之形式尺寸一律者，如鋼窗之有標準尺寸(Standard size)。

「State room」廣殿。王宮或其他大廈中之廣殿。

「Station」車站。

「Statuary」雕刻家。製造像物者，彫刻者，或像物之模型創製或做製者，用雲石，泥或銅做之彫鐫匠。

「Statue」彫像。人形或獸形之彫像。

「Stay」窗撐。窗戶開啓時防止風吹閉之撐梗。

Peg stay 套釘窗撐。〔見圖〕

Stay bar 窗撐梗。撐開腰頭窗者。

Sliding stay 螺絲窗撐。〔見圖〕

「Steam heating」蒸氣發熱。蒸氣之功用極廣，凡器械之發動，均藉蒸氣之力。

Steam crane 蒸氣吊機。

Steam dredger 蒸氣掘泥機。

Steam excavator 蒸氣開溝機。

Steam hammer 蒸氣鎯頭，水汀錘。

Steam shovel 蒸氣機鏟。

「Steel」鋼。

Steel casement 鋼質窗。

PEG STAY 套釘窗撐

SLIDING STAY 螺絲窗撐

Steel framed structure 鋼架構造。

Steel reinforcing 鋼筋。

Steel sash 鋼窗。

『Steening』襯磚。襯於井之周圍或庫藏牆壁周圍之磚。

『Steeple』尖塔。禮拜堂突出屋面之尖頂。任何房屋屋面有尖銳之塔頂者。

『Stela』『Stele』碑。直立之碑石，上刻圖形，文字，法規或里數等者。

『Stencil』印花板。用印花板印成之花樣。〔見圖〕

『Step』踏步。❶扶梯上之踏步。❷門口之階踏步。❸戳梯之橫檔，足踏其上而猿登者。❹汽車，馬車邊沿上下之踏步。

『Step flashing』扶梯步凡水。屋面與山頭脚或烟囱脚所包之凡水。

『Step gable』扶梯步山頭。

『Stepping stone』接步石。泥路或花園草地上，每距一步，置石一方，以接脚步。

『Stirrup』環，箍。❶控制屋架之鐵器。〔見圖〕❷鋼筋水泥大料中之環箍。

『Stock』螺旋弓手。自來水管絞鐫螺旋之器械。〔見圖〕

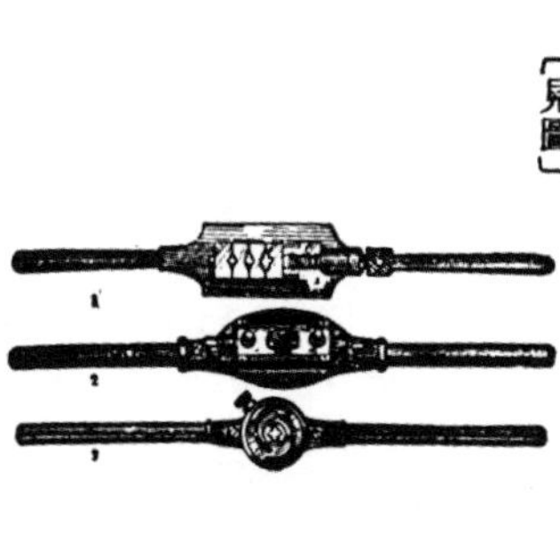

『Stone』石。

Stone dressing 斧石。石面用斧鑿平之工作。

Stone gutter 石槽。引水入渠之石槽。

Stone kirb 側石。馬路與人行道分處之側石。

Stone paving 石彈街。用石舖砌之路面。

Stone sill 窗檻石。承托於窗下之橫檻石。

『Stool』圓櫈，櫈子。四足無靠背之櫈子。

『Stoop』戶口階段。在住宅大門口外，高起一步或數步之平階。

『Stop』止。

door stop 門碰頭。詳見一卷七期D字部Door stop之說明。

『Store』倉廩，店舖。

『Storey』層，級。建築物高度層數之分別，如上海靜安寺路新建之二十二層大廈 (22 storied sky-scraper building)

『Stove』❶ 爐。冬天置於室中取煖之爐。

❷ 灶。廚房中煮燒食物之灶。

『Straight』直。

Straight edge 直邊。

（待續）

美國復興房屋建設運動

璨

美國因受世界不景氣之影響，產業衰落，失業問題嚴重，遂有復興運動之履行，經奮鬥數閱月之結果，百業已漸呈起色。最近美國代議士會，且於第七十三次會議中，通過國家房屋條例五章，（National Housing Act）規定由政府投資，贊助民間建築住屋，直接減少建築工人之失業，間接發展建築材料之銷路，而使材料廠工人及材料經銷人得活動之機會。

該項條例之內容，要點有二：（甲）以政府之贊助，發行，抵押，擔保，鼓進建屋事業或他種事宜；（乙）授權總統組織聯邦房屋總署，由總統任命署長一人，執行署務，署長任期四年。

署長業經羅斯福總統任命茂裴氏担任。茂氏係紐極西美孚火油行副行長，年薪十萬元，今甯願拋棄十萬元年薪之位置而就此年俸僅一萬元之署長職，蓋茂氏對復興建設認爲偉大工作，藉此將使經濟復蘇，挽回不景氣之頹勢也。茂氏現年四十有八歲，富於辦事能力，經商之才幹非常精鍊，故獲榮任。且茂氏對於如何組織總署，如何實施條例，均胸有成竹，其於房產放款公司，亦有相當聯絡，可獲援助，膺任署長，深慰美國多數人士之喁望。

茂氏於就職時向從事建築業者致辭曰：「營造廠商，建築家，及材料商！君等係推進建設新屋與改修舊屋程序中之主要的樞紐。君等能予大衆在國家房屋條例及策劃下營屋之機會，使規訂及營建適用的住所及家屋進展。能否予我以憑依君等之協助？以冀此項工作得順利進行而收迅捷之效果。」

條例全文分五章。第一章分爲五條，規定創設聯合房屋總署，對金融機關之保險，對金融機關之放款，資金之挪派，及製作報告。第二章分爲九條，規定互利放款之定義，押款保險，繳付保費，，複利資金之分別，資財生利，低價房屋之保險，及免除稅捐。第三章分爲八條，規定國家押款公會之權能，押款公會之義務，貸款資金，房產管理，審核與清理，條例及章程，繳稅準備，及存儲公款。第四章分爲七條，規定儲蓄及貸款保險之定義，聯合儲蓄及貸款保險機關之權能，保險帳略及適當準備，保險費，繳付保險費，及保險結束。第五章爲雜項，詳載瑣細之規定，計十三條。

按條例內容所規定者，總核其要，爲組織總署，保險押款，與利用復興建設銀公司，發行公債，紙幣及股票等方法，籌集款項，從事房屋建設事業。且條例中所規定之事項，不受以前所頒法律之束縛，尤稱便利。總統並得主掌挪派或利用他種總統有權挪作非常用途之公帑，交予署長，資助民間建造住屋等之需要，夫經濟衰落之狂潮已波及全世界，號稱首富之美國，尚岌岌自危，力圖復興，則我久困貧窮之中國，尤應如何發奮勵進耶？房屋爲人類生活條件之要素，事業之範圍極廣。建築事業之衰落，影響工商實業者至鉅，蓋房屋工程而減少，除增加建築工人之失業，因而影響市場之購買力外，材料廠商亦蒙出品滯積之苦，馴至社會經濟日益枯竭，國家稅收日益減短，故欲謀國富民强，繁榮建築事業，實刻不容緩。我國房產事業素所幼稚，少數都市曩年雖稍有蓬勃氣象，而年來已漸形衰退，甚望政府參考美國復興運動之計劃，速籌挽救之策，庶有豸乎！

茲將美國聯邦房屋總署之組織大綱列后，備資國人之參考焉。

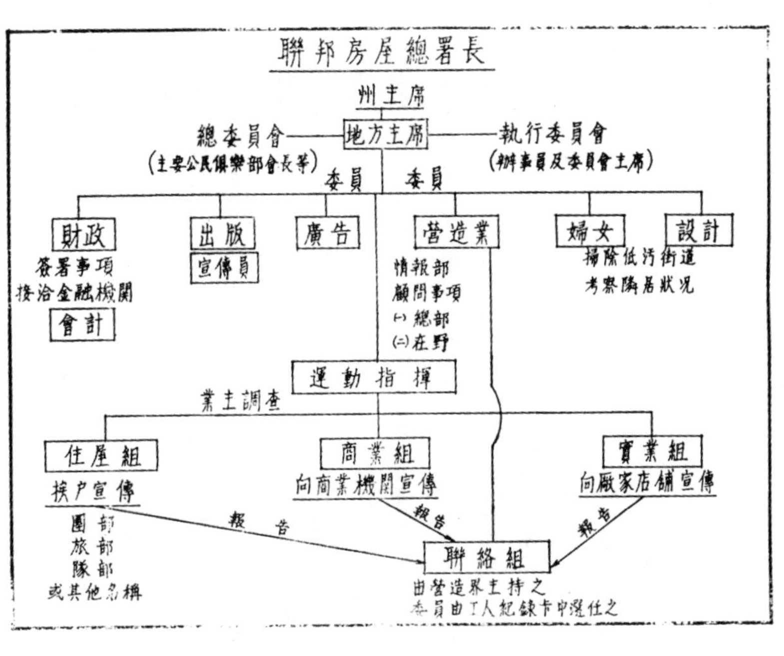

小調查

嘉善磚窰業之衰落

滬埠建築物所用磚瓦，大部取給於嘉善。故嘉善磚窰業之發達與衰落，足以反映本埠建築事業之盛衰。記者於日前至嘉善，轉輪窰上，西塘，下甸廟，洪家灘，壚壚等產磚瓦之區視察，復返嘉善縣調查，據云曩年盛時，每歲銷磚瓦數值六百萬元，現因滬地等處經濟衰落，建築不興，故去年只銷二百四十萬元，較往年相差幾及三分之一、斯業之凋落，可見一斑。

建築師與廣播電台

鋒 譯

編者按：建築師利用無線電台，廣播建築學說，灌輸一般人以住的常識，間接促進本身事業的繁興，這在歐美各國已屬盛行，吾國尚待提倡。美國Pencil Points建築雜誌載有此文，爰擇要迻譯。語涉常理，無甚足取，然備供一格，以爲提倡云爾！

建築師如能利用當地無線電台，向大衆廣播宣傳，定能鼓起一般對於營造及改建住屋的興趣；同時並可使建築事業的服務，得到眞實的估價，擴展良好的認識。建築師對此舉辦極易，所費無幾，而所得效果却極大。

各處的建築師有時雖用廣播電台，公開宣傳；但爲數無幾，足可增加千百倍，全國各處，都應有普遍的傳播。現代生活利用無線電的範圍極廣，舉凡宗教，醫藥，法律，甚至於政府當局。將建築走上空氣的大道，這是最適宜的時候了；宣傳的範圍不在乎單獨而偉大的廣佈網（雖然這也很重要），而在乎無數的各電台間之傳播。無論何處的建築師，均可向千百里範圍內的住戶，公開宣傳。這樣的廣播，出自職業專才，適合地方需要，對於居民有特殊的價值；而在演講時的眞摯與效果，較在中央電台所發出的所難擬的。

大多數的建築師或能贊同上述的原則，但當起而實行時，情形却有不同。羞避會使建築師嫌惡播音；故此事（播音）既能增進建築事業，需用大批人員，解決失業問題，以謀復興，而建築師尚趑趄不前，憎嫌播音，然則此事（播音）也許難稱爲盡善的方法嗎？

這種嫌惡的原因，多半由於不諳習廣播的細節；與過份誇說播音時的困難；這都使建築師羞向揚聲器演說了。自然，除在報紙封面連續刊登外，播音是最足集中大衆注意的，而其不同之點，是播音更能獲得大衆良好的影象，如果能善於使用的話。或者畏懼難以奏效，故一般人不願一試。但這種畏懼是無根據的。若一個人僅將聲浪傳入電台，這是無足畏懼的。大多數建築師不擅此道，眞是無理可解。這對大衆直接演說，更爲容易。在播音時可無需大力，使聽衆聆悉，播音機自會調節，而無線電工程師更能隨時指正，使聽者悅耳。

初步辦法，可由建築師致函當地廣播電台的經理。若當地並無電台，可向較近的電台接洽。在通函中建築師可申說願講關於住屋的營造，改建，以及其他適宜於大衆興趣，本於職業經驗的。他應直說對普遍的聽衆不宜有專門的演講，而將有實際價值的傳播於平均的電台聽衆。建築師與學生喜聽專門的學術演講，究屬少數，爲大衆計，自應演講有一般興趣的話。這在建築師也頗適宜，因他願與門外漢講話，不願與職業同志談道的。

這種意見的供獻，在電台是願意承受的，然後擇日開始播音。通常須需經過發音的試驗，這並不是件難事。僅須向揚聲機宣讀後五分鐘，由電台工程師校正即可。除聲波並不外揚外，一切手續與用具，與原來無異。這樣可使指導員校正聲波是否適合，予以指示。有很多發音良好的，在電台上却未能表見。但這種情形極少，聽者往往未能發見他短處的。

為欲增進演講的技能，可選取雜誌中的一段，在家朗讀，態度自然，一如與人談話。這可使講者至揚聲器前，無慌促之態，而在朗讀時更可改進表情的姿態。

在宣讀時，最好用會話的口氣，向距離四五尺的人對談一般。在讀時如對衆演說，最非所宜。其聲一如會談，不宜宣讀，而對於選用的材料宜熟練無異。講讀的速度，視各人通常的情形而定，每分鐘約自一一五字至一三〇字。若平日能談講暢快，聲音清朗，則自較緩滯者為佳。無線電台之播音，其聲波較原來者為高，但因此不能發特殊的低音。聲波亦須求其自然，從容大方，蓋若程序為十五分鐘，演講的時間須連續至十二十三分鐘之間，不能迫促也。十五分鐘之時間，為最適宜於建築講話的。

在播音時，不能直接面向揚聲器，而向另一端將聲波折成三角度。距離視情形而不同。除揚聲器為最新自動式，感音敏捷，緯度廣大外，須保持良好距離，以求清淅。過前則聲波超越揚聲器，發音不清；過後則距離太遠，將發生空洞之聲矣。

揚聲器常能將個人的呼吸聲音，亦加傳入，這在聽衆是有反感的。若講者呼吸過短，則有氣喘或心悸之弊，若演講太快，則句讀未清，逗點不明。態度既須自然，自宜抑揚頓挫，以免去平直的單調。在發表個人思想時，須集中注意，但這除熟記自己的演詞外，別無他法。若將大綱節目記憶，這事便無困難。在廣播電台宣讀，一如直接對衆演說，對於演詞是無用憂慮遊移的。

工程估價

（十六續）

杜彥耿

第六節　五金工程（續）

▲鐵門之估價

甲種

一寸方遍梃鐵長七尺半　計二根（每根二十五磅）　合計五十磅。

五分方長直鐵長七尺　計十根（每根九・一磅）　合計九十一磅。

四分方短直鐵長三尺半　計十一根（每根三磅）　合計三十三磅。

一寸×半寸扁擔鐵長三尺半　計二根（每根六磅）　合計十二磅。

一寸×五分扁擔鐵長三尺半　計一根（每根七磅）　合計七磅。

共計一百九十四磅（七五折）合計一担半

每担連工洋十元　計洋十五元。

油漆及零件如鎖，鐵門，鐵臼，鐵銷，翻樣等未計。

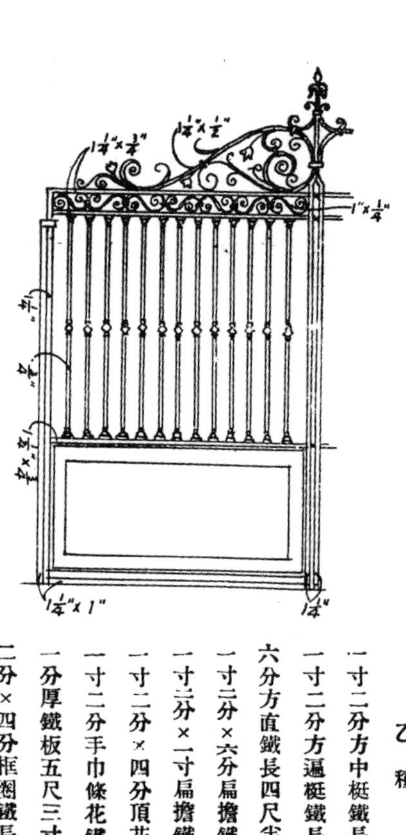

乙種

一寸二分方中梃鐵長十尺半　計一根（每尺五・二五磅）　計五十五磅。

一寸二分方遍梃鐵長八尺半　計一根（每尺五・二五磅）　計四十五磅。

六分方直鐵長四尺半　計十三根（每尺一・八七九磅）　計一百十磅。

一寸三分×六分扁擔鐵長五尺半　計三根（每尺三・一三磅）　計五十二磅。

一寸三分×一寸扁擔鐵長五尺半　計一根（每尺四・一七五磅）　計二十三磅。

一寸二分×四分頂花鐵長二十尺　計一根（每尺二・〇八磅）　計四十二磅。

一寸二分手巾條花鐵長十四尺　計一根（每尺一・〇四磅）　計十五磅。

一分厚鐵板五尺三寸×二尺半　計十三方尺（每方尺五・〇四磅）　計六十六磅。

二分×四分框圈鐵長二十六尺　（每尺・四二磅）　計十一磅。

乙種鐵門較甲種稍繁，故每擔連料需洋十二元。

共計四百十六磅（七五折）計三・一二担

合計洋三十七元半。

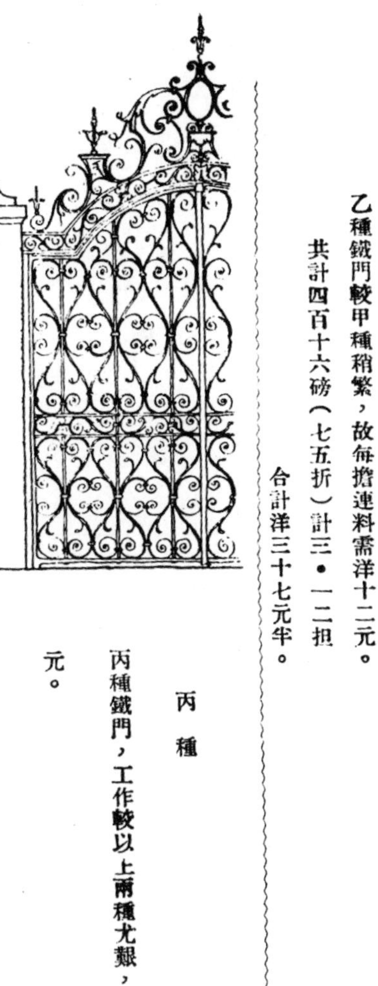

丙種

丙種鐵門，工作較以上兩種尤艱，故工值須略高，計每擔連料約需十四元。

▲鐵欄杆之估價

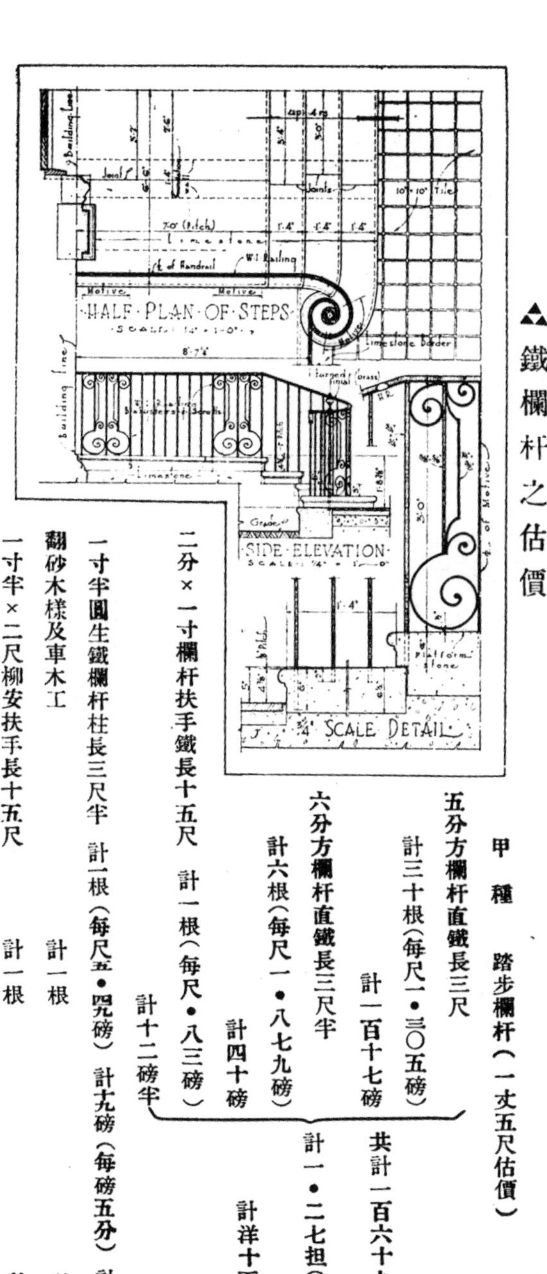

甲種　踏步欄杆（一丈五尺估價）

五分方欄杆直鐵長三尺　計三十根（每尺一・三〇五磅）　計一百十七磅

六分方欄杆直鐵長三尺半　計六根（每尺一・八七九磅）　計四十磅

二分×一寸欄杆扶手鐵長十五尺　計一根（每尺・八三磅）　計十二磅半

共計一百六十九磅（七五折）　計一・二七担（每担十二元）　計洋十五元二角四分

一寸半圓生鐵欄杆柱長三尺半　計一根（每尺五・四九磅）　計十九磅（每磅五分）　計洋九角五分

翻砂木樣及車木工　計一根　計洋一元

一寸半×二尺柳安扶手長十五尺　計一根　計洋三元

共計洋二十元一角九分

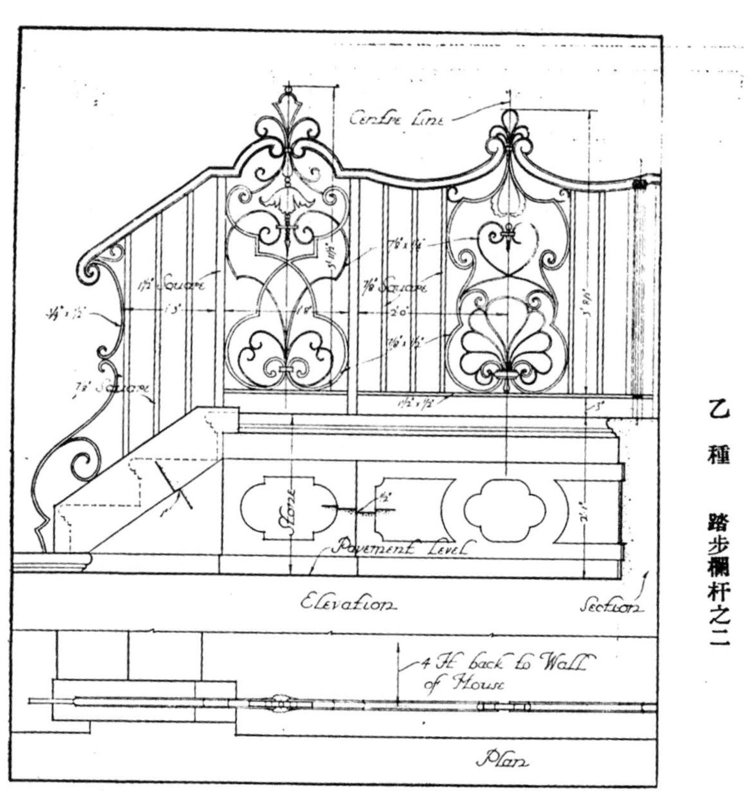

乙種　踏步欄杆之二

此係踏步欄杆之又一式，其工程較上列之一種為鉅，鐵器每擔需洋十四元，與丙種鐵門相同。

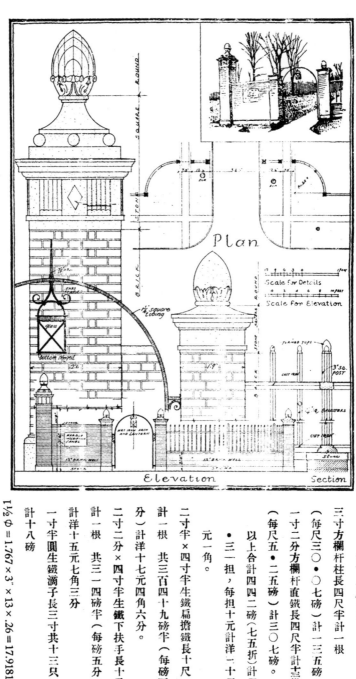

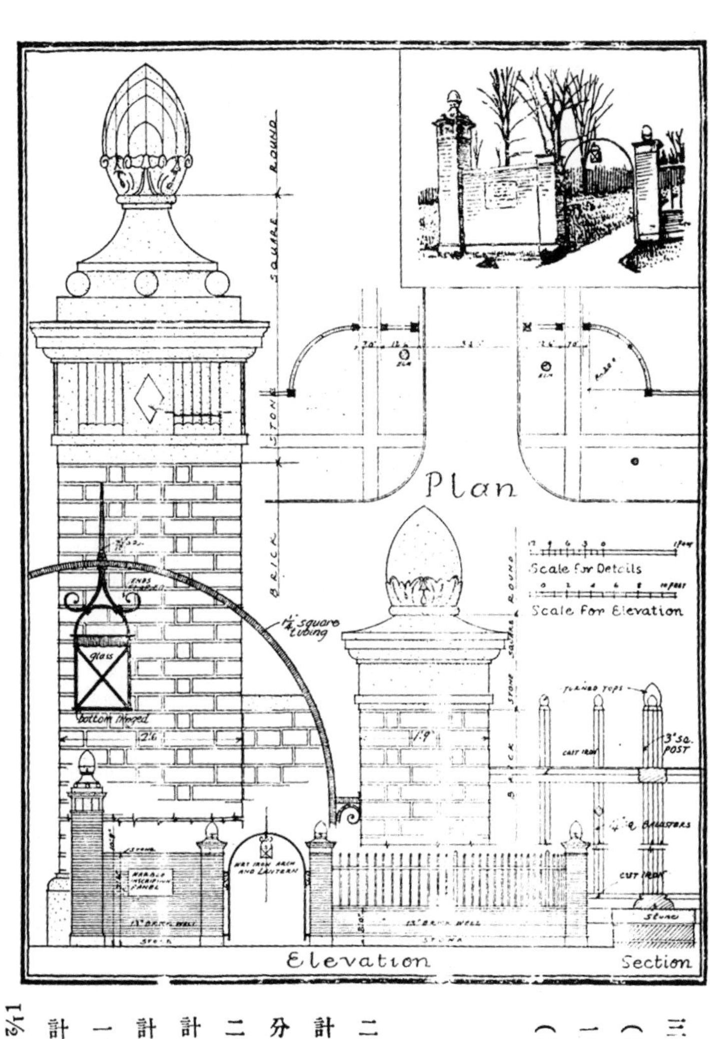

丙　種　圍牆鐵欄杆

（以一丈估價）

三寸方欄杆柱長四尺半計一根（每尺三〇・〇七磅）計一三五磅。

一寸二分方欄杆直鐵長四尺半計十三根（每尺五・二五磅）計三〇七磅。

以上合計四四二磅（七五折）計三・三一担，每担十元計洋三十三元一角。

二寸半×四寸半生鐵扁擔鐵長十尺計一根　共三百四十九磅半（每磅五分）計洋十七元四角六分。

二寸二分×四寸半生鐵下扶手長十尺計一根　共三一四磅半（每磅五分）計洋十五元七角三分

一寸半圓生鐵滴子長三寸共十三只計十八磅

$1\frac{1}{2}\Phi = 1.767 \times 3'' \times 13 \times .26 = 17.918$lb.

共計洋六十七元一角一分

上述之單位——卽擔，係習慣所素用者。而現在所有交易，均須依照全國度量衡局所訂，實業部通令施行者爲準則，故英磅一一〇・二三磅爲一市擔。現在市價鐵料每市担約洋六元二角至六元五角。

（待續）

建築材料價目表

磚瓦類

貨名	商號	大小	數量	價目	備註
空心磚	大中磚瓦公司	12"×12"×10"	每千	$250.00	車挑力在外
〃 〃 〃	〃 〃 〃 〃	12"×12"×9"	〃 〃	230.00	
〃 〃 〃	〃 〃 〃 〃	12"×12"×8"	〃 〃	200.00	
〃 〃 〃	〃 〃 〃 〃	12"×12"×6"	〃 〃	150.00	
〃 〃 〃	〃 〃 〃 〃	12"×12"×4"	〃 〃	100.00	
〃 〃 〃	〃 〃 〃 〃	12"×12"×3"	〃 〃	80.00	
〃 〃 〃	〃 〃 〃 〃	9¼"×9¼"×6"	〃 〃	80.00	
〃 〃 〃	〃 〃 〃 〃	9¼"×9¼×4½"	〃 〃	65.00	
〃 〃 〃	〃 〃 〃 〃	9¼"×9¼"×3"	〃 〃	50.00	
〃 〃 〃	〃 〃 〃 〃	9¼"×4½"×4½"	〃 〃	40.00	
〃 〃 〃	〃 〃 〃 〃	9¼"×4½"×3"	〃 〃	24.00	
〃 〃 〃	〃 〃 〃 〃	9¼"×4½"×2½"	〃 〃	23.00	
〃 〃 〃	〃 〃 〃 〃	9¼"×4½"×2"	〃 〃	22.00	
實心磚	〃 〃 〃 〃	8½"×4⅛"×2½"	〃 〃	14.00	
〃 〃 〃	〃 〃 〃 〃	10"×4⅞"×2"	〃 〃	13.30	
〃 〃 〃	〃 〃 〃 〃	9"×4⅜"×2"	〃 〃	11.20	
〃 〃 〃	〃 〃 〃 〃	9"×4⅜"×2¼"	〃 〃	12.60	
大中瓦	〃 〃 〃 〃	15"×9½"	〃 〃	63.00	運至營造場地
西班牙瓦	〃 〃 〃 〃	16"×5½"	〃 〃	52.00	〃 〃
英國式灣瓦	〃 〃 〃 〃	11"×6½"	〃 〃	40.00	〃 〃
脊瓦	〃 〃 〃 〃	18"×8"	〃 〃	126.00	〃 〃

鋼條類

貨名	商號	標記	數量	價目	備註
鋼條		四十尺二分光圓	每噸	一百十八元	德國或比國貨
〃 〃		四十尺二分半光圓	〃 〃	一百十八元	〃 〃 〃
〃 〃		四二尺三分光圓	〃 〃	一百十八元	〃 〃 〃
〃 〃		四十尺三分圓竹節	〃 〃	一百十六元	〃 〃 〃
〃 〃		四十尺普通花色	〃 〃	一百〇七元	鋼條自四分至一寸方或圓
〃 〃		盤圓絲	每市擔	四元六角	

五　金　類

貨名	商號	標記	數量	價目	備註
二二號英白鐵			每箱	五十八元八角	每箱廿一張重四〇二斤
二四號英白鐵			每箱	五十八元八角	每箱廿五張重量同上
二六號英白鐵			每箱	六十三元	每箱卅三張重量同上
二八號英白鐵			每箱	六十七元二角	每箱廿一張重量同上
二二號英瓦鐵			每箱	五十八元八角	每箱廿五張重量同上
二四號英瓦鐵			每箱	五十八元八角	每箱卅三張重量同上
二六號英瓦鐵			每箱	六十三元	每箱卅八張重量同上
二八號英瓦鐵			每箱	六十七元二角	每箱廿一張重量同上
二二號美白鐵			每箱	六十九元三角	每箱廿五張重量同上
二四號美白鐵			每箱	六十九元三角	每箱卅三張重量同上
二六號美白鐵			每箱	七十三元五角	每箱卅八張重量同上
二八號美白鐵			每箱	七十七元七角	每箱卅八張重量同上
美方釘			每桶	十六元〇九分	
平頭釘			每桶	十六元八角	
中國貨元釘			每桶	六元五角	
五方紙牛毛毡			每捲	二元八角	
半號牛毛毡		馬牌	每捲	二元八角	
一號牛毛毡		馬牌	每捲	三元九角	
二號牛毛毡		馬牌	每捲	五元一角	
三號牛毛毡		馬牌	每捲	七元	
鋼絲網		27″×96″ 2¼lb.	每方	四元	德國或美國貨
,, ,, ,,		27″×96″ 3lb.rib	每方	十元	,, ,, ,,
鋼版網		8′×12′ 六分一寸半眼	每張	三十四元	
水落鐵		六分	每千尺	四十五元	每根長廿尺
牆角線			每千尺	九十五元	每根長十二尺
踏步鐵			每千尺	五十五元	每根長十尺或十二尺
鉛絲布			每捲	二十三元	闊三尺長一百尺
綠鉛紗			每捲	十七元	,, ,, ,,
銅絲布			每捲	四十元	,, ,, ,,
洋門套鎖			每打	十六元	中國鎖廠出品黃銅或古銅色

貨名	商號	標記	數量	價格	備註
洋門套鎖			每打	十八元	德國或美國貨
彈弓門鎖			每打	三十元	中國鎖廠出品
,, ,, ,,			每打	五十元	外貨

木材類

貨名	商號	說明	數量	價格	備註
洋松	上海市同業公會公議價目	八尺至卅二尺再長照加	每千尺	洋八十四元	
一寸洋松	,, ,, ,,		,, ,,	,, 八十六元	
寸半洋松	,, ,, ,,		,, ,,	八十七元	
洋松二寸光板	,, ,, ,,		,, ,,	六十六元	
四尺洋松條子	,, ,, ,,		每萬根	一百二十五元	
一寸四寸洋松一號企口板	,, ,, ,,		每千尺	一百〇五元	
一寸四寸洋松副號企口板	,, ,, ,,		,, ,,	八十八元	
一寸四寸洋松二號企口板	,, ,, ,,		,, ,,	七十六元	
一寸六寸洋松頭號企口板	,, ,, ,,		,, ,,	一百十元	
一寸六寸洋松副頭號企口板	,, ,, ,,		,, ,,	九十元	
一寸六寸洋松二號企口板	,, ,, ,,		,, ,,	七十八元	
一二五四寸一號洋松企口板	,, ,, ,,		,, ,,	一百三十五元	
一二五四寸二號洋松企口板	,, ,, ,,		,, ,,	九十七元	
一二五六寸一號洋松企口板	,, ,, ,,		,, ,,	一百五十元	
一二五六寸二號洋松企口板	,, ,, ,,		,, ,,	一百十元	
柚木（頭號）	,, ,, ,,	僧帽牌	,, ,,	五百三十元	
柚木（甲種）	,, ,, ,,	龍牌	,, ,,	四百五十元	
柚木（乙種）	,, ,, ,,	,, ,,	,, ,,	四百二十元	
柚木段	,, ,, ,,	,, ,,	,, ,,	三百五十元	
硬木	,, ,, ,,		,, ,,	二百元	
硬木（火介方）	,, ,, ,,		,, ,,	一百五十元	
柳安	,, ,, ,,		,, ,,	一百八十元	
紅板	,, ,, ,,		,, ,,	一百〇五元	
抄板	,, ,, ,,		,, ,,	一百四十元	
十二尺三寸六八皖松	,, ,, ,,		,, ,,	六十五元	
十二尺二寸皖松	,, ,, ,,		,, ,,	六十五元	

貨名	商號	說明	數量	價格	備註
一二五四寸柳安企口板	上海市同業公會公議價目		每千尺	一百八十五元	
一寸六寸柳安企口板	,, ,, ,,		,, ,,	一百八十五元	
二寸一半建松片	,, ,, ,,		,, ,,	六十元	
一丈字印建松板	,, ,, ,,		每丈	三元五角	
一丈足建松板	,, ,, ,,		,, ,,	五元五角	
八尺寸甌松板	,, ,, ,,		,, ,,	四元	
一寸六寸一號甌松板	,, ,, ,,		每千尺	五十元	
一寸六寸二號甌松板	,, ,, ,,		,, ,,	四十五元	
八尺機鋸杭松板	,, ,, ,,		每丈	二元	
九尺機鋸甌松板	,, ,, ,,		,, ,,	一元八角	
八尺足寸皖松板	,, ,, ,,		,, ,,	四元六角	
一丈皖松板	,, ,, ,,		,, ,,	五元五角	
八尺六分皖松板	,, ,, ,,		,, ,,	三元六角	
台松板	,, ,, ,,		,, ,,	四元	
九尺八分坦戶板	,, ,, ,,		,, ,,	一元二角	
九尺五分坦戶板	,, ,, ,,		,, ,,	一元	
八尺六分紅柳板	,, ,, ,,		,, ,,	二元二角	
七尺俄松板	,, ,, ,,		,, ,,	一元九角	
八尺俄松板	,, ,, ,,		,, ,,	二元一角	
九尺坦戶板	,, ,, ,,		,, ,,	一元四角	
六分一寸俄紅松板	,, ,, ,,		每千尺	七十三元	
六分一寸俄白松板	,, ,, ,,		,, ,,	七十一元	
一寸二分四寸俄紅松板	,, ,, ,,		,, ,,	六十九元	
俄紅松方	,, ,, ,,		,, ,,	六十九元	
一寸四寸俄紅白松企口板	,, ,, ,,		,, ,,	七十四元	
一寸六寸俄紅白松企口板	,, ,, ,,		,, ,,	七十四元	

水泥類

貨名	商號	標記	數量	價目	備註
水泥		象牌	每桶	六元三角	
水泥		泰山	每桶	六元二角半	
水泥		馬牌	,, ,,	六元二角	

貨名	商號	標記	數量	價目	備註
水泥		英國"Atlas"	,, ,,	三十二元	
白水泥		法國麒麟牌	,, ,,	二十八元	
白水泥		意國紅獅牌	,, ,,	二十七元	

油漆類

貨名	商號	數量	價格	備註
各色經濟厚漆	元豐公司	每桶（廿八磅）	洋二元八角	分紅黃藍白黑灰綠棕八色
快性亮油	,, ,, ,,	每桶（五介侖）	洋十二元九角	
燥頭	,, ,, ,,	,, ,,（七磅）	洋一元八角	
經濟調合漆	,, ,, ,,	,, ,,（五十六磅）	洋十三元九角	色同經濟厚漆
頂上白厚漆	,, ,, ,,	每桶（廿八磅）	洋十一元	
上白磁漆	,, ,, ,,	,, ,,（二介侖）	洋十三元五角	
上白調合漆	,, ,, ,,	,, ,,（五介侖）	洋三十四元	
淺色魚油	,, ,, ,,	,, ,,（六介侖）	洋十六元五角	
三煉光油	,, ,, ,,	,, ,, ,, ,,	洋二十五元	
橡黃釉	,, ,, ,,	,, ,,（二介侖）	洋七元五角	
柚木釉	,, ,, ,,	,, ,,（二介侖）	,, ,, ,, ,,	
花利釉	,, ,, ,,	,, ,,（二介侖）	,, ,, ,, ,,	
平光牆漆	,, ,, ,,	,, ,,（二介侖）	洋十四元	色分純白淺紅淺綠淺藍
紅丹油 屋頂紅 鋼窗李	,, ,, ,,	五十六磅裝	洋十九元五角	
鋼窗灰 綠	,, ,, ,,	,, ,, ,, ,,	洋二十一元五角	
松香水	,, ,, ,,	五介侖裝	洋八元	
清黑凡宜水	,, ,, ,,	二介侖 五介侖	洋七元 十七元	
水汀金 銀漆	,, ,, ,,	二介侖裝	洋二十一元	
發彩油	,, ,, ,,	一磅裝	洋一元四角五分	分紅黃藍白黑五種
朱紅磁漆	,, ,, ,,	二介侖裝	洋二十三元五角	
純黑磁漆	,, ,, ,,	,, ,, ,, ,,	洋十三元	
上綠調合漆	,, ,, ,,	五介侖裝	洋三十四元	

北行報告（續）

杜彥耿

第二區　內城西部，即三海以西之區域，幹管設西四北大街，南至宣武門附近設汚水清理分廠以送水至總清理廠。

第三區　內城北部，即北皇城根街以北之區域，幹管起於護國寺西端沿北皇城根街以至鐵獅子胡同以東，擇地設汚水清理分廠以送水至第一區之汚水幹管。

第四區　外城全區，幹管有二：一起於宣武門外大街，繞西河沿經正陽門大街以趨於天壇。一設於廣安門大街，至西珠市口東端與由北來之幹管會合於一處，即於天壇東北設汚水清理分廠以送水至二閘總廠。

(三)汚水之清理

擬採以下二法：

第一步　篩濾法　於各清理分廠及總清理廠內各設篩濾池一座，以除去固體物質及渣滓，池底每日清除一次或兩次，沉澱物取出後，積存於積糞池，以備售予農戶，用作肥料。

第二步　沉澱法　於總清理廠設伊氏池(Imhoff Tank)，汚水經此池後，能變易其性質，使汚穢沉澱，微菌減少，洩出之水，色淡無臭，然後注入河中，即河水不甚充足，亦無大害。

(四)汚水之最後處置

汚水經清理後，雖汚穢大減，若河水量小，或冬季無水，汚水洩入後，仍難免有停滯凍固之弊。茲就其可能採用者，擬定以下三種辦法，但採用何法，須待詳爲測量調查後決定。

(1)汚水經清理後，即於二閘下流，洩入河中。此法簡易經濟，惟河水須終年不斷，並於冬季結冰時，須保有足量之潛流以資沖淡汚水。

(2)沿河設汚水導管直引通至通州之北運河中。此法須設長二十餘公里之導管，所費稍鉅。

(3)汚水經清理後，導流至附近農地，以利灌溉，此法驅無用爲有用，可使不毛之地，變爲良田，法之至善。惟建設費過昂耳。

(五)汚水流量計算法

汚水流量須視市街之人口密度，每人每日最大用水量，及地下水滲透量而定。平市人口密度，據二十二年公安局之調查統計，人口最密之外一區，每公頃(Hectare)四〇七人，普通住宅區，如內一區，每公頃僅一五〇人。惟現值國難時期，百業衰微，將來市政發展，人口密度，當不止此，且市街兩旁，迄今猶多平房，此等平房將來均有改造樓房之可能，人口密度亦必有大量之增加。我國城市之繁盛者，人口最多區域之密度多在每公頃六〇〇人上下，故假定商業繁盛區之人口最大密度爲每公頃六〇〇人(約合每英畝二五〇人)，普通住宅區爲每公頃三〇〇人(約每英畝一二〇人)，每人每日用水量參照青島市與上海市之統計，假定爲七〇公升

（約合一五英加倫）。再每人每日用水時間，各隨其習慣而不同，玆據歐際頓氏(Ogden)之假定，每人每日用水時間爲八小時，每公頃每日總流量之半於八小時內流盡，準此可求得每公頃一秒鐘最大之汚水流量（Q）如下：

$$繁盛區Q = \frac{600 \times 70}{2 \times 8 \times 3600} = 0.73公升$$

$$住宅區Q = \frac{300 \times 70}{2 \times 8 \times 3600} = 0.365公升$$

地下水滲透量，須視所用水管材料之品質，接裝方法，安設之良否，及地下水位之高低而定，普通每公里長管線之滲透量最少一一八〇〇公升，最多九四〇〇〇公升。本市地下水位甚高，水管擬用唐山產之缸管，滲透量假定爲每公里管線二五〇〇〇公升，將來再按各處實際情況，酌爲損益。由上所述，可規定汚水總流量之計算法如下：

任在何處，汚水總流量等於該處以上流域公頃數與每公頃一秒鐘流量相乘之積，再加該處以上管綫之地下水滲透總量。

汚水管計算之標準，假定如下：—

（1）庫氏公式(Kutter's Formula)中之N爲〇•〇一五。

（2）全滿時每秒鐘最小流速爲六公寸（約二呎）。

（3）幹管坡度最小爲〇•〇〇一，支管坡度最小爲〇•〇〇三。

（4）計算汚水管徑以水流半滿爲度。

（5）街巷公用汚水管徑最小不得小於二百公厘。

汚水溝渠初期建設計劃

北平市溝渠之建設，宜採用分流制，即整理舊溝渠以利宣洩雨水，另設新溝渠以排除汚水，於溝渠設計綱要第三節中，曾反復申述，原有溝渠僅可用爲雨水道，不應兼事宣洩汚水，故爲溝渠之澈底整理計，除舊溝渠須逐漸爲有計劃之疏濬外，汚水溝渠之建設，亦應及時籌劃。

全市汚水溝渠之建設，非數百萬元莫辦，需欵過多，非本市目前財力所能及，且値此國難當前，公私交困之際，即設有大規模之汚水溝渠，因市民接用，亦須耗相當財力，恐難望使用之普及，且自來水之飲用，尙未普遍，亦不必街街設管。玆擬具初步汚水溝渠建設計劃，即先於繁盛街市（如王府井大街前門大街等）及稠密之住宅區域安設汚水幹管及支管，以便用水較多之住戶接用，而於各街內或路口另設新式之穢水池，以備一般市民之傾倒穢水，如斯費少效宏，可期全市汚水之大半，得科學之排除方法，於本市之公共衛生，實大有所裨也。

初期建設之汚水溝渠爲全部汚水溝渠之基幹，雖經費務期其節省，但規模宜求其宏偉，俾可籠罩全局，謀永恆之發展。故須由通盤整個之設計中，定爲分期實施之建設計劃。茲擬具設計步驟如左：

（一）測量及製圖　設計汚水溝渠系統必備之圖樣有二：（1）全市地形圖，比例五百分之一或千分之一，（2）各市街水平圖，長度比例須與地形圖一致，高度比例爲百分之一。

（二）汚水總出口之勘定　汚水總出口以二閘（慶豐閘）爲較宜，於設計綱要第五節第一段中曾加申述。但確定之前，須爲如下之考查：

1 該處河道水位及流量之測驗。

2 流往二閘各河水源之考查。

3 上下流人民利用河水情況，如飲用，漁業，灌溉等及約需水量，此項調查須上自水源，下抵通州。

4 自二閘至通州地勢之草測，以爲設管引至通州北運河時估計之根據。

5 二閘附近之土壤及農產調查。

（三）市區繁盛之調查　各街市及住宅區域房屋之疏密，人口之多寡，並推測其將來發展之程度，以定何處爲繁盛區（工商業區），何處爲疏散區（住宅區，名勝區）。

（四）溝管之設計　可就全市地形圖，確定管綫之位置，幹渠支管分佈之系統。同時按照市街水平圖，確定管綫之高度。至於管徑之大小，可根據汚水流量計算法與（三）項調查之結果，及庫氏公式圖解(Diagram for the Solution of Kutter's Formula)計算而得。

（五）唐山缸管產量與單價之調查，及品質之檢定。

（六）排洩區及清理總廠與各分廠廠址之勘定，及伊氏池，篩濾池，穢渣乾洒池，積糞池，穢水池，及機器房，工人宿舍等之設計。

（七）汚水最後處置方法之確定，根據（二）項勘查之結果以定何種方法爲最適宜。

（八）訂立：

1市民自動安設溝管獎勵章程

2建設汚水溝渠徵費章程

3汚水溝渠施工及用料規則

（九）製圖及造具詳細預算。

以上九條，已概括汚水溝渠設計之全部，蓋全部設計定，初期建設方可擇要施行。初期建設中擬完成之五部分如下：

（一）內外城汚水幹管及支管（見附圖）共長約九萬公尺。

此項幹管平均管徑約爲四百公厘，概用唐山產缸管，柏油與麻絲接口。清理分廠送水管承受壓力之一段，用鑄鐵管，軟鉛與麻絲接口。人孔爲圓形，底砌石漕，人孔蓋用鑄鐵鑄成，人孔牆及人孔底用一：二：四混凝土打成。

（二）總清理廠　設於二閘附近，廠地面積需地約八公頃（約一百三十畝），可容面積約占一百平方公尺之伊氏池(Imhoff Tank)十座，於初期建設中暫設四座。篩濾池，積糞池，穢渣晒乾池，各設一座，機器房一座，須能容五十馬力電動抽水機六台，先設三台。修理廠，儲藏庫各一座，辦公室一間，工人宿舍七八間。

（三）汚水出口之設備，須俟汚水最後處置之方法確定後，再行計劃。

（四）清理分廠　清理分廠共三處。第一分廠，設內三區東四九條胡同與北小街交口附近。第二分廠，設於宣武門東。第三分廠，設於天壇東北角附近。每廠設篩濾池，積糞池各一座，機器房一座，須能容二十馬力電動升水機四台，暫設二台。辦公室一間，工人宿舍四五間。各清理分廠須預備空地，建小規模之材料廠。

（五）穢水池　街市公用之穢水池須採用虹式構造，中管鐵篦，俾臭氣不得外揚，滓渣易於清除。池牆與池底用一：三：六混凝土打成，上加鐵蓋或建造小房，以保清潔。出水管徑爲二〇〇公厘。全市穢水池約計須設四〇〇處。

名　　稱	單位	數　量	單價（元）	共　價　（元）	備　　考
管　　綫	公尺	90,000	12	1,080,000	平均管徑按四〇〇公厘計算土工接管工人孔等均包括在內
總清理廠	處	1	80,000	80,000	包括購地費全部機件及建築用費
清理分廠	處	3	20,000	60,000	同　　上
穢水池	處	400	200	80,000	
其　　他				70,000	污水最後處理之設備等用費
共　　計				1,370,000	

註：測量及設計用費，由工務局經常費中支付，未列入本概算內。

北平市內外城污水溝渠初期建設系統圖

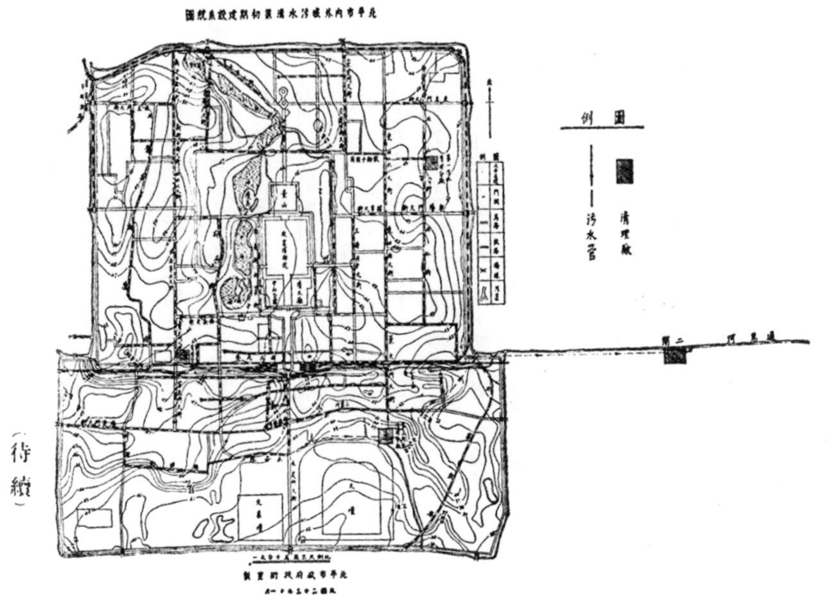

（待續）

問答

南京嶺南夫婦醫院問：

聞最新式火爐，售價低廉，所傳熱度，與蒸汽管無異，不知確否？

服務部答：

國產最新式火爐，仿外貨製造，使室內傳熱，確與蒸汽管無異，且價格低廉。

蘇州曹慰慈君問：

（一）水泥平台未做牛毛毡，日後是否將發生裂縫？如發生裂縫，有何補救方法？

（二）水泥煤屑磚，在上海是否用於房屋之各部？

服務部答：

（一）水泥平台之有裂縫與否，不關未做牛毛毡，而視乎平台水泥工作之是否可靠及載重量之是否適度爲判。按牛毛毡之效用在避水，非在防免豁裂。至於水泥平台發生裂縫後之補救方法，則將裂縫鑿開，而重補水泥。

（二）水泥煤屑磚在上海，大都用於內部之分間牆，不宜用於外表部份。

編餘

前二期因爲正文的篇幅增多，所以編完了稿子雖想寫幾句要說的話，但終於沒有地位而沒有寫。這裏，將本期中必須向讀者報告的，簡略地留下幾句。

本期爲了急於出版，還有幾種稿件未及編入，因此，篇幅祇能稍減，這是對讀者很表示歉意的。不過量的成份雖則略少，而質方面的優美，那是我們敢自信的。尤其插圖的取材爲有價值。

上海永安公司擴充的新廈，高凡二十二層，足與四行儲蓄會派克大廈媲美。惟此屋基地係三角形，故設計頗具匠心；內部除底下五層作營業商場外，六層以上則闢爲電影院，茶園，及露天散步場等，設計極新穎特緻。本期爰載其全套圖樣，以便讀者窺其全豹。

美國一九三四年建築圖樣大競賽，應徵者一千餘名，經評定錄取出類拔萃者二十九名；各有特長，可資參考。且此項圖樣均屬小住宅，尤注意窗之設計，故於窗的位置形式等等，無不別具創見，本刊特全數製版發表。因所佔篇幅甚多，本期先刊前十名，餘俟下期續登。

林同棪君之「克勞氏法」續稿，因本期趕前出版，尚未寄到，祇能等到下期再繼續刊登，請讀者原諒！

還有，自從本刊露佈了出版叢書的計劃後，承各地建築界人士紛紛函詢出版日期，同人非常感激。現正積極進行，以期早日實現；建築辭典單行本，業經編就大部，一俟定稿，即行付梓，藉副厚望。出版後當在本刊登載廣告，尚請注意。

預定

全年	十二冊	大洋伍元
郵費	本埠每冊二分,全年二角四分;外埠每冊五分,全年六角;國外另定	
優待	同時定閱二份以上者;定費九折計算。	

投稿簡章

1. 本刊所列各門，皆歡迎投稿。翻譯創作均可，文言白話不拘。須加新式標點符號。譯作附寄原文，如原文不便附寄，應詳細註明原文書名，出版時日地點。
2. 一經揭載，贈閱本刊或酌酬現金，撰文每千字一元至五元，譯文每千字半元至三元。重要著作特別優待。投稿人却酬者聽。
3. 來稿本刊編輯有權增刪，不願增刪者，須先聲明。
4. 來稿概不退還，預先聲明者不在此例，惟須附足寄還之郵費。
5. 抄襲之作，取消酬贈。
6. 稿寄上海南京路大陸商場六二〇號本刊編輯部。

建築月刊

第二卷・第八號

中華民國二十三年八月份出版

編輯者 上海市建築協會 南京路大陸商場

發行者 上海市建築協會 南京路大陸商場

電話 九二〇〇九

印刷者 新光印書館 上海聖母院路聖達里三一號

電話 七四六三五

廣告價目表
Advertising Rates Per Issue

地位 Position	全面 Full Page	半面 Half Page	四分之一 One Quarter
底封面外面 Outside back cover.	七十五元 $75.00		
封面及底面之裏面 Inside front & back cover	六十元 $60.00	三十五元 $35.00	
封面裏頁及底面裏頁之對面 Opposite of inside front & back cover.	五十元 $50.00	三十元 $30.00	
普通地位 Ordinary page	四十五元 $45.00	三十元 $30.00	二十元 $20.00
小廣告 Classified Advertisements	每期每格一寸高三寸半闊洋四元 — $4.00 per column		

廣告概用白紙黑墨印刷，倘須彩色，價目另議；鑄版彫刻，費用另加。

Designs, blocks to be charged extra. Advertisements inserted in two or more colors to be charged extra.

本廠承造之市中心區住宅之一種

協順建築公司

沈生記合號營造廠

總寫字間：南京路大陸商場五四八號

廠　設：上海英租界滙山路

電話　九一八五八

本廠專造
棧房碼頭
橋梁住宅
以及各種
大小鋼條
水泥工程

SPECIALISTS IN

GODOWN, HARBOR, BRIDGE, REINFORCED

CONCRETE AND GENERAL CONSTRUCTION WORKS.

YEH SHEN CONSTRUCTION CO.

SANG SUNG KEE, (HOP-HAO) BUILDING CONTRACTORS.

Head Office -- 548 The Continental Emporium.

Nanking Road, Shanghai.

Telephone -- 91858

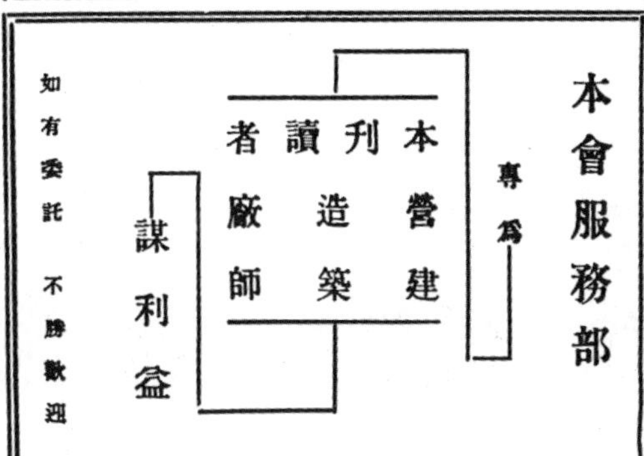
本會服務部
專為
本刊讀者
營造廠
建築師
謀利益
如有委託
不勝歡迎

華德老牌
華德
WHA TEH
精良國貨
廠址 上海 西安路六十八至七十號

德國台麥格

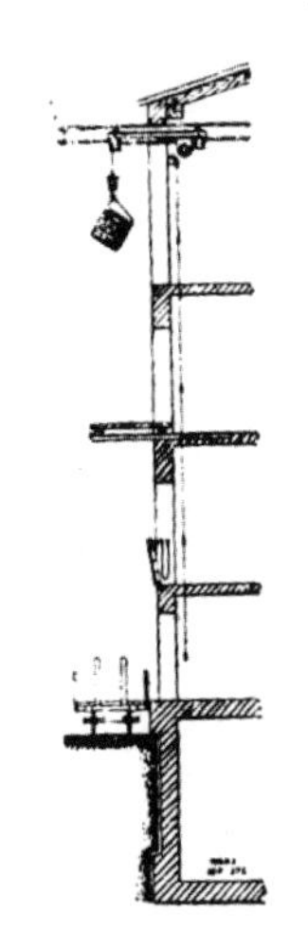

台麥格高速度電力起重機為各種起重之用價格低廉式樣新穎並可裝置于空間移動吊車上及作棧房絞車定能使君事業改進與革新

中國獨家經理
謙信機器有限公司
上海江西路一三八號　電話一三五九七號

SLOANE·BLABON

司隆百拉彭 印花油毛氈毯

此為美國名廠之出品。今歸秀登第公司獨家行銷。中國經理則為敝行。特設一部。專門為客計劃估價及鋪設。備有大宗現貨。花樣顏色。種類甚多。尺寸大小不一。

司隆百拉彭印花油毛氈毯。質細耐久。終年光潔。既省費。又美觀。室內鋪用。遠勝毛織地毯。

美商 美和洋行
上海江西路二六一號

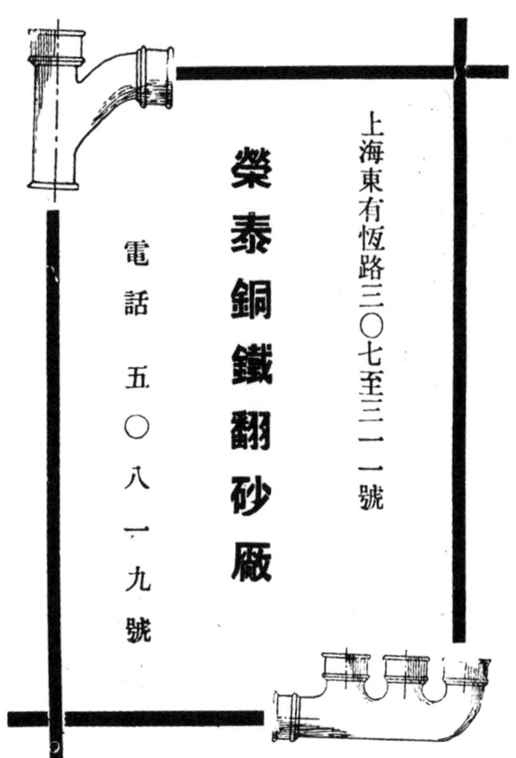

久泰美記營造廠

電話五一四二五

上海華德路二九一衖二七號

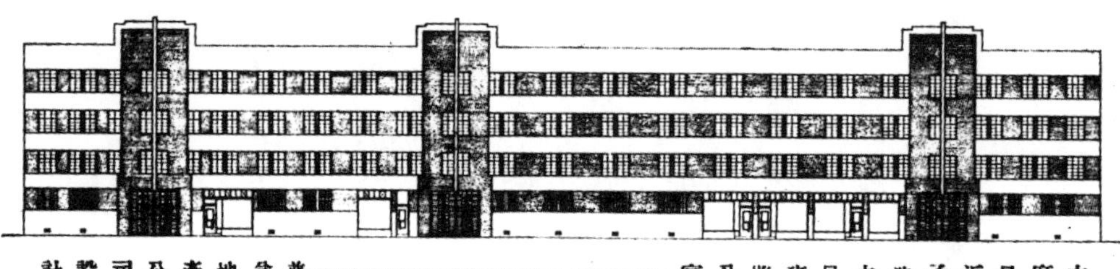

本廠最近承造之呂班路公寓……普益地產公司設計

本廠承造一切大小建築工程工作迅捷辦事認眞如蒙賜顧竭誠歡迎

KOW TAI

GENERAL BUILDING CONTRACTOR

House No. JG 27, Lane 291. Ward Road, Shanghai.

Tel. 51425

新仁記營造廠

總賬房
愛文義路一四二三號
電話三〇五三一

事務所
江西路一七〇號二樓二五八號
電話一〇八八九

本廠承造工程之一斑：

沙遜大樓　南京路
漢彌爾登大廈　江西路
都城飯店　江西路

二十層百老滙大廈　本廠最近承造工程之一

Broadway Mansions

Sin Jin Kee & Company

Head office: 1423 Avenue Road Tel. 30531

Town office: Hamilton House Room No. 258 170 Kiangse Road Tel. 10889

中華郵政特准掛號認爲新聞紙類
內政部登記證警字第二五五四號

中國近代建築史料匯編（第一輯）

建築月刊

第二卷　第九期

The BUILDER

建築月刊

八里庄塔

VOL. 2 NO. 9

第二卷 第九期

除舊布新

王正廷題

大中機製磚瓦股份有限公司

製造廠浦東南匯縣下沙鎮

本公司因鑒於建築事業日新月異材料選擇尤關重要特聘專門技師購置德國最新式機器精製各種青紅磚瓦及空心磚等品質堅韌色澤鮮明自應銷以來已蒙各界推爲上乘樂予採購茲略舉一二以資參攷其他惠顧諸君因限於篇幅不克一一備載諸希鑒諒是幸

大中磚瓦公司附啟

曾經購用敝公司出品各戶台銜列后

本埠

工部局平涼路巡捕房　新蓀記承造
國立中央實驗館兆豐花園　和興公司承造
四行儲蓄會英大馬路　陶馥記承造
鹽業銀行北京路　趙新泰承造
南京飯店山西路　新金記祥號承造
開成造酸公司軍工路　王鏡記承造
四海銀行北京路　惠記興承造
麵粉交易所民國路　元和興記承造
業廣公司歐嘉路　陳馨記承造
法敎堂勞神父路　吳仁記承造
七層公寓霞飛路　吳仁記承造

外埠

中央飯店南京　新金記承造
金陵大學南京　利源建築公司承造
航空學校杭州　新金記康號承造

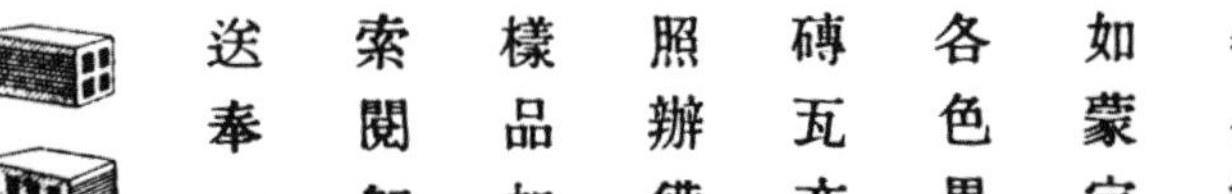

所出各品儲有大批現貨以備各界採用如蒙定製各色異樣磚瓦亦可照辦備有樣品如蒙索閱卽當送奉

駐滬批發所

英租界牛莊路德興里四號　電話九〇三一一

DAH CHUNG TILE & BRICK MAN'F WORKS.

Sales Dept. 4 Tuh Shing Lee, Newchwang Road, Shanghai.

TELEPHONE 90311

The Robert Dollar Co.,

Wholesale Importers of Oregon Pine Lumber, Piling and Philippine Lauan.

美商

大來洋行

本行專售大宗洋松椿木及
菲律濱柳安烘乾企口板等

各種裝修如門窗等以及考究器具請
貴主顧須要認明大來洋行獨家經理
之菲律濱柳安有I.L.CO.標記者爲最優
美並請勿貪價廉而採購其他不合用
之劣貨統希
貴主顧注意爲荷

大來洋行木部謹啓

Union Commerciale Belge de Metallurgie, S.A.
No. 150 Kiukiang Road.
Telegraphic Address
UCOMETAL-Shanghai
Telephone
12197
UCOMETAL
上海九江路一五零號
敝社係比國七大鋼廠駐滬總分銷處經售全屬出品承造鋼鐵工程舉凡：
鐵路鋼軌 工業機械
電車鋼軌 電氣用品
各式橋樑 鋼窗材料
採礦工具 鋼條鋼板
等等應有盡有色色俱備如蒙賜顧竭誠歡迎
電話一二一九七
比國鋼業聯合社

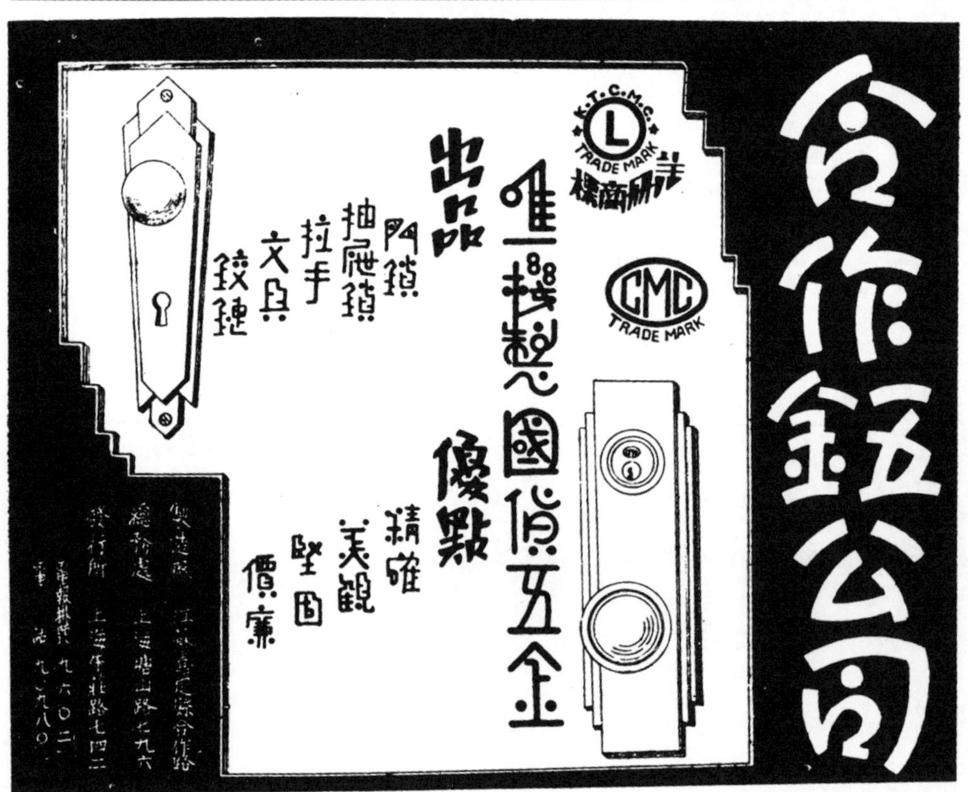
合作五金公司
K.T.C.M.C.
L
TRADE MARK
註冊商標
唯一機製國貨五金
CMC
TRADE MARK
出品
門鎖
抽屜鎖
拉手
文具
鉸鏈
優點
精確
美觀
堅固
價廉
製造廠
總發處
發行所 上海牛莊路七四三
電報掛號 九六〇二
電話 九〇九八〇

上海大理石公司

博物院路一二八號　　電話一〇二二五號

Stucco! For your Spanish Home

by

THE SHANGHAI STUCCO CO.

Contractors, Interior & Exterior

Art Decorators.

Importers of Spanish Decorative

Glazed Tiles.

We undertake to decorate and improve the interior or exterior of any building in Stucco at a very low cost, coloring and design to suit any requirements.

"Consult us First"

西班牙式住屋宜用

上海大理石公司出品之「美術人造石」

本公司出品西班牙美術人造石及承包各種建築之室內外裝飾工程設計精巧色彩得宜代價低廉服務週到如荷賜洽莫不竭誠歡迎

THE SHANGHAI STUCCO CO.

128 Museum Road.　　Telephone. 10225

新成鋼管製造股份有限公司

HSIN CHENG CONDUITS MFG. CO., LTD.

專製各種黑白鋼管

大小灣頭及鋼板

本埠存貨充足

俾供各界需求

價目函索卽寄

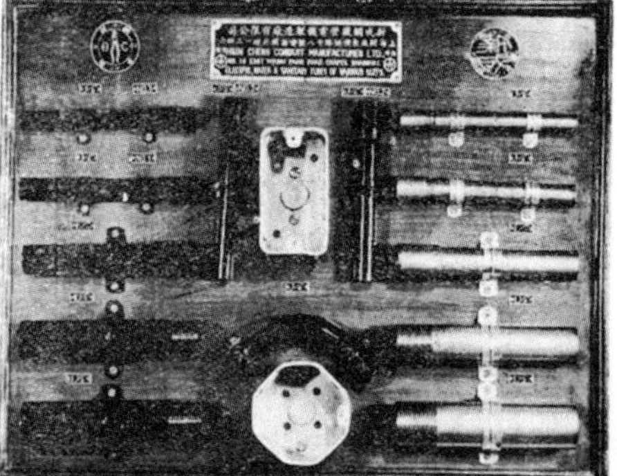

MANUFACTURERS OF HIGH GRADE BLACK & GALVANIZED CONDUITS OF VARIOUS SIZES STOCK CARRIED SAMPLES AND PRICE LIST SUPPLIED ON REQUEST.

總事務所及製造廠

設在閘北東橫浜路德培里十八號

閘北電話四一二四六

營業所

利泰電料行

有恆路口吳淞路三百七十五號

電話四三四七九

MAIN OFFICE AND FACTORY:
No. 18 EAST WOUNG PANG ROAD
CHAPEI, SHANGHAI.
TEL. 41246

BRANCH OFFICE:
LEE TAI ELECTRIC CO.
375 WOOSUNG ROAD
Telephone 43479
SHANGHAI

POMOAN PUMPS

凡裝自流井
而欲求最經
濟之水源請
採用最新式
「普摩那」
電機抽水機

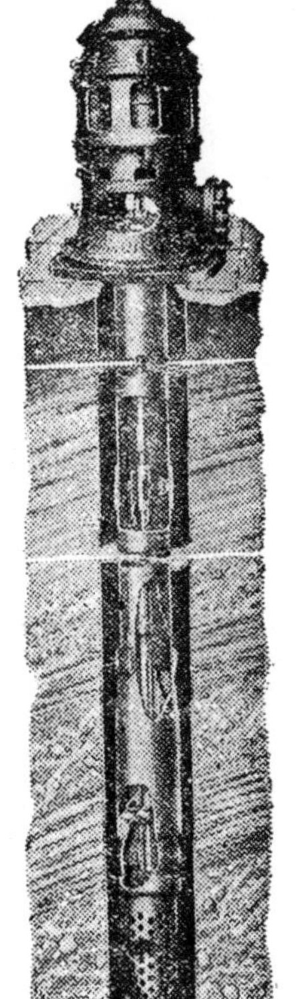

最新式之抽水設備

PUMPING WATER

THE MODERN WAY

「普摩那」透平式抽水邦浦。利用機械與水壓原理製成。適得其宜者。

「普摩那」透平邦浦。絕對可靠。費用儉省。而出水量較多。

常年運用。幾無需耗費管理或修理等費。

時間減少。出水量增多。無需裝置價格昂貴之壓氣機等設備。大小邦浦。皆可裝置自動機件。

出水量。每分鐘自十五伽倫至五千伽倫。大小俱備。

抽水機軸。每隔十尺。裝有橡皮軸承。用水潤滑。靈便。可靠。

所佔裝置地位極小。

用美國威斯汀好司廠馬達發動之。

滬上各處裝置。成績優良。咸皆贊美。

總經理美商茂和公司

上海圓明園路一八五號　電話一一三一〇

營業部　上海牛莊路六九二號
電　話　九四七三五號

華新磚瓦公司

出品項目

白水泥花磚
式樣　八寸方六寸方四寸方大小六角形
特色　磚面光潔顏色鮮豔花紋清朗質地堅實

青紅色平筒瓦
式樣　大小各色俱備
特色　質地堅實色澤鮮明

備有樣本樣品及價目單承索即寄
如欲改變現有花紋顏色或有特別
新樣花磚見委本公司均可承製倘
荷賜顧無不竭誠歡迎

We manufacture and Can Supply Immediately.

Cement Floor Tiles

Sizes 8"×8,"6"×6",4"×4,"
Variety of design and colors.

~~Rooiug~~ Roofing Tiles

Red or black

Estimates, Samples & Catalogs Supplied on request.
Your enquiry will have our careful attention.

Hwa Sing Brick & Tile Co.

692 Newchuang Road, Shanghai.

Tel. 94735
Factory - Kashan, Chekiang.

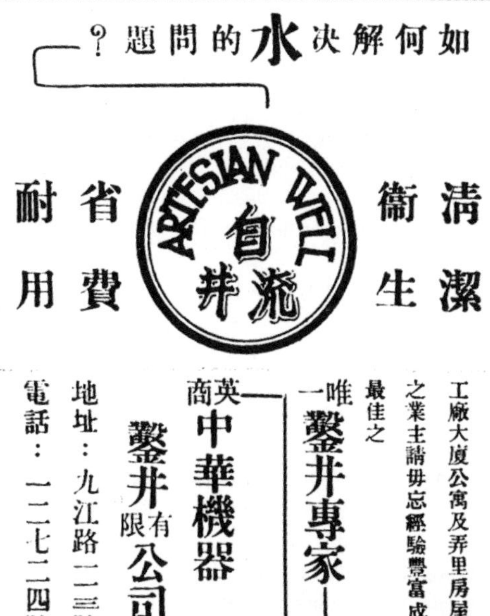
如何解決水的問題？
清潔
衛生
省費
耐用
ARTESIAN WELL
自流井
工廠大廈公寓及弄里房屋等之業主請毋忘經驗豐富成績最佳之
唯一鑿井專家
英商中華機器鑿井有限公司
地址：九江路一一三號
電話：一二七二四號
CHINA DEEP WELL DRILLING CO., LTD.
ROOM 805, 113 KIUKIANG ROAD
SHANGHAI. TEL. 12724

大東鋼窗公司
發行所：上海河南路四九五號
電話九二四〇〇
本公司專辦一切鋼窗鋼門工程式樣新穎質地堅固如蒙惠顧及委託估價無任歡迎
GREAT EASTERN STEEL WINDOW CO.
SHANGHAI MERCANTILE BANK BUILDING
495 HONAN ROAD, TEL. 92400

本會出借圖書

第二次續購新書目錄

〔第一次書目請閱本刊二卷八期〕

American Civil Engineers' Handbook. Vol. I & II–Merriman Wiggin

Analysis of Railroad Securities–Bogen

Architectural Composition–N. C Curtis

Building Construction–Huntington

Building Construction & Drawing–Mitchell

Building Construction for Beginners–Riley

Concrete Engineers' Handbook–Hool & Johnson

Construction Cost Keeping & Management–Gillette & Dane

Construction of Roads & Pavements–Agg.

Contracts in Engineering–Tucker

Design of Concrete Structures–Urquhart & O'rourke

Design of Highway Bridges–Ketchum

Design of Railway Location–Williams

Design of Steel Structures–Urquhart & O'roake

Docks, Wharves & Piers–Brookbank

Electric Railway Engineering–Harding

Elements of Highway Engineering–Blanchard & Morrison

Elements of Railroad Engineering–Raymond

Elements of Engineering Geology–Ries & Watson

Elements of Hydrology–Meyer

Empirical Design–Hayes

Engineering Drawing–French

Engineering Economics–Fish

Engineering Geology–Ries & Watson

Field Engineering Text Tables–Searles

Geodesy–Hosmer

Geodetic Surveying–Ingram

Harbour Engineering–Cunningham

Heat–Power Engineering, Part I–Barnard Ellenwood & Hirsfeid

Heat–Power Engineering, Part II–Barnard Ellenwood & Hirshfeid

Hydraulics–Daugherty

Hydrology–Mead

Improvement of Rivers, Part I & II–Thomas & Watt

Irrigation Engineering–Davis & Wilson

The Location Grading & Drainage of Highways–Harger

Maintenance of Way & Structures–Willard

Masonry Structures–Spalding, Hyde, Robinson

Material of Construction–Mills

Materials of Construction–Pulver

Materials of Engineering–Moore

Modern Framed Structures, Parts I, II & III–Johnson Bryan Turneaure

Municipal & Rural Sanitation–Ehlers & Steel

Municipal Engineering Practice–Folwell

Plane Surveying Exercises in Surveying–Tracy

Pocket Companion Abridged 1931

Practical Building Construction–Allen

Precise Surveying Ceodesy–Merrimay

Precision of Measurement & Graphical Methods–Goodwin

Public Water Supplies–Turneaure Russell

Railroad Administration–Morris

Railroad Construction–Webb

Railroad Curves & Earth

Railroad Structures & Estimates–Orrock

Railway Estimating–Lavis

The Regulation of Rivers–Van Ornum

Reinforced Concrete Construction, Vol. I & II–Hool

△暫行借書規則

一、本會所置圖書，搜集未豐，不能完備，故借閱書籍，暫以本會會員爲限。

一、會員借閱書籍，須照本會公佈書目，註明書名及類別，備函隨帶會員證至本會取書。

一、外埠會員借書，須開明書名連同會員證寄來，本會即將書掛號郵寄；爲優待起見，並不收取寄費。

一、書籍出借後，會員證暫由本會司事員保存，俟歸還書籍時，再行領取會員證。

一、每會員每次至多得借書兩冊。

一、借閱期間至多不得逾一星期。

一、先借者，如未到期，有優先借閱權，其他會員如欲借閱同一書籍，本會未便求回應命。

一、書籍如有毀損遺失塗抹删註等情，概須照原價賠償。

一、本規則如有更改，得隨時由本會常委核准後施行，不另通知之。

顧子用 黃元仁 涂嘉平 劉雲書 侯春燃 李嘏眉 喬雨亭 李國樑 陳向誠 諸君均鑒：本刊按期依照所開尊址由郵寄奉，近被退回，無法投遞；即希示知現在通訊處所，俾便更正，而免悞遞。爲盼！胡宏堯君鑒：茲有人詢及尊址，乞示爲盼！

本刊謹啓

建築月刊
第二卷 第九號

廣告索引

THE BUILDER

September 1934 Vol. 2 No. 9

LEADING CONTENTS

ILLUSTRATIONS

ARTICLES

目錄

插圖

譯著

本會建築叢書之一

英華華英合解建築辭典發售預約

我國建築工程界所用名辭，或循習慣，或譯西文；隨地不同，因人而異。竊以此種技術上之專門名辭，舊習失之深奧，譯文則嫌生硬，綜錯參差，未能統一，實爲推進建築事業之障礙。建築月刊在發行之初，即抉其流弊，圖謀改善。爰集編輯同人之力，廣諮博採，彙合眾見；使粗俗者文飾之，使生硬者純化之，務期雅俗兩者會貫參融，易切實用。於是閱時兩載，不揣冒昧，以搜索所得，按期在建築月刊發表，公諸同好，稿屬未定，有待修正，遺漏舛誤，勢所難免。顧讀者諸君，鑒於事屬創舉，使用稱便，不因譾陋相責，反以盛情加勉。紛囑刊印單行本，以便檢查，而窺全豹。函詢及面問有無單行本出售者，更日必數起。同人等感念讀者誠意，鑒於事實需要。乃渾忘此種工作之艱鉅，特將歷期已載各稿，重行校訂整理；並補充待續各稿，以求完盡。並爲便利翻閱起見，先以英文字母爲序，附以華文釋義；再以華文筆劃爲次，附以英文原名。如此則建築名辭暫能統一，此後編輯建築工業等叢書，即可以此爲準，不生困難，現在全書整理就緒，着手付排，特先預約發售，訂定辦法如下：

一、本書用上等道林紙精印，以布面燙金裝訂。書高六吋半，闊四吋半，厚計四百餘頁。內容除文字外，並有三色版銅鋅版附圖及表格等，不及備述。

二、本書在預約期內，每冊售價八元，出版後每冊實售十元，外埠函購，寄費依照書價加一收取。本埠只限自取，如欲郵遞，寄費照加。

三、凡預約諸君，均發給預約單收執。出版後函購者依照單上地址發寄，自取者憑單領書。

四、預約期限本埠本年十一月底止，外埠十二月十五日截止。

五、本書在出版前十日，當登載申新兩報，通知預約諸君，準備領書。

六、本書成本昂貴，所費極鉅，凡書店同業批購，或用圖書館學校等名義購取者，均照上述辦理，恕難另給折扣。

七、預約在上海本埠本處爲限、他埠及他處暫不代理。

八、預約處上海南京路大陸商場六樓六二〇號。

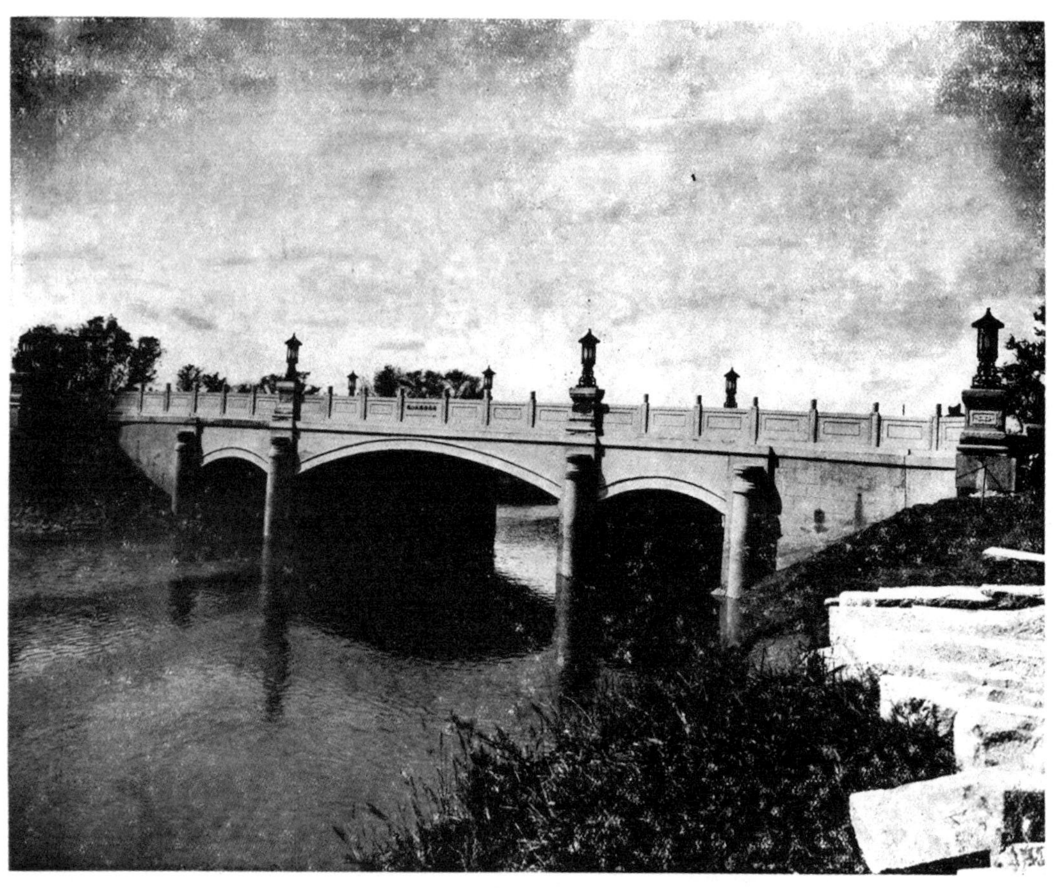

New Ju-Kong Bridge at the New Civic Center of the Municipality of Greater Shanghai

上海市中心區新建之虬江橋，造價約三萬元，設計者上海市工務局第二科，承造者爲沈生記合號營造廠，爰將詳細圖樣列后，以資參考焉。

上海市中心區府南右路虬江橋詳圖

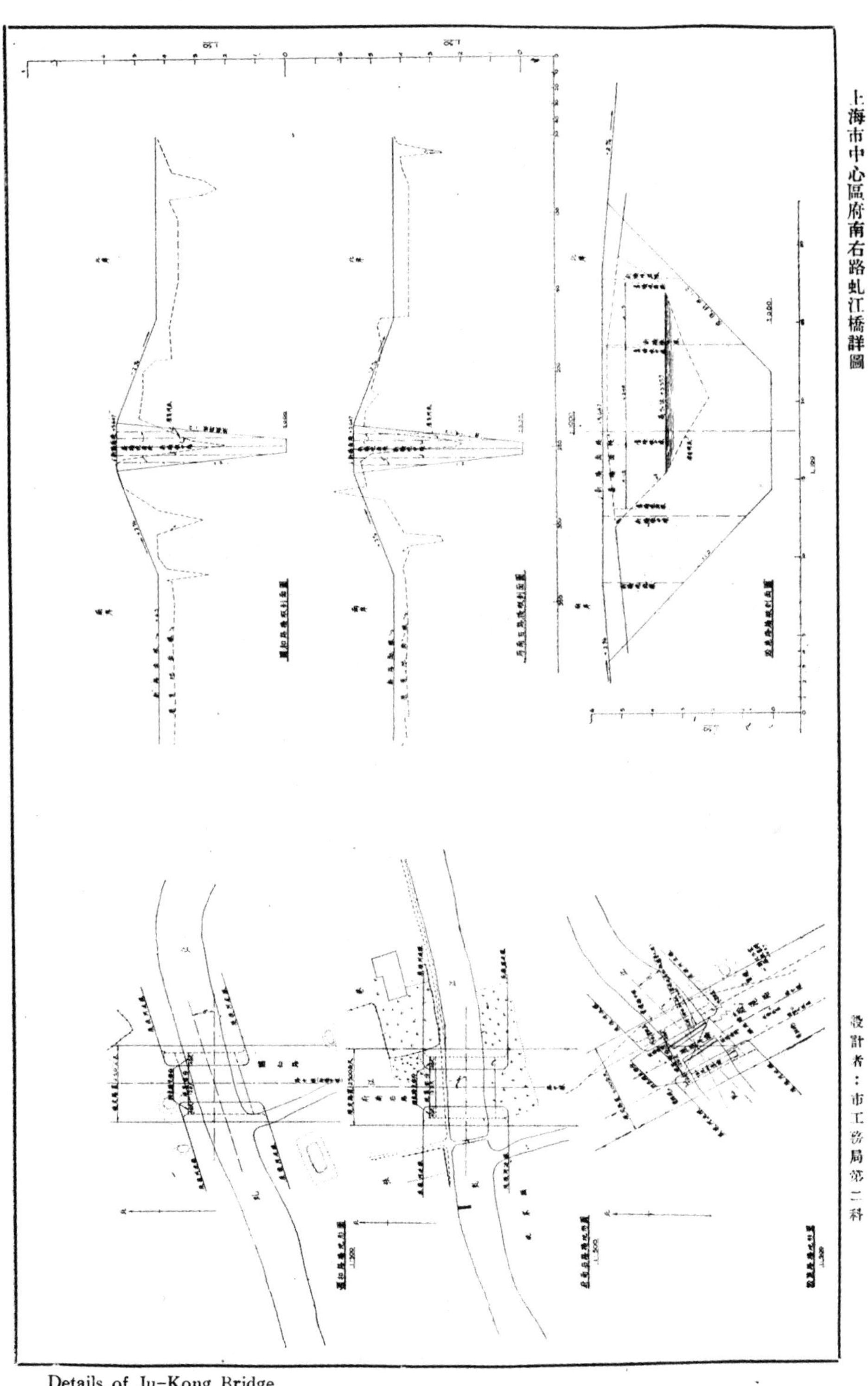

Details of Ju-Kong Bridge

設計者：市工務局第二科

上海市中心區府南右路虬江橋詳圖

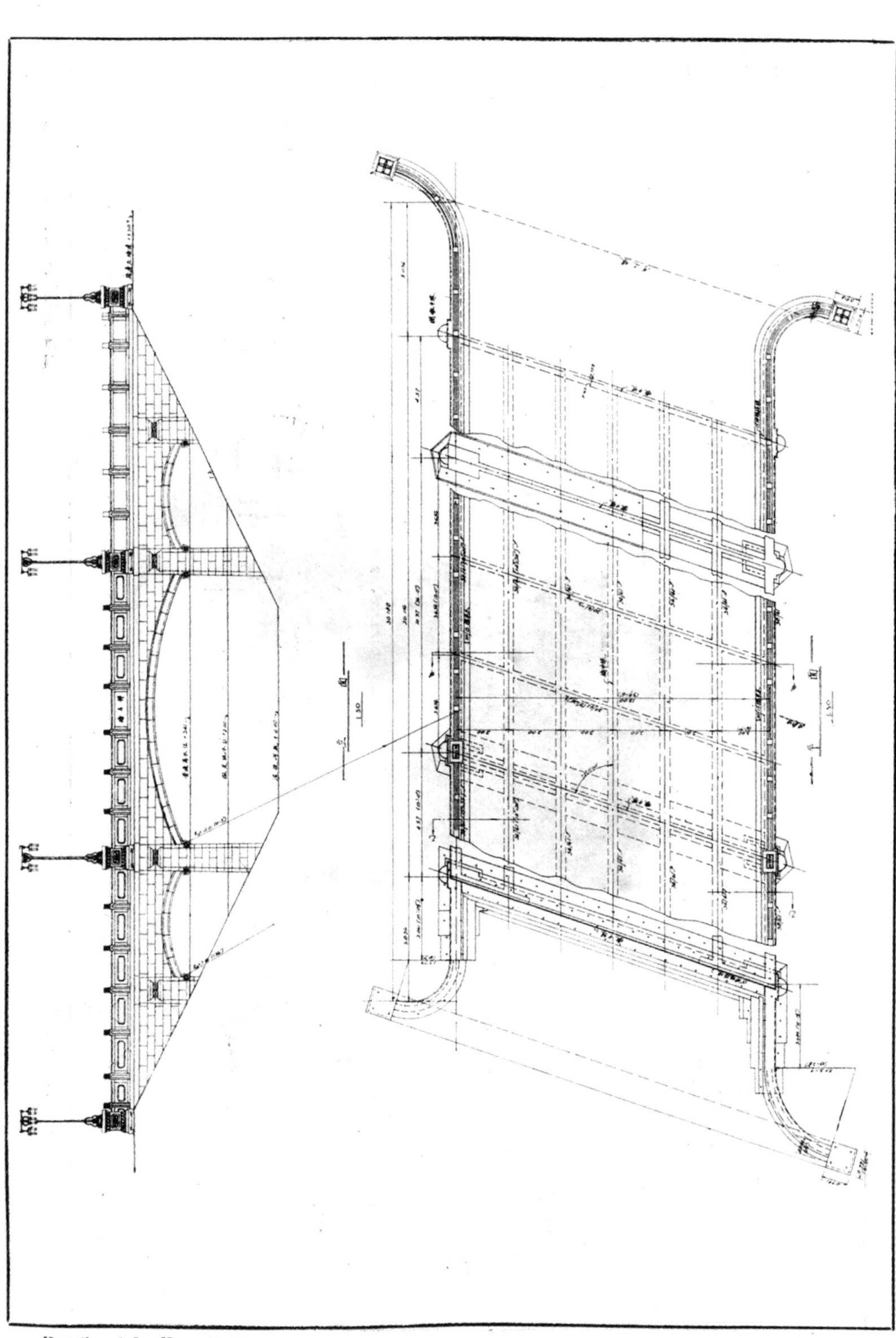

Details of Ju-Kong Bridge

上海市中心區府南右路虬江橋詳圖

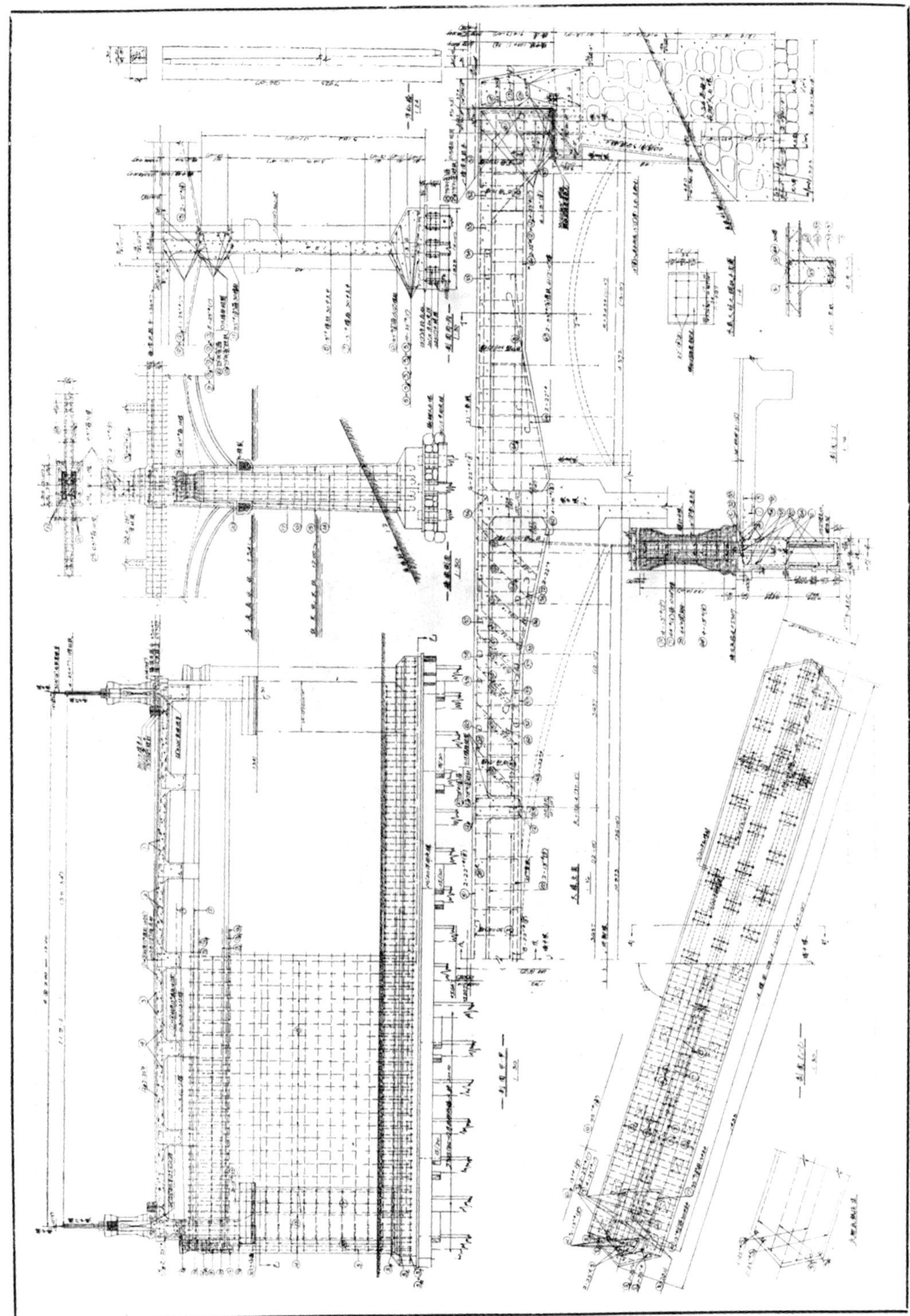

Details of Ju-Kong Bridge

上海市中心區府南右路虬江橋詳圖

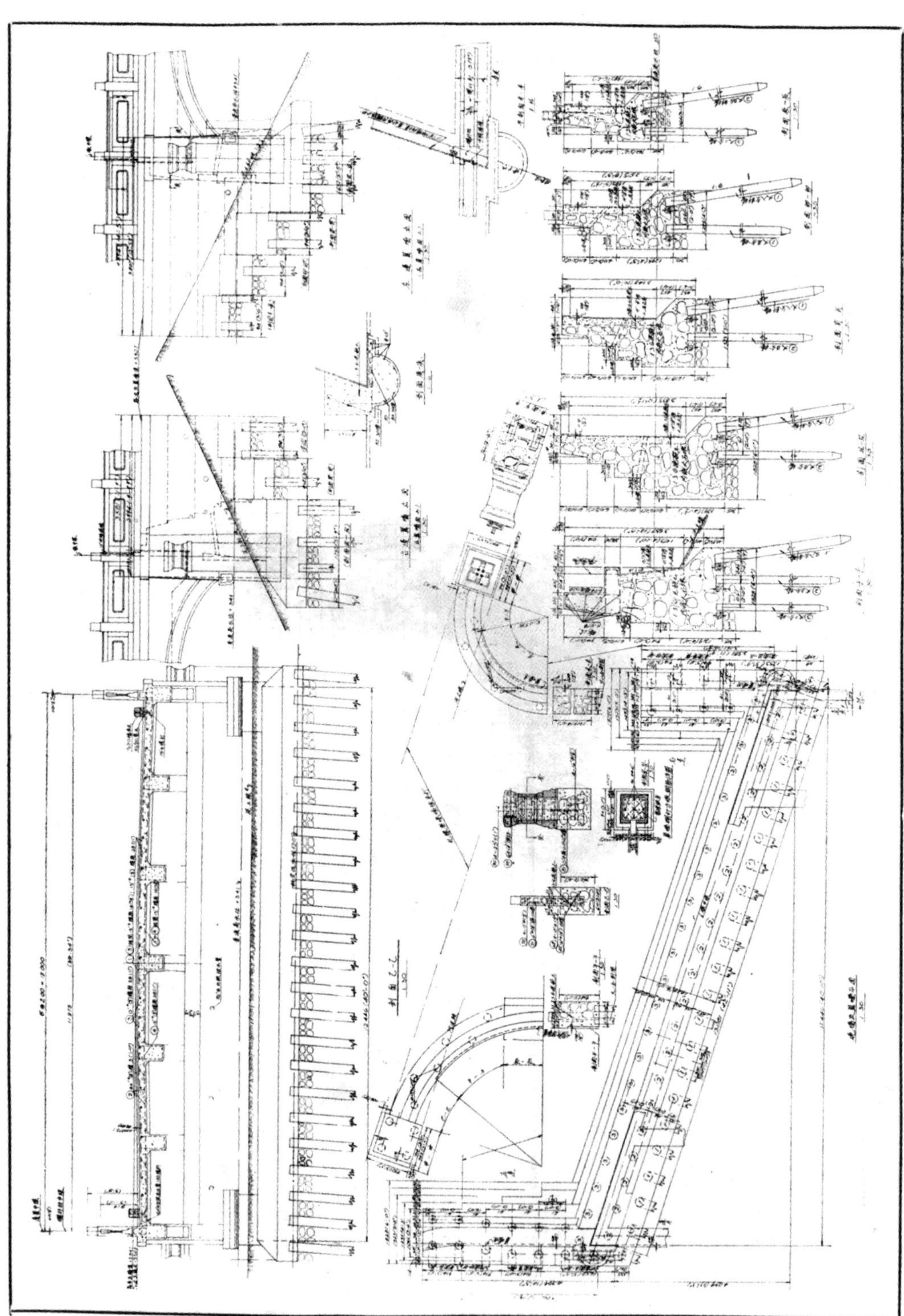

Details of Ju-Kong Bridge

倫敦市之橋梁

倫敦，歐洲古城之一也。Thames 河上，其橋梁亦多以古名，頗有歷史上之價值。去夏至倫敦，觀察之下，以之與他國橋梁相較，亦較有一二新奇之設計焉。故特攝影十餘幀，以爲紀念，並資參考。

林同棪識

Tower Bridge之塔及其旁空之吊鍊。按此橋旁空之設計，可謂爲三鉸鏈倒拱式(3-hinged inverted arch)

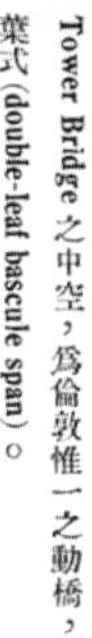

Tower Bridge之中空，爲倫敦惟一之動橋，係雙開葉式(double-leaf bascule span)。

Westminster Bridge，在Westminster之旁，橋旁小輪船，係供遊客之乘覽。

此爲一鐵路橋梁，其形式不若拱橋遠矣。橋後爲Southwark Bridge；圖之右端爲聖保羅教堂(St. Paul's Cathedral)

Blackfriar's Bridge。此係五空拱式橋梁，本圖僅攝得一空，欄干及各部之裝飾，頗爲美觀。

Waterloo Bridge。舊橋係九空拱橋，因歷時已久，橋面下陷數處，故暫用椿架支柱之。橋旁搭臨時八空鋼橋一座，承受一面之車輛。其中一空跨度倍於舊橋，故其上弦係用彎形。

Chelsea Bridge。逆流而上，河面漸狹，此爲第一座懸橋。

水閘(lock)之前，有鋼橋一。橋後尙可見拱橋兩座。

Kew Bridge，

Albert Bridge。第二座懸橋，其式較老，一望而知。

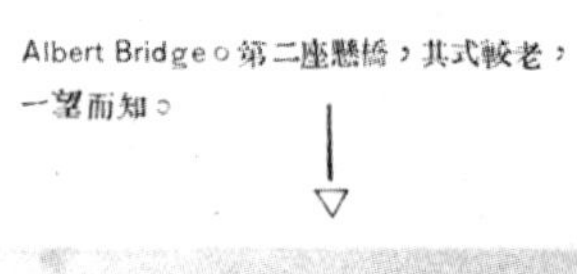

人行拱橋之後，有鐵路橋梁一座，上弦係彎形。

Lambeth Bridge。係五空橋梁

Cheswick B ridge。

第三座懸橋之橋塔，懸索係用眼桿(eye-bars)連成。

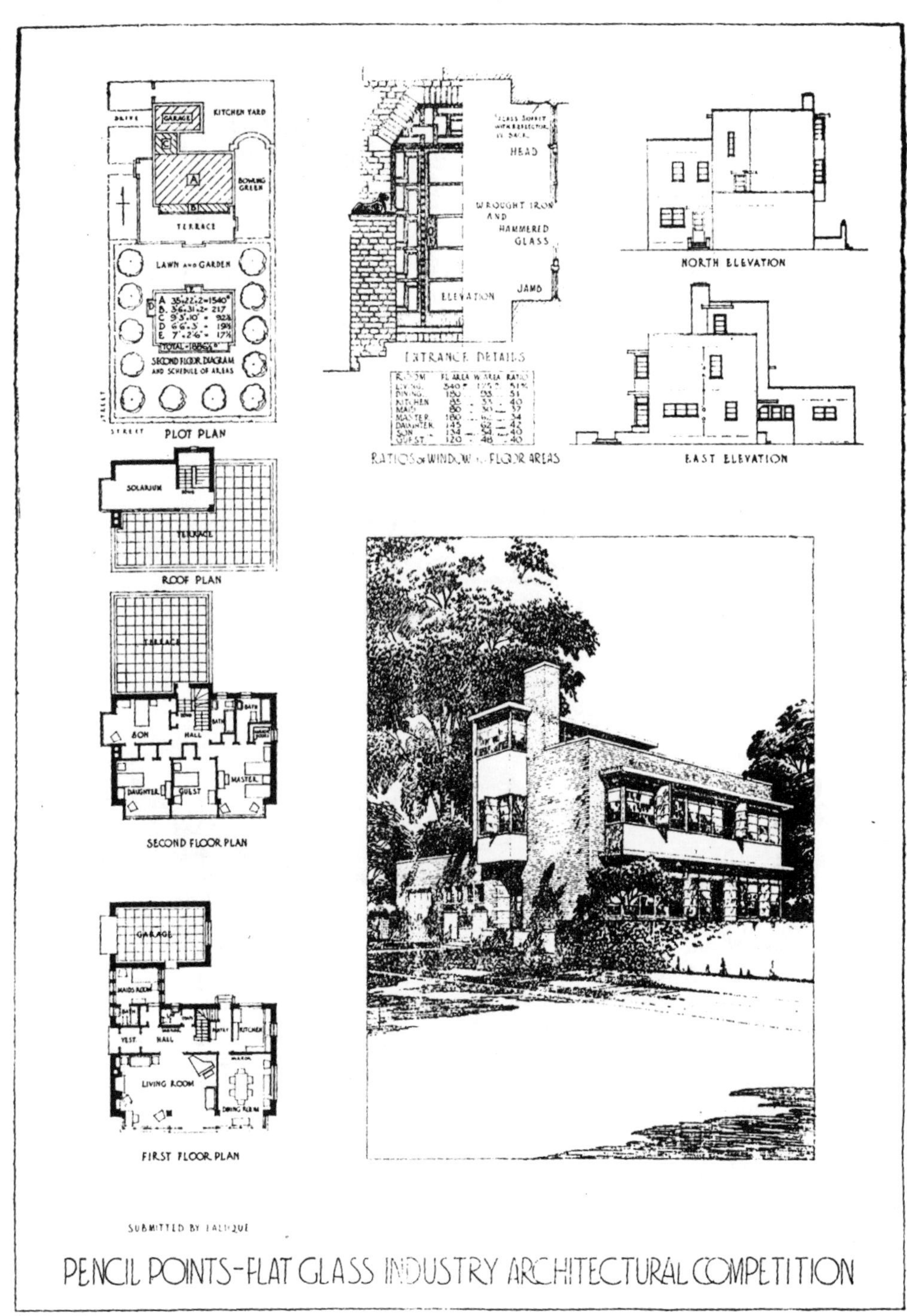
PLOT PLAN
ROOF PLAN
SECOND FLOOR PLAN
FIRST FLOOR PLAN
ENTRANCE DETAILS
RATIOS OF WINDOW TO FLOOR AREAS
NORTH ELEVATION
EAST ELEVATION
PENCIL POINTS-FLAT GLASS INDUSTRY ARCHITECTURAL COMPETITION

美國圖樣競賽　　附選之七

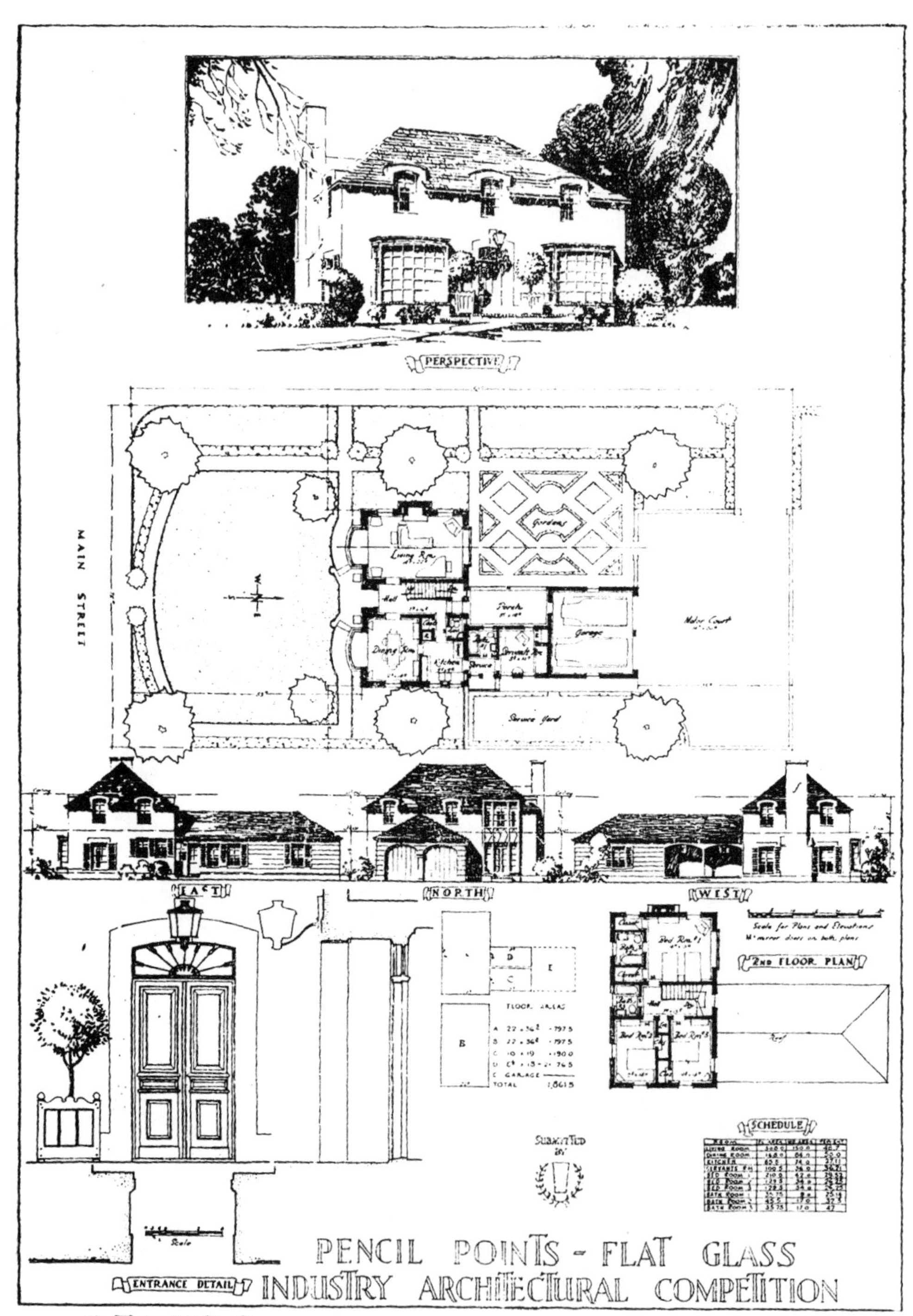
PERSPECTIVE
MAIN STREET
Gardens
Living Rm
Hall
Porch
Dining Rm
Kitchen
Servant's Rm
Garage
Motor Court
Service Yard
EAST
NORTH
WEST
Scale for Plans and Elevations
2ND FLOOR PLAN
Bed Rm 1
Bed Rm 2
Bed Rm 3
Roof
FLOOR AREAS
A
B
C
D
E
GARAGE
TOTAL
SCHEDULE
SUBMITTED BY
Scale
ENTRANCE DETAIL
PENCIL POINTS - FLAT GLASS
INDUSTRY ARCHITECTURAL COMPETITION

美國圖樣競賽　　附選之八

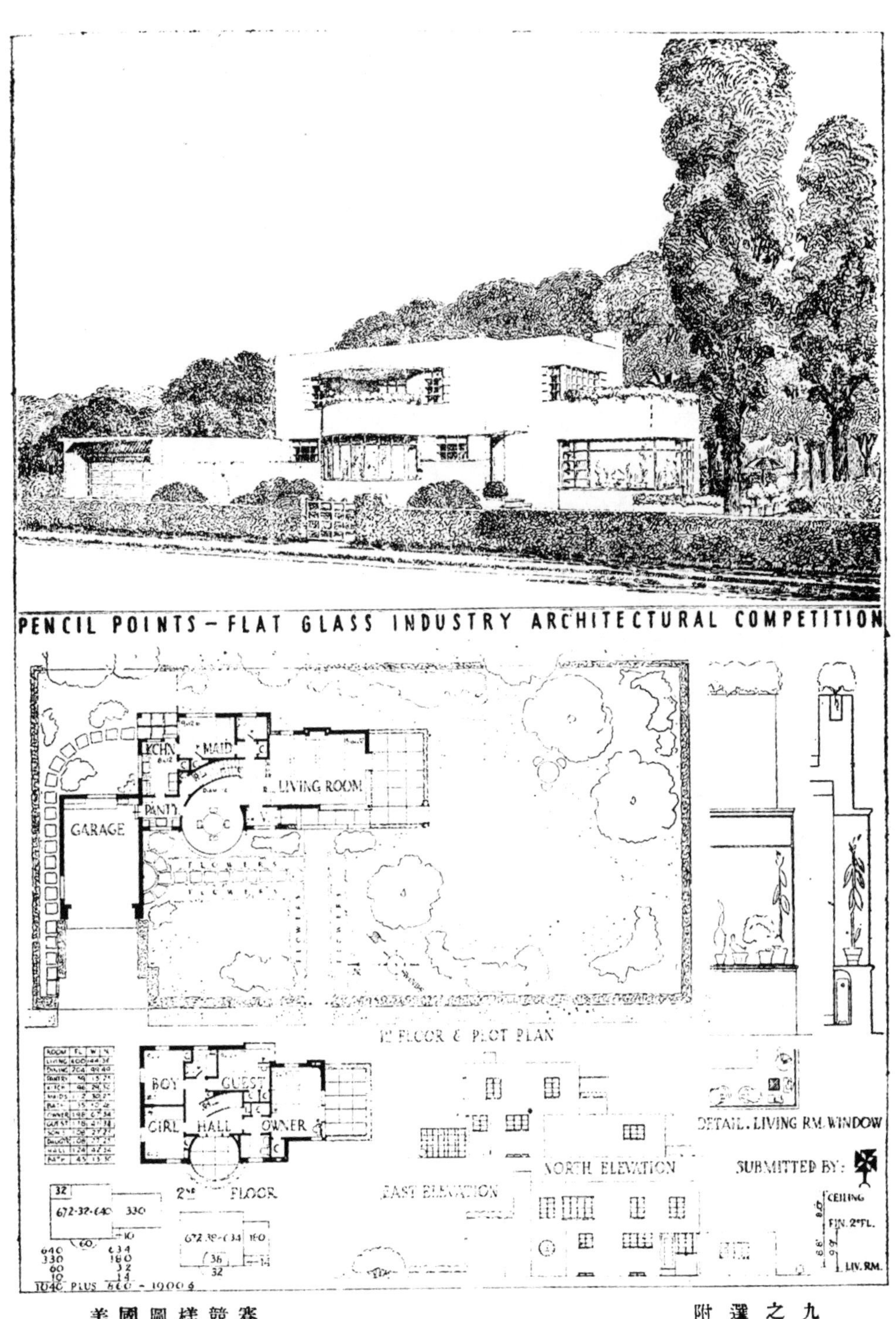
PENCIL POINTS – FLAT GLASS INDUSTRY ARCHITECTURAL COMPETITION
KCHN
MAID
LIVING ROOM
PANTY
GARAGE
1ST FLOOR & PLOT PLAN
BOY
GUEST
GIRL
HALL
OWNER
2ND FLOOR
EAST ELEVATION
NORTH ELEVATION
DETAIL. LIVING RM. WINDOW
SUBMITTED BY:
CEILING
FIN. 2ND FL.
LIV. RM.

美國圖樣競賽　　附運之九

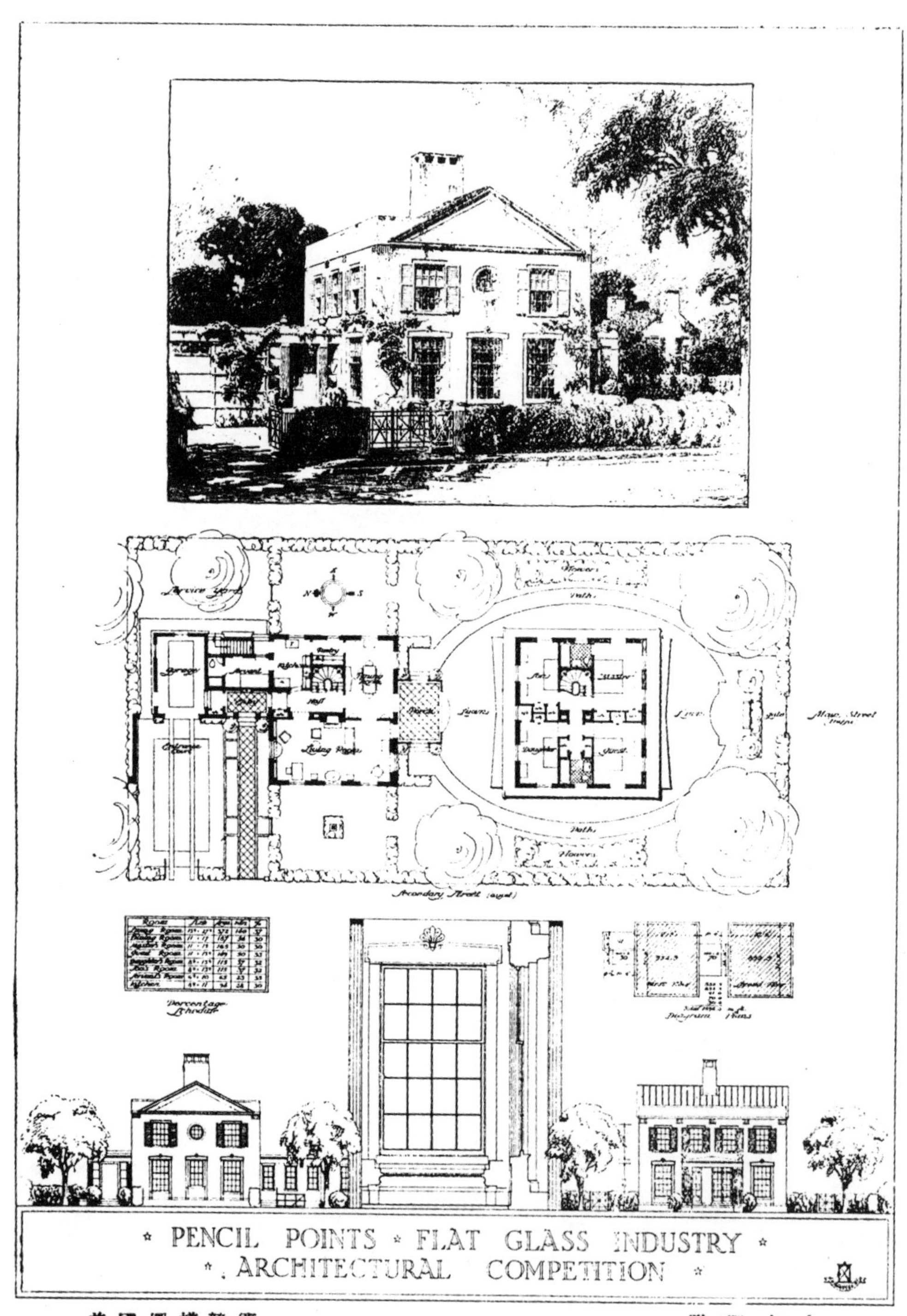
PENCIL POINTS · FLAT GLASS INDUSTRY · ARCHITECTURAL COMPETITION

賽競樣圖國美　　　　附選之十

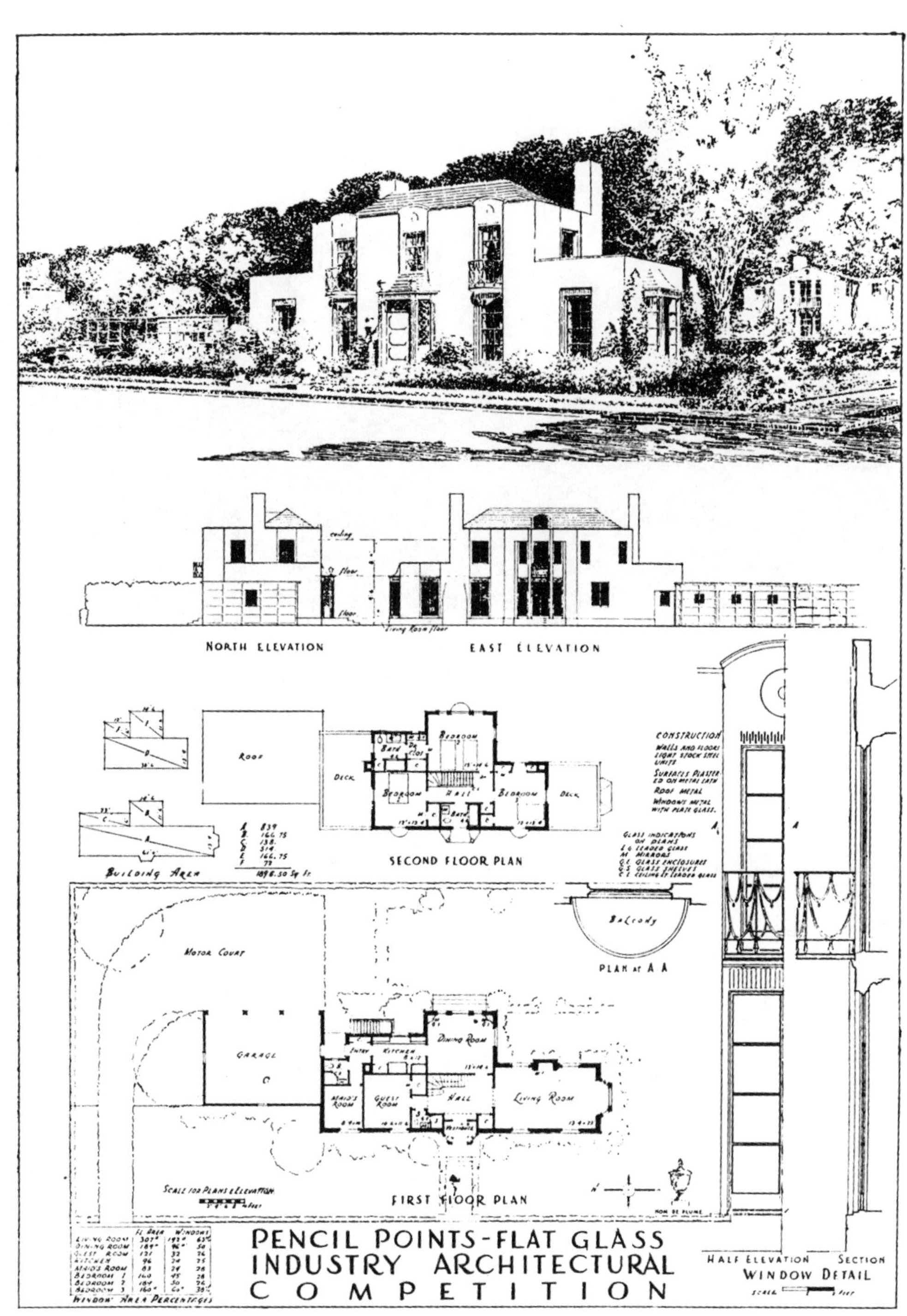

美國圖樣競賽 附選之十一

Group of Small Houses Situated in the Civic Center of Greater Shanghai
Dawson Koo, Architect—Sang Sung Kee, Contractor.

上海市中心區市光路新建小住宅之一

顧道生建築師
沈生記合號營造廠

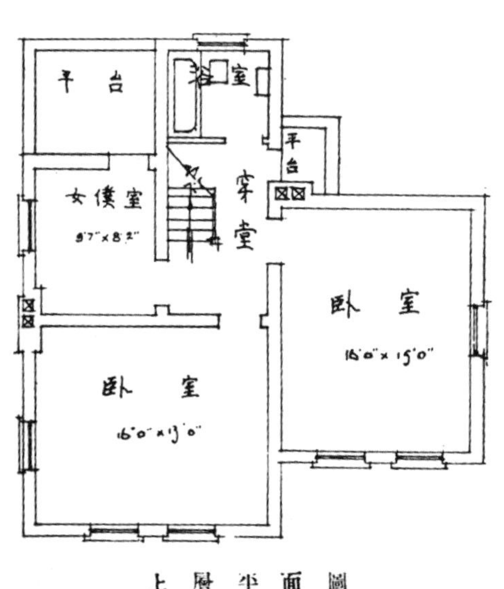

上層平面圖

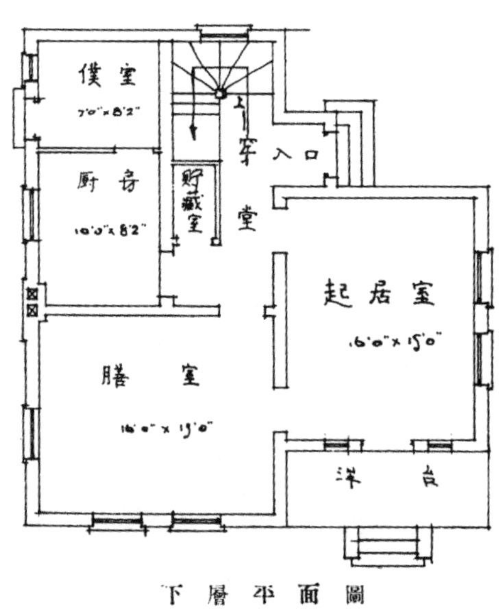

下層平面圖

Group of Small Houses Situated in the Civic Center of Greater Shanghai

上海市中心區市光路新建小住宅之二

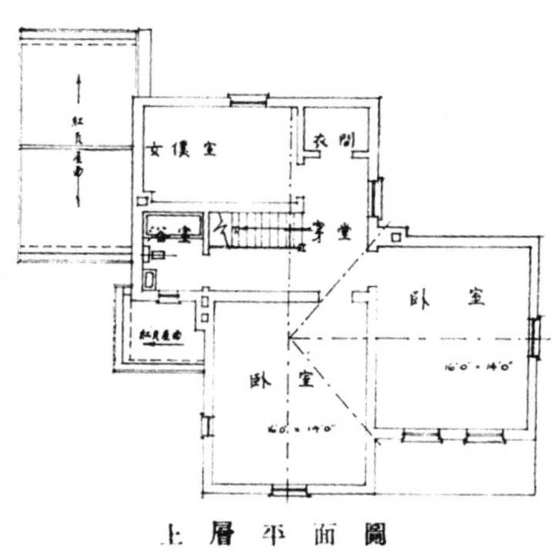

上層平面圖

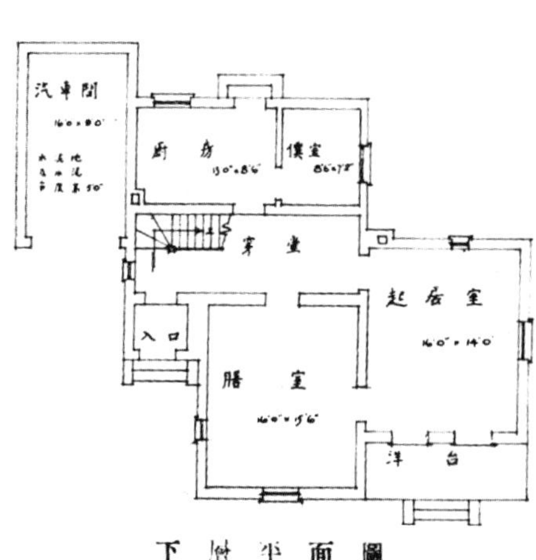

下層平面圖

Group of Small Houses Situated in the Civic Center of Greater Shanghai

上海市中心區市光路新建小住宅之三

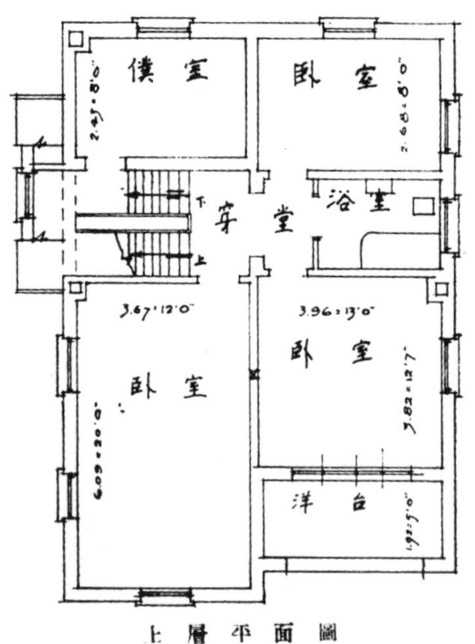

上層平面圖

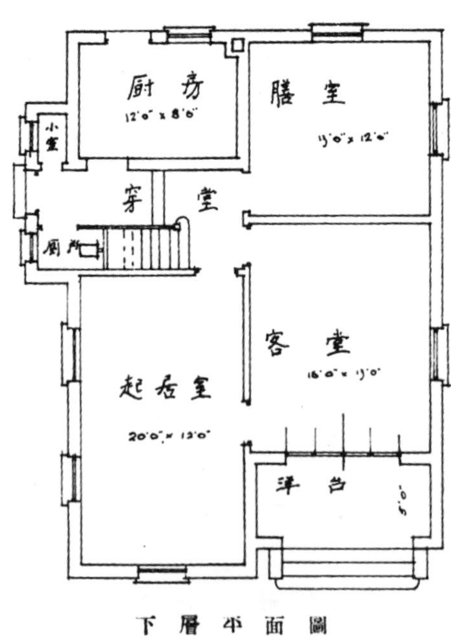

下層平面圖

「Street」街衢。城市鄉村中之公共行道，其兩旁或一旁建有房屋者，街之範圍包含中心之路及兩旁之人行道。〔見圖〕

1. 柏油路：a 柏油路面 b 柏油與石子凝合 c 六寸厚水泥底脚
2. 磚　街：a 磚街面 b 一寸半至二寸厚之沙 c 六寸厚水泥底脚
3. 石彈街：a 彈街石面 b 一寸至二寸之沙 c 六寸厚水泥底脚
4. 石子路：a 石沙或沙泥路面 b 石子 c 亂石 d 石塊鑲砌瀉水溝槽

「Street door」街門。門之開向街市者。

「Street sprinkler」灑水車。車上裝置水箱，並有孔眼之灑管，以資澆灑街衢。

「Street sweeper」掃街人。人之被僱用以清掃街衢者。

「Stretcher」走磚。磚或石叠砌時以其長面砌露於外，因之其頭縫騎於上下皮之中間。〔見圖〕

走磚

「Stretching Bond」走磚式牽頭。

「Stretching course」走磚層。叠砌磚石以其長面砌露於外之一面。

「String」扶梯基。一堅厚之木板側立斜置以承扶梯踏步者。〔見圖〕

扶梯機

Face string 出面扶梯基板。構製扶梯出面之扶梯基板，往往薄製，後背襯毛扶梯基，直接承受扶梯踏步之擱置。

Rough string 毛扶梯基。襯於出面扶梯基板之後者。

String course 束腰線。平行之線脚或花飾，突出於牆面。最普遍者，在窗盤之下或壓簷牆下。

〔見圖〕

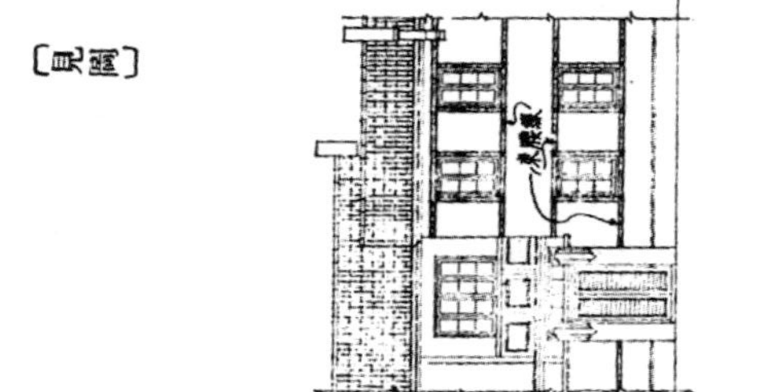

『Stringer』承重，大梁。任何平置之大梁，自此端跨越至他端，其他建築材料均擱置其上，如橋梁及房屋中之屋頂大料等。

『Strong room』庫房。藏貯財物之庫。

『Structure』構造，建築物。如房屋之以構架而成者。

『Strut』斜角撐。大木構架屋頂時，一端撐於人字木，另一端支於正同柱者。

〔見圖〕

『Stucco』毛粉刷。一種塗於外牆之粉刷，其材料多數用水泥，間亦有用石膏，膠水，白礬石粉及細沙之混合物者。其出面部份並不粉光，故意使其毛草，如將水泥黏貼於牆面，一任其毛草自然。蓋Stucco一字，實含有Stuck之義也。

Bastard stucco 粗糙毛粉刷。

Rough stucco 最粗糙之毛粉刷。

Trowelled stucco 鐵板痕毛粉刷。以鐵板蘸水泥粉於牆面，使鐵板之痕跡縱橫於牆面，別饒風趣。

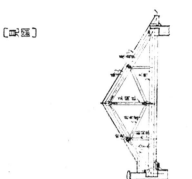

『Stud』板牆筋。分間泥幔板牆中間之木柱，板條子即釘於其上。

『Studio』畫室。技術家工作之室。室中佈置及光線之配置，特適合於畫家，雕刻家及攝影家之工作者。

『Studwork』木筋磚牆。 在木板牆筋中間鑲砌磚壁。

『Study』書房。室之備作研習，閱讀者。

『Stuff』物料。任何物料之統稱。以此材料製作器物，如木板爲建造房屋之材料。

『Style』式樣。

『Stylobate』連座。座盤之不僅支立一根柱子，可立兩根或兩根以上連貫柱子者。

『Subarch』附圈。法圈之附於另一較大法圈者。

『Subcontract』分契。根據原契約分出之部份，如將合同中之一部工程分包他人。

『Subcontractor』分包商。向原承包人分包一部工程之人。

『Subway』地道。地下所建之孔道，可行車輛，可埋水管，自來火管及電綫等。

『Sulfur』『Sulphur』}硫磺。淡黃色非金屬之晶體物，天然產，燒融後可膠黏建築物，其他用途極多。

『Summer house』涼亭。園中避暑之涼亭。

『Sun blind』簾子。遮避驕陽之障物。

『Sun dial』日晷。用日光射影以定時計者。

『Sun proof』耐日光。能抗禦猛烈之日光者。如油漆每易被日光浴失，故有特製之油漆，可耐日光。又如平屋頂被日光所逼，熱炎透入屋中，故亦有種種隔絕熱炎之材料。

『Sun room』日光室。

『Supercapital』複花帽頭。 在卑祥丁與羅馬式建築中，有於花帽頭之上加叠一花帽頭者。

『Supercolumniation』重列柱。任何建築同時以不同式樣並置者。如於下層用柯蘭新式，而於上層用多斯堪納式。〔見圖〕

法京巴黎十七世紀時之英伐來旅館前部。

『Superintendence』監督。有領導管理及監督之權能與行使者。

『Superintendent』監督者。監督工程管理事務之人。

『Superstructure』上部建築物。房屋或任何建築物，均有礎基；故礎基以上之建築物，卽爲上部建築物。又如上層房屋建於下層房屋之上，則上層卽爲下層之上部建築物。

『Supervision』監督。

『Supervisor』監督者。

『Support』支柱。任何支柱用以支撐上部重量，若作動詞論，則爲援助之義，蓋上部重量，設無支撐，予以援助，勢必坍圮。

『Surface drain』『Surface channel』}明溝，陽溝。在地面舖作之旁及房屋沿壁引水入溝之瀉水槽。

『Surveyor』測量師。測量地面之專家，建築師及土木工程師，均應具有測量之技能。

Building surveyor 建築檢查員。凡新建築經建築師繪具圖樣及計算書等，送請當地工務機關核准，發給營造執照；而工務機關亦遣派專員，審核此項圖樣及計算書，是否與頒佈之建築規則附合。

『Suspended ceiling』假平頂。水泥樓板底下，往往置有各種管子，如落水管，救火噴水管，糞管等，故用假平頂以作障幔。亦有因屋中川堂狹溢，覺樓擱面太高，用假平頂以落低者。假平頂之材料，有用鋼絲網，鋼板網或板條子，外塗粉刷。

『Suspension bridge』懸橋。橋之不用橋墩支托，亦無梁架跨拱，全持鐵索之懸吊於兩端者。

〔見圖〕

『Swimming pool』游泳池。

『Swing door』自關門。門之裝以彈簧鉸鏈，或地板彈簧，故能於門內或外開啓後，自動關閉。

『Switch』電燈開關，電門。旋啓或關塞電流之機紐。

〔見圖〕

『Switch box』電鑰匣。各路電線總匯之處，鉛絲匣子及閘刀開關，咸裝於此。

『Switch board』電鑰板。一塊板或一張枱桌，裝置電鑰，以資開啓或關塞電流。又如電話局接線通話之機紐。

『Syenite』閃長石。一種火成岩石。石之本質爲角華花崗(Hornblende Granite)，無雲母(Mica)混雜。上海四行二十二層大廈下兩層之外壁，卽係此石，採自山東膠縣之大珠山。

『Synagogue』猶太教堂。猶太人聚集禮拜及講述宗教之所。

〔見圖〕

美國紐約城猶太教堂之內部。

上海猶太教堂之外景。

『Tabernacle』猶太人避難所，猶太廟。 一個棚子，由大棚中分成小間或相等之建築物，總之爲一種簡陋而差堪躱身之場合。依據猶太歷史：此種棚帳，乃早代猶太人蹀躞巴勒士丁荒漠(Palestine 位於敍利亞西南，占地一萬一千方哩，其首府爲耶路撒冷 Jerusalem)時之避難所，亦爲祈禱上帝護佑之所，故後人目爲猶太廟。因之凡房屋之建作祈禱，尤以面積較大而不一定依據教堂式樣之建築者。

[見圖]

『Table』㈠桌子。傢具之一種。有Dining table餐桌，Dressing table梳粧枱，Operating table 手術枱，Tea table 茶桌，Work table 作工枱等。

㈡表單。一套數目字，記號，或任何種類之條目表單，用資根據查考者。如Time table時刻表，Table of sizes and weights of slates片瓦大小重量表，Table of Pressure of water, Pounds per square inch每方寸水壓之磅分表。

『Tablet』碑銘。薄塊之實體物，如木，石或金屬上鐫文字。

『Taenia』小線脚。在陶立克式建築門頭線上之小線脚。

『Tank』水箱。木或金屬所製之箱，用以貯水者。如火車站旁之水箱，備給火車龍頭汽鍋之用。惟此水箱之定義，亦有因其用處及地位之不同而命其名者：如 Water tank 水箱，Septic tank化糞池，Oil tank油池。

『Tap』㈠龍頭。自來水龍頭，如欲取水，須將龍頭旋啓，則水自管中流出。其他貯藏流質之器與此同。

㈡螺絲弓。絞鑽雌縫螺絲之器具。

[見圖]

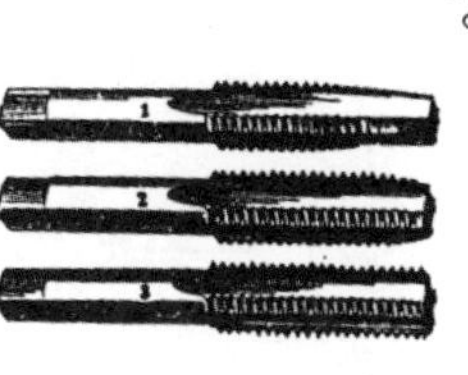

『Tar』柏油。黑色之油類，流質由蒸流煤塊，木材或瀝青質之礦物中取得。柏油鍊製之法有多種：如於製造煤氣所得者，爲 Gas-tar or Coaltar 煤氣柏油或煤柏油。如應蒸發松木或其他木材而得者爲 Wood tar 木柏油。柏油之用途殊廣，以其含有靛青，石蠟，硬煤精等；以其製作工業品之原料者，如製肥皂，屋頂牛毛毡，黑色等。柏油非特可以抵禦熱氣及潮氣，並可防止木材腐壞，鐵器銹蝕，澆製路面及油漆等。

『Tar concrete』柏油混凝。柏油石子等拌合者，用以澆製路面。

『Tar paving』柏油路。路面由柏油澆舖者。

『Tarsia』雜碎。染色之小塊木片，可以拚成房屋及景物等者。用於教堂中之裝飾，台度及地板。與瑪賽克之鑲嵌工作相同。

『Teak』柚木。產於東印度，暹羅等熱帶區之巨木，色微黑，質重而堅，歷久不腐，無碎裂，捲縮等弊。用以製船，彫鐫及製作傢具。

『T bar』丁字鐵。鐵條中之斷面如丁字者。

『T beam』丁字梁。

『T square』丁字尺。繪圖儀器之一種，其形如英文T字。〔見圖〕

『Tee』㊀丁字接頭。自來水管或其他管子工程之接頭，其形如英文字T。〔見圖〕

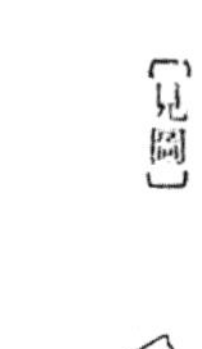

㊁塔頂。傘狀之頂尖，建於塔巔者；普通並繫銅鈴。〔見圖〕

『Telephone room』電話室。

『Template』『Templet』墊頭木，墊頭石。扁狀之木或石，墊於屋頂大料之兩端擱牆處。〔見圖〕

『Temple』廟宇。

Cave temple
Rock temple
Rock cut temple } 石窟。

〔見圖〕

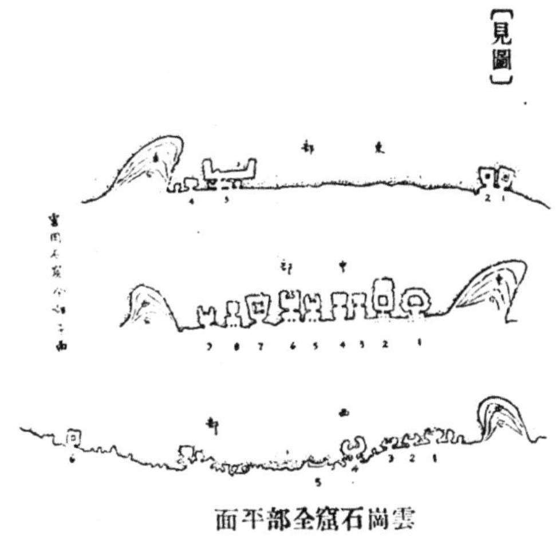
雲崗石窟全部平面

山西大同雲崗石窟

『Tenant』房客。

『Tender』投賬。營造商自向建築師處取得建築圖樣及說明書後，估就造價，即開具估價單投送。估價單投送後，一經定作人接受，則不能再行增減數目矣。

『Tenement house』公寓。一屋之中，可容數個家庭分居者。義與Apartment house相同。

『Tenia與Taenia相同』

『Tennis court』網球場。

『Tenon』榫頭。木料之一端做成榫頭，而與另一木料之眼子相接。〔見圖〕

榫頭

『Tenon chisel』榫頭鑿。鑿子裝成二片，以便同時將榫頭兩肩切鑿。

『Tenon machine』榫頭車。割榫頭之機械。

『Tensil strength』拉力。

『Tension』伸張。

『Tent』營帳。

『Tepidarium』溫浴室。任何室中置有溫浴者。

『Term』術語。科學，藝術，貿易等之專門語，如醫藥名詞、建築名詞。

『Terrace』露臺。崛起之台階，用磚石砌起，往往位於屋之前部面臨花園者。

『Terracotta』燒陶磚。係一種磁，大都用於房屋上為飾物及人物等。普通不上釉面。人像或他種美術作品之以燒陶磚製成者。燒陶磚之色褐紅，故凡土製物之色相同者，均可名之。

『Terrazzo』磨水泥，花水泥。用水泥及雲石子等混擣，待乾硬後，磨擦使光，其佳者一如大理石。用於舖地，扶梯踏步及台度等。

『Test』試驗。建築材料必經試驗。如鋼骨之拉力，水泥之壓力等，均幾經試驗者。

『Thatched roof』草屋。用稻草，稷絮或其他植物幹梗搭蓋之屋，藉避風雨，而別具風趣者。

『Theatre』戲院。一所屋子，特別用作表演戲劇，歌舞及娛樂者。〔見圖〕

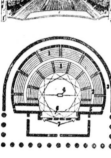

『Theodolite』測量儀。〔見圖〕

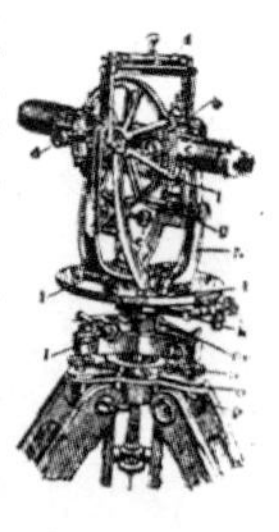

『Thermae』浴堂。羅馬古時之溫浴堂，中有劃分各個房間者。與Caldarium, Frigidarium and tepidarium同義。〔見圖〕

男子浴室部份之平面圖

a天井、b裝身室、c熱浴或冷浴盆、d熱浴室或裝身室、e熱氣及熱水浴室、f爐鍋、g，h，i，通街道之走廊。

『Thermostat』制溫機。控制溫度適合之機。

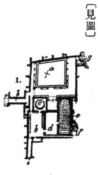

『Three quarter bat』七分找。叠砌磚壁至最末一塊時，因所餘空隙，不能容納整塊之磚時，祇能將多餘者截去。故凡截去磚之一半謂五分找，截去磚之十分七謂七分找。

『Threshold』起檻。木或石之撐於門框下端，一如門限之於大門之下；故若提及起檻，則便應連及大門之思。紀都Kitto聖經日記中，載有一則：羅馬人娶新婦，新婦初次進門時，有足趾不能觸及起檻(門檻)之忌諱。現在室中門下亦每有起檻者；蓋室中舖置地毯，門為地毯所阻，致不能開啓，故用起檻，則門之上端，可與地板提空，啓閉無阻。

『Throat』烟囱口，爐喉。〔見圖〕

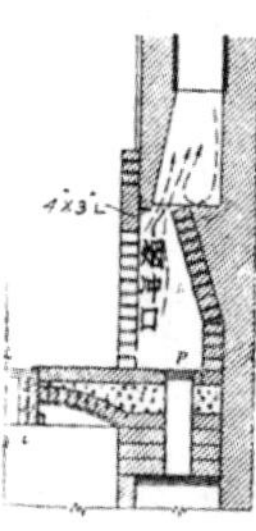

『Throating』滴水。〔見圖〕

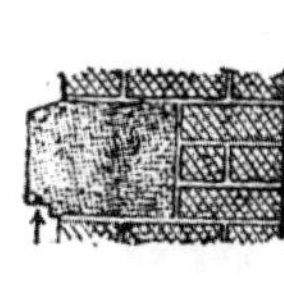

『Thrust』推力。

『Tie』繫。 用繩或鍊以繫物，如繫馬於柱。

『Tie beam』屋頂大料。 木材之架跨於兩牆之間，以資牽制者。〔見roof圖〕

『Tile』瓦，方磚。 舖蓋屋面之瓦。舖地飾牆之磁磚，雲石，石砥，玻璃及白鐵等。〔見圖〕

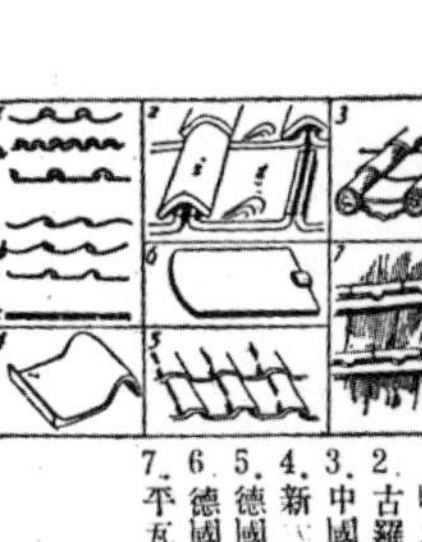

1.三種不同瓦片之剖面圖，示a亞洲式捲筒，b比國式鍋彎，c德國式平置。
2.古羅馬瓦片。i，蓋脊瓦，t，底瓦。
3.中國筒瓦及簷際滴水瓦。
4.新式鍋彎瓦及釘眼洞。
5.德國鍋彎瓦舖蓋後之狀。
6.德國平瓦。
7.平瓦蓋後在裏面之一部。

Glazed tile磁磚。

Hollow tile 空心磚。

Ridge tile 脊瓦。

Wall tile 舖牆磚。

『Timber』木材。 樹木鋸成正方板塊，以資建造房屋或其他建築之用者。

『Toilet』洗盥室。此中設有衛生抽水馬桶，浴缸，面盆及粧台衣鏡等，以資洗飾。

『Tomb』墳墓。 埋葬屍體之所，並建紀念物於其上，以資紀念者；如南京總理陵園。

『Tongue』雄縫。木工之凹凸接縫，其雄者謂Tongue，雌者謂Groove，故樓板之雌雄縫者曰Tongue and groove flooring。

『Tool』工具。 任何工藝匠人所用之器具，如鋸斧鑿鉋泥刀等。

『Toothing』輪齒接。砌牆之磚工或石工，層磚相疊，是必互相依持，故必輪齒相銜。(見Bond圖)

『Top lining』天盤板，橫度頭板。 窗或門之上面與門頭線相齊之橫板。〔見圖〕

『Top rail』上帽頭。門窗，門框或窗框之上面之橫木。〔見圖〕

『Tower』塔。 建築物之高出比闊，比深，普通係方形或圓形，

並突起於大建築上之一部，如教堂或百貨商場等。

『Town Hall』市政廳。房屋之用作市政辦事或會議等者。

『Trabeation』台口·與Entablature同。

『Tracery』尖窗櫥葉心。。石工鐫飾，鐫於尖頭窗中管檔以上。

Bar tracery 櫥條花心。

Branch tracery 枝條花心。

Curvilinear tracery曲線花心。

〔見圖〕

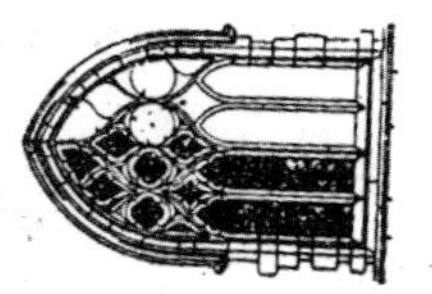

Fan tracery 扇形花心。

Flamboyant tracery火焰花心。

〔見圖〕

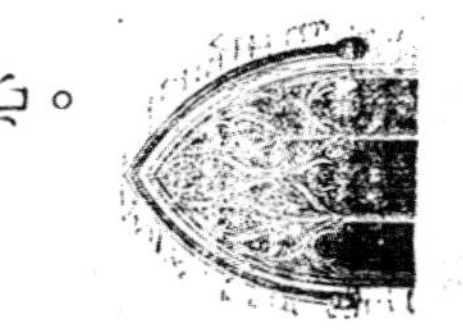

『Tracer』印寫員。印寫圖樣者。如建築師繪製建築圖樣，咸用鉛筆劃就後，交印寫員用墨線劃，故印寫員熟練之久，亦能自繪圖樣矣。

『Tracing cloth』印寫布。印寫墨線用之蠟布。墨線一經繪寫其上，即可用照相紙印晒；任何藍底白線，或白底黑線等圖樣，無論需用若干，均可複印；倘將原底蠟布保存，雖隔數十年之久，仍可取出印晒。

『Tracing paper』印寫紙。與印寫布同，不過係紙質耳。

『Transept』左右廂。

〔見圖〕

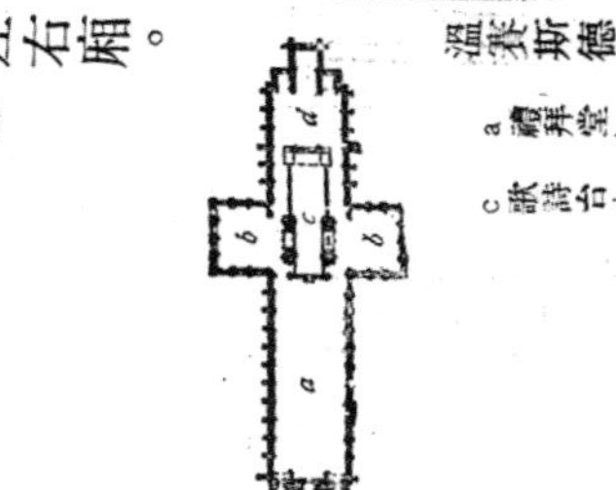

溫賽斯德教堂之平面圖。

a 禮拜堂 b 左右兩廂

c 歌詩台 d 聖壇

『Transformer』變壓器。

『Transit』測量儀·

〔見圖〕

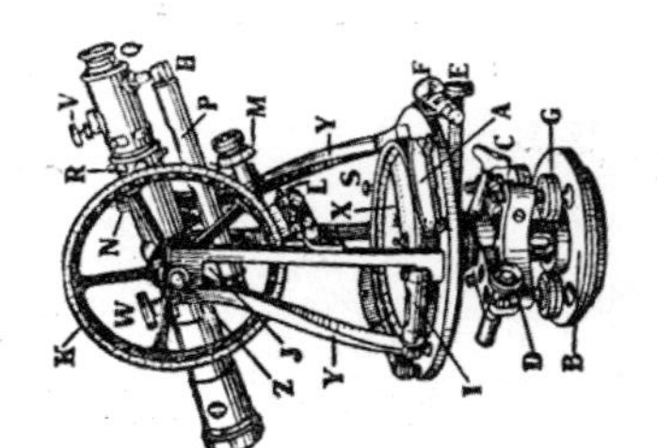

『Transom』中管檔。窗或門與上面腰頭窗分段之橫檔。

〔見圖〕

『Trap』存水彎。一種管子之特別構製與設計，管之一部彎曲，使潔水停貯於彎管存水之點，藉止污水之回返與穢氣之播

揚。存水彎之式樣殊多，故因彎曲之狀態不同，而於存水彎之前另冠名詞以狀之。如阻臭彎Stench trap。〔見圖〕

〔又圖〕

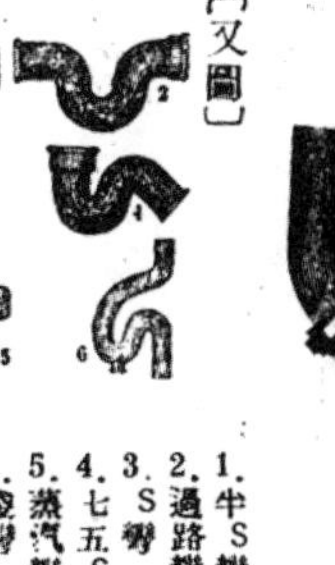

1. 半S彎
2. 過路彎
3. S彎
4. 七五S彎
5. 蒸汽彎
6. 袋彎

『Travelling Crane』移運吊機。 吊機之置於軌道上，往來以吊運材料者。

『Tread』踏步。走上扶梯足踏其上之踏步。〔見圖〕

『Trelis』格子。十字絞之楞格，如石庫門外之明門，及與滿天星Lattice相同。

『Trench』牆溝。在平地掘成深狹之溝，如掘壕後，再實以三和土或水泥，以爲房屋之礎基。

『Tressel』『Trestle』❶馬櫈。一根橫木，下支四脚，木匠用爲作櫈，擱櫈等需者。❷棧道。綵越崎嶇山路，架設棧道，以利行旅者。〔見圖〕

『Triangle』三角。〔見圖〕

5. 鈍三角形 (Obtuse)
4. 正三角形 (Right-angle)
3. 等邊三角形 (Equilateral)
2. 兩等邊三角形 (Isosceles)
1. 不等邊三角形 (Scalene)

『Tribune』講壇，演說臺。地板之一部高起，以備設置者。羅馬教堂中主教之座位。不論教堂中或其他公共場所，凡升起之台，或挑出之陽台，作爲列會要人之演講，樂隊之奏樂及其他類似者，均得名之。

『Triforium』三戶。古建築中，廊廡或連環法圈之築於聖龕或膜拜堂上者。其語原來自拉丁 Tres+foris，蓋即三戶之意也。

〔見圖〕

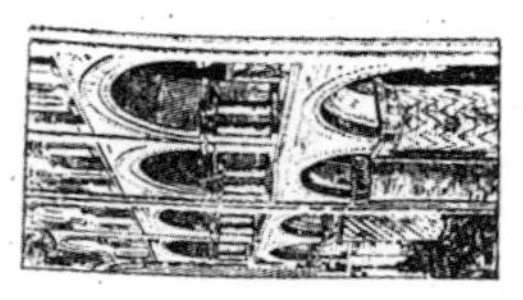

『Triglyph』排檔。陶立克式台口上之飾物，中鐫三根豎直線槽，位於排框(metope)之兩旁。（見Doric order圖）

『Trimmer』千斤擱柵。此種擱柵，較其他普通擱柵稍厚，用以承接擱柵端頭之擱置。

〔見圖〕

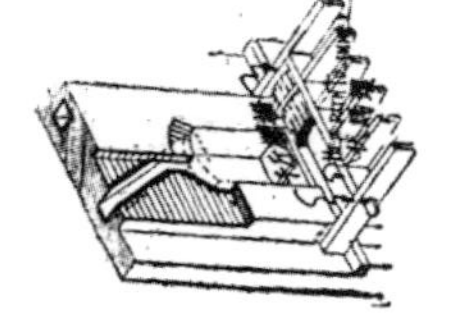

『Tringle』窗簾棍。窗或門頭之上，置一橫棍，以掛簾布。他如懸掛床帳及帷幕之棍。

『Tripod』三架脚。架置測量儀之三脚架。

〔見圖〕

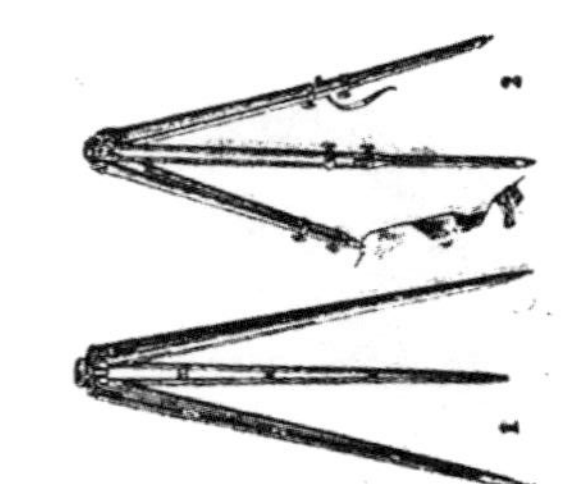

『Triumphal arch』凱旋門。

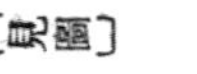

『Trowel』鐵板。做粉刷泥匠所用之工具。〔見圖〕

1. 種花園鐵板Garden
2. 圓鐵板Circle or curve
3. 敲角鐵板Corner or inside
4. 直邊鐵板Margin
5. 踏步口鐵板Step edging
6. 捋灰縫鐵板Pointing
7. 鋪花磚鐵板Tile-setters
8. 出豎頭鐵板Gaging
9. 砌牆鐵板Brick
10. 粉刷鐵板Plastering

『Trowelled stucco』。鐵板痕毛粉刷。（見Stucco解）

『Truck』卡車，運貨車·運輸材料及搭載工人之汽車或手推車。〔見圖〕

『Trunk』柱身。柱子之幹身，義與Stalk等相同。

『Truss』梁，大料。跨越空間兩端擱置橋墩或牆垣之梁架，以擔受自上壓下之定重及活重量者。

〔見圖〕

1. Deck (short span)
2. Deck (long span)
3. Fink
4. Murphy-whipple
5. Bollman
6. Howe or Jones
7. Howe improved
8. Linville
9. Post
10. Triangle
11. Macallum
12. Warren
13. Baltimore
14. Pratt
15. Bowstring
16. Kellog
17. Double bowstring or lenticular
18. Pegram
19. Petit
20. King post
21. Queen post
22. Whipple
23. Town or lattice
24. Center
25. Scissors
26. Collar
27. Curr
28. Hammer-beam
29. Dome
30. Truncated
31. Mansard
32. Spire

『Tube』管子。長條中洞空之木，金屬，橡皮或玻璃之管子，以資物之穿越或寄息其中，如電線之通於電線管。

『Tuck point』方突灰縫。磚牆工程灰縫之一種，方口外突者。〔見圖〕

方突灰縫

『Tunnel』隧道。通過山嶺及河底之行道，普通以資通行火車者。

『Turf』草皮。舖於園中之一片綠茵，可資遊憩或拍網球等運動者。

『Turning Lathe』車木。將木車成圓形，如扶梯柱子圓頂，櫈脚或椅脚之車圓起線等。〔見圖〕

『Turpentine』香水，松脂油。一種無色而易着火之流質，係以松樹及含有半流質或全流質之樹脂，用蒸發之手續蒸製；當蒸製時，油先流出，松香則沉澱於底。此項松脂油，漆匠名之曰香水，與魚油同爲調合油漆之物。

『Turret』小塔。大建築中突起之小塔，往往建於大屋之一角，以壯觀瞻者。〔見圖〕

『Tuscan order』多斯堪典式。羅馬建築典式之一種，與陶立

克式極相類。

「Turis column」雙柱。

「Twisted column」絞繩柱。柱之身幹如絞繩樣者。

〔見圖〕

「Two leaved door」雙扇門。

「Tympanum」鼓圈。法圈之直接起於門頭之上或窗堂之上，藉資觀瞻，圈上並有人字山頭，台口線脚之點綴。

〔見圖〕

「U drain」圓底明溝。

「Upright lo.k」豎直插鎖。門鎖之淺狹而便於裝置於門梃者。〔見圖〕

「Under drain」陰溝。溝之闢於地下，以便洩水者。

「Uniform」整齊。工作或材料之劃一整齊。

「Unit price」單價。營造商投標估價時所附之單價，將各種工程如牆門灰沙砌，每方價若干；用水泥砌每方若干；以及樓板洋松每方之價與柳安每方之價等，以備得標後，依據合同之工程，設有增減，則憑此單價增減其值。

「Unit heater」電動風力傳熱器。

「Union」和合，接頭。

Elbow union 和合彎頭。

Plain union 和合接頭。

Flanged union 和合法籃。

「Upper floor」上層。

「Urinal」尿斗。

「V drain」尖底明溝。

「Valley」斜溝，天溝。兩處屋面合流瀉水處。

〔見圖〕

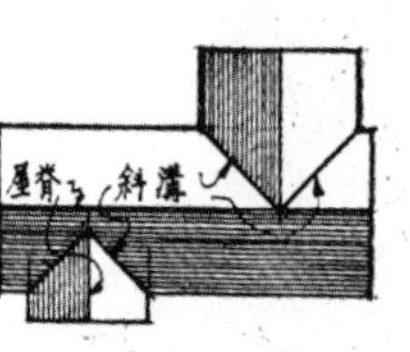

Valley board 斜溝底板。

「Valve」凡而。用蓋塞，球塞或閘門塞開啓或閉塞流質物通流之器，器之構製，方式不一，阻塞或開關之法，有用閘刀，移扯或旋轉之方法。器接於任何孔管，以便通流，瓦斯或

其他動流物質之流放。〔見圖〕

1 球塞

2. 閘塞凡面關閉時之狀，閘門P下關係藉S螺旋轉下。

『Vane』風準。薄片之金屬或木，彫成各種圖案，如箭，魚，鳥，旗或其他形物，裝於屋頂活動杆端，隨風旋轉，因得以知風之方向。

『Varnish』凡立水，一種溶合於酒精，魚油或類似液體之無色油液，用漆家具木器，晶瑩光亮。

『Vase』花瓶。置於陽台欄杆角上及雕簷牆頂上等處，以增觀瞻。

『Vault』穹窿，庫窖。一種圈拱式之磚石工，避室其中，因其用處不同，而異其名。如看押人犯者，曰監窖，Prison vault，藏放酒者曰酒窖 Wine vault，藏放財物者曰銀庫 Treasury vault。亦有因其構築不同而異其名者，如圓筒圈Cradle Vault等。

〔見圖〕

1. 圓筒圈 2. 半球圈 3. 四角圈 4. 弧稜，無筋脊 5. 綿圓圈 6. 外弧稜圈 7. 下橢圈 8. 尖圓圈 9. 過渡圈 10 迴縣圈。

『Vegetable garden』菜圃。

按建築辭典自本刊一卷三期刊載以來，從未間斷，深得各界贊許，且爲建築工程界之唯一要著；而催促單行本之函件，日必數起；本刊爲酬答愛護諸君起見，擬於本期中刊完，以便整理後發行單行本，奈以篇幅關係，祇能刊至V字（已較平日增加一倍），以下擬不再續刊，至以爲歉！至單行本現已開始預約（請參閱預約廣告）並請注意爲荷！

編者

直接動率分配法

林同棪

本文係林君在美國加省大學(University of California)碩士論文之撮要。文中所創連架計算法，係自克勞氏法脫胎而出；然青出於藍，有更勝於原法之處。現時美國水利處及加省公路局各工程師，頗有已學此法而引用之者，謂爲林氏法(Lin's method)焉。其於構造學之理論與實用，貢獻誠匪鮮淺也。　　編者

第一節　緒論

克勞氏動率分配法，其用於連架，實方便無比。惟仍須用連續近似之手續　(A series of approximations)，爲其美中不足。本文介紹作者所自創之直接動率分配法。此法係利用動率分配之基本原理，推算得兩个公式，然後以之應用於連架，其動率之分配可以一氣而盡；無須輾轉來回，分配而復分配。

讀者既學克勞氏法之後，(註一) 對於此法，當能一目了然。較之克勞氏原法，兩者各有其特長。然本法之妙處，不在其節省時間，減少錯誤；其與設計者以連架中動率相傳之直接觀念，而使設計者明瞭連架受力之情形，顯若普通簡單構架焉者，乃其特點。故凡注意連架設計之力學以及其經濟學者，不可不學此法。

第二節　定義

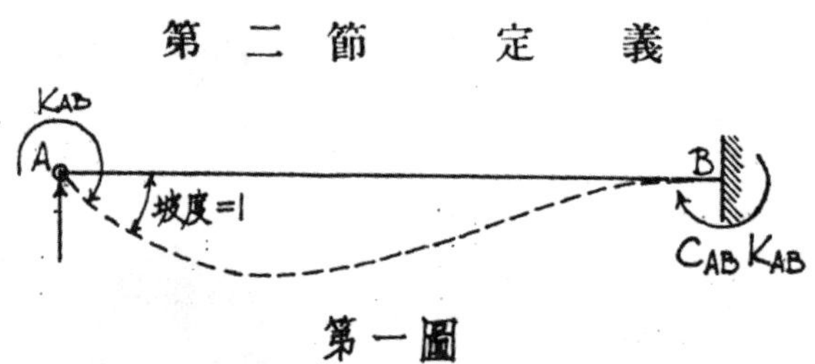

第一圖

第一圖，桿件 AB 之 A 端爲平支端或鉸鏈端，B端爲固定端。在A端加以動率，使其發生坡度=1,則，

K_{AB}=在A端所當用之動率=桿件AB之A端硬度，

$C_{AB}K_{AB}$=B端因此所生之動率，

C_{AB}=A至B之移動數。

第二圖，桿件AB之A端仍爲平支端或鉸鏈端，其B端却與其他桿件 B1,B2,B3, ………… 相連如圖。在A端加以動率，使之發生坡度=1，則，

(註一)參看本刊第二卷第一期關於克勞氏法一文。

K_{ABM}＝在A端所當用之動率＝當B端與其他桿件相連時之A端硬度，名之曰改變硬度。

$C_{ABM}K_{ABM}$＝此時桿件AB之B端之動率

C_{ABM}＝A至B之改變移動數。

再設，$R_{BA}=\dfrac{K_{BA}+K_{B1M}+K_{B2M}+K_{B3M}+\cdots\cdots}{K_{BA}}$

$=\dfrac{K_{BA}+\Sigma K_{BNM}}{K_{BA}}$＝桿件AB之B端之拘束比例數。

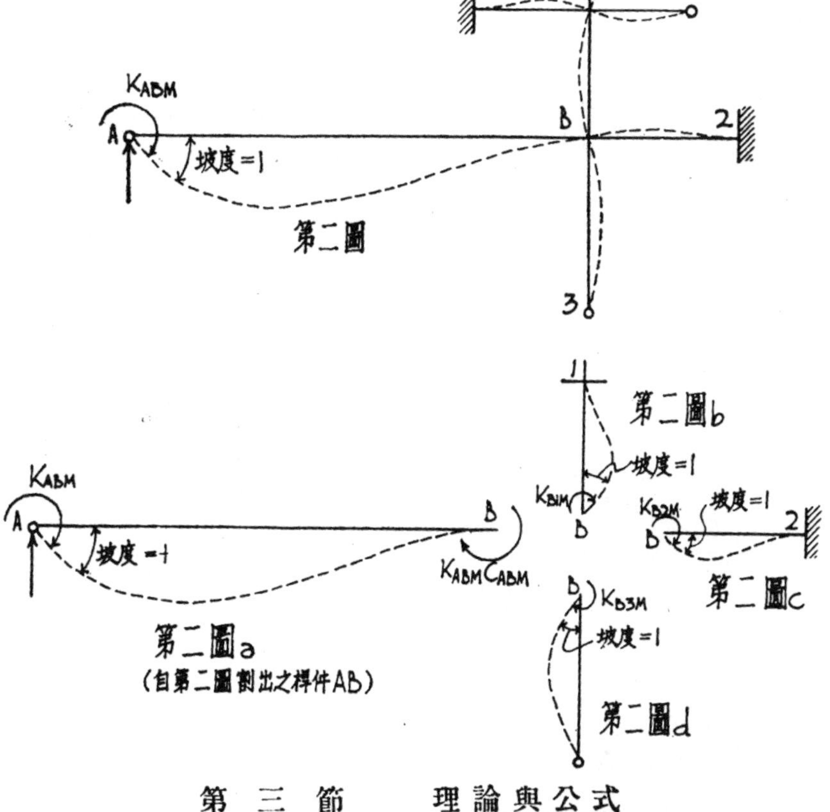

第三節　理論與公式

應用克勞氏動率分配法時，所用之硬度K與移動數C，係假設該桿件之他端爲固定端以求得者（如第一圖）。故方其放鬆一交點，必將交在此點各桿件之他端暫行固定着，然後可應用K以分配之而用C以移動之。本文之直接動率分配法則不然。各K_M及C_M係視該桿件他端在此連架中之實際拘束情形以求得者，故可將架中各交點同時放鬆，而將不平動率，一氣分盡也。

本法只須公式兩个，一爲求K_{ABM},一爲求C_{ABM}者。茲將此兩公式，用動率分配之基本原理推出之如下：—

設：桿件AB之B端與其他桿件相連如第三圖。已知桿件AB之$K_{AB}, K_{BA}, C_{AB}, C_{BA}$並交在B點其他桿件之改變硬度$K_{B1M}, K_{B2M}, K_{B3M}$…………。

求：桿件AB之A端改變硬度K_{ABM}並自A至B之改變移動數C_{ABM}。

算法：

第一步：將B點暫行固定着如第三圖。在A點加以動率K_{AB}使A端發生坡度=1。故桿件AB之B端此時即發生動率$K_{AB}C_{AB}$，而B點之不平動率亦為$K_{AB}C_{AB}$。

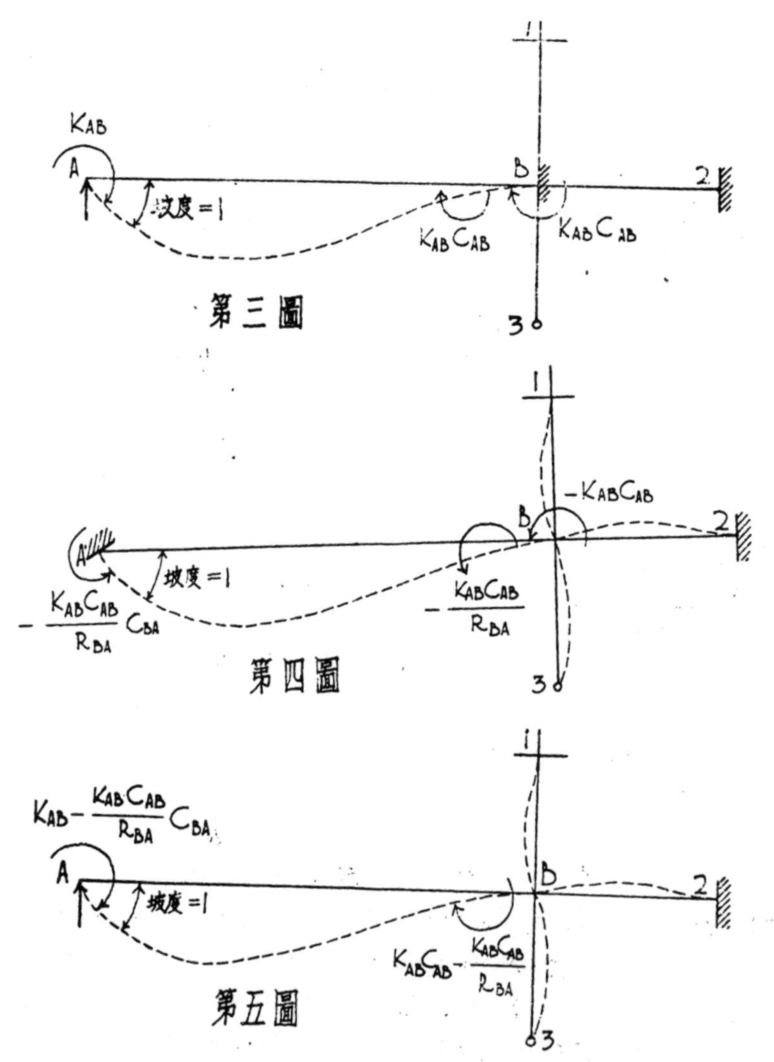

第二步：此時再將A點固定着，使其不再發生坡度，如第四圖。將B點之不平動率放鬆（意即

在B點加以外來動率$-K_{AB}C_{AB}$. 使B點之總外來動率等於零，而使交於B點之各桿件均發生相等坡度。此時交在B點各桿件所分配得之動率，當與各桿件B端在此種情形下之變更硬度成正比例。故桿件AB之B端所分得之動率應爲

$$-K_{AB}C_{AB}\left(\frac{K_{BA}}{K_{BA}+K_{B1M}+K_{B2M}+K_{B3M}+\cdots\cdots}\right)$$

$$=-\frac{K_{AB}C_{AB}}{R_{BA}}$$

而其A端所移動得之動率爲，

$$-\frac{K_{AB}C_{AB}}{R_{BA}}C_{BA}。$$

第三步：將第三，四兩圖相加，卽得桿件AB經以上兩步後之情形，其變形與受力，當如第五圖：—

（1）A端之坡度=1

（2）B端與其他各桿件相連，發生相等之坡度。B端之外來動率等於零。

（3）A端之動率$=K_{AB}-\frac{K_{AB}C_{AB}}{R_{BA}}C_{BA}$

（4）B端之動率$=K_{AB}C_{AB}-\frac{K_{AB}C_{AB}}{R_{BA}}$

故第五圖A端之動率卽爲K_{ABM}而A,B兩端動率之比卽爲C_{ABM}。

$$\therefore K_{ABM}=K_{AB}\left(1-\frac{C_{AB}C_{BA}}{R_{BA}}\right)\cdots\cdots\cdots\cdots\cdots\cdots\cdots\cdots\cdots(1)$$

$$C_{ABM}=\frac{K_{AB}C_{AB}-\frac{K_{AB}C_{AB}}{R_{BA}}}{K_{AB}\left(1-\frac{C_{AB}C_{BA}}{R_{BA}}\right)}$$

$$=C_{AB}\left(\frac{R_{BA}-1}{R_{BA}-C_{AB}C_{BA}}\right)\cdots\cdots\cdots\cdots\cdots\cdots\cdots\cdots\cdots(2)$$

以上兩公式可簡化之如下：—

（1）如B端係固定端，則$R_{BA}=\infty$（無窮大），而$K_{ABM}=K_{AB}$, $C_{ABM}=C_{AB}$。

（2）如B端係鉸鏈端或平支端，則$R_{BA}=1$,而$K_{ABM}=K_{AB}(1-C_{AB}C_{BA})$，$C_{ABM}=O$

（3）如AB係定惰動率之桿件，則$C_{AB}=C_{BA}=\frac{1}{2}$，而$K_{ABM}=K_{AB}\left(1-\frac{1}{4R_{BA}}\right)$，$C_{ABM}$

$$=\frac{1}{2}\left(\frac{R_{BA}-1}{R_{BA}-\frac{1}{4}}\right)。$$

第四節　　應用之步驟

本法之應用，可分爲兩步。第一步係用公式(1)，(2)分析連架本身之情形。此與連架之載重完無關係。第二步始求載重或其他原因所生之定端動率而分配之。

第一步：用尋常方法，求得各桿件兩端之K與C（註二）。算各桿端之R，以用於公式(1)，(2)，求出各K_M及C_M。鉸鏈端之R=1；固定端之R=∞。如與其他桿件相連，"R"當在1與∞之間，可由各桿件之K或K_M算出或推料出。

第二步：用尋常方法，求得各桿件之定端動率（註二）。將每點之不平動率，分與交在該點之各桿端，與其K_M成正比例。將每端所分得之動率，用C_M移動至其他端。再將每端所移動得之動率，分與交在此端之其他桿端。再繼續移動而分配之，直至各動率均傳至支座爲止。將每端之定端動率，並其分配與移動得之動率加起，以得其直動率。

以上係本法之普通步驟。爲適宜於特種情形起見，常可略爲變更之。

第五節　應用之範圍

本法與克勞氏原法之惟一不同點，只在多兩公式。而此兩公式，皆由動率分配之原理推算出。故本法之應用範圍，與原法同。克勞氏法之各種間接應用法（註三），本法亦可依樣用之。

第六節　實　例

(A)設連架如第六圖。G,F係鉸鏈端。H,J係固定端。A,B,兩端則與其他桿件相連，A端之R_{AD}=3.00,B端之R_{BE}=6.00。在D點加以外來動率=100,求各桿端動率。

第一步：先求各桿端之K，C。再用公式(1)，(2)算得各R，K_M,C_M，寫之於第六圖。(各數之位置，當如第六圖b所示焉者。)其算法如下：—

桿件GC.　G爲鉸鏈端，$R_{GC}=1$。

$$\therefore K_{CGM}=K_{CG}\left(1-\frac{C_{CG}C_{GC}}{R_{GC}}\right)=2\left(1-\frac{\frac{1}{2}\times\frac{1}{2}}{1}\right)=1.50$$

$$C_{CGM}=C_{CG}\left(\frac{R_{GC}-1}{R_{GC}-C_{GC}C_{CG}}\right)=0$$

桿件CD.　$R_{CD}=\frac{6+1.5}{6}=1.25$

$$K_{DCM}=6\left(1-\frac{0.25}{1.25}\right)=4.80$$

$$C_{DCM}=\frac{1}{2}\left(\frac{0.25}{1.00}\right)=0.125$$

桿件HD.　$R_{HD}=\infty$

$$K_{DHM}=K_{DH}=3$$

$$C_{DHM}=C_{DH}=\frac{1}{2}$$

桿件AD.　$R_{AD}=3$

$$K_{DAM}=6\left(1-\frac{0.25}{3}\right)=5.50$$

(註二)參看本刊第二卷第二期求F,K,C,之一文。

(註三)參看本刊第二卷第三期克勞氏法一文。

$$C_{DAM}=\frac{1}{2}\left(\frac{3-1}{3-.25}\right)=0.364$$

<u>桿件DE</u> $R_{DE}=\dfrac{10.0+5.5+4.8+3.0}{10.0}=2.33$

$$K_{EDM}=10\left(1-\frac{0.7\times0.7}{2.33}\right)=7.90$$

$$C_{EDM}=0.7\ \frac{1.33}{2.84}=0.506$$

依次算出桿件BE，FE，JE之各數；然後求R_{ED}，K_{DEM}，C_{DEM}，等等。(圖中各R，K_M，C_M，頗有不必求出者，姑寫圖中，以為例而已)。

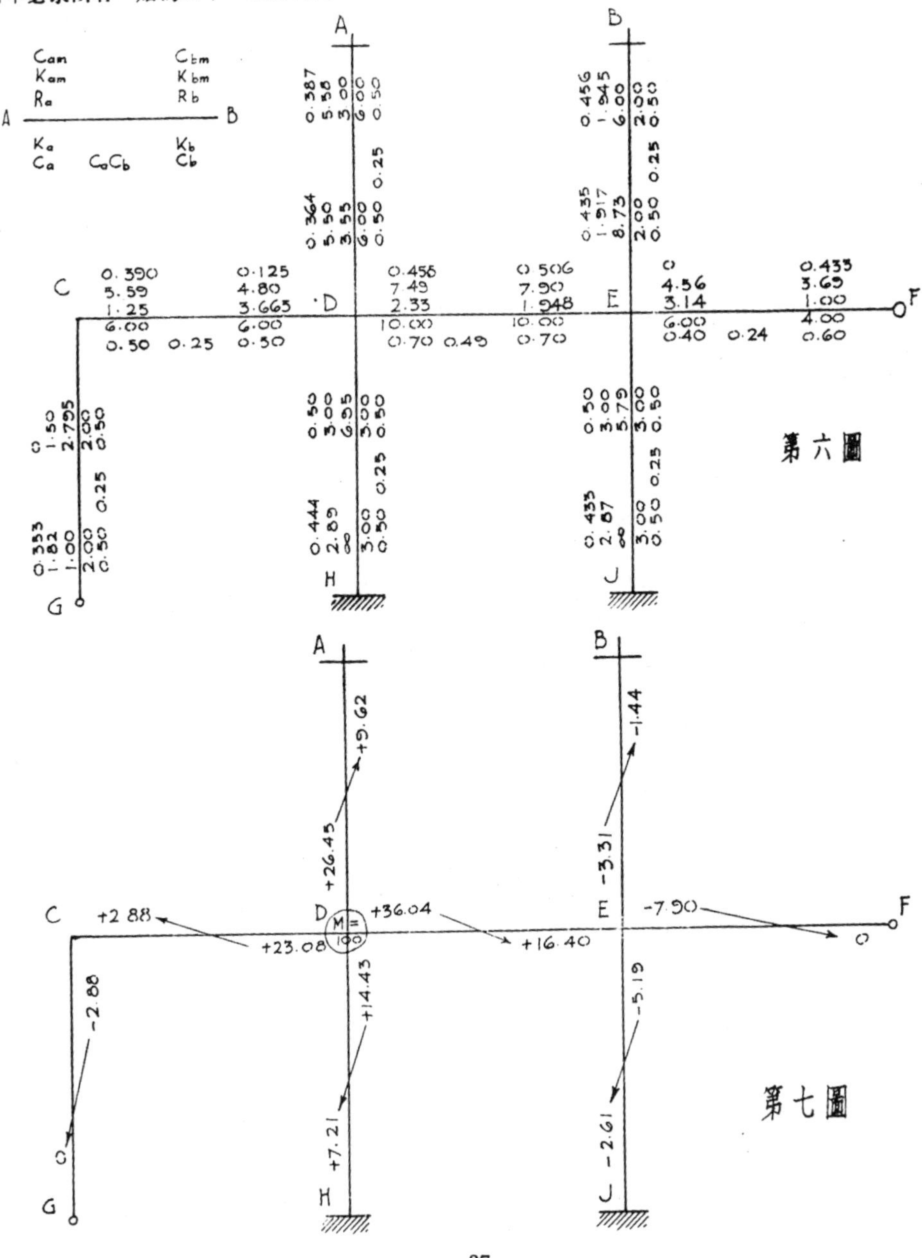

第六圖

第七圖

第二步：如在D點加以外來動率＝100，則可將此動率分與交在D點之各桿件，使與其 K_M 成正比例：—

（參看第七圖）

$M_{DC}=4.80\times\frac{100}{20.79}=23.08$

$M_{DA}=5.50\times4.810=26.45$

$M_{DE}=7.49\times4.810=36.04$

$M_{DH}=3.00\times4.810=14.43$

$\quad\quad 20.79 \quad\quad\quad 100.00$

將各桿端分得之動率，用 C_M 移動於其他端，故，

$M_{CD}=M_{DC}\times C_{DCM}=23.08\times0.125=2.88$

$M_{AD}=26.45\times0.364=9.62$

$M_{ED}=36.04\times0.455=16.40$

$M_{HD}=14.43\times0.500=7.21$

將每端所移動得之動率，分與連在該點之其他桿端，使與其 K_M 成正比例：—

在C點，$M_{CG}=-M_{CD}=-2.88$

A點與H點爲連架之端，不必再分。

在E點，$M_{ED}=16.40$ 可分與EB,EF及EJ：—

$M_{EB}=1.917\times\frac{-16.40}{9.477}=-3.31$

$M_{EF}=4.56\times-1.73=-7.90$

$M_{EJ}=3.00\times-1.73=-5.19$

$\quad\quad 9.477 \quad\quad\quad -16.40$

再將各分得之動率，移動於其他端，

$M_{BE}=M_{EB}\times C_{EBM}=-3.31\times0.435=-1.44$

………………………………………………

結果各桿端動率均如第七圖所示。

(B)設連架同上。其桿件CD因載重而發生定端動率 $F_{CD}=-1000$, $F_{DC}=2000$,（第八圖），故C點之不平動率爲−1000,D點爲2000。吾人固可用上題算法，在C點加以動率＝1000，在D點加以動率＝−2000，分別計算之，然後再求各桿端動率之和。然下文將兩不平動率，同時分配，其法更簡：—將各點同時放鬆，則桿件CD之C端所分得之動率爲，

$1000\times\frac{5.59}{5.59+1.50}=788$

桿件CD之D端所分得之動率爲，

$$2000\times\frac{4.80}{4.80+5.50+7.49+3.00}=-462$$

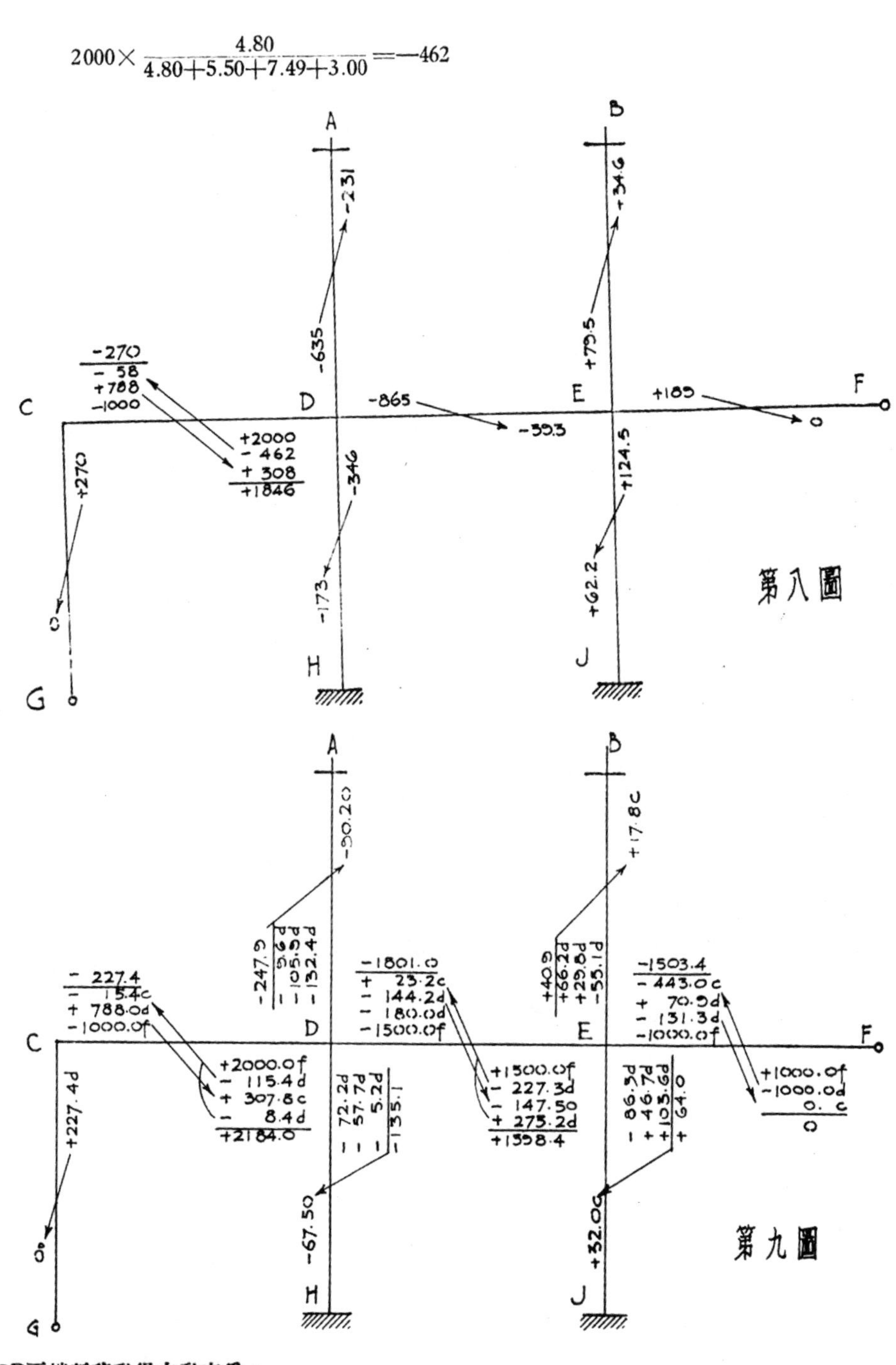

CD兩端所移動得之動率爲，

C點，　　$-462\times 0.125=-58$

○二二六九

D點， $788 \times 0.390 = 308$

故CD兩端之總動率爲，

C，點 $-1000+788-58=-270$

D，點 $2000-462+308=1846$

此項動率，須被支在各該點之桿端抵住。故可分配而移動之如第八圖，以求各桿端動率。

(C)設連架同上：桿件CD，DE，EF均生定端動率如第九圖（註以"f"字者）。此題可將三桿件分開，如例(B)之算法。

或將C，D，E，F四點分開，如例(A)之算法。但第九圖之算法爲較妙。其法先將每點之不平動率，分與交在該點之各桿件，（所分得之動率，以"d"字註之）。分畢之後，自連架之一首開始。將桿件CD之C點動率788d，移動至D，變爲307.8 c（所移動得之動率，均以"C"字註之）。將 307.8 c 分與連接D點之桿端，故DE得，

$$M_{DB}=-307.8\times\frac{7.49}{7.49+5.5+3.0}=-144.2d$$

………………………………………… ……………………………

桿件DE之D端，前已分得−180d，茲又分得−144.2d。故共分得−324.2d。將此動率移動至 E 端，故E端發生，

$$-324.2\times0.455=-147.5_c$$

如此繼續分配移動，直至所有不平動率，均傳至支座爲止。(D)設連續盒架如第十圖。桿件 AB 之定端動率爲$F_{AB}=-1000$，$F_{BA}=1000$。此盒各桿件均係定惰動率者，故其C均等於 $\frac{1}{2}$ 。只將其K寫於圖上足矣。

第一步。此係盒架，無架端，故須先假設一桿件之 R，而後複算之以視其準確與否。設桿件AB，A端，

$$R_{AB}=\frac{3+1}{3}=1.3$$

$$\therefore K_{BAM}=3\left(1-\frac{\frac{1}{4}}{1.3}\right)=2.423$$

$$\therefore R_{BCM}=\frac{1+2.423}{1}=3.423$$

$$\therefore K_{CBM}=1\left(1-\frac{\frac{1}{4}}{3.423}\right)=0.927$$

如此算出R_{CD}，K_{DCM}，R_{DA}，K_{ADM}，直至R_{AB}。於此可得$R_{AD}=1.302$，無前所假設者極近，無須再算。若此R_{AB}與前者相差太遠，則可用之以算K_{BAM}而略爲改變之。算畢，再求各C_M如圖。

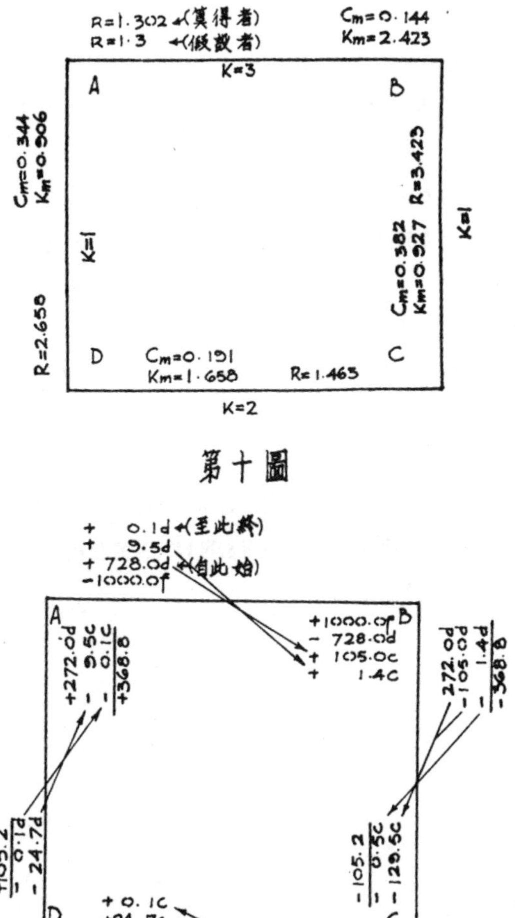

第十圖

第十一圖

第二步。(第十一圖)將 A,B兩點之不平動率分配之。將桿件AB之A端動率728d移動至B端，發生移動動率105C。故BC之B端發生—105d。BC之B端共得—105d—272d=—377d，將其移動至C端。如此繼續進行，直至移動動率化至極小爲止。此架與其載重均係左右相同者。故如將A B之B端動率—728d 移動至 A 端，而繼續分配之，則其得數當與前者相同，惟符號各爲其反而已。是以桿件AD之桿端動率爲，

$$M_{AD}=272-9.5-0.1+105+1.4=368.8$$

$$M_{DA}=-0.1-24.7+0.5+129.5=105.2$$

其他桿端動率自當如下：

$M_{BC}=-368.8$，　$M_{CB}=-105.2$

$M_{AB}=-368.8$，　$M_{BA}=+368.8$

$M_{DC}=-105.2$，　$M_{CD}=+105.2$。

第七節　結論

本法之妙處，在其簡單與直接兩點。除動率分配之基本原理外，只有新公式兩个。且此兩公式，亦簡單無比。熟用之者，可立見其得數焉。桿端支柱對於動率之影響，可於 R_{BA} 看出。變惰動率之影響，可於 C_{AB}，C_{BA} 看出。

最有趣者，動率分配法經本文改變之後，與德國之定點法，美國之對點法（註四）；以及美國最近新出Restraint等法，均頗相似。然盡作者所知，未有若本法之簡明容易而應用範圍之大者。克勞氏本人，亦另創有 End-rotation constant 一法（註五），有類本法之處。惟其應用之範圍甚小，未可與本法較。

此文只將用法寫出。至於此法特別適宜之處，如用於變惰動率之連續結架等等，此文暫不提及。應用本法以觀視動率的傳遞，尤爲有味。但讀者不可以此法完全代克勞法而用之，二者各有特點，惟設計者兼學並用。庶可各盡其長焉。

（註四）參看本刊第二卷第一期克勞氏法一文之第一頁。

（註五）Cross and Morgan, "Continuous Frames of Reinforced Concrete"

美國門羅炮台之隄防建築工程

朗 琴

美國門羅炮台沿潮水冲激之海岸，建築堤牆。在施工時，以井點排水制(Well- Point Drainage System)及沙袋隄防，以代替水箱壩(Cofferdam)

舊歲八月，美國颶風爲災，吉沙壁海灣(Chesapeake Bay)濁浪滔天，冲激頗劇，突出海口之佛茄尼亞(Virginia)軍港之門羅炮台(Fort Monroe)，介於海灣與漢浦頓路(Hampton Rd.)之間，亦因遭受風浪打擊，致蒙極大損害。但現已將面向海灣，長凡九千尺之沙灘，沿邊建築高及十五尺半之厚混凝土堤岸，此後雖有莫大風浪，亦將藉此隄而擋禦矣。此新隄築於木樁之上，以板樁速成牆(Cutoff Wall)掩護，並填以充實作料(Fill)，以爲支助。面海一邊形成綜錯彎曲之形，其設計足以抵擋任何巨大風浪，以保全此悠久與重要之軍港。

雖然隄岸之位置，在潮水冲激之海邊，有十足之長度，延伸海中，承造者在施工時，仍以通常之水箱壩方法行之。發掘開闊之壕渠，離水面深入地下五尺有半，並用二列之井點(Well Points)，使在六百尺長度內保持乾燥，以便施工。臨海之邊，用沙袋抗護，以防潮水之泛濫。有時偶生高潮，沙袋抗禦無效，壕渠盡受浸濕，但能在數小時內，藉井點排水方法，助以幫浦，抽吸水份，壕渠回復乾燥，照常施工。此項工程設備完善，故工作時迅速而且有效。最著者如多錘打樁器，(Multiple-Lead Piledriving Rig)打送路軌之樁，底樁，及速成牆等；平舖拌合器，(Paving Mixer)有一横擋長凡三十三尺，以便擕載傾卸桶，澆倒水泥於壳子之上；以及活動鋼壳子等。

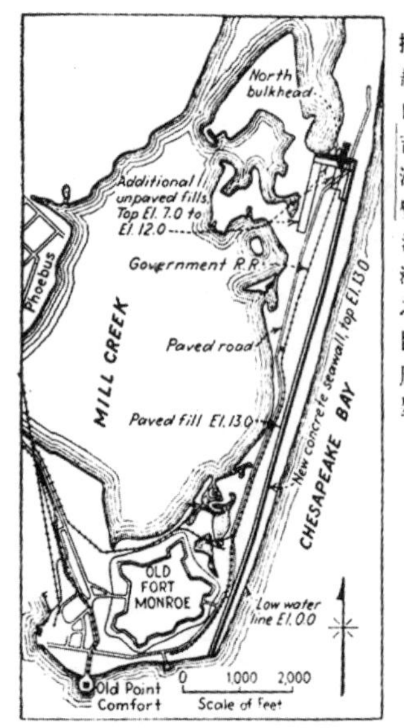

炮台之新隄牆，保護突出海中之沙洲，足以抵擋起自吉沙璧海灣之巨風暴。

(Travelling Steel forms)

抵禦高潮之設計

隄岸雖面向吉沙璧海灣之口，其目的則在抵禦起自海洋之風波。隄牆之頂在普通淺水之上約十三尺，在常態之高潮時爲十尺，自水線至上邊之部份，足可防禦劇烈風暴。建築之設計能將巨浪穿越彎月形之隄岸，反擲十尺。重要部份，牆之底基闊度爲十五尺，牆趾(Toe)厚二尺十寸半，背面高十五尺六寸六分；彎度闊三尺一寸二分。（參閱第四圖）隄面形成混合彎曲之形，頂角對地平面成一切線。彎月形處垂直彎曲，使浪冲激後返射海中。隄牆建立於五列縱長二十五尺之木樁上，深入混凝土中十八英寸。速成牆用二十五尺之鋼板樁，深入隄牆背面之趾十八英寸。施工說明書規定在沙牀未澆置混凝土前，舖設三十五磅重之牛毛毡一層，以防止多孔之海沙，吸收混凝土。堤面前後均用重量鋼骨支持之，前面　部份之鋼條，並穿越板樁之孔洞而過，以求牢固。

隄牆全部之背襯，實以黃沙。並爲防制高潮侵蝕起見，在沙之面層舖以九寸厚柏油碎片石子等。塡沙之斜坡部份，則用十二寸厚之亂石基，並以柏油爲接縫；故任何巨浪冲洗塡沙部份，可不受損失。混凝土牆趾用七尺四寸濶四尺高之亂石基一層保護之。隄牆前面塡充至垂直牆趾面之頂，並爲便利通至海岸起見，自第八點起沿隄牆在彎曲之面上，舖築混凝土梯楷，以利行走。

此新隄牆用以保衞東西全部突出海中之沙洲，而門羅炮台卽位於該處。南端隄牆與原有炮台之混凝土牆，用巨石聯築，緊接連合，並圍以塹濠，以資扼守。在北端非攻擊所能及處，置有近代炮台設備，新隄牆向西折轉少許，與伸延全部之突出海中之沙洲上板樁擋壁相接合。此擋壁之北部及前部，以亂石基及石弧稜(Stone Groins)砌護之。在沙洲上擋壁之北，準備有風浪之襲擊，弧稜卽所以防制風浪之侵蝕隄牆者也。擋壁之東北角，有矮板牆一列，延伸向南少許，成一禦堵牆，用以抵禦回水(Backwash)。北面擋牆亦用充塡混凝土牆之同一材料充實之。

活動平台，攜載蒸汽起重機。有一打樁器，工作迅速，效用極著。二列之井點露頭管子(Header)，可於溝渠之任何一邊望見之。

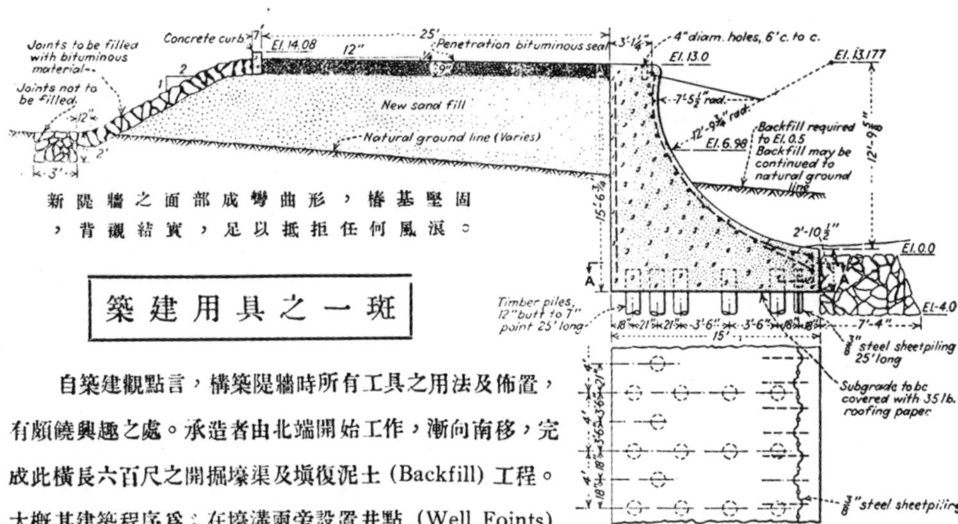

新隄牆之面部成彎曲形，樁基堅固，背襯結實，足以抵拒任何風浪。

築建用具之一斑

自築建觀點言，構築隄牆時所有工具之用法及佈置，有頗饒興趣之處。承造者由北端開始工作，漸向南移，完成此橫長六百尺之開掘壕渠及塡復泥土 (Backfill) 工程。大概其建築程序爲：在壕溝兩旁設置井點 (Well Foints)；用爬行之拖索(Crawler Dragline)開掘壕溝；打送路軌樁，以運打樁器及殼子車；打送底基樁及鋼板速成牆；在虛空管箱(Pipe Cage)上放置鋼骨；豎立鋼殼子；傾澆水泥；移去殼子塡復泥土及前部亂石基；整頓修築塡復泥土面並於坡面砌置亂石基。施工速度每日完成堤牆六十尺。

炮台之西，築有國有鐵道及硬路面之大道，以便通至工程處所。承造者則自大路至堤牆間隔築成釘板道路 (Plank road) 以便運輸材料。所有底樁則用驢馬自鐵道拉曳至工作處。建築程序中之先鋒，則爲一舊式之蒸氣拖索機，裝置於爬行機之上。此機有一極長之橫檣，將壕中之泥土戽斗而出，儲於他處，以備塡復之用。此項開掘所得之泥土，離壕渠遠置他處，蓋須建築釘板之道路也。壕溝靠海之面，此機並築成隄防一道，準備抵抗高潮。此隄防遇必要時，並以沙袋補充之。

井點中之兩露頭管子 (Header Pipes)，在開掘壕渠前已先留置，在點之接縫處每隔三尺裝一注管(Tap卽龍頭)。迨壕渠開掘後，井點卽埋入地下，銜入露頭管子。井點之距離，視水勢之情形而定，雖在近海之處，相隔約有六尺，近陸之處相隔自十五尺至十八尺。每一露頭管子接通至燃燒瓦斯之帮浦機。此帮浦機專爲井點而設，日夜抽吸，工作不息；並另有帮浦機準備，以防不測。

鋼殼子繫於連成板樁，以抵禦彎趾(Curved toe)隆然不平之土層。路軌用打樁器舖設，迨後並用爲殼子構架(Form gantry)，用以規劃溝渠之路線。

使壕渠保持乾燥，爲施工之不二法門。說明書曾載明在壕渠之底舖澆混凝土時，必須保持乾燥，並備具水箱壩及其他設置，以資防水。承造者自採用井點排水方法以替代水箱壩後，得以減低標價，節省不少。井點制在全部工程中所認爲最滿意者。

28-E平鋪器上，有一長凡三十三尺之橫檔，並有一簡單澆置水泥器。作料均自距離二里處烘乾，再用運輸車載至工作地點。

奇巧之打樁器

打樁器包括一活動之平台，(Tarvelling Platform) 置於十八吋開闊之鋼軌上，攜載多錘之打樁器，及一蒸氣起重機與帮浦機。（參閱第三圖）置於渠底之鐵軌，用以區劃隄岸線者，在縱長之橫枕木上攜載之。此枕木支持於二十尺深之樁上，每樁相距爲十尺。在活動平台之前角爲短形鉛錘，即以此打送軌樁。在平台之後爲四鉛錘，用以打送四列平舖之縱長底樁。第五列之樁（參閱第四圖）係藉樁槌上之托架 (Bracket) 打送。臨海灣之平台，即靠近後部者，另有鉛錘一列，用以打送速成牆之板樁。

蒸氣起重機，橫亘於平台之中心，使駕機者運用機械及汽鎚，指揮自如。一起重索貫穿越洞而過，以繫汽鎚，另一索則用以安置木樁，以便錘擊。一巨形複式 (Double-Acting) 打樁錘用以送擊木樁，同樣之小形樁錘，則用以打送板樁。雖在機上備有帮浦，但極少使用之。

軌道一經沿線置放，樁基之位置即成完全之直線形。每次打送橫斷行列之底樁四枚，然後此機漸向前移，以便打送餘數之樁。打樁機一經移入準確地位，路軌樁及鋼板樁即隨底基樁而打入。打樁機之速度，連鋼板在内，每日能打送一百枚。

虛空管架用以支持重量鋼骨，迨紮成樊籠式後，始行折除。

在未動工前，曾由軍事工程專家試將每樁荷載二十噸之平均需要長度，加以試驗。結果在一般情形之下，每樁長度深入地下二十五尺，即已足夠。但遇有鬆軟及含泥炭之土層時，須另換木樁，將長度增加。各樁均用手工截成規定之等級，以求適合。

活動鋼壳子

隄牆之構築，每間隔之長度爲三十尺(參閱圖一)。混凝土自底基澆至頂點，每方一次澆竣。活動之鋼壳子共有四組，二組有鋼底擋壁 (Steel-end Bulkheads)，二組則無。所有壳子在同一打樁機路軌上用構臺(Gantry)運送，前二組之擋壁，鉸釘背面，故能與隄牆隔離懸空，將其餘壳子移動。

在壳子前面之下部，地層崎嶇不平，爲使平整起見，故用插筍(Bolt)及旋迴扣子(Turnbuckle)將壳子繫於板樁。(參閱圖五)壳子支任於移動扛重機上，此機則支持於木塊上或底樁之頂點，用路軌之横枕木將其扶持，成一直線形。

在未置壳子之前，將鋼骨築成樊籠之形。迨築成後，竪立虛空管(Collapsible Pipe)，以支持鋼條；在後將骨架折除，自鋼條間取出。

平舖拌合器之長檔

混凝土拌合機極爲簡單，僅一28-E之舖砌器(Paver)，及一特長三十三尺之横檔。此檔上有一碼之吊桶，用以撕載混凝土，澆置於壳子之頂上。(參閱第六圖)壳子之下部，則將水泥自漏斗(Hopper)或伸縮水落中(Flexible Spouting)瀉澆。此拌合機行動於沿堤牆支板之路上，就經驗言，多種不同之內外打動器(Vibrator)，均經採用，以試驗混凝土對於震動之影響。

所有建築材料及散裝水泥，均在漢浦頓地方用機器烘乾(Dry-batched)。此地離炮台横過彌耳河(Mill Creek)，將材料用運送汽車載至工作地點。沙及石子均用駁船自荔枝夢(Richmond)經由詹姆士河，運至工作處所。散裝水泥則用鐵路運至烘乾機處，並不起卸，而用機械方法堆存之。

一巨大開闊軌距離(Wide-gage)之蒸汽起重機，實集一切工作機械之大成。此裝有蛤殼形(Clam hell)之器，駛行於隄牆後面之軌上。舉凡開掘用以防護正面亂石基之趾渠(Toe Trench)，置放石塊及填復泥土等，均用此機行之。此機並將大塊填復作料儲放一處，及溝渠所用材料等，加以堆存，另有其他輔助起重機，用以置放並整理(Trim)充作料之背坡(Back Slope)，並在此坡面上舖置亂石基。此外用以填充之黃沙，係運自工程處所北面之海濱，用起重機及蛤壳器將沙載入運輸汽車內。亂石基之石子係用火車運送，以起重機卸載，再用運輸汽車送至工作地點。

全部隄牆係挪復克(Norfolk)之區工程師(U. S. District Engineer)設計。由區工程師楊少佐(Major G. R. Young)負責主持。迨本年七月，移由季伊斯上尉(Capt. M. J. Noyes)代理。承造者爲拔爾的毛(Baltimore)之Merritt-Chapman & Mclean Corp.造價共計美金八五七，一二五元，合同訂定限三六〇天完工云。

工程估價

（十七續）

杜彥耿

第六節　五金工程（續）

實金屬(Solid metal)　除上期所載生鐵及熟鐵，洋方，洋圓及扁鐵外，尚有混凝土中所用之竹節鋼，現在用途殊廣，凡新興建築，鮮有不用之者。爰將各種鋼條之重量表列后，以資估價者計算時之參考焉。

鑽　節　鋼

直徑　(寸數)	2 分	3 分	3分半	半寸	5 分	6 分	7 分	1 寸	1寸1分	1寸2分
面積　(方吋)	0.0625	0.1406	0.19	0.25	0.39	0.56	0.76	1.00	1.26	1.56
每一英尺磅重	0.213	0.478	0.65	0.85	1.33	1.91	2.60	3.40	4,30	5.31

鑽　節　鋼

(Diamond Bar)

附註：此鑽節鋼條之重量及面積與半方鋼條相等，係美國紐約城水泥鋼筋工程廠之標準表(Concrete-Steel Engineering Company, New York.)

美國紐約州勃發洛地方竹節鋼條廠之竹節鋼條重量列下：

圓　竹　節　鋼

徑　直　(寸數)	3 分	4 分	4分半	5 分	6 分	7 分	1 寸	1寸1分	1寸2分
淨面積　(方吋)	0.11	0.19	0.25	0.30	0.44	0.60	0.78	0.99	1.22
每一英尺重量(磅)	0.38	0.66	0.86	1.05	1.52	2,06	2.69	3.41	4.21

方　竹　節　鋼

直　徑　(寸數)	2 分	3 分	4 分	5 分	6 分	7 分	1 寸	1寸1分	1寸2分
淨面積　(寸數)	0.06	0.14	0.25	0°39	0.56	0.76	1.00	1.26	1.55
每一英尺重量(磅)	0.22	0.49	0.86	1.35	1.94	2.64	3.43	4.34	5.35

竹　節　鋼

(Corrugated Bars)

美國紐約城水泥鋼筋公司點節鋼重量表

(Concrete Steel Co., New York City.)

點 節 鋼

直徑 (寸數)	方點節鋼		圓點節鋼		扁點節鋼		
	面積 (方寸)	每一英尺重量(磅)	面積 (方寸)	每一英尺重量(磅)	直徑 (寸數)	面積 (方寸)	每一英尺重量(磅)
2 分	0.0625	0.212	0.0491	0.167	1 × ¼	0.2500	0.850
2 分 半	0.9770	0.332	………	………	1 × ⅜	0.3750	1.280
3 分	0.1406	0.478	0.1104	0.375	1 ¼×⅜	0.4690	1.590
半 寸	0.2500	0.850	0.1963	0.667	1 ½×5/16	0.4688	1.590
5 分	0.3906	1.328	0.3068	1.043	1 ½×⅜	0.5625	1.913
6 分	0.5625	1.913	0.4418	1.502	1 ½×½	0.7500	2.550
7 分	0.7656	2.603	0.6013	2.044	1 ¾×⅜	0.6563	2.230
1 寸	1.0000	3.400	0.7854	2.670	1 ¾×7/16	0.7656	2.600
1 寸 1 分	1.2656	4.303	0.9940	3.379	1 ¾×½	0.8570	2.980
1 寸 2 分	1.5625	5.312	1.2272	4.173			

點 節 鋼

(Havemeyer bars)

美國水泥鋼梁公司脊節鋼條重量表

(Trussed Concrete Steel Co., Youngstown, Mich.)

脊 節 鋼

直徑(寸數)	面積(方吋)	每英尺重量 (磅)	直徑(寸數)	面積(方吋)	每一英尺重量(磅)
3 分	0.1406	0.48	7 分	0.7656	2.65
半 寸	0.2500	0.86	1 寸	1.0000	3.46
5 分	0.3906	1.35	1寸1分	1.2656	4.38
6 分	0.5625	1.95			

(Rib bar)

美國支加哥內地鋼條公司星節鋼重量表

(Inland Seel Co,. Chicago)

星　節　鋼

直徑（寸數）	3分	半寸	5分	6分	7分	1寸	1寸1分	1寸2分
面積（方吋）	0.140	0.250	0.390	0.562	0.765	1.000	1.265	1.562
每一英尺重量（磅）	0.485	0.862	1.341	1.932	2.630	3.434	4.349	5.365

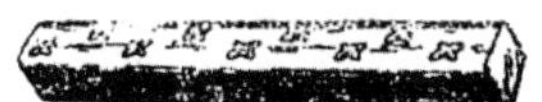

(Inland bar)

美國支加哥竹節鋼廠方圓竹節鋼重量表

竹　節　鋼

直徑（寸數）	方竹節鋼		圓竹節鋼	
	淨面積（方寸）	每一英尺重量（磅）	淨面積（方寸）	每一英尺重量（磅）
3分	0.141	0.48	0.110	0.38
半寸	0.250	0.85	0.196	0.68
5分	0.391	1.33	0.307	1.05
6分	0.563	1.92	0.442	1.51
7分	0.766	2.61	0.602	2.05
1寸	1.000	3.40	0.786	2.68
1寸1分	1.270	4.31	0.994	3.38
1寸2分	1.560	5.32	1.230	4.19

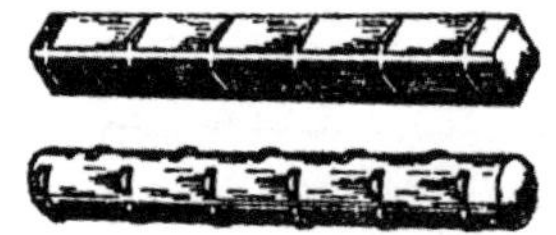

American system of Reinforcing.

上列各種鋼條，除竹節鋼條之外，其他花色用者絕鮮。且美國鋼條，行銷於我國市場者，亦不多覯；以其價較比國貨爲昂也。是以比國貨鋼條，在我國市場，可稱獨步。茲將比國貨鋼條，根據美國標準之重量，列表如下：

方竹節鋼

(Corrugated Square Bars)

直徑（粍）	6.35	9.52	12.7	15.87	19.05	22.22	25.4	28.575	31.75
直徑（寸數）	2 分	3 分	半 寸	5 分	6 分	7 分	1 寸	1寸1分	1寸2分
淨面積（方吋）	.06	.14	.25	.39	.56	.76	1.00	1.26	1.55
每一英尺重量(磅)	.22	.49	.86	1.35	1.94	2.64	3.43	4.34	5.35

圓竹節鋼

(Corrugated Round Bars)

直徑（粍）	9.52	12.7	15.87	19.05	22.22	25.4	28.575	31.75
直徑（寸數）	3 分	半 寸	5 分	6 分	7 分	1 寸	1寸1分	1寸2分
淨面積（方吋）	.11	.19	.30	.44	.60	.78	.99	1.22
每一英尺重量(磅)	.38	.66	1.05	1.52	2.06	2.69	3.41	4.21

光圓鋼條

(Plain Round Bars)

直徑（粍）	6.35	7.94	9.52	12.7	15.87	19.05	22.22	25.4	28.575	31.75
直徑（寸數）	2 分	2 分半	3 分	半 寸	5 分	6 分	7 分	1 寸	1寸1分	1寸2分
每一英尺重量(磅)	.167	.261	.376	.668	1.043	1.502	2.044	2.67	3.38	4.172

（待續）

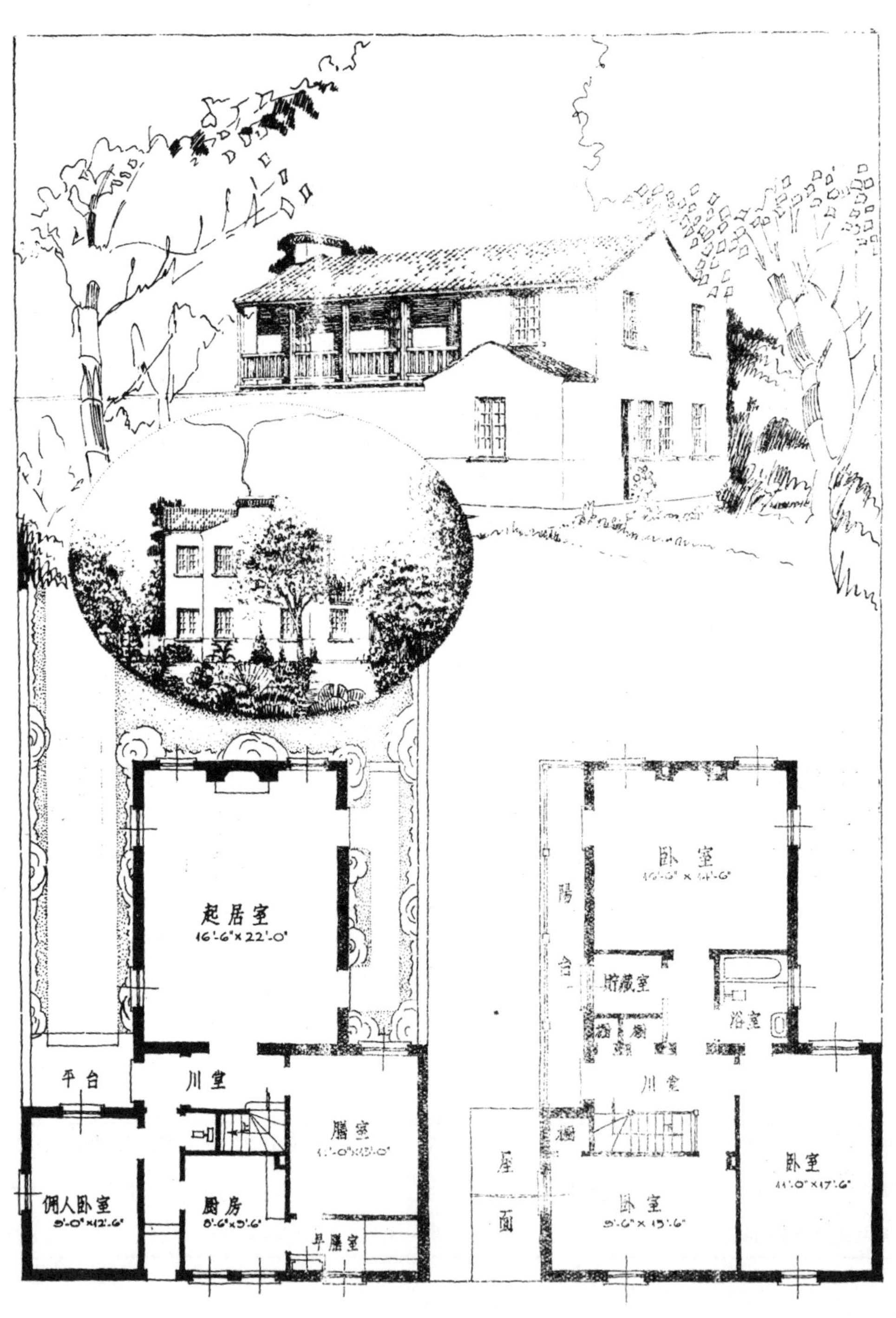

滬西張智鴻先生住宅　　　　本會服務部擬

上海虹橋路建築中之一住宅

海傑克建築師設計

Country Home (Under construction) on Hungjao Road, Shanghai.

H. J. Hajek, B. A. M. A. & A. S., Architect

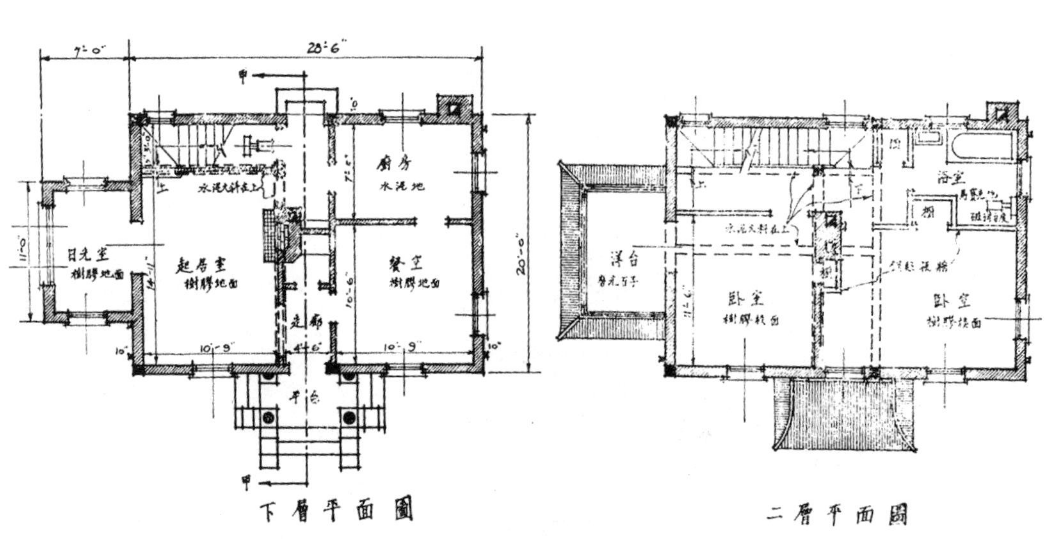

下層平面圖　　二層平面圖

本會附設正基建築工業補習學校學生朱光明習繪

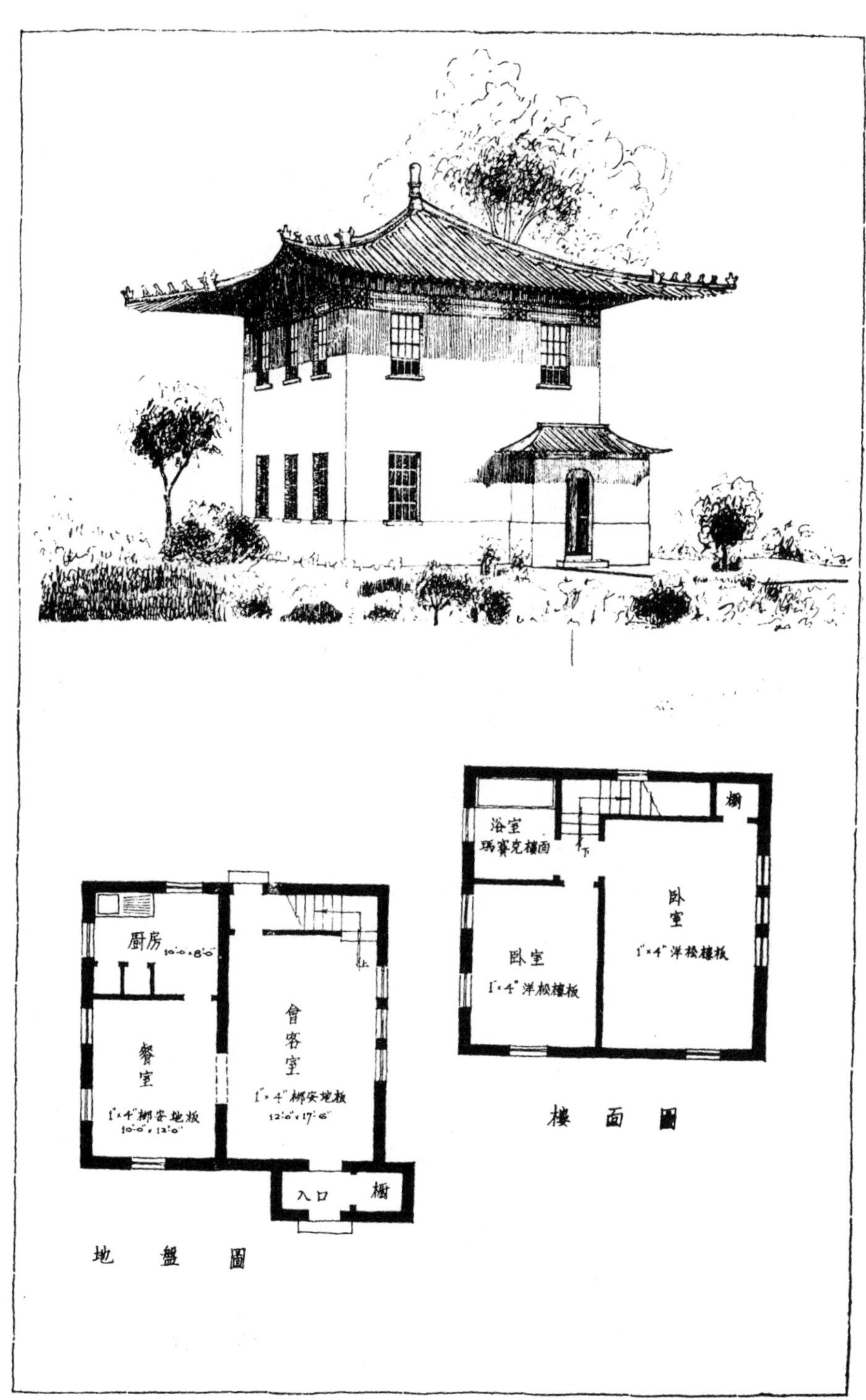

本會附設正基建築工業補習學校學生吳浩振習繪

建築材料價目表

磚瓦類

貨名	商號	大小	數量	價目	備註
空心磚	大中磚瓦公司	12″×12″×10″	每千	$250.00	車挑力在外
,, ,, ,,	,, ,, ,, ,,	12″×12″×9″	,, ,,	230.00	
,, ,, ,,	,, ,, ,, ,,	12″×12″×8″	,, ,,	200.00	
,, ,, ,,	,, ,, ,, ,,	12″×12″×6″	,, ,,	150.00	
,, ,, ,,	,, ,, ,, ,,	12″×12″×4″	,, ,,	100.00	
,, ,, ,,	,, ,, ,, ,,	12″×12″×3″	,, ,,	80.00	
,, ,, ,,	,, ,, ,, ,,	9¼″×9¼″×6″	,, ,,	80.00	
,, ,, ,,	,, ,, ,, ,,	9¼″×9¼×4½″	,, ,,	65.00	
,, ,, ,,	,, ,, ,, ,,	9¼″×9¼″×3″	,, ,,	50.00	
,, ,, ,,	,, ,, ,, ,,	9¼″×4½″×4½″	,, ,,	40.00	
,, ,, ,,	,, ,, ,, ,,	9¼″×4½″×3″	,, ,,	24.00	
,, ,, ,,	,, ,, ,, ,,	9¼″×4½″×2½″	,, ,,	23.00	
,, ,, ,,	,, ,, ,, ,,	9¼″×4½″×2″	,, ,,	22.00	
實心磚	,, ,, ,, ,,	8½″×4⅛″×2½″	,, ,,	14.00	
,, ,, ,,	,, ,, ,, ,,	10″×4⅞″×2″	,, ,,	13.30	
,, ,, ,,	,, ,, ,, ,,	9″×4⅜″×2″	,, ,,	11.20	
,, ,, ,,	,, ,, ,, ,,	9″×4⅜″×2¼″	,, ,,	12.60	
大中瓦	,, ,, ,, ,,	15″×9½″	,, ,,	63.00	運至營造場地
西班牙瓦	,, ,, ,, ,,	16″×5½″	,, ,,	52.00	,, ,,
英國式灣瓦	,, ,, ,, ,,	11″×6½″	,, ,,	40.00	,, ,,
脊瓦	,, ,, ,, ,,	18″×8″	,, ,,	126.00	,, ,,
空心磚	振蘇磚瓦公司	9¼×4½×2½″	,, ,,	$22.00	空心磚照價送到作
,, ,, ,,	,, ,, ,, ,,	9¼×4½×3″	,, ,,	24.00	場九折計算
,, ,, ,,	,, ,, ,, ,,	9¼×9¼×3″	,, ,,	48.00	紅瓦照價送到作場
,, ,, ,,	,, ,, ,, ,,	9¼×9¼×4½″	,, ,,	62.00	
,, ,, ,,	,, ,, ,, ,,	9¼×9¼×6″	,, ,,	76.00	
,, ,, ,,	,, ,, ,, ,,	9¼×9¼×8″	,, ,,	120.00	
,, ,, ,,	,, ,, ,, ,,	9¼×4¼×4½″	,, ,,	35.00	
,, ,, ,,	,, ,, ,, ,,	12×12×4″	,, ,,	90.00	

貨　　名	商　　號	大　　小	數量	價　　目	備　　註
空心磚	振蘇磚瓦公司	12×12×6″	每千	$140.00	
„　„　„	„　„　„　„	12×12×8″	„　„	190.00	
„　„　„	„　„　„　„	12×12×10	„　„	240.00	
青平瓦	„　„　„　„	144	平方塊數	70.00	
紅平瓦	„　„　„　„	144	„　„	60.00	
紅磚	„　„　„　„	10×5×2¼″	每千	12.50	
„　„	„　„　„　„	10×5×2″	„　„	12.00	
„　„	„　„　„　„	9¼×4½×2¼″	„　„	11.50	
„　„	„　„　„　„	9¼×4½×2″	„　„	10.00	
光面紅磚	„　„　„　„	10×5×2¼″	„　„	12.50	
„　„　„	„　„　„　„	10×5×2″	„　„	12.00	
„　„　„	„　„　„　„	9¼×4½×2¼″	„　„	11.50	
„　„　„	„　„　„　„	9¼×4½×2″	„　„	10.00	
„　„　„	„　„　„　„	8½×4⅛×2½″	„　„	12.50	
青筒瓦	„　„　„　„	400	平方塊數	65.00	
紅筒瓦	„　„　„　„	400	„　„	50.00	

鋼條類

貨　　名	商　　號	標　　記	數量	價　　目	備　　註
鋼條		四十尺二分光圓	每噸	一百十八元	德國或比國貨
„　„		四十尺二分半光圓	„　„	一百十八元	„　„　„
„　„		四二尺三分光圓	„　„	一百十八元	„　„　„
„　„		四十尺三分圓竹節	„　„	一百十六元	„　„　„
„　„		四十尺普通花色	„　„	一百〇七元	鋼條自四分至一寸方或圓
„　„		盤圓絲	每市擔	四元六角	

水泥類

貨　　名	商　　號	標　　記	數量	價　　目	備　　註
水泥		象牌	每桶	六元三角	
水泥		泰山	每桶	六元二角半	
水泥		馬牌	„　„	六元二角	

貨名	商號	標記	數量	價格	備註
水泥		英國"Atlas"	„ „	三十二元	
白水泥		法國麒麟牌	„ „	二十八元	
白水泥		意國紅獅牌	„ „	二十七元	

木材類

貨名	商號	說明	數量	價格	備註
洋松	上海市同業公會公議價目	八尺至卅二尺再長照加	每千尺	洋八十四元	
一寸洋松	„ „ „		„ „	„ 八十六元	
寸半洋松	„ „ „		„ „	八十七元	
洋松二寸光板	„ „ „		„ „	六十六元	
四尺洋松條子	„ „ „		每萬根	一百二十五元	
一寸四寸洋松一號企口板	„ „ „		每千尺	一百〇五元	
一寸四寸洋松副號企口板	„ „ „		„ „	八十八元	
一寸四寸洋松二號企口板	„ „ „		„ „	七十六元	
一寸六寸洋松一頭號企口板	„ „ „		„ „	一百十元	
一寸六寸洋松副頭號企口板	„ „ „		„ „	九十元	
一寸六寸洋松二號企口板	„ „ „		„ „	七十八元	
一二五四寸一號洋松企口板	„ „ „		„ „	一百三十五元	
一二五四寸二號洋松企口板	„ „ „		„ „	九十七元	
一二五六寸一號洋松企口板	„ „ „		„ „	一百五十元	
一二五六寸二號洋松企口板	„ „ „		„ „	一百十元	
柚木（頭號）	„ „ „	僧帽牌	„ „	五百三十元	
柚木（甲種）	„ „ „	龍牌	„ „	四百五十元	
柚木（乙種）	„ „ „	„ „	„ „	四百二十元	
柚木段	„ „ „	„ „	„ „	三百五十元	
硬木	„ „ „		„ „	二百元	
硬木（火介方）	„ „ „		„ „	一百五十元	
柳安	„ „ „		„ „	一百八十元	
紅板	„ „ „		„ „	一百〇五元	
抄板	„ „ „		„ „	一百四十元	
十二尺三寸六八皖松	„ „ „		„ „	六十五元	
十二尺二寸皖松	„ „ „		„ „	六十五元	

貨名	商號	說明	數量	價格	備註
一二五四寸柳安企口板	上海市同業公會公議價目		每千尺	一百八十五元	
一寸六寸柳安企口板	„ „ „		„ „	一百八十五元	
二寸一半建松片	„ „ „		„ „	六十元	
一丈字印建松板	„ „ „		每丈	三元五角	
一丈足建松板	„ „ „		„ „	五元五角	
八尺寸甌松板	„ „ „		„ „	四元	
一寸六寸一號甌松板	„ „ „		每千尺	五十元	
一寸六寸二號甌松板	„ „ „		„ „	四十五元	
八尺機鋸杭松板	„ „ „		每丈	二元	
九尺機鋸甌松板	„ „ „		„ „	一元八角	
八尺足寸皖松板	„ „ „		„ „	四元六角	
一丈皖松板	„ „ „		„ „	五元五角	
八尺六分皖松板	„ „ „		„ „	三元六角	
台松板	„ „ „		„ „	四元	
九尺八分坦戶板	„ „ „		„ „	一元二角	
九尺五分坦戶板	„ „ „		„ „	一元	
八尺六分紅柳板	„ „ „		„ „	二元二角	
七尺俄松板	„ „ „		„ „	一元九角	
八尺俄松板	„ „ „		„ „	二元一角	
九尺坦戶板	„ „ „		„ „	一元四角	
六分一寸俄紅松板	„ „ „		每千尺	七十三元	
六分一寸俄白松板	„ „ „		„ „	七十一元	
一寸二分四寸俄紅松板	„ „ „		„ „	六十九元	
俄紅松方	„ „ „		„ „	六十九元	
一寸四寸俄紅白松企口板	„ „ „		„ „	七十四元	
一寸六寸俄紅白松企口板	„ „ „		„ „	七十四元	

五 金 類

貨名	商號	標記	數量	價目	備註
二二號英白鐵			每箱	五十八元八角	每箱廿一張重四〇二斤
二四號英白鐵			每箱	五十八元八角	每箱廿五張重量同上
二六號英白鐵			每箱	六十三元	每箱卅三張重量同上

貨名	商號	標記	數量	價目	備註
二八號英白鐵			每箱	六十七元二角	每箱廿一張重量同上
二二號英瓦鐵			每箱	五十八元八角	每箱廿五張重量同上
二四號英瓦鐵			每箱	五十八元八角	每箱卅三張重量同上
二六號英瓦鐵			每箱	六十三元	每箱卅八張重量同上
二八號英瓦鐵			每箱	六十七元二角	每箱廿一張重量同上
二二號美白鐵			每箱	六十九元三角	每箱廿五張重量同上
二四號美白鐵			每箱	六十九元三角	每箱卅三張重量同上
二六號美白鐵			每箱	七十三元五角	每箱卅八張重量同上
二八號美白鐵			每箱	七十七元七角	每箱卅八張重量同上
美方釘			每桶	十六元〇九分	
平頭釘			每桶	十六元八角	
中國貨元釘			每桶	六元五角	
五方紙牛毛毡			每捲	二元八角	
半號牛毛毡		馬牌	每捲	二元八角	
一號牛毛毡		馬牌	每捲	三元九角	
二號牛毛毡		馬牌	每捲	五元一角	
三號牛毛毡		馬牌	每捲	七元	
鋼絲網		27″×96″ 2¼lb.	每方	四元	德國或美國貨
〃〃〃		27″×96″ 3lb.rib	每方	十元	〃〃〃
鋼版網		8′×12′ 六分一寸半眼	每張	三十四元	
水落鐵		六分	每千尺	四十五元	每根長廿尺
牆角線			每千尺	九十五元	每根長十二尺
踏步鐵			每千尺	五十五元	每根長十尺或十二尺
鉛絲布			每捲	二十三元	闊三尺長一百尺
綠鉛紗			每捲	十七元	〃〃〃
銅絲布			每捲	四十元	〃〃〃
洋門套鎖			每打	十六元	中國鎖廠出品 黃銅或古銅色
洋門套鎖			每打	十八元	德國或美國貨
彈弓門鎖			每打	三十元	中國鎖廠出品
〃〃〃			每打	五十元	外貨

貨名	商號	標記	數量	價目	備註
彈子門鎖	合作五金公司	3寸7分(古銅色)	每打	四十元	
〃 〃 〃	〃 〃 〃 〃	〃 〃 (黑色)	〃 〃	三十八元	
明螺絲彈子門鎖	〃 〃 〃 〃	3寸5分(古銅色)	〃 〃	三十三元	
〃 〃 〃	〃 〃 〃 〃	〃 〃 (黑色)	〃 〃	三十二元	
執手插鎖	〃 〃 〃 〃	6寸6分(金色)	〃 〃	二十六元	
〃 〃 〃	〃 〃 〃 〃	〃 〃 (古銅色)	〃 〃	二十六元	
〃 〃 〃	〃 〃 〃 〃	〃 〃 (克羅米)	〃 〃	三十二元	
彈弓門鎖	〃 〃 〃 〃	3寸 (黑色)	〃 〃	十元	
〃 〃 〃	〃 〃 〃 〃	〃 〃 (古銅色)	〃 〃	十元	
迴紋花板插鎖	〃 〃 〃 〃	4寸5分(金色)	〃 〃	二十五元	
〃 〃 〃	〃 〃 〃 〃	〃 〃 (黃古色)	〃 〃	二十五元	
〃 〃 〃	〃 〃 〃 〃	〃 〃 (古銅色)	〃 〃	二十五元	
細邊花板插鎖	〃 〃 〃 〃	7寸7分(金色)	〃 〃	三十九元	
〃 〃 〃	〃 〃 〃 〃	〃 〃 (黃古色)	〃 〃	三十九元	
〃 〃 〃	〃 〃 〃 〃	〃 〃 (古銅色)	〃 〃	三十九元	
細花板插鎖	〃 〃 〃 〃	6寸4分(金色)	〃 〃	十八元	
〃 〃 〃	〃 〃 〃 〃	〃 〃 (黃古色)	〃 〃	十八元	
〃 〃 〃	〃 〃 〃 〃	〃 〃 (古銅色)	〃 〃	十八元	
鐵質細花板插鎖	〃 〃 〃 〃	〃 〃 (古色)	〃 〃	十五元五角	
瓷執手插鎖	〃 〃 〃 〃	3寸4分(棕色)	〃 〃	十五元	
〃 〃 〃	〃 〃 〃 〃	〃 〃 (白色)	〃 〃	〃 〃 〃	
〃 〃 〃	〃 〃 〃 〃	〃 〃 (藍色)	〃 〃	〃 〃 〃	
〃 〃 〃	〃 〃 〃 〃	〃 〃 (紅色)	〃 〃	〃 〃 〃	
〃 〃 〃	〃 〃 〃 〃	〃 〃 (黃色)	〃 〃	〃 〃 〃	
瓷執手靠式插鎖	〃 〃 〃 〃	〃 〃 (棕色)	〃 〃	〃 〃 〃	
〃 〃 〃	〃 〃 〃 〃	〃 〃 (白色)	〃 〃	〃 〃 〃	
〃 〃 〃	〃 〃 〃 〃	〃 〃 (藍色)	〃 〃	〃 〃 〃	
〃 〃 〃	〃 〃 〃 〃	〃 〃 (紅色)	〃 〃	〃 〃 〃	
〃 〃 〃	〃 〃 〃 〃	〃 〃 (黃色)	〃 〃	〃 〃 〃	

北行報告（續）

杜彥耿

本刊上二期已將「北平市溝渠建設設計綱要」刊完，現再將「徵求北平市溝渠計劃意見報告書」接登，以資討論焉。

徵求北平市溝渠計劃意見報告書

本府技術室前擬定之「北平市溝渠建設設計綱要及污水溝渠初期建設計劃」，爲集思廣益起見，曾分寄國內工程專家徵求批評。現覆函皆已遞到，特歸納諸家高見，分爲問題七種，參以本府技術室意見，擬具報告如左：

一，溝渠制度問題

關於平市溝渠應採之制度，各家與本府之意見完全一致，即「改良舊溝以宣洩雨水，建設新渠以排除污水，即所謂分流制者是也」。溝渠制度爲溝渠之根本問題，得各家一致之主張，本府自當引爲溝渠建設之準繩也。

二，溝渠建設之程序

溝渠之制度定，溝渠建設之程序可隨之而決，即先整理雨水溝渠，次建設污水溝渠是也。然溝渠設計之程序，不能同於溝渠建設之程序，雖建設可分先後，設計則須同時完成。蓋街市上雨水污水兩種溝渠之配置，交錯時不相衝突之高度，或某處因分設兩管之特殊困難，須採局部之合流制者，必雨水污水溝渠同時設計，始可兼籌並顧，以謀所以配合適應之道。至溝渠建設之施工，不但須分期進行，在分期之中，尚須分區工作，就工程進行上之便利及減輕經濟上之困難言，實爲溝渠建設所必採之步驟也。

三，雨水溝渠設計之基本數字

「設計綱要」中所假定之雨水溝渠設計基本數字如下：

降雨率　每小時六十五公厘（即二·五吋）

洩水係數　商業區83%　住宅區49%

降雨集水時間　三十分鐘（由梅耶氏[Mayer]降雨率五年循環方程式求得）

進水時間　十五分鐘

北平工學院院長李耕硯先生認爲降雨率不必假定如此之大，本府當根據今後平市之降雨率精確記錄，酌爲減低。清華大學教授陶葆楷先生認洩水係數所假定之數字稍嫌過高，本府「設計綱計」所列之二表，係舉例性質，同爲住宅區，其區內房屋疏密及過路情況，未必盡同，設計時當就各洩水區域，分別加以調查，列表備用，既可與實際情形相脗合，亦可免管大浪經之弊也。

四，污水溝渠設計之基本數字

「設計綱要」中所假定之污水溝渠設計基本數字如下：

人口密度（每公頃人數）　商業區六百人　住宅區三百人

每人每日用水量　七公升（或十五英加侖）

地下水滲透量　每公里管線二五〇〇〇公升

庫氏(Kutter)公式中之N爲〇・〇一五

人口之密度，李先生仍認爲太密。上海市工務局技正胡實予先生亦同此意見，並發表具體之主張如下：

「按二十二年平市公安局人口密度調查統計，人口最密之外一區每公頃爲四百零五人，普通住宅區每公頃一百五十人。此種情形，在最近若干年內，似不至有多大變動。卽將來工商業發達，人口激增，亦宜限制建築面積與高度，及闢設新市區以調劑之，不宜聽其自然發展，致蹈吾國南方城市及歐美若干舊市區人烟過於稠密之覆轍，使文化古都，成爲空氣惡濁交通擁擠之場所，而失其向來幽雅之特色。鄙意平市商業區將來之人口密度仍宜以每公頃四百人爲限，住宅區以增至每公頃二百人爲限。」

平市人口，就民元以來二十一年之統計觀之，實有穩堅增長之總趨勢。雖六年至十五年之九年間，人口總數之變動甚微，而十五年以後之人口激增，迄今賡續前進，勢不稍衰。若根據二十一年來之人口增加率，按等差級數法，推測二十五年以後之人口密度，則商業區每公頃可達五百六十人，住宅區可達二百一十人。若就最近七年來之增加率，按等差級數法推測二十五年後之人口密度，則商業區每公頃可達七百五十人，住宅區可達二百八十人。推算人口增加，以等差級數法所得之結果，最爲保守。按二十一年之平均增加率，算得將來之人口密度，尚在五百與二百人之上，而開闢新市區以減低人口密度之法，平市以城牆關係，較之他市稍感困難，似將來人口密度之假定，商業區不能小於五百，住宅區不能小於二百。惟平市商業區與住宅區不能明確劃分，且漸有變遷轉移之勢。民元前後商業區皆集中於前門外一帶，現則東城以王府井大街爲中心之商業區發展甚速，西城以西單牌樓爲中心之商業區亦有突飛之興榮，故平市有趨於細胞發展之可能，人口增加之推測，亦以分區估算爲較妥，所謂商業區及住宅區不過籠統而言，其間自應就各處特殊情形而斟酌損益也。

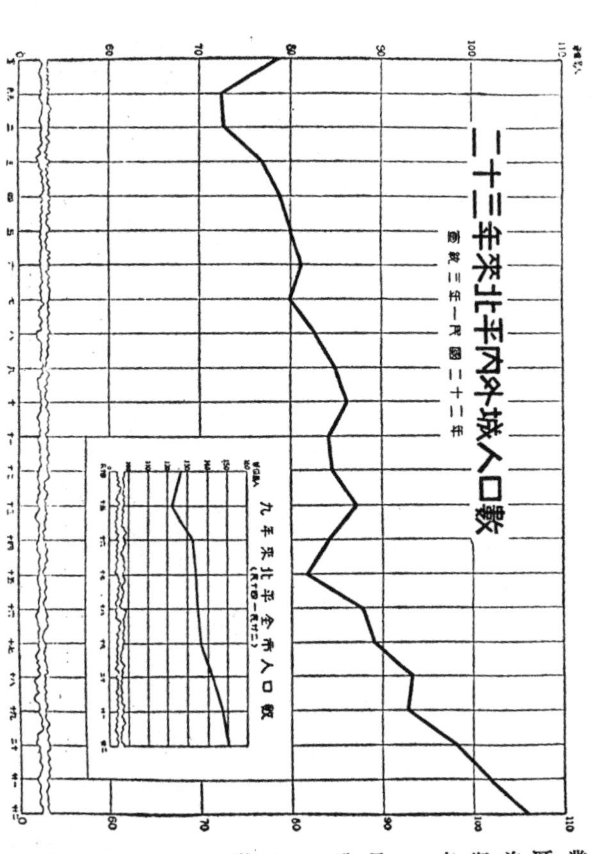

至庫氏公式中之N，青島市工務局副局長嚴仲絜先生，認爲計算缸管中之流量，〇・〇一五非所必要，當遵嚴先生之意見改用〇・〇一三計算。

五，溝渠建設之實際問題

(1)汚水管之材料及形狀 中央大學教授關富權先生以蛋形管之水力半徑(Hydraulic Rdaius)較優於圓形管，不易發生沉澱，且蛋形管材料用混凝土，既可價廉，又免利權外溢。查蛋形管最適用於汚水雨水合流之溝渠，早爲工程界之定論。因雨水汚水之量雖相差至百數十倍，而流於蛋形管內，流速之變動則至微也。惟平市溝渠擬採分流制已如上述，若僅流污水之管，其每日之流量無大差異，且每日至少有一次之滿流，卽有沉澱，爲每日之滿流所沖刷，亦不致有壅塞之弊。混凝土蛋形管之用於合流溝渠者，有於管裏面之下部貼以光滑之缸瓦，其用意一方在減少管內之阻力，一方在防止污水侵蝕洋灰，若污水溝渠而用混凝土蛋形管，設不滿貼缸瓦，似難免以上二弊，若貼用缸瓦，則所費不貲矣。現唐山開灤煤礦已不兼營缸管貿易。平津所用者皆該地土窰所製，雖品質稍遜，倘大量訂購，可使加工精製也。故購用缸管，並無利潤流入外商之弊。再就經濟方面言，缸管亦較混凝土管爲省費。按青島市溝渠工程之統計，四百公厘以下者以用缸管爲省，四百公厘以上者以用混凝土管爲省。茲列青市工務局之統計表於左以明之：

管徑（公厘）	管質	每公尺長工料價共計（土工在外）
一五〇	缸管	一、一六元
二〇〇	仝	一、六六
二五〇	仝	二、〇二
三〇〇	仝	三、七二
三五〇	仝	五、二六
四〇〇	仝	六、三一
五〇〇	混凝土管（一：二：四）	六、〇〇
六〇〇	仝	七、〇〇
七〇〇	仝	八、〇〇
九〇〇	仝	九、五〇

若在平市，混凝土所需之原料石子砂子皆較青市昂至一倍左右，而唐山缸管較之青市所用之博山缸管，價尙稍廉。茲列比較表如左：

名稱	單位	青島價格	北平價格	
石子	立方公尺	二、四〇元	三、九〇元	
砂子	立方公尺	一、五〇元	三、七〇元	
缸管	半徑四百公厘，一公尺長，	六、〇〇元	三、八四元	（此係唐山交貨最上等雙釉缸管價格，北平交貨另加運費每公尺約一元左右。）

故就材料之經濟而論，平市溝渠之宜用缸管，殆尤迫切於青島市也。

（2）接管用之材料 下水道水管間結合之材料，普通用者有柏油麻絲及洋灰砂漿二種用洋灰砂漿之優點在堅實省費，其缺點在換裝支管困難，接頭處無伸縮性，若基地下陷或壓力不均，缸管有折裂之虞。用柏油麻絲之優點在換裝支管甚易，接頭處有伸縮性，缸管不致折裂，其缺點在用費稍昂，略欠堅牢。嚴先生主張用洋灰砂漿接管，在街傍用戶於建造溝渠時皆同時裝接支管，則該處以洋灰砂漿接管，倘無不便，否則以用柏油麻絲接管爲較妥。至地基之堅實情形，亦爲決定採用何種接管材料所應考慮之因素也。

（3）水管埋設之深度 原計劃假定管頂距路面之深度最小以一公尺爲限。關先生以爲〇•六公尺卽足以防凍，似無須埋設一公尺之深。查北平市冬季嚴寒，〇•六公尺之深度是否足以護管，尙待考究，惟爲防止車輛震裂水管計，〇•六公尺之深度稍嫌不足。因通衢雖有柏油或石碴路面，電車之震動則甚劇，而平市電車軌之下並無鐵筋混凝土基礎以抗禦之。若水管敷設於步道或小巷中，鐵輪大車於雨後恆陷入路面〇•三公尺上下，則所餘之〇•三公尺實不足以護管。故水管埋設之深度，除防凍外，尙應斟酌交通情形而規定之也。

（4）反吸虹管之採用 汚水管橫過護城河時，如該河水流橫斷面有限，不容汚水管直穿時，嚴先生主張用反吸虹管，由河底穿過。查平市護城河流量多嫌不足，自以照嚴先生所言辦理，最爲妥善。

（5）消汚池（Septic tank）之採用 關先生主張每胡同或數戶合建一消汚池，以減汚水之量，改進汚水之質，並減輕未安專用汚水，住戶之負擔。用意實深，惟事實上則未能與理想之結果相合。公共消汚池不能建於私人土地之內，必設於街衢，既置妨礙交通於不論，池之通風筒放出多量之亞摩尼亞氣，行人掩鼻而過，與今日糞車滿街之情況無異，有失建設汚水溝渠之意義，此其一。全市建造數百消汚池，較之建一大規模之總淸理廠，所費更鉅，按天津英租界工部局建造鐵筋混凝土消汚池之統計，供給二十人用之池，造價約八十元，卽平均每人需費四元。平市飲用自來水之人口約爲十萬，則建造消汚池之所費，卽有四十萬元之多，且數百消汚池之淸除管理，亦非易舉，此其二。消汚池所減之汚水量甚微，而其所剩之汚渣，不能用作肥料，此其三。酸性汚水，或天寒之時，池內霉腐作用，幾全停止，此其四。有此四端，故消汚池不能大規模採用於平市。原計劃中有建造穢水池四百處一項，卽便於不裝置專用汚水管之中下市民傾倒汚水而設，故市民無論貧富，皆有使用汚水溝渠之便利，市民之負擔與享用，並無畸重畸輕之弊也。

六，淸理分廠之地址問題

城內淸理分廠之設立及其位址，完全爲地形所决定。因汚水藉地面天然之坡度，由高趨下，全市汚水總淸理廠既設於城外之二閘，則全市各處之汚水欲其皆能藉天然之坡度，匯集於二閘，爲平市地形所不容許，因城內有數處低窪之區，水流至此，若不以機器提高水位，汚水卽停滯該處，無術排除；此淸理分廠之所以設及地址之所由决定也。陶先生以爲宣武門內等處，人煙稠密，設淸理廠，不免有臭味，不如設於天壇地廣人稀之處，此爲北平市地形所限，不能不分設於宣武門內；東四九條胡同及天壇東北角等過於低窪之處，實爲無可奈何之事，如靑島市之汚水淸理總廠雖僅西鎭一處，而淸理分廠則有四處，其太平路之一廠，在市府之前，爲交通要衢，亦風景佳地，而因地形關係，不設廠則水不能前進，故德管時代已闢地設廠矣。日本東京市復興計劃完成後，全市有汚水淸理分廠八處、各廠設備有「沉沙池」及「唧筒室」等。汚水經篩濾後，再提高水位，送至淸理總廠。其第一排洩區之「錢瓶町唧筒場」卽在東京驛之北傍。此種汚水淸理分廠若設計周密管理得法，並無臭味外溢，因所淸理者爲新出之汚水，不同於消汚池所出之霉腐汚水，且僅經過篩濾一種手續，卽以抽水機送出。若淸理濾池，運除汚渣於夜間行之，附近居民當不致有不快之感也。嚴先生主張將東四九條之第一淸理分廠移於朝陽門一帶，因該處更爲低下也。此論極是，惟朝陽門至東便門間無可供安設幹溝之街道。本市現正測製二千五百分之一地形圖，等高綫之差爲半公尺，此圖測竣，各汚水淸理分廠之地址，當再重行通盤籌劃也。

七，汚水之最後處理方法

污水之總清理廠設於東便門外之二閘，該處地價不昂，污水經清理後，即洩入通惠河，該河之水並不充作飲料。根據以上二種情形，並爲節省財力計，故污水清理採用篩濾池及伊氏池（Imhoff tank）之法，雖此法佔用廠基稍多，然地價不昂，所費無多。清理效率雖不能十分圓滿，然全廠構造簡單，不藉機械之力以工作，且河水不作飲料，故亦無須再經他法以清潔之。採用伊氏池法，不僅建造費低，且管理易，經常費尤省也。至污水中之肥料，大部存留於篩濾池中，沉澱於伊氏池及洩入河中者爲量無多。李先生囑仿上海英租界辦法，採用「活動污泥法」（Activated Sludge Process），以保全肥料，用意至善。惟「活動污泥法」清理污水手續皆藉機械之運轉，設備費既昂，管理亦難，經常費尤大。其優點在清理效率高，污渣之肥料價値大，而廠基佔地，在各種清理污水方法中爲最小。上海租界地價昂，或採用此法之一原因也。上海英租界污水清理廠之成績，本府已派員調查，以供參考；并擬選定現出污水地點數處，按時往取污水加以化驗。如每月化驗一次，則積一年以上之記錄，於污水最後處理方法之取捨，定有所助也。

按伊氏（Imhoff）最近主張伊氏池與「空氣活動污泥法」，爲連續之污水清理法，即污水先經伊氏池，再入吹風池，完成「空氣活動污泥」手續後，始行排除。惟吹風池之污泥一部仍回吹風池，一部則又送至伊氏池內，助該池內污泥之消化。其工作系統如附圖所示。中圖所示清理系統之特徵，約有兩點：

1 伊氏池爲初步之清理；吹風池爲高度之清理，但視污水情形，吹風池可完全不用，僅經伊氏池，即行排除，以減消耗。

2 吹風池內之污泥必經伊氏池，與該池內之污泥混合後，始得送至污泥晒床，故吹風池與伊氏池之污泥不能分別保存。

由以上二點而論，北平市污水清理總廠，暫先設伊氏池，二閘距城稍遠，通惠河水不用作飲料，僅伊氏池已可勝清理污水之任；否則隨時加建吹風池，以前之建設仍可充分利用，固無棄置之可慮也。

此次承海內工程專家，不吝賜教，爲北平市之溝渠計劃，建一完善合理之基礎，本府實深感荷。今後在詳密計劃完程過程中，與諸位工程先進商榷之問題正多，爲百餘萬市民造福利，想諸君必福爲助也。

（待續）

污水清理廠工作系統圖
（Imhoff 設計）

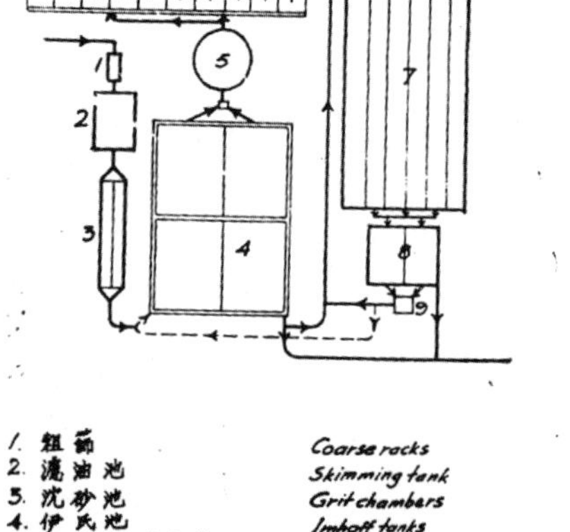

1. 粗篩　Coarse racks
2. 濾油池　Skimming tank
3. 沉砂池　Grit chambers
4. 伊氏池　Imhoff tanks
5. 污泥再消化池　Secondary sludge-digestion tank
6. 污泥晒床　Sludge-drying beds
7. 吹風池　Aeration units
8. 最後沉澱池　Final settling tanks
9. 污泥抽送機　Sludge pumps

預 定

全年	十二冊　大洋伍元
郵費	本埠每冊二分,全年二角四分;外埠每冊五分,全年六角;國外另定
優待	同時定閱二份以上者;定費九折計算。

建築月刊

第二卷・第九號

中華民國二十三年九月份出版

編輯者　上海市建築協會　南京路大陸商場

發行者　上海市建築協會　南京路大陸商場

電話　九二〇〇九

印刷者　新光印書館　上海聖母院路聖達里三一號

電話　七四六三五

投稿簡章

1. 本刊所列各門，皆歡迎投稿。翻譯創作均可，文言白話不拘。須加新式標點符號。譯作附寄原文，如原文不便附寄，應詳細註明原文書名，出版時日地點。
2. 一經揭載，贈閱本刊或酌酬現金，撰文每千字一元至五元，譯文每千字半元至三元。重要著作特別優待。投稿人却酬者聽。
3. 來稿本刊編輯有權增刪，不願增刪者，須先聲明。
4. 來稿概不退還，預先聲明者不在此例，惟須附足寄還之郵費。
5. 抄襲之作，取消酬贈。
6. 稿寄上海南京路大陸商場六二〇號本刊編輯部。

表目價告廣
Advertising Rates Per Issue

地位 Position	全面 Full Page	半面 Half Page	四分之一 One Quarter
底封面外面 Outside back cover.	七十五元 $75.00		
封面及底面之裏面 Inside front & back cover	六十元 $60.00	三十五元 $35.00	
封面裏頁及底面裏頁之對面 Opposite of inside front & back cover.	五十元 $50.00	三十元 $30.00	
普通地位 Ordinary page	四十五元 $45.00	三十元 $30.00	二十元 $20.00
小廣告 Classified Advertisements	每期每格一寸高三寸半闊洋四元 — $4.00 per column		

廣告概用白紙黑墨印刷，倘須彩色，價目另議；鑄版彫刻，費用另加。

Designs, blocks to be charged extra. Advertisements inserted in two or more colors to be charged extra.

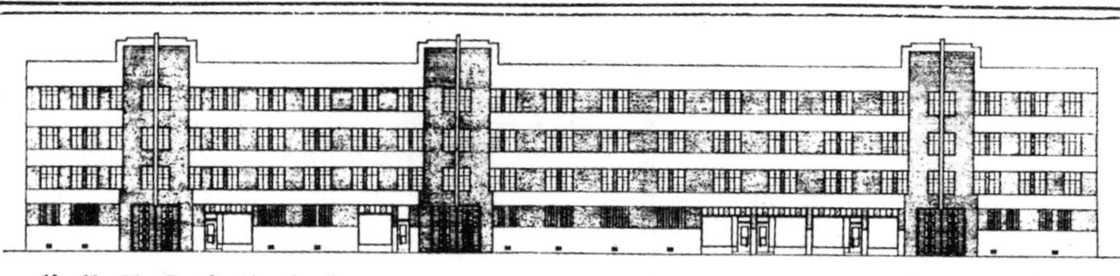

呂班路公寓……普益地產公司設計

上列房屋內之衛生器管工程由本公司承辦

毛榮記水電公司

本公司專門承包各種水電工程及衛生器具

冷熱水管裝置如蒙賜顧毋任歡迎

上海華德路二〇六至八號，電話五〇三一六

MAO YUNG KEE & CO.

206-208 WARD ROAD. Telephone 50316

SLOANE·BLABON

司隆百拉彭

印花油毛氈毯

此爲美國名廠之出品。今歸秀登第公司獨家行銷。中國經理則爲敝行。特設一部。專門爲客計劃估價及舖設。備有大宗現貨。花樣顏色。種類甚多。尺寸大小不一。

司隆百拉彭印花油毛氈毯。質細耐久。終年光潔。既省費。又美觀。室內舖用。遠勝毛織地毯。

美商美和洋行

上海江西路二六一號

BENNETT COLLEGE SHEFFIELD

英國倍納脫函授學院招生

Have You ANY Ambition?

祇先付洋約十四元以後月付五元至七元則凡本院所授各科即可任閱下時對於英國若干著名職業團體所舉行之考試如經事前接洽者可在申應試茲略舉數種於下

The Institution of Heating and Ventilating Engineers (A.M.I.H.V.E.)
The Incorporated Association of Architects and Surveyors (I.A.A.S.)
The Institution of Structural Engineers (A.M.I.Struct.E.)

WE TEACH ALL THE FOLLOWING SUBJECTS:

Teacher of Handicrafts	Mine Surveying	We specialise in Coaching for the following Exams. :
Applied Mechanics	Road Making and Maintenance	Matriculation
Architectural Drawing	Sanitation	A.R.I.B-A.
Building Construction	Structural Engineering	A.M.I.C.E.
Clerk of works' Duties	Surveying and Levelling	M.R.San.I.
Civil Engineering	Surveyors of Work	A.M.I.Struct. E.
Concrete and Steel	Builders' Quantities	Surveyors' Inst.
Heating, Ventilating and Lighting	Costing & Estimating	Inst. of Municipal and County Engineers
Mathematics	Town Planning	Inst. of Builders

For particulars apply to:–
THE BRITISH EDUCATIONAL AGENCY (Dept.F)
149, Szechuen Road.
Shanghai. ('Phone 15628)

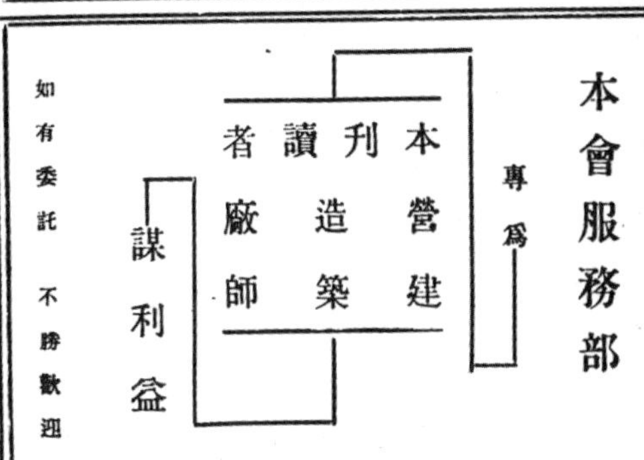
本會服務部
專為
本刊讀者
營造廠
建築師
謀利益
如有委託
不勝歡迎

總廠 上海楊樹浦 臨青路五十三號

分廠 上海楊樹浦 齊齊哈爾路二七〇號

電話＝五〇二一四・五〇一六七・五二三四五

電報掛號（國內"二〇六〇"）（國外"COLUCHUNG"）

事務所上海天潼路二八四號＝電話四一一二〇號

上海經理處 源椿號 北蘇州路

兩廣批發所 廣州濠畔街西約二七四號

鐵路車站 住宅花園 學校醫院 運動球場 公墓私墳 畜牧農場 工廠外圍 均適用之

中華國貨

鍍鋅鐵絲網捲

公勤鐵廠出品

摩登建築之新貢獻

本廠出品，向以國貨圓釘爲大宗。所製三戟牌圓釘，行銷遐邇，早已馳名。歷次參加展覽，頗獲社會好評。優點所在，約舉凡三。（一）釘頭圓盤（二）釘身堅挺（三）釘尖鋒銳。整個釘子，全身光潤無疵，裝桶經久不銹。建築界頗有以良友稱之。最近新製鞋釘，銅釘，以及各式特別釘類，因合社會需要，幾致供不應求。釘類分析愈繁，本廠營業，愈益擴大。一方面運用機器部全部母機製造釘機，並設拉絲部自行拉絲，側重於圓釘之製造。而一方面增設分廠，特闢網籬部，從事於網籬之編織。出品及裝置工程見圖。此種網籬，用途甚廣，凡私人住宅，公共花園，工廠學校，球場，體育場等，均適用之，而尤以鐵路車站裝置本廠所製鐵絲網籬，更能表示特色，蓋全國國有鐵路到達之處，中華國產網籬能有如蠅附驥尾而致千里，未始非國貨界之榮光焉。

上項鐵絲網籬，爲本廠最新出品。疊攏成捲，拉開成網，再經設計裝置，便成莊嚴燦爛的圍籬。左圖所示，即係鐵路車站兩傍。月臺裝置鐵絲網籬之一幅攝眞。乘客安全，路局秩序，兩利賴之。

鐵路車站網籬裝置圖

此邊線代表本廠所製刺線

VOH KEE CONSTRUCTION CO.

馥記營造廠

本廠承造各埠建築達數十處都千萬餘金畧舉如下備資參考

本埠工程

公和祥碼頭及棧房	浦東
交通大學工程館	徐家匯
四行念二層大樓	跑馬廳
西式住宅市房	梅白格路
儉德儲蓄會	福生路
上海牛皮廠	白利南路
義泰興碼頭	浦東董家渡
公和祥碼頭	兆豐路
資隆醫院	白克路
公共宿舍	聖母院路
七層公寓	國富門路
七層公寓	海格路
中華碼頭	浦東周家渡
劉公館	亞爾培路

外埠工程

總理陵墓第三部工程	南京
陣亡將士公墓全部	南京
財政部辦公處	南京
中山紀念堂	廣州
宋部長官邸	南京
新村合作社	南京
美領事署	廈門
中國銀行	南京
海軍船塢	青島

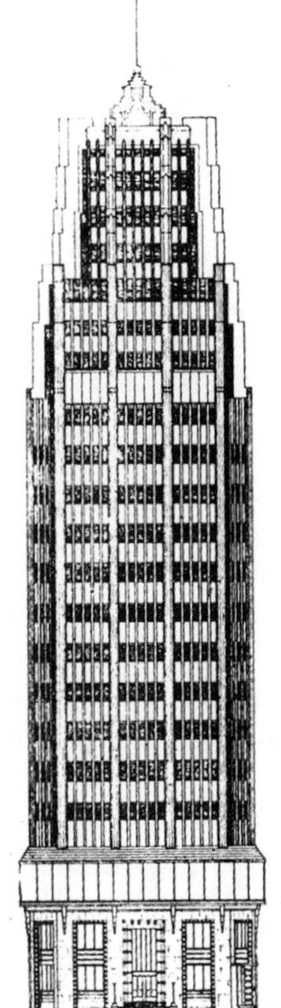

事務所	上海四川路三十三號　電話一二三〇五
總工廠	上海戈登路三五五號　電話三四五九七
本埠分廠	虹口兆豐路公和祥碼頭　跑馬廳四行念二層大樓
外埠分廠	南京靈谷寺　廈門鼓浪嶼　廣州德宣路　青島

南京中央醫院衛生實驗處——由本公司承裝樓地板工程

大美地板公司

總事務所 上海南京路大陸商場A四百二十五號 電話 九一二二八

堆棧 上海楊樹浦眉州路中

本公司爲滬上唯一美術地板專家素以服務社會及輔助我國建築事業爲主旨茲將優點略舉列左

聘請技師 富有經驗
代客建造 精益求精
花樣種多 任意揀選
採辦材料 堅固悅目
電力砂磨 光滑異常
價格公道 與衆不同
限期勿悞 迅速可靠
保險期內 免費修理
光顧諸君 滿意讚揚
如蒙賜顧 毋任歡迎

本公司承造最近各大廈樓地板工程略舉如下

（一）墾業銀行大廈 北京路
（二）國華銀行大廈 北京路
（三）大陸銀行大廈 九江路
（四）中央衛生醫院 南京
（五）中央飛機場 杭州
（六）大陸報館 新康大廈 九江路
（七）漢彌爾登大廈 江西路
（八）蔣委員長住宅 賈爾業愛路
（九）四明銀行 范副行長住宅 福煦路
（十）匯中飯店 南京路
（十一）安和寺公寓 安和寺路
（十二）大華跳舞廳 愛多亞路
（十三）大光明影戲院 靜安寺路
（十四）聖愛娜舞廳 斜橋路
（十五）百樂門跳舞廳 靜安寺愚園路
（十六）祁齊路公司 祁齊路
（十七）斜橋總會 靜安寺路
（十八）范文照建築師住宅公寓 姚主教路

其餘工程不克細載

The American Floor Construction Co.

Room 425 Continental Emporium, Nanking Road

Telephone 91228

合豐行

總經理

國貨天棚玻璃磚

承包

馬路柏油工程
屋頂油毡工程
柏油沙工程
磁磚瓷磚工程

經理

油毛毡，柏油
各色磁磚
衛生器具
紙柏板
大小五金

HAH FOONG & CO.
BUILDING SUPPLIES
ROAD & ROOFING
CONTRACTORS
47 NINGPO ROAD, Shanghai.
Tel. 18254

泰興建築材料行

上海九江路一一三號大陸大樓八樓

電話一〇一二七

新到大批現貨

鋼窗
白水泥
磁磚地磚
各色鋼絲網
避聲避熱紙板
屋頂牛毛毡工程

倘有多種不勝枚舉
貨品優良價格克已
如蒙賜顧定使滿意

China Building Supply Co.
113 Kiukiang Road
Tel. 10127

中華郵政特准掛號認爲新聞紙類
內政部登記證警字第二五[illegible]